大学基礎の物理学

金子敏明・蜂谷和明
重松利信・福田尚也
共著

培風館

はじめに

物理学は自然科学の重要な分野の一つであるが，抽象的な概念があるためにわかりにくいという印象を持つ人が多い。その一方で，物理学に魅力を感じる人も多いであろう。我々が住んでいる日常世界にも多くの物理現象が渦巻いている。素粒子などの極微小の世界 (大きさが 10^{-15} m 程度) から極大宇宙 (約 500 億光年 $= 4.7 \times 10^{26}$ m) の世界までを扱うスケールの大きな学問分野はほかにないであろう。我々はせいぜい 2 m 程度の大きさであるから，物理学の世界を理解するには大いなる想像力と洞察力，論理力が必要である。物理学は，自然現象の中に法則という仕組みを発見してきた多くの研究者による努力が結実したものである。

この本は，大学の初年度から 2 年度に行われる専門基礎科目としての基礎物理学の内容を記述したものである。物理学の基礎的な事柄を，大学初年度の学生が理解し，さらに発展させることができるように意図されている。本書の特徴は以下の点にある。第一に，各節のはじめに基礎事項としての記述を設けた。これによって概要を知ることができる。節の中の項目には，[A] あるいは [B] と英字記号がついている。[A] 項目は，高校で学んだ項目や基礎的項目を示しているので，物理学を学習する機会が充分ではなかった人にはまず学んでほしい。また，すでに学んだ人は復習の意味で学習してほしい。[B] 項目は，本書が目標とした項目であり，大学でぜひ習得してほしい項目である。章末の演習問題も [A]，[B] と分類し，対応する本文項目がわかるようにした。第二に，説明の簡潔さを心がけた。また，よく使われる専門用語には英語表記を加えた。必ずしも章の順に学ぶ必要はないので，各章の独立性も考慮して，同じ単語の英語表記が複数回現れることもある。第三に，初等的な微分や積分の説明を少々取り入れている。その理由は，これらの知識を避けるよりも，積極的に習得することによって理解できる範囲が格段に広がるからである。第四に，物理学の基本を意識した記述になっている。例えば，ニュートンの運動方程式では，$F = ma$ や $ma = F$ ではなく，運動量 P を用いた式 $dP/dt = F$ が本来の運動方程式であることや，波動の分野では分散関係によって方程式が変わることなど，読者が新鮮味を感じられるように努力したつもりである。

さて，物事を理解するには 2 つの段階がある。最初の段階は，X を増やしたら Y も増えたというように，質的に理解する「定性的理解」である。次の段階は，X を 2 倍にしたら Y は 3 倍になったというように，量的に理解する「定量的理解」である。物理学を定量的に理解するためには数学が不可欠である。読者が物理現象を定量的に理解することに本書が役立つことを期待する次第である。

なお，本書の執筆は，蜂谷 (1, 2, 9 章担当)，重松 (6, 10 章担当)，福田 (7, 11 章担当)，金子 (3, 4, 5, 8 章担当) が分担して原稿を作成し，それを全員で検討して進めてきた。

最後に，本書の出版に際して助言と励ましをいただいた培風館の斉藤　淳氏と，編集部の近藤妙子氏に深謝いたします。

2019 年 9 月

著者一同を代表して
金子　敏明

目　次

1 やさしい数学

この章では，物理学を学ぶ上で必要な，簡単な微分・積分とベクトルを学習する。高等学校で微分積分を学習していない人も，簡単な微分を学ぶことによって，物理がよりわかりやすくなる。

1.1 物理で必要な微分

基礎事項

横軸を x 軸，縦軸を y 軸とする xy 平面で，直線 $y = ax$ の傾き a は $\dfrac{y}{x}$ で与えられる。曲線 $y = f(x)$ における x の微分とは，2 点 $\mathrm{P}(x, y)$ と $\mathrm{Q}(x + \Delta x,\ y + \Delta y)$ との間における平均の傾き $\dfrac{\Delta y}{\Delta x}$ で，$\Delta x \to 0$ での極限をとると，

$$\frac{dy}{dx} = f'(x)$$

となる。$f'(x)$ を $f(x)$ の 1 階微分，1 階の導関数という。

A 直線および曲線関係の傾きと微分

微分がなぜ必要かを考えてみよう。図 1.1 のような 2 次元のグラフでの直線関係の傾き a は，以下の (1.1) 式で与えられる。

$$a = \frac{y}{x} \tag{1.1}$$

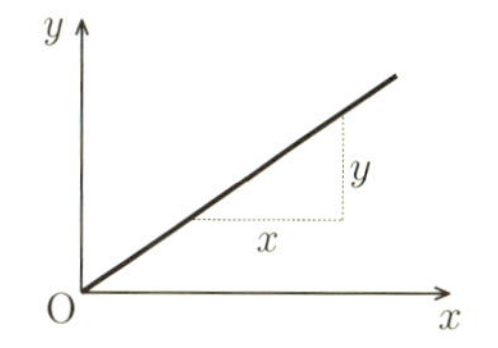

図 1.1 直線関係の傾き

図 1.2 のように，x と y の関係で傾きが一定でない場合の PQ 間の平均の傾き a は，(1.1) 式と同じようにして，Δx と Δy の比として次のように与えられる。

$$a = \frac{\Delta y}{\Delta x} \tag{1.2}$$

ここで Q 点を P 点に近づけると $\Delta x \to 0$ となって，(1.2) 式の傾き a は P 点における接線の傾きを表す。この極限を取る操作を $\dfrac{dy}{dx}$ と書く。これが**微分** (differentiation) の定義である。

$$\lim_{\Delta x \to 0} \frac{\Delta y}{\Delta x} = \lim_{\Delta \to 0} \frac{(y + \Delta y) - y}{(x + \Delta x) - x} = \frac{dy}{dx} \tag{1.3}$$

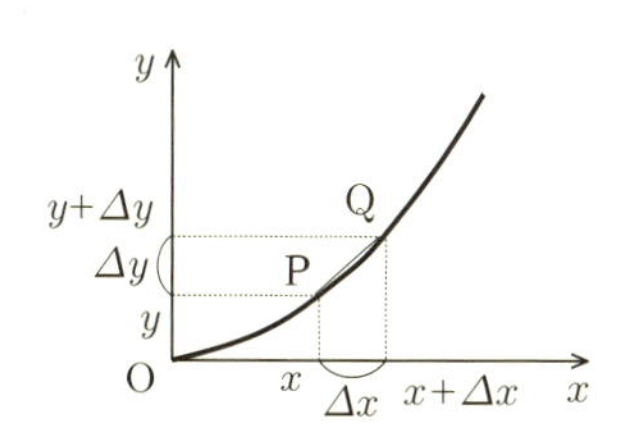

図 1.2 曲線上での傾きの求め方

例えば，$y = x^2$ の場合，$\Delta x = h$ とすると，

$$\frac{\Delta y}{\Delta x} = \frac{\Delta(x^2)}{\Delta x} = \frac{(x + h)^2 - x^2}{(x + h) - x} = \frac{(x^2 + 2hx + h^2) - x^2}{h} = 2x + h \tag{1.4}$$

$h \to 0$のとき，以下のようになる。

$$\frac{dy}{dx} = 2x \tag{1.5}$$

$y = x^3$ の場合は，$\dfrac{dy}{dx} = 3x^2$ となるので，一般に $y = x^n$ の場合は次のようになる。

$$\frac{dy}{dx} = nx^{n-1} \tag{1.6}$$

その他，物理でよく使う関数の微分 (導関数) は以下の通りである。微分した関数のことを**導関数** (derivative) という。

$$\frac{d\sin x}{dx} = \cos x \tag{1.7}$$

$$\frac{d\cos x}{dx} = -\sin x \tag{1.8}$$

$$\frac{de^x}{dx} = e^x \tag{1.9}$$

$$\frac{d\log|x|}{dx} = \frac{1}{x} \tag{1.10}$$

$y = f(x)g(x)$ のとき，関数の積の微分は

$$\frac{dy}{dx} = \frac{df(x)}{dx} \cdot g(x) + f(x) \cdot \frac{dg(x)}{dx} \tag{1.11}$$

$y = f(x),\ x = g(t)$ のとき，合成関数の微分は

$$\frac{dy}{dt} = \frac{dy}{dx}\frac{dx}{dt} = \frac{df(x)}{dx} \cdot \frac{dg(t)}{dt} \tag{1.12}$$

A　関数の積分

以上，関数の微分を学んだが，**積分** (integration) はこれまで学んできた微分の逆の計算である。すなわち，微分した関数を $\dfrac{df(x)}{dx} = g(x)$ とおき，これを積分すると $f(x)$ となる。例えば，(1.6) 式で $f(x) = x^n$ を微分すると，$g(x)$ は次式のようになる。

$$g(x) = \frac{df(x)}{dx} = nx^{n-1} \tag{1.6$'$}$$

この式を積分すると次式が得られる。

$$\int g(x)dx = \int nx^{n-1}\,dx = f(x) + C = x^n + C \tag{1.13}$$

したがって，(1.13) 式より，nx^{n-1} から係数 n がとれた x^{n-1} の積分は，次式のようになる。

$$\int x^{n-1}\,dx = \frac{1}{n}x^n + C' \tag{1.14}$$

ここで，C, C' は積分定数を表す。微分と積分は逆の関係であることより，関数の微分の形をまず理解したのち，積分はその計算の逆の形であると理解していると，覚える関数の数は少なくてすむことになる。微分を使って表した運動方程式を解くときに，(1.14) 式は，しばしば登場する。

微分や積分は，物理系の学生以外でも必要となる。化学系や生物系の学生では，化学反応の反応速度を求めるとき，あるいは，物質中を光が通過したときに，光が吸収されるが，これを解くときには微分や積分が必要となるので，是非，これを学習してほしい。

例題 1　以下の位置 x についての式を，時間 t について微分せよ。微分した関数を，もう一度時間 t について微分せよ (2 階導関数)。

$$x = At^2 + Bt + C$$

［解答］

$$\frac{dx}{dt} = 2At + B, \qquad \frac{d^2x}{dt^2} = 2A$$

例題 2　次の式を時間 t について積分せよ。積分した関数を，もう一度，時間 t について積分せよ。積分定数 C_1 および C_2 を忘れないように注意する。

$$\frac{d^2x}{dt^2} = A$$

［解答］

$$\int \frac{d^2x}{dt^2}\,dt = \frac{dx}{dt} = At + C_1, \qquad \int \frac{dx}{dt}\,dt = x = \frac{1}{2}At^2 + C_1t + C_2$$

1.2　物理で必要な偏微分

基礎事項

変数 x と y の関数 $f(x,y)$ の偏微分は，1 つの変数を固定して (すなわち，一定にして)，残った変数の変化に対して，関数 $f(x,y)$ の変化を扱う微分である。

B　2 変数を持つ関数の微分——偏微分

前節の 1 変数の微分の場合と違い，6 章で学習する温度と熱では，2 つの変数，例えば，圧力 p と温度 T とに対して，熱量 Q が変化する場合を考える。p と T をそれぞれ変数 x と y に置き換え，熱量 $Q(p,T)$ を $f(x,y)$ で表した場合の微分は，どのように取り扱えばよいであろうか。この 2 つの変数のうち，1 つの変数に注目して変化させ，残った変数を定数とみなして，関数 $f(x,y)$ の変化を扱えば，前節の微分と同じ形になる。このような微分が，いわゆる**偏微分** (partial differential) とよばれる微分である。

$f(x,y)$ は，2 つの独立変数の関数を表す。ここで，2 つの変数のうち，1 つの変数 y を固定 (一定とみなす) したとき，x の微小変化 $\Delta x = (x + \Delta x) - x$ に対する関数の変化 $\Delta f = f(x + \Delta x) - f(x)$ は，次のように表される。

$$\frac{\Delta f}{\Delta x} = \frac{f(x + \Delta x, y) - f(x,y)}{(x + \Delta x) - x} = \frac{f(x + \Delta x, y) - f(x,y)}{\Delta x} \tag{1.15}$$

ここで，$\Delta x \to 0$ の場合の関数 $f(x,y)$ の極限値を取ると，$f(x,y)$ に関する $f(x,y)$ の偏微分係数あるいは偏微分 $\dfrac{\partial f(x,y)}{\partial x}$ が得られる。

$$\frac{\partial f}{\partial x} = \lim_{\Delta x \to 0} \frac{\Delta f}{\Delta x} = \lim_{\Delta x \to 0} \frac{f(x+\Delta x, y) - f(x,y)}{\Delta x} \tag{1.16}$$

一方，x を固定したときの y の微小変化 Δy に対する関数 $f(x,y)$ の偏微分係数あるいは偏微分は以下のように表される。

$$\frac{\partial f}{\partial y} = \lim_{\Delta y \to 0} \frac{\Delta f}{\Delta y} = \lim_{\Delta y \to 0} \frac{f(x, y+\Delta y) - f(x,y)}{\Delta y} \tag{1.17}$$

ここで，「∂」を「ラウンド・ディー」（まるい d）といい，1 変数 x の関数 $f(x)$ の微分記号 $\dfrac{df}{dx}$ の d「ディー」とは区別する。偏微分とは，注目する変数以外はすべて定数とみて微分すればよい。

例えば，次のような関数 $f(x,y)$

$$f(x,y) = x^2 y + 4x + 5y \tag{1.18}$$

の x および y の偏微分 $\dfrac{\partial f(x,y)}{\partial x}$ および $\dfrac{\partial f(x,y)}{\partial y}$ は次のようになる。

$$\frac{\partial f}{\partial x} = 2xy + 4 \tag{1.19}$$

$$\frac{\partial f}{\partial y} = x^2 + 5 \tag{1.20}$$

変数の数が 3 つの関数 $f(x,y,z)$ についても，$\dfrac{\partial f}{\partial x}$ は x 以外のすべての変数を一定と考えた微分である。物理学では，3 次元空間座標 (x,y,z) の関数 $f(x,y,z) \equiv f(\boldsymbol{r})$ を扱うことが多いので $\dfrac{\partial f}{\partial x}, \dfrac{\partial f}{\partial y}, \dfrac{\partial f}{\partial z}$ がよく現れる。

1.3 簡単なベクトル

基礎事項

物理量には 2 種類あり，長さや質量などの大きさのみをもつ量をスカラー，速度などの大きさと方向をもつ量をベクトルという。また，2 つのベクトル $\boldsymbol{A}, \boldsymbol{B}$ の積がスカラーになるスカラー積 (内積 $\boldsymbol{A} \cdot \boldsymbol{B}$) と，積がベクトルになるベクトル積 (外積 $\boldsymbol{A} \times \boldsymbol{B}$) がある。

A　ベクトルの性質

ベクトルについては，いろいろと学ぶことはあるが，この教科書を理解するのに最低限必要な知識を紹介する。その他のことは，必要になったときに学習してほしい。

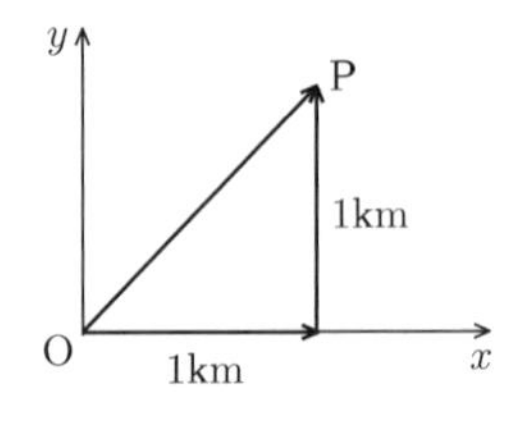

図 1.3 地図上での移動

天秤に 1 g と 2 g の分銅を置くと，$1+2=3$ (g) と和の形になる。しかし，図 1.3 の地図上で，東 (x 軸方向) に 1 km 行ったのちに，北 (y 軸方向) に 1 km 進むと，O から見た実質的な移動距離 OP は $\sqrt{2}$ km になり，分銅の和のように $1+1=2$ km にならない。この位置の変化のように，大きさと方向を

持つ量を**ベクトル** (vector) といい，速度や加速度がこれに相当する。一方，分銅の質量のように，大きさのみを持つ量で，量の和の計算が，単純な足し算の形になる量を**スカラー** (scalar) とよび，質量，長さ等がこれに相当する。ベクトルは太文字 $\boldsymbol{A}$ または $\vec{A}$ で表し，スカラーは普通の文字 A で表す。ベクトル $\boldsymbol{A}$ の大きさは，$|\boldsymbol{A}|$ のように記す。また，ベクトルは，座標軸の成分を用いて $\boldsymbol{A} = (A_x, A_y, A_z)$ のように記す場合がある。x, y, z 軸上の正の方向で大きさ 1 のベクトル (すなわち単位ベクトル) を x, y, z 軸の**基本ベクトル** (standard basis vectors) といい，$\boldsymbol{i}, \boldsymbol{j}, \boldsymbol{k}$ で記す。すなわち，座標軸の成分を用いて，$\boldsymbol{i}$ は，$\boldsymbol{i} = (1, 0, 0)$ のように表される。大きさは (1.21) 式のように表される。

$$|\boldsymbol{i}| = |\boldsymbol{j}| = |\boldsymbol{k}| = 1 \tag{1.21}$$

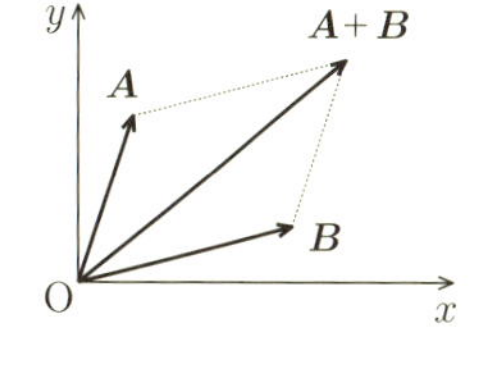

図 1.4 ベクトルの合成

一般のベクトル $\boldsymbol{A} = (A_x, A_y, A_z)$ は，基本ベクトル $\boldsymbol{i}, \boldsymbol{j}, \boldsymbol{k}$ を用いて次のように書き表すことができる。

$$\boldsymbol{A} = A_x\boldsymbol{i} + A_y\boldsymbol{j} + A_z\boldsymbol{k} \tag{1.22a}$$

ここで

$$|\boldsymbol{A}| = \sqrt{{A_x}^2 + {A_y}^2 + {A_z}^2} \tag{1.22b}$$

である。

A　ベクトルの合成

x および y 方向に成分を持つ 2 つのベクトル $\boldsymbol{A} = (A_x, A_y)$ および $\boldsymbol{B} = (B_x, B_y)$ を考える。$\boldsymbol{A}$ および $\boldsymbol{B}$ の x および y 成分のそれぞれは，スカラーであるので，その成分どうしは以下のようにそれぞれ足すことができる。

$$\boldsymbol{A} + \boldsymbol{B} = (A_x + B_x, A_y + B_y) \tag{1.23}$$

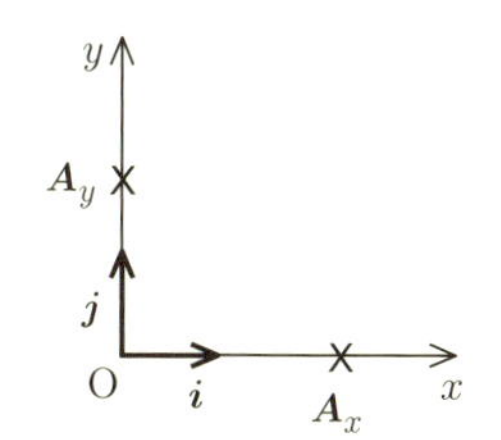

図 1

これは図 1.4 で示されるように，ベクトル $\boldsymbol{A}$ および $\boldsymbol{B}$ の 2 辺からなる平行四辺形の対角線のベクトルとして表される。

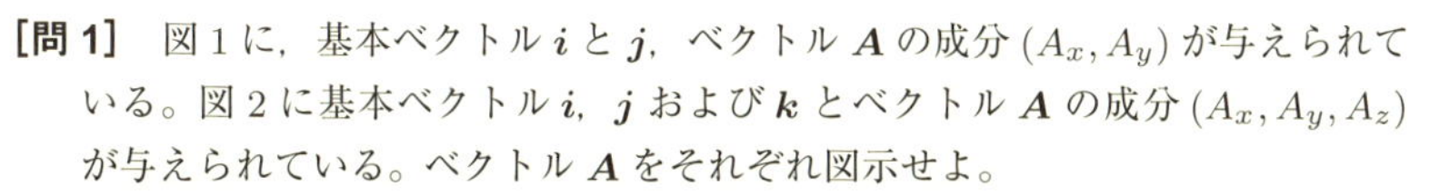

[問 1]　図 1 に，基本ベクトル $\boldsymbol{i}$ と $\boldsymbol{j}$，ベクトル $\boldsymbol{A}$ の成分 (A_x, A_y) が与えられている。図 2 に基本ベクトル $\boldsymbol{i}$，$\boldsymbol{j}$ および $\boldsymbol{k}$ とベクトル $\boldsymbol{A}$ の成分 (A_x, A_y, A_z) が与えられている。ベクトル $\boldsymbol{A}$ をそれぞれ図示せよ。

[問 2]　図 1.4 はベクトルの和 $\boldsymbol{A}+\boldsymbol{B}$ を表すが，ベクトルの差 $\boldsymbol{A}-\boldsymbol{B}$ はどのように表されるか。

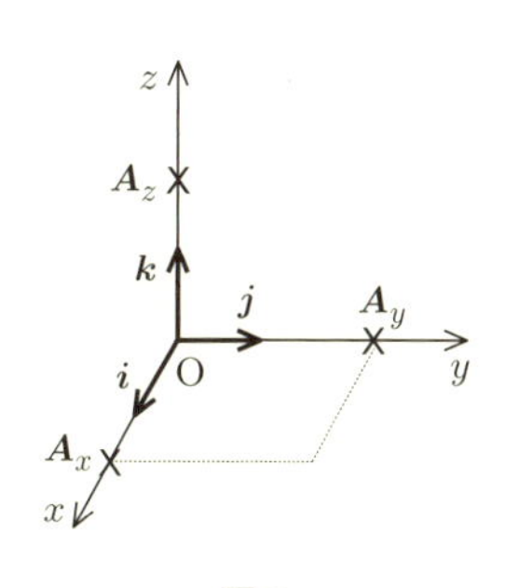

図 2

A　スカラー積

2 つのベクトル $\boldsymbol{A}, \boldsymbol{B}$ が，図 1.5 のように角度 θ をなしている場合，$\boldsymbol{A}$ と $\boldsymbol{B}$ のスカラー積は以下のように定義される。

$$\boldsymbol{A} \cdot \boldsymbol{B} = |\boldsymbol{A}|\,|\boldsymbol{B}| \cos\theta \tag{1.24}$$

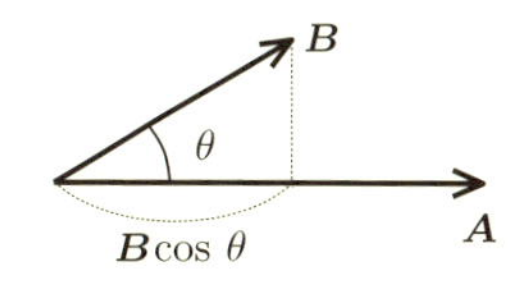

図 1.5 スカラー積

この 2 つのベクトルの積がスカラーになる場合を**スカラー積** (dot product, scalar product) または**内積** (scalar product) という。

x, y, z 軸方向の単位ベクトルを $\boldsymbol{i}, \boldsymbol{j}, \boldsymbol{k}$ として，(1.24) 式の内積を計算すると次のようになる。

$$\begin{aligned} \boldsymbol{i} \cdot \boldsymbol{i} = \boldsymbol{j} \cdot \boldsymbol{j} = \boldsymbol{k} \cdot \boldsymbol{k} = 1 \\ \boldsymbol{i} \cdot \boldsymbol{j} = \boldsymbol{j} \cdot \boldsymbol{k} = \boldsymbol{k} \cdot \boldsymbol{i} = 0 \end{aligned} \tag{1.25}$$

また，(1.25) 式より，$\boldsymbol{A}$ と $\boldsymbol{B}$ の x, y, z 成分で内積を表すと，

$$\begin{aligned} \boldsymbol{A} \cdot \boldsymbol{B} &= (A_x \boldsymbol{i} + A_y \boldsymbol{j} + A_z \boldsymbol{k}) \cdot (B_x \boldsymbol{i} + B_y \boldsymbol{j} + B_z \boldsymbol{k}) \\ &= A_x B_x \boldsymbol{i} \cdot \boldsymbol{i} + A_x B_y \boldsymbol{i} \cdot \boldsymbol{j} + \cdots + A_z B_z \boldsymbol{k} \cdot \boldsymbol{k} \\ &= A_x B_x + A_y B_y + A_z B_z \end{aligned} \tag{1.26}$$

となる。$\boldsymbol{A} = \boldsymbol{B}$ とおくと，同一のベクトル $\boldsymbol{A}$ の内積は次式のようになり，ベクトルの大きさ $|\boldsymbol{A}|$ の 2 乗になる。

$$\boldsymbol{A} \cdot \boldsymbol{A} = A^2 = {A_x}^2 + {A_y}^2 + {A_z}^2 = |\boldsymbol{A}|^2 \tag{1.27}$$

ベクトル $\boldsymbol{A}$ と $\boldsymbol{B}$ の各成分が，時間 t の関数とすると，これを t で微分すると，(1.11) 式より，次のようになる。

$$\begin{aligned} \frac{d}{dt}(\boldsymbol{A}(t) \cdot \boldsymbol{B}(t)) &= \frac{d}{dt}(A_x B_x + A_y B_y + A_z B_z) \\ &= \left(\frac{dA_x}{dt}\right) B_x + A_x \left(\frac{dB_x}{dt}\right) + \cdots + A_z \left(\frac{dB_z}{dt}\right) \\ &= \frac{d\boldsymbol{A}(t)}{dt} \cdot \boldsymbol{B}(t) + \boldsymbol{A}(t) \cdot \frac{d\boldsymbol{B}(t)}{dt} \end{aligned} \tag{1.28}$$

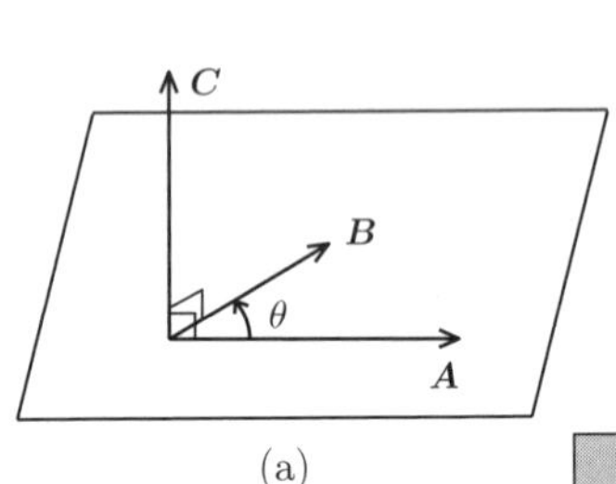

(a)

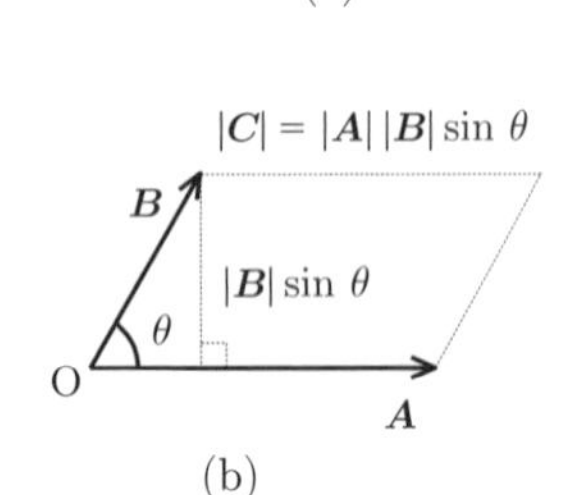

(b)

図 1.6 ベクトル積

B　ベクトル積

2 つのベクトル $\boldsymbol{A}$ と $\boldsymbol{B}$ の積が，ベクトルになる**ベクトル積** (**外積**) (cross product, vector product) について説明する。

図 1.6(a) の一平面上に 2 つのベクトル $\boldsymbol{A}$ と $\boldsymbol{B}$ があり，それらのなす角度を θ とする。ベクトル積 $\boldsymbol{A} \times \boldsymbol{B}$ とは，次の性質をもつベクトル $\boldsymbol{C}$ のことであり，これを

$$\boldsymbol{A} \times \boldsymbol{B} = \boldsymbol{C} \tag{1.29}$$

と記す。

(1) ベクトル $\boldsymbol{C}$ は，ベクトル $\boldsymbol{A}$ とベクトル $\boldsymbol{B}$ に対し，お互いに垂直 ($\boldsymbol{C} \perp \boldsymbol{A}, \boldsymbol{C} \perp \boldsymbol{B}$) であり，図 1.6(a) で示すように，$\boldsymbol{C}$ の向きは，$\boldsymbol{A}$ を $\boldsymbol{B}$ の向きに回転したときに右ネジが進む方向である。

(2) 図 1.6(b) で示すように，$\boldsymbol{C}$ の大きさは $\boldsymbol{A}$ と $\boldsymbol{B}$ が作る平行四辺形の面積に等しい。

$$|\boldsymbol{C}| = C = AB \sin\theta \tag{1.30}$$

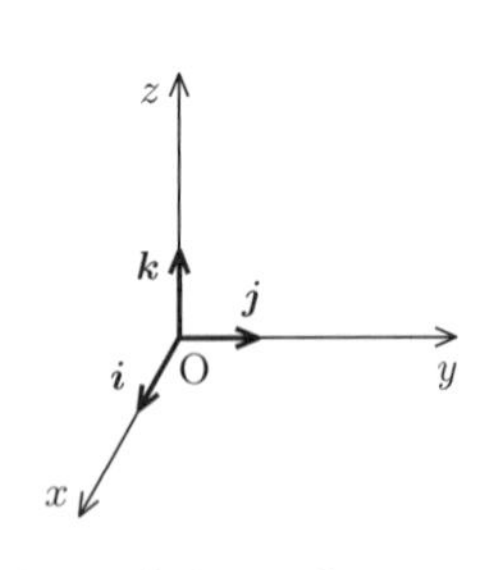

図 1.7 基本ベクトルのベクトル積

図 1.7 のように，x, y, z 軸の単位ベクトル $\boldsymbol{i}, \boldsymbol{j}, \boldsymbol{k}$ のベクトル積の大きさは，(1.29) と (1.30) 式の性質より，次のようになる。

$$|\boldsymbol{i} \times \boldsymbol{j}| = |\boldsymbol{i}|\,|\boldsymbol{j}| \sin 90^\circ = 1 \times 1 \times 1 = 1 \tag{1.31}$$

$\boldsymbol{i}$ から $\boldsymbol{j}$ 方向に右ネジを回転させて進む向きは $\boldsymbol{k}$ 方向になるので，$\boldsymbol{i} \times \boldsymbol{j} = \boldsymbol{k}$ である。これより，基本ベクトルのベクトル積は，次のようになる。

$$\boldsymbol{i}\times\boldsymbol{j}=\boldsymbol{k},\qquad \boldsymbol{j}\times\boldsymbol{k}=\boldsymbol{i},\qquad \boldsymbol{k}\times\boldsymbol{i}=\boldsymbol{j} \tag{1.32}$$

$$\boldsymbol{j}\times\boldsymbol{i}=-\boldsymbol{k},\qquad \boldsymbol{k}\times\boldsymbol{j}=-\boldsymbol{i},\qquad \boldsymbol{i}\times\boldsymbol{k}=-\boldsymbol{j} \tag{1.33}$$

(1.30) 式で $\sin 0^\circ = 0$ より，同じベクトルのベクトル積は次のように $\mathbf{0}$ (ゼロベクトル) になる。

$$\boldsymbol{i}\times\boldsymbol{i}=\boldsymbol{j}\times\boldsymbol{j}=\boldsymbol{k}\times\boldsymbol{k}=\mathbf{0} \tag{1.34}$$

一般に，ベクトル $\boldsymbol{A}$ と $\boldsymbol{B}$ のベクトル積は，(1.32) から (1.34) 式を用いて計算すると，下記のように各ベクトルの成分で表される。

$$\begin{aligned}\boldsymbol{A}\times\boldsymbol{B}&=(A_x\boldsymbol{i}+A_y\boldsymbol{j}+A_z\boldsymbol{k})\times(B_x\boldsymbol{i}+B_y\boldsymbol{j}+B_z\boldsymbol{k})\\&=(A_yB_z-A_zB_y)\boldsymbol{i}+(A_zB_x-A_xB_z)\boldsymbol{j}+(A_xB_y-A_yB_x)\boldsymbol{k}\end{aligned} \tag{1.35}$$

(1.35) 式は，次式のような行列式の展開の計算方法を用いると覚えやすい。

$$\boldsymbol{A}\times\boldsymbol{B}=\begin{vmatrix}\boldsymbol{i}&\boldsymbol{j}&\boldsymbol{k}\\A_x&A_y&A_z\\B_x&B_y&B_z\end{vmatrix}=\begin{vmatrix}A_y&A_z\\B_y&B_z\end{vmatrix}\boldsymbol{i}+\begin{vmatrix}A_z&A_x\\B_z&B_x\end{vmatrix}\boldsymbol{j}+\begin{vmatrix}A_x&A_y\\B_x&B_y\end{vmatrix}\boldsymbol{k} \tag{1.36}$$

1.4　弧度法 (ラジアン)

半径 r，中心角 θ の扇形の弧の長さを l とすると，扇形の弧の長さと中心角の大きさは比例する。このことから，角度 θ を，扇形の中心角 θ とみなして弧の長さ l と半径 r との比で定義する。この角度の単位をラジアンといい rad で表す。半径 r [m] の円周の長さは $l = 2\pi r$ [m] であり，このときの中心角 θ は 360°であるから，rad 単位での角度と度 ($^\circ$) 単位での角度の関係は

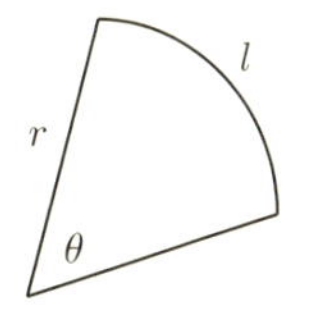

図 1.8

$$\theta=\frac{l}{r}=\frac{2\pi r\ [\mathrm{m}]}{r\ [\mathrm{m}]}=2\pi\ [\mathrm{rad}]=360^\circ\qquad\therefore\ \pi\ [\mathrm{rad}]=180^\circ \tag{1.37}$$

である。このように，rad 単位で角度を測る方法を**弧度法**という。度数法 ($^\circ$単位) での角度を rad 単位での角度に直すには $\pi/180$ をかければよい。rad 単位での角度は無次元量であり，単位の [rad] は省略されることが多い。$\pi = 3.141592\cdots$ であり，$\sin 1.5$ の 1.5 や $\cos(-3)$ の -3 は rad 単位での角度である。

弧度法では，半径 r [m]，中心角 θ [rad] の扇形の弧の長さを l [m]，扇形の面積を S [m^2] とすると

$$l=r\theta,\qquad S=\frac{1}{2}rl=\frac{1}{2}r^2\theta$$

である。円の中心角は $\theta = 2\pi$ [rad] であるから，円の面積 S は $S = \pi r^2$ である。

ラジアン [rad] で角度を表すと次のような三角関数の関係式が成り立つ。

$$\sin(\theta+2\pi)=\sin\theta,\quad \cos(\theta+2\pi)=\cos\theta,\quad \sin(\theta\pm\pi)=-\sin\theta$$

$$\cos(\theta\pm\pi)=-\cos\theta,\quad \sin\left(\theta\pm\frac{\pi}{2}\right)=\pm\cos\theta,\quad \cos\left(\theta\pm\frac{\pi}{2}\right)=\mp\sin\theta$$

(複号同順)

演習問題 1

A

1.1 次のベクトルを図示せよ。

(1) 2 つのベクトル $\boldsymbol{A}=(1,2)$ と $\boldsymbol{B}=(2,3)$ がある。$\boldsymbol{A}$ と $\boldsymbol{B}$ の各ベクトルと，ベクトルの和 $\boldsymbol{A}+\boldsymbol{B}$ を xy 座標で図示せよ。

(2) $\boldsymbol{A}=(1,2)$ であるとき，$2\boldsymbol{A}$ を xy 座標で図示せよ。

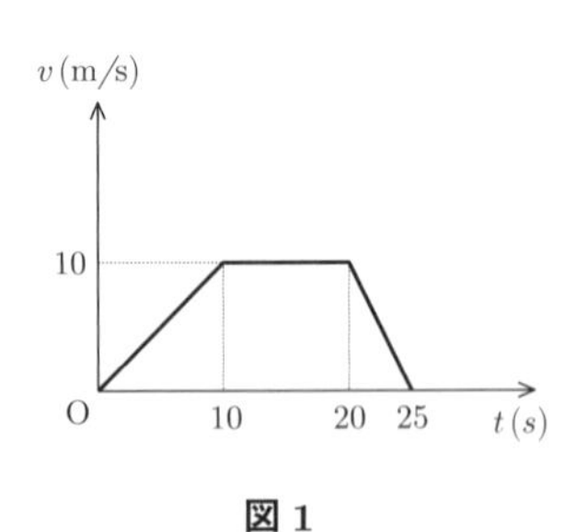

図 1

1.2 **(図形と微分)**　速度 v が図 1 のように時間 t とともに変化している。v を t で微分して，$\dfrac{dv}{dt}$ と t との関係のグラフを求めよ。微分することは，直線関係の傾きを出すことにあたるので，まず，0〜10 秒間，10〜20 秒間，20〜25 秒間の直線の傾きを求めてみよう。

1.3 次の関数を (1.6) 式を用いて時間 t について微分せよ。

(1) $x=at+x_0$

(2) $v=-gt+v_0$

1.4 次の式を，時間 t について微分せよ (1 階導関数)。得られた関数をもう一度，時間 t について微分せよ (2 階導関数)。

(1) $x=\dfrac{1}{2}at^2+v_0t+x_0$

(2) $y=-\dfrac{1}{2}gt^2+v_0t+y_0$

1.5 次の式を，時間 t について積分せよ。その後，得られた関数を，もう一度，時間 t について積分せよ。不定積分では，積分定数をつけること。

(1) $\dfrac{d^2x}{dt^2}=a$

(2) $\dfrac{d^2y}{dt^2}=-g$

(3) $\dfrac{d^2x}{dt^2}=0$

1.6 次の微分方程式を，時間 t について 1 回積分せよ (変数分離形)*。

$$\frac{dx}{dt}=-kx$$

* この式は，放射性物質の崩壊，光の吸収および化学反応の速度式，等に使用されているので，注意しよう。

1.7 次の位置 x および y を時間 t について微分せよ。得られた関数をもう一度，時間 t について微分せよ。この微分で x は t で直接微分できないので，$\omega t=z$ または $at=z$ と置き換えて $\dfrac{dx}{dt}=\dfrac{dx}{dz}\dfrac{dz}{dt}$ として計算せよ (置換微分)。

(1) $x=A\sin\omega t$

(2) $y=Ae^{at}$

1.8 図 2 のように，xy 座標上にある基準点 O $(0,0)$ から，自分のいる位置を A 点 $(x_{\mathrm{A}}, y_{\mathrm{A}})$ とする。B 地点の座標を $(x_{\mathrm{B}}, y_{\mathrm{B}})$ としたとき，A 点から B 点を見たベクトル $\overrightarrow{AB} = \boldsymbol{C} = (x_C, y_C)$ の x 成分と y 成分を求めよ (A 点から見たときの B 地点の相対的な位置)。

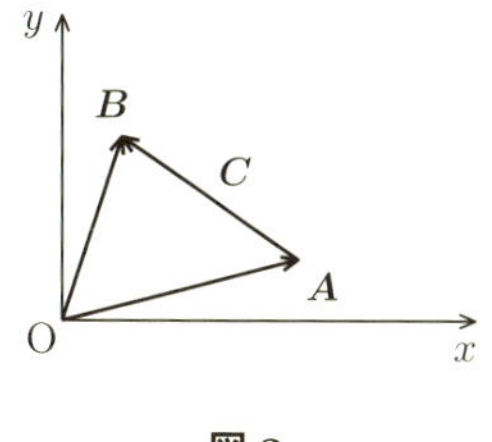

図 2

1.9 xy 平面の原点を中心とする半径 R の円周上を等速円運動している物体の位置ベクトル $\boldsymbol{r}$ の x 成分と y 成分は次のように表される。

$$\boldsymbol{r} = (x, y) = (R\cos\omega t,\ R\sin\omega t)$$

(1) この x 成分と y 成分を時間 t で微分して $\dfrac{dx}{dt}$ と $\dfrac{dy}{dt}$ を求めよ (等速円運動の速度ベクトルの成分に相当する)。

(2) $\dfrac{dx}{dt}$ と $\dfrac{dy}{dt}$ を，時間 t でもう 1 度微分して $\dfrac{d^2x}{dt^2}$ と $\dfrac{d^2y}{dt^2}$ を求めよ (等速円運動の加速度ベクトルの成分に相当する)。

2 質点の運動

身のまわりで動いている物体は，大きさと形を持っている。しかし，これを大きさのない 1 つの点，すなわち**質点**と考えて，その運動について調べてみよう。物体の運動とは，位置の時間的な変化である。それは，速度や加速度を調べることによって得られる。そのために，まず，物体の運動を表す速度，加速度から学習しよう。運動を記述するには，ニュートンの運動方程式が必要であり，それらについても学習する。これを用いて物体の落下運動を表したり，斜面を滑りおりる運動を表してみよう。物体がある速度で運動していれば運動エネルギーをもち，その物体が他の物体に衝突すれば，物体には仕事がなされる。これらのエネルギーと仕事の関係についても学習する。

2.1 速度，加速度

基礎事項

物体の速度 v が一定の場合，v は t [s] 間での位置座標 x [m] の変化率 $\frac{x}{t}$ で表される。また，物体の加速度 a が一定の場合，a は t [s] 間での速度 v の変化率 $\frac{v}{t}$ で表される。

速度 v や加速度 a が時間的に変化する場合は，速度 v や加速度 a は，時間の微小区間 Δt あたりの位置の変化 Δx との比 $v = \frac{\Delta x}{\Delta t}$ や，速度変化 Δv との比 $a = \frac{\Delta v}{\Delta t}$ で表される。$\Delta t \to 0$ の極限では，微分の形式である $v = \frac{dx}{dt}$ および $a = \frac{dv}{dt} = \frac{d^2x}{dt^2}$ で表される。

A 微分を使用しないで表した速度，加速度

自動車が一直線上を一定の速度で進む運動がある。これを**等速直線運動** (linear uniform motion) という。図 2.1 に示すように，時刻 t_1 [s] から t_2 [s] までに自動車の位置が x_1 から x_2 までに変化した場合，速度の速いあるいは遅い

図 2.1 車の移動

は，一定時間に移動する距離で比較される。したがって，物体の速度 v は単位時間あたりの移動距離で表される。

$$v = \frac{移動距離}{経過時間} = \frac{x_2 - x_1}{t_2 - t_1} \tag{2.1}$$

単位時間とは，1 秒または 1 時間等のことであり，移動距離として m または km を用いたときの速さは，m/s または km/h となる。

［問 1］ 自動車が 100 km 離れている 2 地点間を，一定の速さで 100 分間で走行した。この自動車の速度は何 m/s か。また，この自動車は 20 秒間で何 m 進むか。

図 2.2 で示すように，距離 x と時間 t が直線関係にならず，曲線関係になっていることは，速さが時間経過とともに変化していることを意味している。この場合に，(2.1) 式は x-t 図における 2 点 P と Q を通る直線の傾きを表し，これが点 PQ 間の平均の速さ $\overline{v}$

$$\overline{v} = \frac{x_2 - x_1}{t_2 - t_1} = \frac{\Delta x}{\Delta t} \tag{2.2}$$

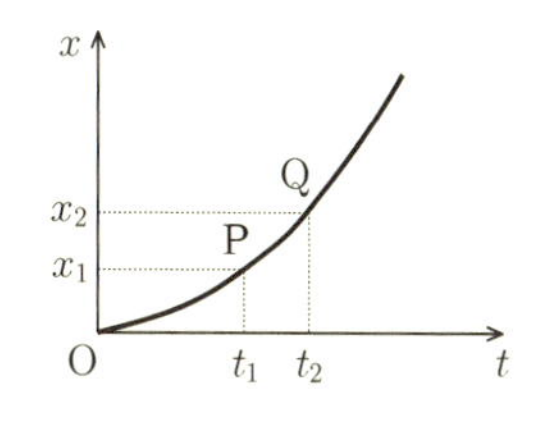

図 2.2 速度が変化する場合の速度の求め方

である。点 Q が点 P に近づいたとき ($\Delta t \to 0$)，(2.2) 式は，点 P での接線の傾きとなり，点 P での瞬間の速度である。

物体の運動の様子を調べるには，速度だけでなく，速度が時間の経過につれてどのように変化するかを調べることも重要である。単位時間あたりの速度の変化を**加速度** (acceleration) a といい，(2.2) 式と同じように 2 点 P と Q での速度 v_1 と v_2 を用いて a を表すと以下のようになる。

$$a = \frac{速度の変化}{経過時間} = \frac{v_2 - v_1}{t_2 - t_1} = \frac{\Delta v}{\Delta t} \tag{2.3}$$

加速度が一定である運動を**等加速度運動** (uniformly accelerated motion) という。(2.3) 式で加速度が一定の運動をしているとき，$t_1 = 0$ [s] のときの物体の位置と速度をそれぞれ $x_1 = x_0, v_1 = v_0$ (v_0 を初速度という) として，$t_2 = t$ [s] のときの位置 x および速度 v は，$x_2 = x, v_2 = v$ とすると，(2.3) 式より，

$$v = v_0 + at \tag{2.4}$$

また，v-t 図の台形の面積を計算することによって，移動距離 $(x - x_0)$ は，

$$x - x_0 = \frac{1}{2}t(v_0 + v_0 + at)$$

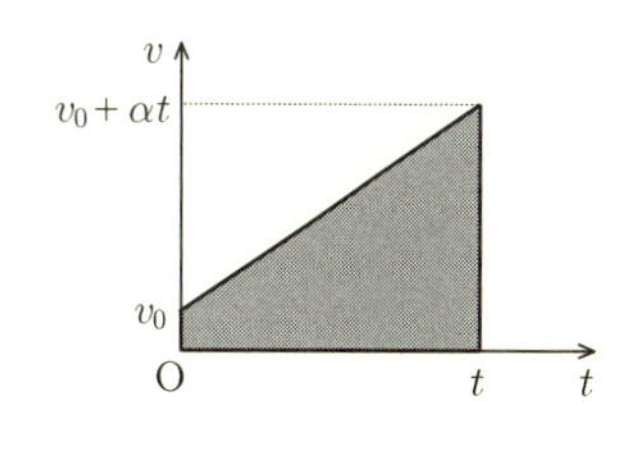

図 2.3 v-t 図

この式から，

$$x = x_0 + v_0 t + \frac{1}{2}at^2 \tag{2.5}$$

ここで，位置 x の (2.5) 式で，加速度 a の前に $\frac{1}{2}$ が付いているが，この理由は，速度が時間とともに変化しているためである。次節では，時間 t の積分操作のために付いた係数であることが明らかにされる。

(2.4) と (2.5) 式から，時間 t を消去すると，次のような x と v の関係が得られる。

$$v^2 - {v_0}^2 = 2a(x - x_0) \tag{2.6}$$

[問 2]　直線上の道路を走行している競技用のスポーツカーが一様に加速して，0 秒から 10 秒後に，100 km/h から 250 km/h の速度に達した。平均の速さは何 m/s か。また加速度は何 $\mathrm{m/s^2}$ か。

B　微分で表した速度，加速度

A 項目の微分を使用しないで説明した速度と加速度の内容をもとに発展させると，より応用のある微分を用いた定義式が導かれる。図 2.2 で，時間とともに速度が変化する場合，(2.2) 式で，PQ 間の平均の速さを説明した。

$$\overline{v} = \frac{x_2 - x_1}{t_2 - t_1} = \frac{\Delta x}{\Delta t} \tag{2.2}$$

Q 点を P 点に近づけると $(\Delta t \to 0)$，P 点における瞬間の速度になったが，これは P 点での微分形式で表した瞬間速度になる。

$$v = \lim_{\Delta t \to 0} \frac{\Delta x}{\Delta t} = \frac{dx}{dt} \tag{2.7}$$

この式は，位置 x の時間 t についての 1 回の微分が速度であることを意味している。また，図 2.2 では P 点の接線の傾きが速度を表している。(2.3) 式で示すように，加速度は速度の時間的な変化であるので，(2.7) 式と同じように取り扱うと，速度 v の時間 t についての 1 回の微分が加速度 a となる。

$$a = \lim_{\Delta t \to 0} \frac{\Delta v}{\Delta t} = \frac{dv}{dt} \tag{2.8}$$

ここで，(2.7) 式の v を (2.8) 式に代入すると，加速度 a は，次のように位置 x の時間 t についての 2 回の微分が加速度 a であることを意味している。

$$a = \frac{dv}{dt} = \frac{d}{dt}\frac{dx}{dt} = \frac{d^2x}{dt^2} \tag{2.9}$$

[問 3]　等加速度運動をしている物体の時刻 t での位置 x は，以下の式で表される。位置 x を時間 t で微分して，速度 v と加速度 a を求めよ。

$$x = x_0 + v_0 t + \frac{1}{2}at^2$$

2.2　速度ベクトル，加速度ベクトル

基礎事項

速度 $\boldsymbol{v}$ と加速度 $\boldsymbol{a}$ は，大きさと方向をもつベクトル量である。

位置ベクトル $\boldsymbol{r}$ の時間的な変化が速度ベクトル $\boldsymbol{v} = \dfrac{d\boldsymbol{r}}{dt}$ であり，速度ベクトル $\boldsymbol{v}$ の時間的な変化が加速度ベクトル $a = \dfrac{d\boldsymbol{v}}{dt}$ である。

A 位置ベクトルと変位，速度

図 2.4(a) のように，流れのない池または湖の岸のある地点 O から，船の位置を観察した。図のように，x 軸と y 軸をとり，船の位置を点 P(x, y) で表すと，$\overrightarrow{\mathrm{OP}}$ は，大きさと向きをもったベクトルである。位置を表すベクトルを**位置ベクトル**といい，$\boldsymbol{r} = \overrightarrow{\mathrm{OP}} = (x, y)$ で表すことができる。船は，$t = t_1$ のときに P 点にいたが，$t' = t_1 + \Delta t$ のときに Q 点 $\boldsymbol{r}' = (x', y')$ に移動した。この P 点から Q 点への位置の変化を**変位**という。変位 Δr は，

$$\Delta \boldsymbol{r} = \boldsymbol{r}' - \boldsymbol{r} = (x - x',\ y - y') \tag{2.10a}$$

となるベクトルである。この場合の平均の速度 $\boldsymbol{v}$ は，

$$\boldsymbol{v} = \frac{\boldsymbol{r}' - \boldsymbol{r}}{t' - t} = \frac{\Delta \boldsymbol{r}}{\Delta t} = \left(\frac{x' - x}{\Delta t}, \frac{y' - y}{\Delta t} \right) \tag{2.10b}$$

と表される。$\Delta t \to 0$ の極限値を瞬間の速度という。(2.10b) 式から，速度はベクトルであることがわかる。

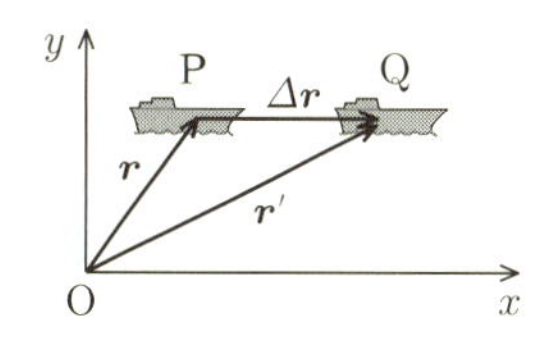

図 2.4(a) 岸の点 O から見た池の船 P の変位

A 速度の合成

図 2.4(b) のような上流から下流へ速度 $\boldsymbol{v}_f$ で水が流れている川がある。点 O から，この川の流れに垂直な方向の対岸の点 P に向かって船を速度 $\boldsymbol{v}_b$ で進ませたとき，川の流速の影響を受けて，対岸には流された位置点 Q に達する。これは，川の水の流れる速度と船の速度はそれぞれベクトルであるので，川の水面を進む船の速度 $\boldsymbol{V}$ は，以下のような 2 つの速度ベクトルの和で表される。

$$\boldsymbol{V} = \boldsymbol{v}_f + \boldsymbol{v}_b \tag{2.11a}$$

$\boldsymbol{v}_f = (v_f, 0)$, $\boldsymbol{v}_b = (0, v_b)$ であるから，この速度ベクトル $\boldsymbol{V}$ とその大きさ $|\boldsymbol{V}|$ は

$$\boldsymbol{V} = (v_f, v_b), \qquad |\boldsymbol{V}| = \sqrt{{v_f}^2 + {v_b}^2} \tag{2.11b}$$

であり，その方向は OQ の方向である。今後，(2.11b) 式の $\boldsymbol{V}$ のように，大きさと方向を持つベクトルを**速度** (velocity)，$|\boldsymbol{V}|$ のようなスカラー量を**速さ** (speed) として区別する。

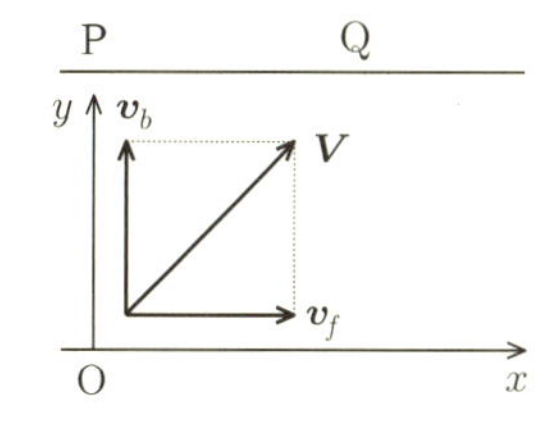

図 2.4(b) 相対速度

A 相対速度

同一直線方向に，図 2.5(a) のように 40 km/h で走る車 A から 60 km/h で走る車 B を見たときの相対速度 $\boldsymbol{v}_{\mathrm{AB}}$ は，以下のような速度ベクトルの差から，

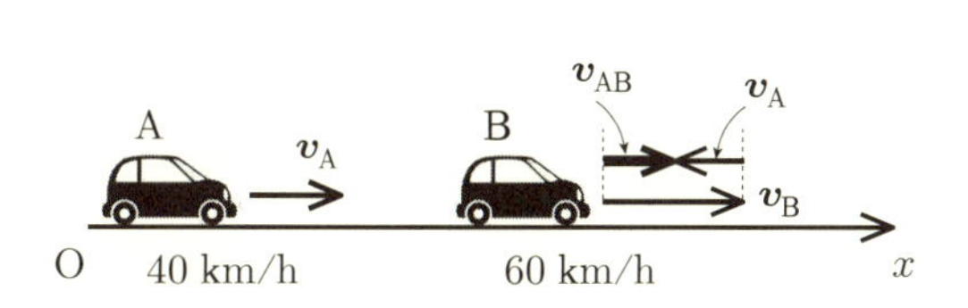

図 2.5(a) 相対速度

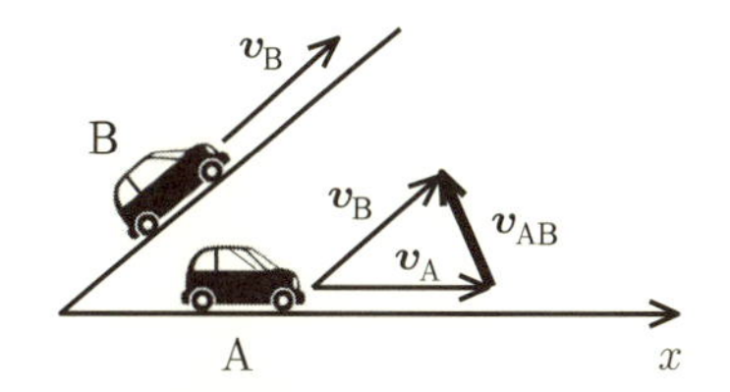

図 2.5(b) 平面上で速度の方向が違う場合の相対速度

20 km/h と求まる。図 2.5(b) のように速度が同一直線上でなくて，方向がそれぞれ異なっても，A から見た B の相対的な速度は (2.12) 式で求められる。

$$\boldsymbol{v}_{\mathrm{AB}} = \boldsymbol{v}_{\mathrm{B}} - \boldsymbol{v}_{\mathrm{A}} \tag{2.12}$$

[問 4]　風がなく，雨滴が速度 $\boldsymbol{v}_{\mathrm{B}}$ で垂直に降っているときに，速度 $\boldsymbol{v}_{\mathrm{A}}$ で走る電車の窓から見たときの，雨の相対速度 $\boldsymbol{V}_{\mathrm{AB}}$ を作図で求めよ。

B　微分で表した速度ベクトルと加速度ベクトル

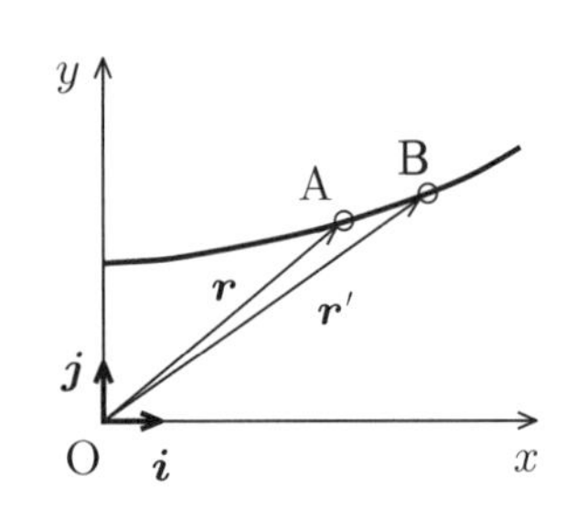

図 2.6 位置ベクトルと速度ベクトル

ボールのような物体が図 2.6 のように，xy 平面上を運動しているとする。ある時間 t に，(x, y) の位置の A 点にいたとすると，(1.22) 式のように基本ベクトルを用いて，位置 O 点を基準とする，点 A の**位置ベクトル** (position vector) $\boldsymbol{r}$ は，

$$\boldsymbol{r}(t) = x(t)\boldsymbol{i} + y(t)\boldsymbol{j} \tag{2.13}$$

ここで，$\boldsymbol{i}$ と $\boldsymbol{j}$ は，x, y 方向の大きさが 1 の基本ベクトルを表す。点 A から時間 $t' = t + \Delta t$ に点 B に移動して位置ベクトル $\boldsymbol{r}'$ になったとすると，$\boldsymbol{r}'$ は次のように表される。

$$\boldsymbol{r}'(t') = x(t+\Delta t)\boldsymbol{i} + y(t+\Delta t)\boldsymbol{j} \tag{2.14}$$

位置ベクトルの変化 $\Delta\boldsymbol{r}$ は，位置ベクトルの各成分の差で表される。

$$\Delta\boldsymbol{r} = \boldsymbol{r}'(t') - \boldsymbol{r}(t) = x(t+\Delta t)\boldsymbol{i} + y(t+\Delta t)\boldsymbol{j} - x(t)\boldsymbol{i} - y(t)\boldsymbol{j} \tag{2.15}$$

$\Delta\boldsymbol{r}$ の式を Δt で割って

$$\frac{\Delta\boldsymbol{r}}{\Delta t} = \frac{x(t+\Delta t) - x(t)}{\Delta t}\boldsymbol{i} + \frac{y(t+\Delta t) - y(t)}{\Delta t}\boldsymbol{j}$$

$\Delta t \to 0$ とすると，

$$\boldsymbol{v} = \frac{d\boldsymbol{r}}{dt} = \frac{dx}{dt}\boldsymbol{i} + \frac{dy}{dt}\boldsymbol{j} \tag{2.16}$$

x または y 方向の座標成分はスカラーであるから，x または y 方向の速さは，それぞれ次の式のように表される。

$$v_x = \frac{dx}{dt}, \qquad v_y = \frac{dy}{dt} \tag{2.17}$$

一般に，xy 平面内の速度ベクトルは，(2.17) 式の各成分を合成した形で表される。

$$\boldsymbol{v} = v_x\boldsymbol{i} + v_y\boldsymbol{j} \tag{2.18}$$

基本ベクトル $\boldsymbol{i}$ と $\boldsymbol{j}$ は，時間 t によらないので，それらの時間微分は 0 になる $\left(\dfrac{d\boldsymbol{i}}{dt} = \dfrac{d\boldsymbol{j}}{dt} = 0\right)$。したがって，(2.16) 式は，位置ベクトルの時間微分が速度ベクトルになることを意味している。図 2.6 で，B 点を A 点に近づけると $(\Delta t \to 0)$，速度ベクトルは物体の運動する軌道の接線方向を向いている。

同様に，加速度ベクトルは，速度ベクトルの時間微分で表される。

$$\boldsymbol{a} = \frac{d\boldsymbol{v}}{dt} \tag{2.19}$$

(2.16) 式を (2.19) 式に代入すると，加速度ベクトルは位置ベクトルの時間についての 2 回の微分 (2 階導関数) で表される。

$$\boldsymbol{a} = \frac{d}{dt}\frac{d\boldsymbol{r}}{dt} = \frac{d^2\boldsymbol{r}}{dt^2} \tag{2.20}$$

例題 1 地上の O 点から，水平となす角度 θ で上向きにボールを投げ上げたとき，その位置ベクトル $\boldsymbol{r}$ は次のように表される。

$$\boldsymbol{r} = \{(v_0 \cos\theta)t\}\,\boldsymbol{i} + \left\{(v_0 \sin\theta)t - \frac{1}{2}gt^2\right\}\boldsymbol{j}$$

ボールが地上に再び達するまでの速度と加速度を求めよ。

［解答］ 位置ベクトル $\boldsymbol{r}$ を時間 t について 1 回微分をすると速度 $\boldsymbol{v}$ が求まり，

$$\boldsymbol{v} = \frac{d\boldsymbol{r}}{dt} = \frac{d}{dt}\left[\{(v_0 \cos\theta)t\}\,\boldsymbol{i} + \left\{(v_0 \sin\theta)t - \frac{1}{2}gt^2\right\}\boldsymbol{j}\right]$$
$$= (v_0 \cos\theta)\boldsymbol{i} + \{(v_0 \sin\theta) - gt\}\boldsymbol{j}$$

速度ベクトル $\boldsymbol{v}$ を時間 t について 1 回微分をすると加速度 $\boldsymbol{a}$ が求まる。

$$\boldsymbol{a} = \frac{d\boldsymbol{v}}{dt} = \frac{d}{dt}(v_0 \cos\theta)\boldsymbol{i} + \frac{d}{dt}\{(v_0 \sin\theta) - gt\}\boldsymbol{j} = -g\boldsymbol{j}$$

2.3 運動の法則

基礎事項

ニュートンは，「力と運動の関係」を以下の 3 つの運動の法則としてまとめた。

運動の第一法則は，「慣性の法則」ともいわれ，力が加わらないとき，静止している物体はいつまでも静止を続け，運動している物体は，等速度運動を続ける性質である。

運動の第二法則とは，物体が外力 $\boldsymbol{F}$ を受けるとき，物体には力 $\boldsymbol{F}$ の向きに加速度 $\boldsymbol{a}$ が生じる。加速度 $\boldsymbol{a}$ の大きさは力 $\boldsymbol{F}$ の大きさに比例し，物体の質量 m に反比例するというものである。

運動の第三法則とは，「作用・反作用の法則」といわれ，物体に力を加えると (作用)，物体から反対方向に同じ大きさの力がはたらく性質 (反作用) である。

A 運動の 3 法則

ここでは，2.1 と 2.2 節で学んだ物体の運動の速度，加速度の知識と力との関係を求める。地面に置かれたサッカーボールをけると，一度ボールは変形し，その後，力を加えた方向に飛んでいく。このように，物体を変形させたり，物体の運動を変えたりする原因となるものを**力** (force) という。力の例としては，地上にある物体が地球の中心に向かって引かれる**重力** (gravity) がある。また，バネに物体をつるすとバネは伸びるが，バネにはもとの状態 (つりあいの位置) まで物体を戻そうとする力 (**弾性力**) (elastic force) がある。

(1) 運動の第一法則

机の上に本などの物体を置いて，これに力を加えると，力を加えている間は運動するが，力を加えるのを止めると運動は停止する。これは，物体と床の間には**摩擦力** (friction force) がはたらいているためである。しかし，机の上の表面をなめらかにし，かつ，ドライアイスを詰めた容器から CO_2 の気体を噴射して，机の面と物体の間の摩擦力を小さくしたアイスパックをなめらかな机の上に置いて，そっと押すと，アイスパックは等速直線運動を続ける。このことから，物体に力がはたらかないときは，静止している物体はいつまでも静止を続け，動いている物体はいつまでも等速直線運動を続ける性質 (**慣性** (inertia)) を持っている。この現象を**慣性の法則** (law of inertia) または**ニュートンの運動の第一法則** (Newton's first law) という。また，図 2.7 のように，等速度で動いている座標系から見て，一定の速度で運動する物体には力がはたらかない。このように，力が作用していない物体の運動が，静止しているか等速度運動するように見える座標系を**慣性系** (inertial system, inertial frame of reference) という。物体の運動は，この慣性座標系で記述される。しかし，物体が等しい速さで円運動しているように見える回転座標系では，運動方向が変化しているので等速度運動ではない。したがって，回転する座標系は慣性系ではない。

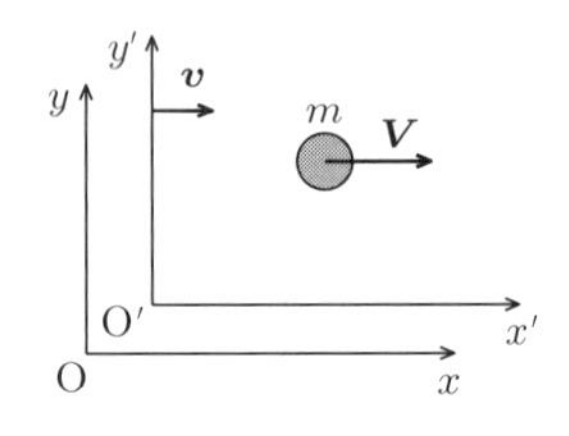

図 2.7 等速度で動く座標系は慣性系

[問 5]　等速直線運動をしている座標系では力をうけないので慣性系であるが，等速度運動をしていても運動の方向を変えたときに力を受ける非慣性系の例を上げて考えてみよう。例えば，遊園地の乗り物などではどうか。地球は自転しているが，厳密な意味でいうと慣性系であるか (2.11 節を参照せよ)。

(2) 運動の第二法則

ガリレオは実験を重視して物体の運動に関する推論を深めた。物体の落下運動を直接調べるには落下時間が短すぎるため，斜面を用いて物体の落下速度を遅くして，より詳しく運動を観測した。図 2.8 のような，レールを用いたなめらかな斜面とそれに続くなめらかな平面を用いた。小球を斜面に置いて手を離すと，小球が斜面を転がるときは加速したが，平面上を転がるときは一定の速度で運動した。彼は，小球が斜面を転がる距離は，時間の 2 乗に比例し，小球の質量に依存しないことを見出し，加速度と力との関係を導いた。一方，斜面を転がる物体を静止させるための力は物体の質量に比例した。ニュートンは，ガリレオなどが行ったこれまでの実験結果から，力が物体の運動を変える要因であることに気づき，力と加速度と質量の間の定量的関係をまとめて，物体の運動に関する第二法則として，次の式を与えた。

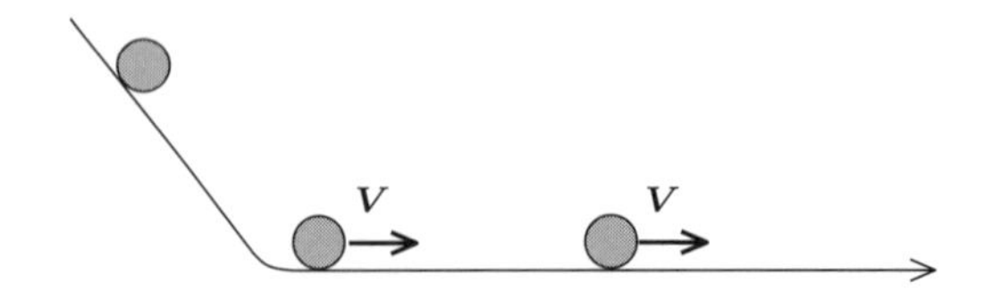

図 2.8 斜面と平面上での物体の移動実験

$$ma = F \tag{2.21}$$

これをニュートンの運動方程式という *。ここで，加速度の単位は m/s^2 であるから，質量の単位を kg とすると，力の単位は kg m/s^2 となる。この単位を N (ニュートン) という。ニュートンの運動に関する法則は，著書「自然哲学の数学的諸原理 (略称：プリンキピア)」にまとめられている。

＊ 2.9 節の解説参照

［問 6］ なめらかな平面上に静止していた質量 50 kg の物体が一様に加速され，10 秒後に速度が 10 m/s になった。物体には何 N の力がかかったか。

(3) 運動の第三法則

図 2.9 のように，建物の壁があり，力 F の大きさで壁を手で押したとする。壁から同じ力で反対向きに $-F$ の力で押し返されることを経験したことがあると思う。手が壁を押す力 F を**作用** (action) とすると，力 $-F$ を**反作用** (reaction) といい，大きさが等しく，向きが反対の力である。この 2 つの力の関係を**作用・反作用の法則** (law of action-reacion)，または，ニュートンの**運動の第三法則** (Newton's third law of motion) という。

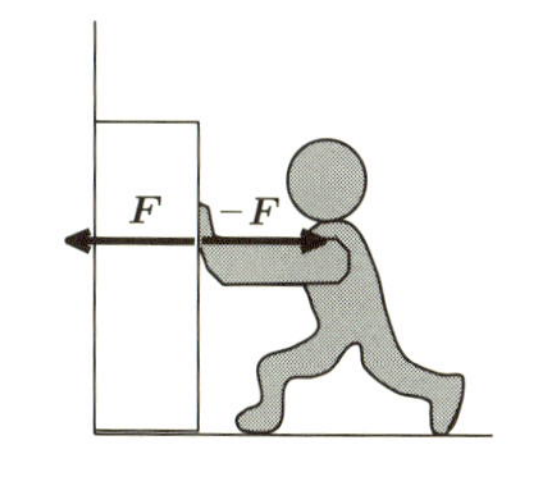

図 2.9 作用反作用の法則

［問 7］ 体重 60 kg の A 君と体重 30kg の B さんがスケート靴を履いて氷上に立っている。長さ 10 m の綱を張って綱引きをした。綱の真ん中の 5 m には色のついた布の印が付けられ，その下の氷上には線が引かれている。綱引きの開始の合図で，2 人が同じ長さだけ綱を引いたとき，どちらが勝っているか。

B 微分で表した運動の第二法則と運動方程式

図 2.10 で示すように，なめらかな水平面上に質量 m の物体が置かれている。物体には，x 軸上に力 F_x が加えられて，加速度 a_x が生じている。この場合の x 軸上を運動する物体の運動方程式は，(2.21) 式より次のように表される。

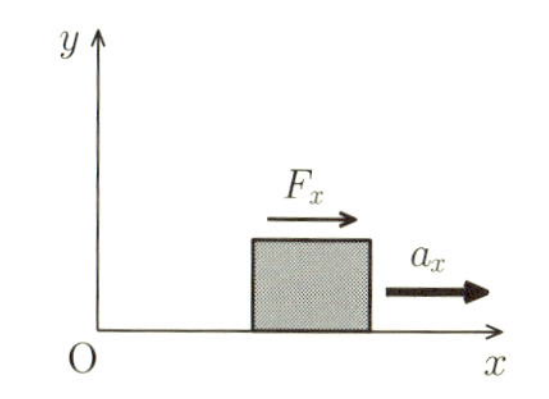

図 2.10 物体にはたらく加速度

$$ma_x = F_x \tag{2.22}$$

x 方向の加速度は，

$$a_x = \frac{dv_x}{dt} = \frac{d^2x}{dt^2} \tag{2.23}$$

(2.23) 式を (2.22) 式に代入して，微分を用いた運動方程式が得られる。

$$m\frac{d^2x}{dt^2} = F_x \tag{2.24}$$

次に，2 次元で xy 平面内を運動している物体に対しては，x および y 方向にそれぞれ運動方程式をつくればよい。

$$m\frac{d^2x}{dt^2} = F_x \tag{2.25}$$

$$m\frac{d^2y}{dt^2} = F_y \tag{2.26}$$

微分の形で運動方程式が表される場合，(2.25) 式または (2.26) 式の両辺を質量 m で割ってまず加速度 a を求め，次に (2.25) 式または (2.26) 式を時間 t で積分すれば，速度 v と位置 x を時間 t の関数として求めることができる場合が多い。一般に，位置ベクトル $\boldsymbol{r}$ を用いて物体の運動方程式は以下のように表される。

$$m\frac{d^2\boldsymbol{r}}{dt^2} = \boldsymbol{F} \quad \text{または} \quad m\frac{d\boldsymbol{v}}{dt} = \boldsymbol{F} \tag{2.27}$$

この運動方程式を解く場合，(2.25) および (2.26) 式のように x および y 方向の各成分に分解し，まずそれぞれの成分について運動方程式を解いたのち，速度ベクトルや位置ベクトルを合成して運動を求めることが多い。

[問 8]　質量 m の物体が一定の加速度 a で運動する場合，次式の運動方程式で表される。

$$m\frac{d^2x}{dt^2} = ma$$

この運動方程式に対して，時刻 $t = 0$ のとき，$x = 0,\ v_x = 0$ の場合，積分して，加速度 a_x，速度 v_x，位置 x を求めよ。

2.4　次元と単位

基礎事項

物理量を表す単位系には，MKS 単位系，cgs 単位系，SI (国際単位系) があり，速度，加速度，力等の物理量が表される。

A　次元と単位，単位の換算

運動方程式の中に出てくる位置，速度，加速度，力等の**物理量** (physical quantity) は，いずれも「**数値×単位**」の形で表される。この物理量は，基本的には，長さ L，質量 M，時間 T，電流 I，温度 Θ，物質量 N，光度 J の単位か，あるいは，これらの組み合わせで表される。例えば，速度 v の単位は m/s であるから，以下のように表される。

$$[v] = \frac{[\text{長さ}]}{[\text{時間}]} = \frac{[L]}{[T]} = \left[\frac{L}{T}\right] = [LT^{-1}] \tag{2.28}$$

加速度 a は m/s^2 であるから，以下のように表される。

$$[a] = \frac{[L]}{[T^2]} = \left[\frac{L}{T^2}\right] = [LT^{-2}] \tag{2.29}$$

ここで，[ ] の記号は，括弧の中の単位を表す。このように，L，M，T 等の単位の組み合わせで表された物理量の構成を**次元** (dimension)，または**ディメンション** (dimension) という。

このの L，M，T 等の単位を表すには，以下のような基本的な単位系がある。

MKSA 単位系：$[L] = \mathrm{m}$，$[M] = \mathrm{kg}$，$[T] = \mathrm{s}$，$[I] = \mathrm{A}$
cgs 単位系：$[L] = \mathrm{cm}$，$[M] = \mathrm{g}$，$[T] = \mathrm{s}$
国際単位系 (SI)：$[L] = \mathrm{m}$，$[M] = \mathrm{kg}$，$[T] = \mathrm{s}$，$[I] = \mathrm{A}$，$[\Theta] = \mathrm{K}$ (ケルビン)，$[N] = \mathrm{mol}$ (モル)，$[J] = \mathrm{cd}$ (カンデラ)

国際単位系 (略称 **SI**) (International System of Units, Systme International d'unités) には，m，kg，s，A，K，mol，cd の 7 個の **SI 基本単位** (SI base units) に，平面角 rad (ラジアン) と立体角 sr (ステラジアン) の **SI 補助単位** (SI supplementary units) が加わる。

また，力の単位は，$\mathrm{kg\,m/s^2}$，圧力の単位は $\mathrm{N/m^2} = \mathrm{Pa}$ (パスカル) 等のように，**SI 組立単位** (SI derived unit) がある。10^{-3} m，10^{-6} m は，mm，μm のように接頭記号が付いて表される (巻末の付録参照)。

現在使用されている単位系は，MKSA 単位系または SI が標準であるが，水の密度が 1 $\mathrm{g/cm^3}$ のように cgs 単位系も使用される。cgs 単位系は，これを SI に換算することが必要になる。

等速直線運動では，速度は $v = \dfrac{x}{t}$ で表されるが，瞬間の速度の場合は微分で表し，$v = \dfrac{dx}{dt}$ である。ここで，$\dfrac{dx}{dt} = \lim\limits_{\Delta t \to 0} \dfrac{\Delta x}{\Delta t}$ であるから，dx は変化量を表す Δx と同じ量，dt は Δt と同じ量を意味し，それぞれ位置 x と時間 t の次元と同じである。

◀解説▶ 「単位時間あたり」の「単位」と，「時間の単位」の「単位」は，異なる意味で使われている。単位時間と同じような意味で使われている例として，単位長さ，単位面積，単位質量等がある。「単位時間あたり」の単位とは「1」の意味で，1 s，1 min，1 h 等が単位時間である。一方，「時間の単位」の単位は s，min，h の単位そのものをさす。

例題 2 鉄の密度 7.8 $\mathrm{g/cm^3}$ は何 $\mathrm{kg/m^3}$ であるか。

［解答］ 単位の換算は，次のように，一定の手順として機械的に行うと良い。

$$
\begin{aligned}
7.8\ \frac{\mathrm{g}}{\mathrm{cm^3}} &= 7.8 \left(\frac{\mathrm{g}}{\mathrm{kg}}\right) \mathrm{kg} \left(\frac{\mathrm{m^3}}{\mathrm{cm^3}}\right)\ \frac{1}{\mathrm{m^3}} \\
&= 7.8 \frac{1}{10^3} (10^2)^3\ \mathrm{kg/m^3} \\
&= 7.8 \times 10^3\ \mathrm{kg/m^3}
\end{aligned}
$$

例題 3 大気の圧力は，気圧という単位で表される。圧力とは単位面積あたりの力であり，1 気圧は 76 cmHg とも書かれる。これは高さ 76 cm の水銀柱に加わる重力が，1 cm^2 の底面にかかる力である。これは何 hPa (ヘクトパスカル) であるか。

[解答] 底面積 1 cm^2 で高さ 76 cm，密度 13.6 $\mathrm{g/cm}^3$ の水銀柱の質量は，(高さ)×(面積)×(密度) である。この 1 cm^2 あたりにかかる重力の圧力は次のようになる。

$$
\begin{aligned}
&13.6\ [\mathrm{g/cm^3}] \times 76\ \mathrm{cm^3} \times 980\ [\mathrm{cm/s^2}] \div 1\ \mathrm{cm^2} \\
&= 1.013 \times 10^6\ \mathrm{g/cm\,s^2} \\
&= 1.013 \times 10^6 \frac{\left(\dfrac{\mathrm{g}}{\mathrm{kg}}\right)\ \mathrm{kg}}{\left(\dfrac{\mathrm{cm}}{\mathrm{m}}\right)\ \mathrm{m}} \times \frac{1}{\mathrm{s}^2} = 1.013 \times 10^5\ \mathrm{kg/m\,s^2} \\
&= 1.013 \times 10^5\ \mathrm{Pa} = 1013\ \mathrm{hPa}
\end{aligned}
$$

[問 9] 質量 60 kg の物体が 1 s 間で速度が 5 km/h 増加した。物体には何 N の力が加わったか。

[問 10] 微分で表した速度 $\dfrac{dx}{dt}$ と加速度 $\dfrac{d^2x}{dt^2}$ の次元はどのようになるか。

2.5 重力の中での物体の運動

基礎事項

等加速度 a で運動している物体の速度および位置は次式で与えられる。$t = 0$ s のときの物体の位置および速度が $y = y_0$ および $v = v_0$ であるとき，t [s] の位置 x [m] と速度 v [m/s] は，

$$
v = v_0 + at, \qquad y = y_0 + v_0 t + \frac{1}{2}at^2
$$

で与えられる。物体の運動の場合には，鉛直上向きを y 軸の正方向とすると，重力のみがはたらく場合には，$a = -g$ と置き換えると，上式がそのまま使用できる。

自由落下，鉛直投射，水平投射および斜方投射の 4 通りの落体の運動の解法としては，水平方向 x 方向と鉛直方向 y 方向の成分に分けた運動方程式でも解くことができる。

$$
\begin{aligned}
ma_x &= m\frac{d^2x}{dt^2} = F_x = 0, \\
ma_y &= m\frac{d^2y}{dt^2} = F_y = -mg
\end{aligned}
$$

4 通りに分けるのは，物体の初速度の違いからである。

A　等加速度運動の式を用いた物体の運動

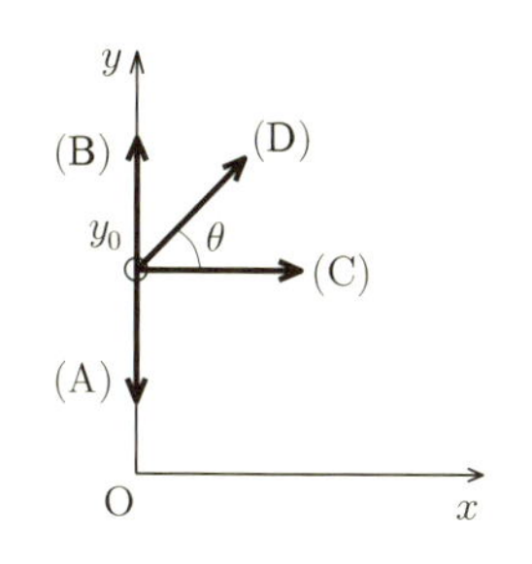

図 2.11 重力中の物体の運動
(A) 自由落下，(B) 鉛直投射，(C) 水平投射，(D) 斜方投射

図 2.11 のように x 軸，y 軸をとり，空気抵抗を考えない状態で，高さ y_0 の位置にある物体に対して，(A) から (D) の 4 通りの物体の運動がある。

(A)　初速度 $v_0 = 0$ で落下させた**自由落下**
(B)　初速度 v_0 で上方または下方に投げ出した**鉛直投射**
(C)　初速度 v_0 で水平に投げ出した**水平投射**
(D)　水平から上方に角度 θ で斜め上方に投げ出した**斜方投射**

基本事項で説明した速度と加速度の式を応用して，(A) から (D) の物体の運動を解いてみる。

(A) の自由落下の場合には，$v_0 = 0$ より，速度 v_y および位置 y は次式のように表される。

$$v_y = -gt \tag{2.30a}$$

$$y = y_0 - \frac{1}{2}gt^2 \tag{2.30b}$$

(B) の場合には，

$$v_y = v_0 - gt \tag{2.31a}$$

$$y = y_0 + v_0 t - \frac{1}{2}gt^2 \tag{2.31b}$$

また，(C) の水平投射の場合には，初速度 $\boldsymbol{v}_0 = (v_0, 0)$ であるので，速度 $\boldsymbol{v} = (v_x,\ v_y)$ は次式のようになり，

$$v_x = v_0 \tag{2.32a}$$

$$v_y = -gt \tag{2.32b}$$

$t = 0$ での位置は $\boldsymbol{r}_0 = (0, y_0)$ であるから，位置 $\boldsymbol{r} = (x, y)$ は，次式で与えられる。

$$x = v_0 t \tag{2.33a}$$

$$y = y_0 - \frac{1}{2}gt^2 \tag{2.33b}$$

以上，(A) と (C) の場合の物体の位置と速度を求めたが，(D) の場合の速度 $\boldsymbol{v} = (v_x, v_y)$ は，

$$v_x = v_0 \cos\theta \tag{2.34a}$$

$$v_y = v_0 \sin\theta - gt \tag{2.34b}$$

位置 $\boldsymbol{r} = (x, y)$ は

$$x = v_0 \cos\theta\, t \tag{2.35a}$$

$$y = y_0 + v_0 \sin\theta\, t - \frac{1}{2}gt^2 \tag{2.35b}$$

と求められる。(D) の場合では，$\theta = \dfrac{\pi}{2}$ とおくと (B) の場合になり，$\theta = 0$ とおくと (C) の場合になる。これらの (A)〜(D) の場合に対して，位置と速度に関する 4 通りの式が与えられた。

B　重力の中での物体の運動——微分・積分を用いた解

前項では，図 2.11 の (A)～(D) の運動の場合で，等加速度運動の式を使うと，解法は 4 通りに分かれた。しかし，微分を用いた運動方程式では，(A)～(D) の場合ではすべて共通で，使用すべき方程式は，x 方向と y 方向の 1 組の運動方程式だけで十分である。4 通りの解法に分かれたのは，$t = 0$ での位置と速度 (これを初期条件という) の違いによる。

図 2.11 では，物体の落下運動 (A)～(D) の場合に共通して，質量 m の物体にはたらく力は，鉛直下向きに重力 $-mg$ のみである。これを踏まえて，x 方向および y 方向の運動方程式は次のようになる。

$$m\frac{d^2x}{dt^2} = F_x = 0 \tag{2.36}$$

$$m\frac{d^2y}{dt^2} = F_y = -mg \tag{2.37}$$

ここで，図 2.11 の (A) の自由落下と (B) の鉛直投射では，x 方向には運動しないので，(2.36) 式は省略してもかまわない。

(B) の鉛直投射では，(2.37) 式より，y 方向の加速度 a_y は，両辺を質量 m で割ると次式で与えられる。

$$a_y = \frac{d^2y}{dt^2} = -g \tag{2.38}$$

y 方向の速度 v_y は，位置 y の時間 t による 1 回の微分 (1 階導関数) で表されるから，加速度 a_y を t で積分して求められる。

$$v_y = \frac{dy}{dt} = \int \frac{d^2y}{dt^2}\,dt = \int (-g)\,dt = -gt + C_1 \tag{2.39}$$

ここで C_1 は積分定数を表す。この積分定数は，$t = 0$ のときの v_y の条件 (**初期条件** (initial condition)) によって求められる。(B) の鉛直投射では，$t = 0$ のとき，$v_y = v_0$ となるから，これを (2.39) 式に代入して，

$$v_y = v_0 - gt \tag{2.40}$$

(2.40) 式を t についてもう 1 度積分すると，物体の位置 y が求まる。

$$y = \int \frac{dy}{dt}\,dt = \int (v_0 - gt)\,dt = v_0 t - \frac{1}{2}gt^2 + C_2 \tag{2.41}$$

$t = 0$ のとき，$y = y_0$ であるので，(2.41) 式の積分定数 C_2 が求まる。その結果，物体の位置 y が以下のように求まる。

$$y = y_0 + v_0 t - \frac{1}{2}gt^2 \tag{2.42}$$

ここでは，(B) の鉛直投射の場合のみの解答を示したが，図 2.11 の (A)～(D) と 4 通りの式に分かれた原因としては，速度における初期条件，すなわち，$t = 0$ のときに物体を投げる速度の方向の違いのために，結果的に 4 通りに分かれた。しかし，(A)～(D) の場合の運動方程式は 1 種類で，速度の初期条件のみに注意して，解き方も同じように解けば良いことがわかる。

[問 11] (A), (C) および (D) の場合の微分を使った運動方程式を立てて，積分を利用して，加速度，速度および位置を求めよ。

2.6　摩擦力がはたらく場合の物体の運動

基礎事項

物体が静止しているときの静止摩擦力は，$f_0 = \mu_0 N$，物体が運動しているときにはたらく動摩擦力は，$f = \mu N$ で表され，ここで静止摩擦係数と動摩擦係数は，$\mu_0 > \mu$ の関係になっている。

A　物体に作用する摩擦力

床の上に置いている箱のような物体に，図 2.12 で示すような力 F を x 方向に加えたとき，F が小さいときは物体が静止している。また，物体に加わる力は，F のほかに物体の重力 mg，床からの垂直抗力 N，運動を妨げる**静止摩擦力** (static friction)f_0 があり，F と f_0 がつり合っているために物体は静止している。しかし，箱を押す力 F を大きくしていくと箱は動き出すが，動き出す直前の摩擦力を**最大静止摩擦力** (maximum static friction force) という。このときの f_0 と垂直抗力 N との間には，実験的に以下の関係式が成り立つ。

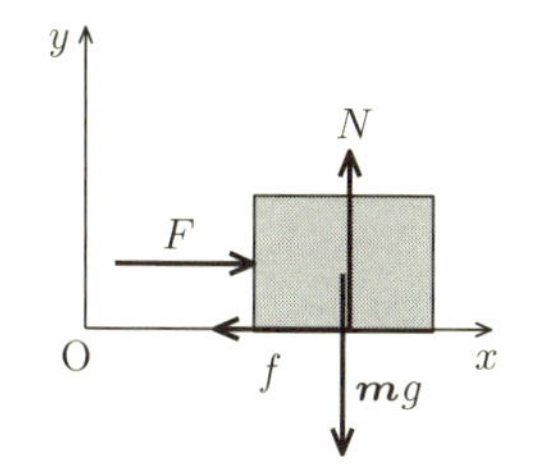

図 2.12 摩擦のある場合の物体の運動

$$f_0 = \mu_0 N \tag{2.43}$$

ここで，μ_0 を**静止摩擦係数** (coefficient of static friction) という。

物体が動き出したときは，摩擦力 f は最大静止摩擦力 f_0 よりは減少する。物体が運動しているときの摩擦力を**動摩擦力** (dynamic friction force) という。この動摩擦力 f と垂直抗力 N についても (2.43) 式と同様な関係式 (2.44) が成り立つ。この場合の μ を**動摩擦係数** (dynamic friction coefficient) という。

$$f = \mu N \tag{2.44}$$

一般に，摩擦係数は，$\mu_0 > \mu$ の関係になっている。

B　摩擦力が作用するときの運動——微分を用いた運動方程式の解

図 2.12 で示すように，動摩擦係数 μ の床の上で，物体に力 F が加えられ，その方向に運動している場合を考える。物体が運動する方向に x 軸，それに垂直に y 軸をとる。x 方向の力は $F - \mu N$ であり，一方，y 方向の力は $N - mg$ である。x 方向と y 方向の運動方程式はそれぞれ次式のように与えられ，y 方向の力はつり合っているので，$N = mg$ となる。

$$m\frac{d^2x}{dt^2} = F - \mu N \tag{2.45}$$

$$m\frac{d^2y}{dt^2} = 0 \tag{2.46}$$

$N = mg$ を (2.45) 式に代入して，次式が得られる。

$$m\frac{d^2x}{dt^2} = F - \mu mg \tag{2.47}$$

位置と速度の初期条件を $x = 0,\ v_x = v_0$ として，前節と同様にして (2.47) 式を積分して，t 秒後の x 方向の加速度 a_x，速度 v_x，位置 x を求めると，

$$a_x = \frac{F}{m} - \mu g \tag{2.48}$$

$$v_x = \left(\frac{F}{m} - \mu g\right) t + v_0 \tag{2.49}$$

$$x = \frac{1}{2}\left(\frac{F}{m} - \mu g\right) t^2 + v_0 t \tag{2.50}$$

となる。(2.46) 式より，y 方向には力と速度は 0 なので，y 方向には物体は移動しない。

2.7　仕事と仕事率

基礎事項

一定の力 F が物体に加わり，物体が力の方向に距離 x だけ移動したとき，力 F が物体にした仕事 W は，(力) × (移動距離) で，

$$W = Fx$$

と表される。力 F の方向と移動方向が角度 θ であるときは，

$$W = Fx\cos\theta$$

と表される。

A　仕事と仕事率

図 2.13 のように，一直線上で物体に一定の力 F を加えて，その力の向きに距離 x だけ物体を移動させたとき，力 F が物体にした**仕事** (work) W は，力と力の向きに移動した距離との積 Fx で，次式のように定義される。

$$W = Fx \tag{2.51}$$

この物理量としての仕事は，日常の仕事と異なる。水の入ったバケツを持ったまま立ち続けても，バケツが移動しない ($x = 0$) ので，仕事は 0 である。仕事の単位は $1\mathrm{N}\cdot\mathrm{m} = 1\mathrm{J}$ (ジュール) である。

図 2.14 の車輪付きのスーツケースを手で運ぶ場合のように，加えた力 F は移動方向 x に対し角度 θ をなしている場合，移動方向 x に対する力の成分は

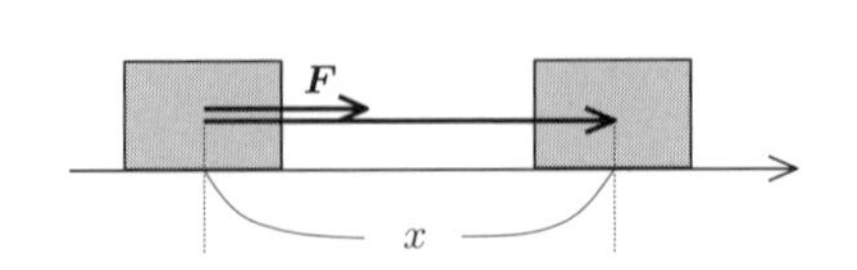

図 2.13　$\boldsymbol{F}$ と x の方向が同じ

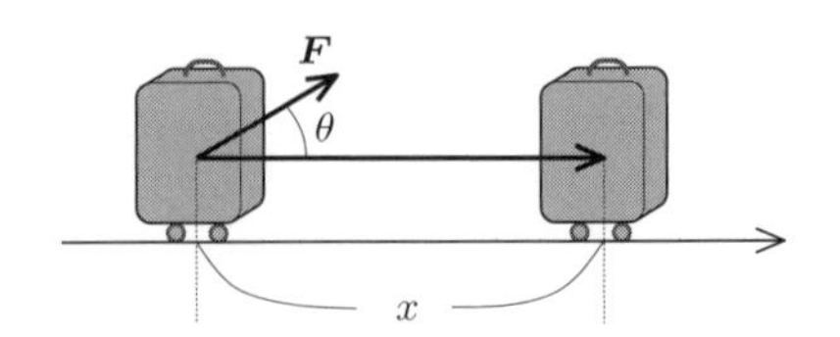

図 2.14　$\boldsymbol{F}$ と x の方向が異なる場合

$F\cos\theta$ となる。したがって，この場合の仕事は次式のようになる。

$$W = Fx\cos\theta \tag{2.52}$$

1 秒あたりにする仕事の割合を**仕事率** (power) P という。t 秒間で仕事 W をしたときの仕事率 P は，

$$P = \frac{W}{t} \tag{2.53}$$

である。ここで，仕事率の単位はワット $\mathrm{W = J \cdot s^{-1}}$ である。

例題 4　質量 $m=10$ kg の物体にひもを付け，垂直に高さ $h=5$ m だけ持ち上げた場合の仕事 W_1 と，垂直上向きに力 F を加えて，角度 $\theta=60^\circ$ のなめらかな斜面上を持ち上げた場合の仕事 W_2 を求めよ。これらの仕事を速度 $v=2$ m/s で行った場合にかかった時間 t_1 および t_2，仕事率 P_1 および P_2 を求めよ。

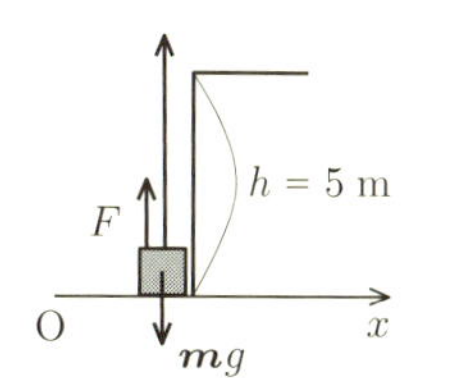

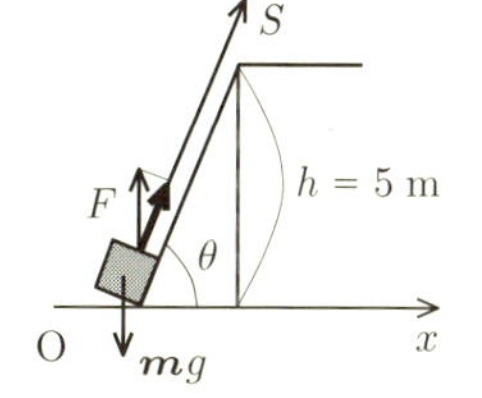

[解答]　物体を持ち上げるためには，重力 mg に逆らって垂直上向きに mg の力を加え，高さ h だけ移動させる必要がある。よって，仕事 W_1 は，

$$W_1 = mgh = 10 \times 9.8 \times 5 = 490 \text{ J}$$

斜面を引き上げるためには，斜面方向に引き上げる力 $F = mg\cos(90^\circ - \theta) = mg\sin\theta$ を加え，これを斜面の長さ $s = \dfrac{h}{\sin\theta}$ だけ移動させる必要がある。仕事 W_2 は，

$$W_2 = mg\sin\theta \times \frac{h}{\sin\theta} = mgh = 490 \text{ J} \quad (\theta \text{ に無関係})$$

これらから，$W_1 = W_2$ となって，仕事量は同じであることがわかる。

$$t_1 = \frac{h}{v} = \frac{5.0}{2} = 2.5 \text{ s}, \qquad t_2 = \frac{h}{\sin\theta} \div v = \frac{5.0}{\frac{\sqrt{3}}{2}} \div 2 = 2.89 \text{ s}$$

仕事率 P_1 および P_2 は，$t_1 = 2.5$ s および $t_2 = 2.89$ s より

$$P_1 = \frac{mgh}{t_1} = \frac{490}{2.5} = 196 \text{ W}, \qquad P_2 = \frac{mgh}{t_2} = \frac{490}{2.89} = 169.5 \text{ W}$$

B　仕事とスカラー積

物体の移動の向きと力の向きが一致せず，角度 θ をなしている場合の仕事 W は

$$W = |\boldsymbol{F}|\,|\boldsymbol{r}|\cos\theta \tag{2.54}$$

で表された。力 $\boldsymbol{F}$ が物体の移動距離 $\boldsymbol{x}$ (すなわち変位 $\boldsymbol{r}$) の方向とは異なるときは，図 2.15 の $\boldsymbol{F}$ と $\boldsymbol{r}$ と仕事 W の関係は，2 つのベクトルのスカラー積になる。

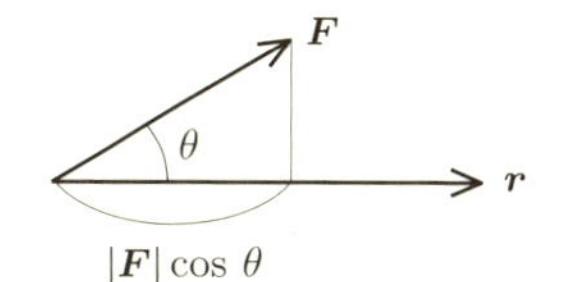

図 2.15 スカラー積

$$W = \boldsymbol{F} \cdot \boldsymbol{r} \tag{2.55}$$

力 $\boldsymbol{F}$ が変化していたり，一直線上に移動しないで，図 2.16 のように曲線的に移動する場合は，A から B の道筋を細かく分けると，各微小部分 $d\boldsymbol{r}$ の区間

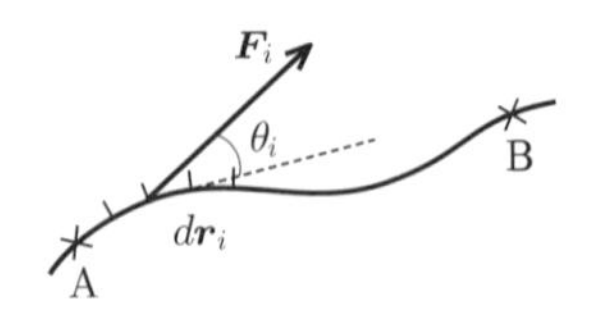

図 2.16 一般的な仕事の表し方

は直線区間の仕事の (2.54) 式で近似されるので，$d\boldsymbol{r}$ の区間からの寄与を足し合わせれば，A から B の仕事が求められる。ここで，微小区間 $d\boldsymbol{r}$ の仕事 dW は次のようになる。

$$dW_i = \boldsymbol{F}_i d\boldsymbol{r}_i = F_i dr_i \cos\theta_i \tag{2.56}$$

A から B までの (2.56) 式の微小区間の仕事を足し合わせると，A から B までの全仕事 W が求まる。これは，A から B までの力 $\boldsymbol{F}$ を $\boldsymbol{r}$ で積分したことに相当している。

$$W = \sum_i dW_i = \sum \boldsymbol{F}_i \cdot d\boldsymbol{r}_i = \int_A^B \boldsymbol{F} \cdot d\boldsymbol{r} \tag{2.57}$$

速度 v で運動している物体に，微小時間 Δt だけ力 $\boldsymbol{F}$ がはたらいたとすると，物体の変位は $\Delta r = v\Delta t$ である。この場合に，力 $\boldsymbol{F}$ が物体にする仕事 ΔW は，$\Delta W = F \cdot \Delta r = F \cdot v\Delta t$ なので，仕事率 P は，

$$P = \frac{\Delta W}{\Delta t} = \frac{F\Delta r}{\Delta t} = \boldsymbol{F} \cdot \boldsymbol{v} \tag{2.58}$$

となる。

[問 12]　バネの力 F はバネののび x によって $F = -kx$ のように変化するが，バネののびを 0 から x までにのばすのにした仕事 W を，(2.57) 式を用いて計算せよ。

2.8　力学的エネルギー

基礎事項

速度 v で運動している質量 m の物体のもつ運動エネルギーは $\dfrac{1}{2}m\boldsymbol{v}^2$ である。重力が作用しているとき，基準点から測った物体の高さが h のとき，重力による位置のエネルギーは mgh で表される。重力が作用している空間では，これら 2 つのエネルギーの和 E

$$E = \frac{1}{2}mv^2 + mgh$$

は力学的エネルギーとよばれ，v や h が変化しても，運動の間は E は保存される。

A　運動エネルギーと仕事

図 2.17(a) のように，$t = 0$ で静止している質量 m [kg] の物体 A に，外力 F [N] が t 秒間作用した結果，物体の速さは v になり，距離 x [m] だけ移動したとする。運動方程式から，加速度 a は

$$ma = F \qquad \therefore\ a = \frac{F}{m} \tag{2.59a}$$

等加速度運動の式 (2.4) (2.5) より $v = at,\ x = \dfrac{1}{2}at^2$ となり，この 2 式から t を消去すると

$$\therefore\ Fx = \frac{1}{2}mv^2 \tag{2.59b}$$

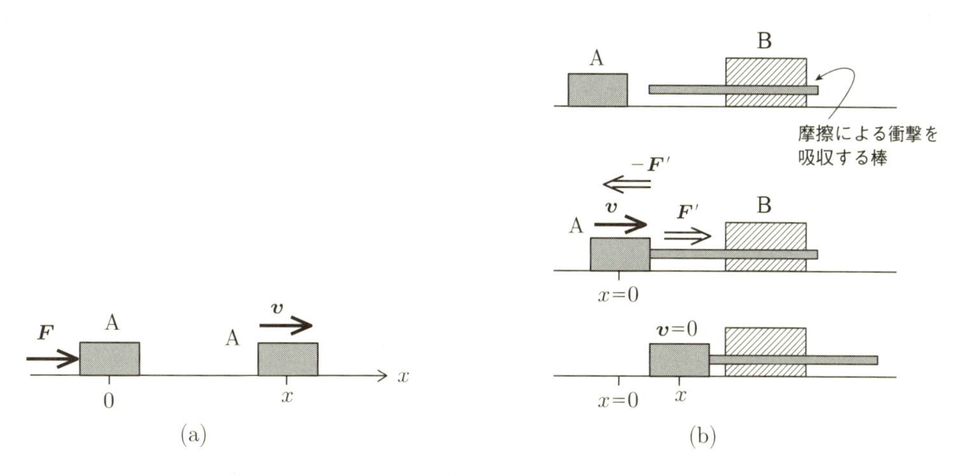

図 2.17 運動エネルギーと仕事

左辺は外力が物体にした仕事 $W = Fx$ [J] である。その結果，物体は $K = \frac{1}{2}mv^2$ というエネルギーを獲得した。この K は物体の速度に関係するので**運動エネルギー** (kinetic energy) という。

逆に，図 2.17(b) のように速度 v で運動している質量 m の物体 A が，衝撃を吸収する物体 B と接触して B を一定の力 F' で押すことによって，物体 A は t 秒後に距離 x だけ移動して静止したとする。作用反作用の法則から，物体 A には物体 B からの力 $-F'$ がはたらくから，A の加速度を a' とすると運動方程式は

$$ma' = -F' \qquad \therefore\ a' = -\frac{F'}{m} \tag{2.60a}$$

等加速度運動の式 (2.4) (2.5) より $0 = v + a't$, $x = vt + \frac{1}{2}a't^2$ となり，t を消去して

$$\therefore\ F'x = \frac{1}{2}mv^2 \tag{2.60b}$$

この式で $W = F'x$ は物体 A が静止するまでに物体 B にした仕事である。したがって，運動する物体は，ほかの物体に仕事をすることができる。

以上のように，速度 v の物体が持つ運動エネルギー K は，他の物体に仕事をすることができる。逆に，ある物体に，外部から仕事がなされると，物体の運動エネルギーが増加する。このように，エネルギーとは仕事をする能力であり，物体がなされた仕事によって物体が持つ運動エネルギーが増減する。

B　重力がする仕事と力学的エネルギー保存則

初速 0 で $y = 0$ から自由落下する質量 m の物体の，t 秒後の位置 y と速度 v は (2.30a) (2.30b) 式より $v = -gt$, $y = -\frac{1}{2}gt^2$ である。この 2 つの式から t を消去すると $y = -\frac{v^2}{2g}$ である。したがって，

$$mg(-y) = \frac{1}{2}mv^2 \tag{2.61}$$

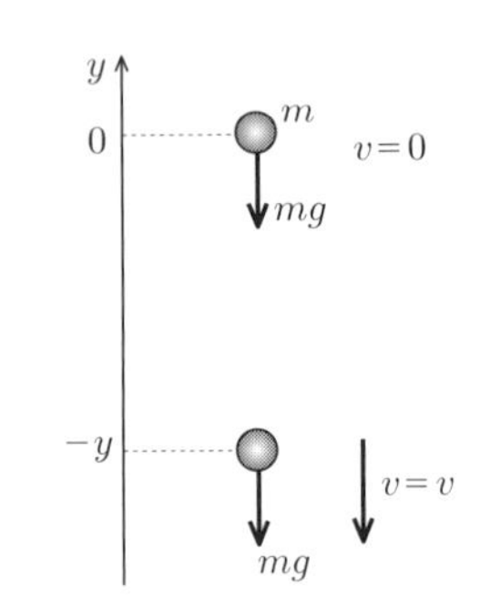

図 2.18 力学的エネルギー保存則

左辺は重力がした仕事であり，右辺は物体の運動エネルギーの増加分である(図 2.18)。すなわち，重力が作用するとき，物体の高さ (y 座標) の位置が変化したことによって物体は運動エネルギーを得たことになる。これは，物体の速度とは別に，物体が存在する位置 (y 座標) によって物体が持つエネルギーが異なることを意味する。物体の位置で決まるエネルギーを位置エネルギーという。重力の場合には，基準となる位置 ($y = 0$) に対する位置エネルギーを $U = mgy$ と表す。

さて，$t = 0$ での速度と座標を v_1, y_1，時間 t での速度と座標を v_2, y_2 とすると

$$v_2 = v_1 - gt, \qquad y_2 = y_1 + v_1 t - \frac{1}{2}gt^2 \tag{2.62}$$

この 2 つの式から t を消去すると

$$y_2 - y_1 = \frac{{v_1}^2 - {v_2}^2}{2g} \qquad \therefore \ \frac{1}{2}m{v_1}^2 + mgy_1 = \frac{1}{2}m{v_2}^2 + mgy_2 \tag{2.63}$$

ここで，$U_1 = mgy_1, U_2 = mgy_2$ は物体の位置 y_1, y_2 での**位置エネルギー** (potential energy) である。運動エネルギー K と位置エネルギー U の和を**力学的エネルギー** (mechanical energy) という。したがって，上式は位置 y_1, y_2 における力学的エネルギーが保存することを意味する。これを**力学的エネルギー保存則** (law of conservation of mechanical energy) という。

これまでは，y 方向 (鉛直方向) に運動する物体の力学的エネルギー保存を考えたが，斜方投射の場合には，位置 y_1, y_2 での x 方向の運動エネルギーは同じであるから，この場合でも力学的エネルギー保存則は成り立つ。

また，力学的エネルギー保存則 ($K + U =$ 一定) は，重力の場合に限らず，あとで学習するバネの場合や静電気力の場合にも成り立つ一般的な法則である。

[問 13]　高さ $h = 10$ m の位置にある質量 $m = 3$ kg の物体が，なめらかな斜面を下って水平面に降りた。物体の速度 v は何 m/s になるか。

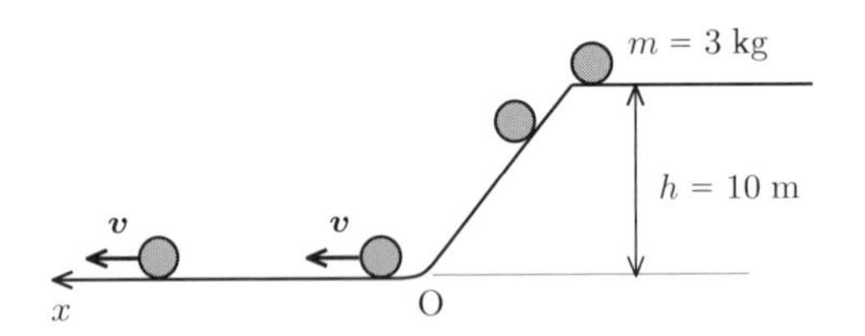

B　微分を用いて表した力学的エネルギー保存則

力が物体を動かすと仕事をしたことになり，動かされた物体はエネルギーを得ることになる。この力がする仕事と物体のもつエネルギーの関係を調べる。図 2.16 で，力 $\boldsymbol{F}$ が A 点 r_1 から B 点 r_2 の間で変化する場合，仕事 W は 2.7 節の (2.57) 式のようになり，力を $\boldsymbol{v}$ の時間微分で表すと次のようになる。

$$W = \int_{r_1}^{r_2} \boldsymbol{F} \cdot d\boldsymbol{r} = \int_{r_1}^{r_2} m\frac{d\boldsymbol{v}}{dt} \cdot d\boldsymbol{r} \tag{2.64}$$

ここで，$d\boldsymbol{r} = \dfrac{d\boldsymbol{r}}{dt} \cdot dt = \boldsymbol{v}\,dt$ より，(2.64) 式に代入すると次式のようになる。ここで，$\boldsymbol{r}_1$ における時間を t_1，速度を $\boldsymbol{v}_1$, $\boldsymbol{r}_2$ における時間を t_2，速度を $\boldsymbol{v}_2$ とする。

$$\begin{aligned} W &= \int_{\boldsymbol{r}_1}^{\boldsymbol{r}_2} \boldsymbol{F} \cdot d\boldsymbol{r} = \int_{t_1}^{t_2} m\frac{d\boldsymbol{v}}{dt} \cdot \boldsymbol{v}\,dt = \int_{t_1}^{t_2} \left[m\boldsymbol{v}\frac{d\boldsymbol{v}}{dt} \right] dt \\ &= \int_{t_1}^{t_2} \frac{d}{dt} \left[\left(\frac{1}{2}m\boldsymbol{v} \cdot \boldsymbol{v} \right) \right] dt = \left[\frac{1}{2}m\boldsymbol{v}^2 \right]_{v_1}^{v_2} = \frac{m}{2}\boldsymbol{v}_2{}^2 - \frac{m}{2}\boldsymbol{v}_1{}^2 \end{aligned} \tag{2.65}$$

ここで，物体に外からの力 F による仕事 W がされると，(2.65) 式より，

$$W = \int_{t_1}^{t_2} \boldsymbol{F} \cdot d\boldsymbol{r} = \frac{1}{2}m\boldsymbol{v}_2{}^2 - \frac{1}{2}m\boldsymbol{v}_1{}^2 \tag{2.66}$$

(2.66) 式は，物体に外からの力 $\boldsymbol{F}$ による仕事がされると，運動エネルギー $\dfrac{1}{2}m\boldsymbol{v}^2$ は，$\dfrac{1}{2}mv_1{}^2$ から $\dfrac{1}{2}mv_2{}^2$ に変化することを意味している。

仕事と運動エネルギーの関係 (2.66) を，重力の場合に適用する。$F = -mg$ とすると，図 2.18 で，物体に鉛直下向きに重力 $\boldsymbol{F} = -m\boldsymbol{g}$ がはたらいているとき，この重力に逆らって $-\boldsymbol{F}$ の力で，位置 $\boldsymbol{r}_1 = (0, y_1) = (0, -y)$ から $\boldsymbol{r}_2 = (0, y_2) = (0, 0)$ まで物体を引き上げるように仕事をしたとき，物体にされた仕事は以下のように表される。

$$W = \int_{r_1}^{r_2} (-\boldsymbol{F} \cdot d\boldsymbol{r}) = \int_{y_1}^{y_2} mg\,dy = mgy_2 - mgy_1 = U(r_2) - U(r_1) \tag{2.67}$$

(2.67) 式で，$U(\boldsymbol{r}) = mgy$ は重力による位置エネルギーを表す。

(2.66) 式と (2.67) 式を足し合わせると，

$$\int_{r_1}^{r_2} \boldsymbol{F} \cdot d\boldsymbol{r} + \int_{r_1}^{r_2} (-\boldsymbol{F}) \cdot d\boldsymbol{r} = 0$$

となり，書き換えると次式が導かれる。

$$\frac{1}{2}mv_1{}^2 + U(r_1) = \frac{1}{2}mv_2{}^2 + U(r_2) \tag{2.68}$$

(2.68) 式で，運動エネルギーと位置のエネルギーとの和は**力学的エネルギー** E を表している。

$$E = \frac{1}{2}mv^2 + U(r) \tag{2.69}$$

したがって，(2.68) 式は，最初の運動状態 1 と最後の運動状態 2 で，力学的エネルギーが保存されることを意味している。

重力による位置エネルギー $U(r)$ は，(2.67) 式では，最初と最後の位置だけで決定され，途中の道筋にはよらないことを意味する。このように，位置エネルギーが最初と最後の状態で決まる重力のような力は**保存力** (conservative force) とよばれている。バネにはたらく弾性力も保存力である。

[問 14]　つり合いからの変位を x としたとき，ばねの運動の位置エネルギー $U(x)$，およびつり合いの位置での速度 v を求めよ。

2.9 運動量と力積

基礎事項

運動量 $\boldsymbol{p}$ は物体の質量 m と速度 $\boldsymbol{v}$ の積で表され，物体の運動の勢いを表す。

$$\boldsymbol{p} = m\boldsymbol{v}$$

衝突等で，物体間に加わった力 $\boldsymbol{F}$ とその力が作用した時間 Δt の積 $\boldsymbol{F}\Delta t$ を**力積** (impulse) といい，運動量の変化が力積に等しくなる。

$$m\boldsymbol{v}' - m\boldsymbol{v} = \boldsymbol{F}\Delta t$$

ニュートンの運動方程式は，運動量を用いて以下のように表される。

$$m\boldsymbol{a} = \frac{d\boldsymbol{p}}{dt} = \boldsymbol{F}$$

一方，力のモーメント $\boldsymbol{N}$ は，位置ベクトル $\boldsymbol{r}$ と力 $\boldsymbol{F}$ とのベクトル積 (外積) で表される。

$$\boldsymbol{N} = \boldsymbol{r} \times \boldsymbol{F}$$

A 運動量と力積

飛んできたボールをグラブで受け止めるとき，ボールの速さが大きいほど，また，ボールの質量が大きいほど，受け止めるときの勢いが大きい。このように，物体の運動の勢いの程度を示すベクトル量として，フランスのデカルトは，物体の質量 m と速度 $\boldsymbol{v}$ の積を考えた。これを**運動量** (momentum) といい，記号 $\boldsymbol{p}$ で表す。単位は kg·m/s である。

$$\boldsymbol{p} = m\boldsymbol{v} \tag{2.70}$$

運動方程式中で，加速度 $\boldsymbol{a}$ は速度 $\boldsymbol{v}$ の時間的な変化であるから，運動量を用いて運動方程式を次のように書き表すことができる。Δt を微小時間として，速度が $\boldsymbol{v}$ から $\boldsymbol{v}'$ になった場合，

$$m\boldsymbol{a} = m\frac{\boldsymbol{v}' - \boldsymbol{v}}{\Delta t} = \frac{m\boldsymbol{v}' - m\boldsymbol{v}}{\Delta t} = \frac{\Delta \boldsymbol{p}}{\Delta t} = \boldsymbol{F} \tag{2.71}$$

が成り立つ。この式から，運動量の時間的な変化が力となることがわかる。両辺に Δt をかけると，

$$m\boldsymbol{v}' - m\boldsymbol{v} = \Delta \boldsymbol{p} = \boldsymbol{F}\Delta t \tag{2.72}$$

となる。左辺は物体の運動量の変化であり，右辺は力 $\boldsymbol{F}$ とその力が物体に作用した時間 Δt の積 $\boldsymbol{F}\Delta t$ である。この $\boldsymbol{F}\Delta t$ を**力積** (impulse) といい，運動量の変化が力積に等しいことを意味している。

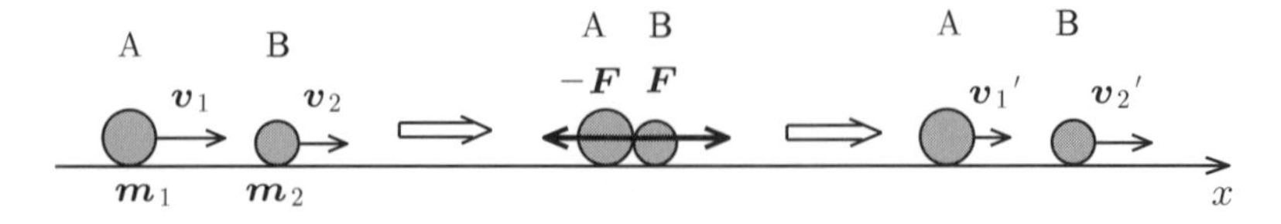

図 2.19 物体の衝突

2つの物体の衝突で，(2.70) 式の運動量 $\boldsymbol{p}$ の変化と力積について考えよう。図 2.19 のように，速度 $\boldsymbol{v}_1$ で運動する質量 m_1 の物体 A が，速度 $\boldsymbol{v}_2$ で同じ直線上を運動する質量 m_2 の物体に衝突し，速度がそれぞれ $\boldsymbol{v}_1{}'$, $\boldsymbol{v}_2{}'$ になったとする。衝突時に，物体 A から物体 B におよぼす平均の力を F とすると，作用反作用の法則から，物体 B から物体 A に平均の力 $(-F)$ がおよぼされる。衝突時間 Δt をとすると，2つの物体間の運動量変化と力積との関係は，A と B の物体について，次のように表される。

$$\text{物体 A：}\quad m_1\boldsymbol{v}_1{}' - m_1\boldsymbol{v}_1 = -\boldsymbol{F}\Delta t \tag{2.73}$$

$$\text{物体 B：}\quad m_2\boldsymbol{v}_2{}' - m_2\boldsymbol{v}_2 = \boldsymbol{F}\Delta t \tag{2.73$'$}$$

この2式の両辺をそれぞれ加えると，次式が得られる。

$$m_1\boldsymbol{v}_1 + m_2\boldsymbol{v}_2 = m_1 v_1{}' + m_2\boldsymbol{v}_2{}' \tag{2.74}$$

(2.74) 式より，外力がはたらかない場合は，衝突の前後で運動量の和は変わらない。これを**運動量保存則** (law of momentum conservation) という。

B 微分を用いて表した運動量と力積

前項の運動量と力積の内容を微分や積分を用いて表現しよう。なぜならば，衝突等で加わる力 $\boldsymbol{F}$ は必ずしも一定とは限らないからである。運動方程式 (2.24) 式左辺は，運動量 $\boldsymbol{p}$ を用いて次のように書き換えられる。

$$m\boldsymbol{a} = m\frac{d\boldsymbol{v}}{dt} = \frac{d(m\boldsymbol{v})}{dt} = \frac{d\boldsymbol{p}}{dt} \tag{2.75a}$$

となるので，運動方程式は

$$\frac{d\boldsymbol{p}}{dt} = \boldsymbol{F} \tag{2.75b}$$

となる。この両辺を t で積分すると，

$$\int_{t_1}^{t_2} \frac{d\boldsymbol{p}}{dt}\,dt = \int_{p_1}^{p_2} d\boldsymbol{p} = \int_{t_1}^{t_2} \boldsymbol{F}\,dt \tag{2.76}$$

これは，次のような結果になる。ただし，$t = t_1$ のとき $p = p_1$, $t = t_2$ のとき $p = p_2$ とする。

$$\boldsymbol{p}_2 - \boldsymbol{p}_1 = \int_{t_1}^{t_2} \boldsymbol{F}\,dt \tag{2.77}$$

(2.77) 式は (2.72) 式に相当し，$\displaystyle\int_{t_1}^{t_2} \boldsymbol{F}\,dt$ は**力積** (impulse) を表す。ここで $\boldsymbol{F}$ が一定の力のみならず，撃力のような複雑な力の場合にも，運動量の変化として力積を計算できることを意味している。

◀解説▶ 質量が変化する場合のニュートンの運動方程式の表し方

著書プリンキピアで出てくる本来のニュートンの運動方程式は，運動量 $\boldsymbol{p}$ を用いて，$\dfrac{d\boldsymbol{p}}{dt} = \boldsymbol{F}$ である。物体の運動を調べるときに，最初は質点を考えるので，質量 m は定数であるから $m\dfrac{d\boldsymbol{v}}{dt} = \boldsymbol{F}$ と書き直される。いまま

では，この質量が変わらないという立場で述べてきた。しかし，ロケットの推進力を求める問題のように，燃料の噴出によって質量 m が時間とともに変化する場合には，運動量が変化するので，運動量の変化 $\Delta p = F\Delta t$ を考えなければならない。

B　力のモーメントおよび角運動量

図 2.20 のようなてんびんで，力 $\boldsymbol{F}_1$ と $\boldsymbol{F}_2$ が，棒の両端で軸に対して垂直に加わっている。てんびんの支点 O を，次の関係式

$$\boldsymbol{F}_1 r_1 = \boldsymbol{F}_2 r_2 \tag{2.78}$$

のようにとると，てんびんの棒はつり合って静止し，回転しない。(力) × (支点 O からの距離) で表される物理量を**力のモーメント**とよんでいる。

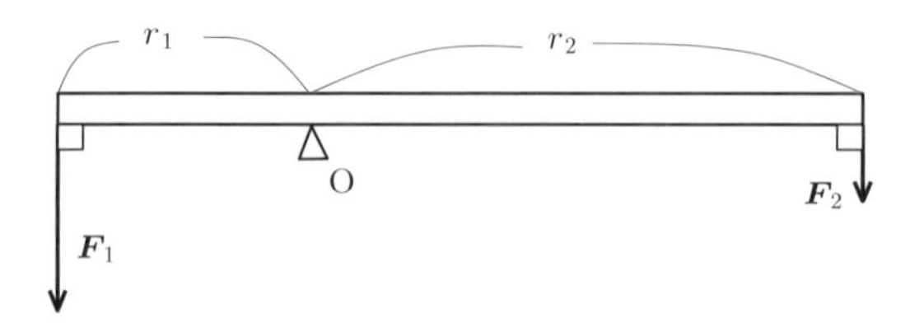

図 2.20　てんびんでの力のつり合い

[問 15]　図 2.20 のてんびんで，腕の長さ $r_1 = 10$ cm に質量 $m = 100$ g のおもりをつけた。腕の長さ $r_2 = 20$ cm に何 g のおもりをつけるとつり合うか。

図 2.20 のように，力 $\boldsymbol{F}$ と支点から力の作用点までの動径ベクトル $\boldsymbol{r}$ はそれぞれベクトル量であり，それらがお互いに直角な場合の力のモーメントは (2.78) 式で表すことができる。しかし，図 2.21 のように動径ベクトル $\boldsymbol{r}$ と力 $\boldsymbol{F}$ の方向が角度 θ をなす場合の力のモーメントを考える。図 2.21 のように，力のモーメントを構成する力の成分は，$\boldsymbol{r}$ に直角の成分であるから，その大きさは $F\sin\theta$ となる。したがって，(2.78) 式と同じような力のモーメント $\boldsymbol{N}$ の大きさ N は次式のようになる。

$$N = (F\sin\theta) \times r = Fr\sin\theta \tag{2.79}$$

したがって，この力のモーメントの大きさ N が等しい場合でも支点 O に関する右まわりと左まわりの方向があるので，それを区別する必要がある。それを表現するために，ベクトルの外積が必要になる。

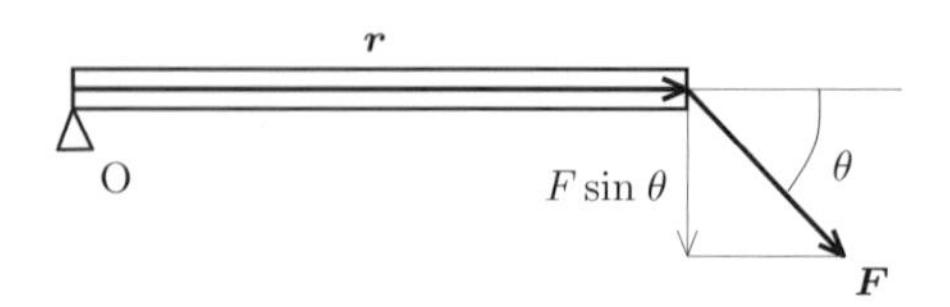

図 2.21　力と動径ベクトルの方向が異なる場合の力のモーメント

力 $\boldsymbol{F}$ および回転の腕の長さ $\boldsymbol{r}$ はいずれもベクトル量であり，図 2.21 の $\boldsymbol{F}$ と $\boldsymbol{r}$ と力のモーメント $\boldsymbol{N}$ の関係は，2 つのベクトル $\boldsymbol{A}, \boldsymbol{B}$ の掛け算に相当し，積の結果がベクトル量になっている。この 2 つのベクトルの積がベクトルになる場合を**ベクトル積 (外積)** (cross product, vector product) $\boldsymbol{A} \times \boldsymbol{B}$ という。このベクトル積で，(2.79) 式の**力のモーメント**または**トルク**を表すと，次のようになる (1.3 節参照)。

$$\boldsymbol{N} = \boldsymbol{r} \times \boldsymbol{F} \tag{2.80}$$

物体が速度 $\boldsymbol{v}$ で運動する場合に，運動の勢いを表すベクトル量として運動量 $\boldsymbol{p}$ を用いたが，回転運動の勢いを表す表現として，運動量のモーメントである角運動量を導入する。力 $\boldsymbol{F}$ のかわりに，運動量 $\boldsymbol{p} = m\boldsymbol{v}$ を用いた運動量のモーメント $\boldsymbol{L}$ を**角運動量** (angular momentum) という。

$$\boldsymbol{L} = \boldsymbol{r} \times \boldsymbol{p} \tag{2.81}$$

$\boldsymbol{L}$ を時間で微分すると，

$$\frac{d\boldsymbol{L}}{dt} = \frac{d(\boldsymbol{r} \times \boldsymbol{p})}{dt} = \frac{d\left(\boldsymbol{r} \times m\dfrac{d\boldsymbol{r}}{dt}\right)}{dt} = m\left(\frac{d\boldsymbol{r}}{dt} \times \frac{d\boldsymbol{r}}{dt}\right) + \boldsymbol{r} \times \frac{d^2\boldsymbol{r}}{dt^2} \tag{2.82}$$

ここで，同じベクトルのベクトル積 $\left(\dfrac{d\boldsymbol{r}}{dt} \times \dfrac{d\boldsymbol{r}}{dt}\right)$ は $\boldsymbol{0}$ になることより，(2.82) 式は次のように表される。

$$\frac{d\boldsymbol{L}}{dt} = \boldsymbol{r} \times \frac{d^2 r}{dt^2} = \boldsymbol{r} \times \boldsymbol{F} = \boldsymbol{N} \tag{2.83}$$

(2.83) 式は，角運動量の時間的な変化が力のモーメントに等しいことを示す。これを**回転の運動方程式** (equation of rotational motion) という。

2.10　中心力による物体の運動

基礎事項

中心力とは，物体の基準点と物体を結ぶ方向にあり，力の大きさは物体の位置ベクトル $\boldsymbol{r}$ の大きさ r のみで決まり，$\boldsymbol{r}$ の方向にはよらない。中心力 $\boldsymbol{F}$ は

$$\boldsymbol{F} = F(r)\frac{\boldsymbol{r}}{r}$$

と表される。**万有引力** (universal gravitation) は中心力の例であり，

$$F(r) = -G\frac{Mm}{r^2}$$

である。惑星など天体の運動には，万有引力がはたらき，角運動量 $\boldsymbol{L} = \boldsymbol{r} \times \boldsymbol{p} = \boldsymbol{r} \times m\boldsymbol{v}$ の時間的な変化は $\boldsymbol{0}$ となって保存する。

$$\frac{d\boldsymbol{L}}{dt} = \boldsymbol{N} = \boldsymbol{r} \times f(r)\frac{\boldsymbol{r}}{r} = \boldsymbol{0}$$

A　万有引力による天体の運動

中心力とは，物体にはたらく力が，基準点と物体を結ぶ方向にあり，力の大きさは物体の位置ベクトルの方向によらないで距離のみによる力である。万有引力などがこれになる。この発見に至る前に，デンマークのティコブラーエが，望遠鏡の無かった時代に精密な天体観測を行い，彼の助手のケプラーが，彼の観測資料を整理して，以下のケプラーの3つの法則を発見した。

第一法則　惑星は太陽を1つの焦点とする楕円上を運動する。

第二法則　太陽と惑星を結ぶ線分が一定時間に通過する面積は一定である(面積速度一定の法則)。

第三法則　惑星の公転周期の2乗と，軌道の長軸半径の3乗の比は，すべての惑星について同じ値をもつ。

ニュートンは，すべての天体間には次のような万有引力がはたらくと仮定して，運動の法則を使ってケプラーの法則を証明した。

$$F(r) = -G\frac{Mm}{r^2} \tag{2.84}$$

ここで，M および m は2つの物体の質量を表し，r は2つの物体間の距離，G は万有引力定数で 6.67×10^{-11} $\mathrm{Nm^2/kg^2}$ である。

[問 16]　質量 m の物体と質量 M の地球との間にはたらく万有引力は(2.84)式のように与えられる。地球の半径 $R = 6.37 \times 10^6$ m として，重力加速度の大きさ g を求めよ。また，高さ $h = 8878$ m のエベレスト山頂での，重力加速度の大きさ g_E を求めよ。

B　中心力場における角運動量の保存則

万有引力の(2.84)式は，力の大きさが r のみに依存し，力の方向は，基準点Oから物体に引いた動径ベクトル $\boldsymbol{r}$ の向きになっているので，次式のような**中心力** (central force) $\boldsymbol{f}$ となっている。

$$\boldsymbol{f} = f(r)\frac{\boldsymbol{r}}{r} \tag{2.85}$$

ここで $\dfrac{\boldsymbol{r}}{r}$ は動径方向の単位ベクトルを表す。(2.80)式の力のモーメント $\boldsymbol{N}$ に(2.85)式の中心力を代入すると，動径ベクトルと中心力は同じ向きのため，$\boldsymbol{N}$ は $\boldsymbol{0}$ になる。

$$\boldsymbol{N} = \boldsymbol{r} \times f(r)\frac{\boldsymbol{r}}{r} = \boldsymbol{0} \tag{2.86}$$

したがって，(2.86)式の角運動量の時間的な変化は，

$$\frac{d\boldsymbol{L}}{dt} = \boldsymbol{N} = \boldsymbol{0} \tag{2.87}$$

となり，角運動量 $\boldsymbol{L} = \boldsymbol{r} \times m\boldsymbol{v} = m(\boldsymbol{r} \times \boldsymbol{v})$ は一定に保たれる。これを**角運動量保存則** (conservation of angular momentum) という。

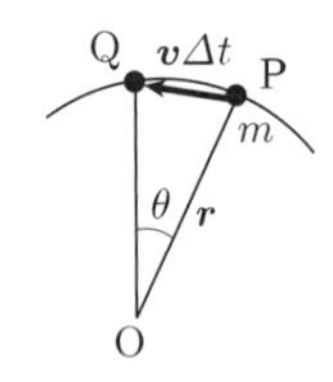

図 2.22 惑星の運動

この角運動量保存則を利用して，ケプラーの第二法則を考える。図 2.22 に示すように，惑星が楕円軌道上の点 P から点 Q に微小時間 Δt 秒で移動したとする。図形 OPQ の面積は ΔOPQ の面積で近似される。その面積は，ベクトルの外積の公式を使うと $\left|\dfrac{\boldsymbol{r} \times \boldsymbol{v}\Delta t}{2}\right|$ となる。したがって，面積速度は次式のようになる。

$$(\text{面積速度}) = \frac{(\Delta \text{OPQ})}{\Delta t} = \frac{\dfrac{|\boldsymbol{r} \times \boldsymbol{v}\Delta t|}{2}}{\Delta t} = \frac{|\boldsymbol{r} \times \boldsymbol{v}|}{2} \tag{2.88}$$

ここで，中心力場では角運動量は保存するので，$\boldsymbol{L} = m(\boldsymbol{r} \times \boldsymbol{v}) = $ 一定 で，$\dfrac{|\boldsymbol{r} \times \boldsymbol{v}|}{2} = $ 一定 となり，面積速度が一定を得る。

次に，第三法則を考えよう。簡単にするため，楕円運動を等速円運動に近似して考える。円運動の角速度を ω とし，ニュートンの運動方程式を万有引力の大きさを用いて表すと次のようになる。ここで，M は太陽の質量，m は惑星の質量を表す。

$$mr\omega^2 = \frac{GMm}{r^2} \tag{2.89}$$

惑星の角速度 ω は，周期 T を用いて，$\omega = \dfrac{2\pi}{T}$ となるので，これを (2.88) 式に代入して整理すると，以下のようになる。

$$\frac{r^3}{T^2} = \frac{GM}{(2\pi)^2} = \text{一定} \tag{2.90}$$

惑星の公転周期の 2 乗と，軌道半径の 3 乗の比は一定となる。この (2.90) 式に，惑星の質量 m が現れないので，すべての惑星について同じ値をもつ。このように，円軌道上を運動する惑星に対してはケプラーの第三法則が導けた。

B　万有引力がはたらくときのエネルギー保存則

万有引力 $F(r) = -G\dfrac{Mm}{r^2}$ のポテンシャルエネルギーを求めよう。

万有引力に逆らって力 $(-F)$ で物体を $r = r$ から $r = \infty$ まで移動させる仕事 W は

$$W = \int_r^{\infty} (-F)\, dr = \int_r^{\infty} G\frac{Mm}{r^2}\, dr = G\frac{Mm}{r} \tag{2.91a}$$

したがって，位置 r でのポテンシャルエネルギー $U(r)$ は，無限遠方での値 0 に比べて，W だけ小さいので，

$$U(r) = -W = -G\frac{Mm}{r} \tag{2.91b}$$

万有引力がはたらく場合の力学的エネルギー E は次のようになる。

$$E = \frac{1}{2}mv^2 - G\frac{Mm}{r} \tag{2.92}$$

[問 17]　地上にある大砲を真上に向けて，質量 m の砲弾を初速度 v_0 で発射した。砲弾には，空気抵抗を受けず，万有引力のみがはたらくとして，どのくらいの高さ h まで達するか。

2.11 慣 性 力

基礎事項

列車のような乗り物が，等加速度 $\boldsymbol{a}_0$ で直線上を運動し始めたときは，進行方向と逆向きに $-m\boldsymbol{a}_0$ の見かけの力を受ける。この見かけにはたらく $-m\boldsymbol{a}_0$ の力を**慣性力** (inertial force) という。慣性の法則 (運動の第一法則) が成り立たない座標系を**非慣性系** (non-inertial reference frame) という。

A 慣 性 力

電車が静止または等速直線運動しているときは，図 2.23(a) で示すように電車の天井から吊るした質量 m のおもりは鉛直方向を向いていて，おもりには重力 $m\boldsymbol{g}$ と糸の張力 $\boldsymbol{T}$ がはたらき，つり合っている。この電車内のおもりの運動方程式は以下のようになる。

$$m\boldsymbol{a} = \boldsymbol{T} - m\boldsymbol{g} = \boldsymbol{0} \tag{2.93}$$

しかし，図 2.23(b) のように，列車が等加速度 $\boldsymbol{a}_0$ で直線上を運動し始めたときは，おもりは進行方向と逆向きに角度 θ だけ振られてつり合う。この列車に固定した座標系で運動方程式を成り立たせようとすると，$-m\boldsymbol{a}_0$ の見かけの力を導入しなければならない。糸の張力と重力のほかに，もう 1 つの力がはたらいたために合力が 0 となり，つり合ったと考えられる。それは，

$$m\boldsymbol{a}' = \boldsymbol{T} - m\boldsymbol{g} - m\boldsymbol{a}_0 = \boldsymbol{0} \tag{2.94}$$

加速度 $\boldsymbol{a}_0$ で運動している座標系での運動方程式は次のようになる。

$$\boldsymbol{0} = \boldsymbol{T} - m\boldsymbol{g} - m\boldsymbol{a} \tag{2.95}$$

一般に，慣性系での運動方程式 $m\boldsymbol{a} = \boldsymbol{f}$ が成り立つとき，図 2.23(b) では，運動方程式は次式のようになる。

$$ma' = \boldsymbol{f} - m\boldsymbol{a}_0 \tag{2.96}$$

この見かけにはたらく $-m\boldsymbol{a}_0$ の力を**慣性力**という。(2.94) の場合のように，慣性の法則 (運動の第一法則) が成り立たない座標系を**非慣性系**という。一方，図 2.23(a) のように，静止または等速直線運動している座標系は**慣性系** (inertial reference frame) とよばれていて，見かけの力がはたらかない。

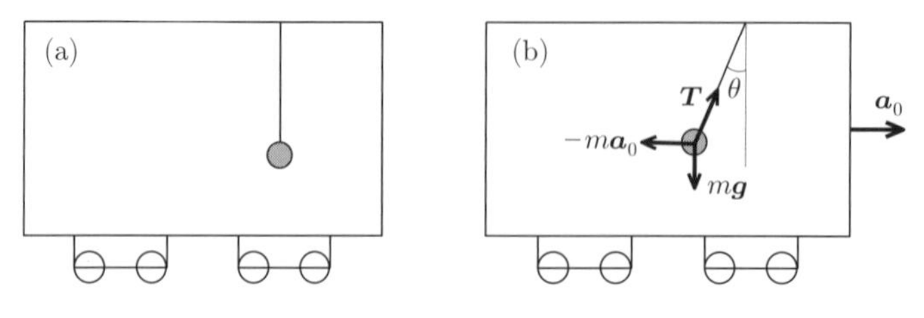

図 2.23 電車の中での慣性力

B 微分で表した慣性力

図 2.24 の O-XY を静止または等速直線運動している慣性系とし，O$'$-$X'Y'$ を加速度 $\boldsymbol{A}$ で運動している非慣性系とする。基準点 O または O$'$ から質量 m の物体に引いた位置ベクトルを $\boldsymbol{r}$ および $\boldsymbol{r}'$ とする。この物体 m に力 $\boldsymbol{f}$ がかかっているとすると，運動方程式はそれぞれの座標系に対し次式のように表される。

$$m\frac{d^2\boldsymbol{r}}{dt^2} = \boldsymbol{f}, \qquad m\frac{d^2\boldsymbol{r}'}{dt^2} = \boldsymbol{f} - m\boldsymbol{A} \tag{2.97}$$

非慣性系における運動方程式の $-m\boldsymbol{A}$ の項は，見かけの力で**慣性力** (inertial force) という。この $-m\boldsymbol{A}$ の力は，見かけの力である。

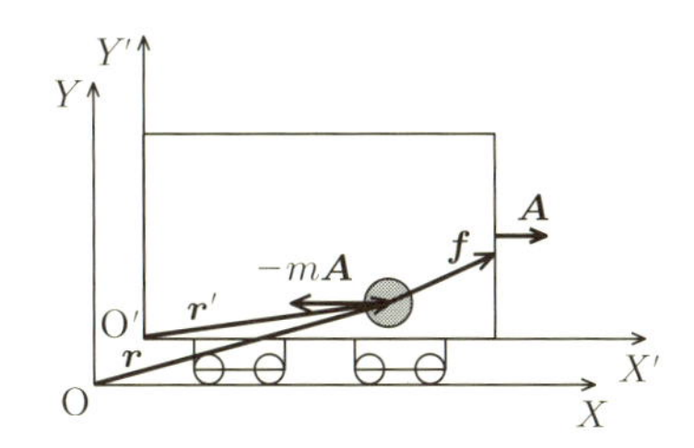

図 2.24 加速度運動している座標系にはたらく力

B コリオリの力

図 2.25 のような半径 r の円形の壁のある乗り物に質量 $\boldsymbol{m}$ の物体を入れて，速度 $\boldsymbol{v}$ で等速度運動をさせたとき，物体が回転運動を続けるために，慣性系から見ると向心力 $mr\omega^2$ の力が中心方向にかかっている。しかし，この乗り物の中にいる人 (非慣性系) から見ると，大きさ $mr\omega^2$ の外向きの慣性力を受けて，乗り物の壁に押し付けられる。このときに受ける慣性力 $mr\omega^2$ を**遠心力** (centrifugal force) という。

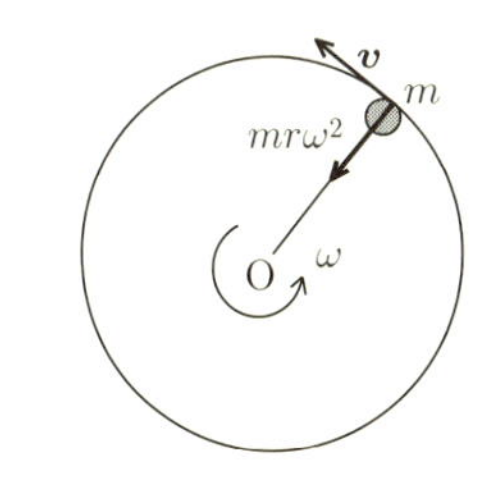

図 2.25 等速円運動している物体にはたらく力

$$m\frac{d^2\boldsymbol{r}'}{dt^2} = \boldsymbol{f} - mr\omega^2\frac{\boldsymbol{r}}{r} \tag{2.98}$$

図 2.26(a) のように，角速度 ω で回転する円板の中心 O から，質量 m のボールを点 P の方向に向かって速度 V で外向きに転がすと，ボールは P 点の向きに進まないで，時間 t の後に P$'$ 点に到達する。その間に円板が回転する角度 $\varphi = \angle$POP$'$ と点 P から P$'$ までのずれの円弧の長さ s は次式で与えられる。

$$\varphi = \omega t, \qquad s = r\varphi = (Vt) \times (\omega t) = V\omega t^2 \tag{2.99}$$

円周方向 (s 方向) の速度 V_s および加速度 A_s は時間 t で微分して以下のようになる。

$$V_s = \frac{ds}{dt} = 2V\omega t, \qquad A_s = \frac{dV_s}{dt} = 2V\omega \tag{2.100}$$

図 2.26(b) の円板上に乗った人から見ると，(2.97) と (2.100) 式より，慣性力 $2mV\omega$ の大きさで，速さ V の方向に垂直に，PP$'$ と反対向きの PP$''$ の向きに

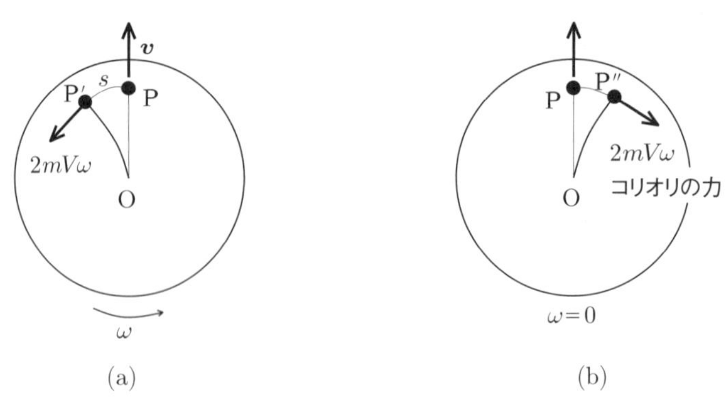

図 2.26 (a) 地上 (慣性系) から見た軌道　(b) 円板に乗った人から見た物体の軌道，慣性力 (コリオリの力)

はたらいている。この慣性力を**コリオリの力** (Coriolis force) という。ベクトル式で表した運動方程式は次式のようになる。

$$m\frac{d^2\boldsymbol{r}'}{dt^2} = f + 2mV \times \boldsymbol{\omega} \tag{2.101}$$

ここで $\boldsymbol{\omega}$ は角速度ベクトルを表し，$\boldsymbol{\omega}$ の大きさは ω であり，$\boldsymbol{\omega}$ の方向は回転によって右ネジが進む方向である。

演習問題 2

A

(速度，加速度，力)

2.1 100 m の直線上のトラックを人が 10.0 秒で等速度で走った。一方，直線上の線路の原点から 12 km の A 地点から 34 km の B 地点まで，5.28 分で等速度に走行する新幹線がある。人と新幹線の速度 [m/s] を求めよ，これらの値から，どちらが速いか。

2.2 質量 40 kg の台車が，一直線上を 5 m/s で等速度運動をしていた。これを 5 s 間で停止させるには，平均何 N の力を加えればよいか。

2.3 なめらかな平面上で，静止していた 50 kg の物体に 20 N の力を 10 s 間加えた。物体には摩擦力とか，空気抵抗がかからないものとして，物体の速度を計算せよ。

2.4 x 軸を水平に，y 軸を鉛直上向きにとった xy 平面で，原点 O から高さ y_0 の位置から物体を水平に $t=0$ のとき速度 v_0 で投げると，時間 t での物体の位置ベクトル r は次のように表される。

$$\boldsymbol{r} = (v_0 t)\boldsymbol{i} + \left(y_0 - \frac{1}{2}gt^2\right)\boldsymbol{j}$$

物体が地上に達するまでの速度ベクトル $\boldsymbol{v}$ と加速度ベクトル $\boldsymbol{a}$ を求めよ。

(仕事，仕事率，エネルギー，力のモーメント)

2.5 バネ定数 k のバネに重さのない板を取り付け，質量 m の物体をのせて x だけ縮めた。このときバネは $F=-kx$ の力がはたらく。このバネから手を離して物体を飛び出させたとき，何 m/s の速さになったか。また，この物体は垂直に何 m の高さまで達するか。

2.6 10 kg の荷物を床から高さ 1.5 m の高さまで垂直に持ち上げた。このときに，なされた仕事は何 J か。この作業を 1.5 s で行ったときの仕事率はいくらか。

2.7 体重 50 kg の選手が，10 m の飛び込み台から助走をつけないで飛び込んだ。水面に達した時間 t と，その時に水面に飛び込んだ速度 v を求めよ。選手には空気抵抗は受けないものとして計算せよ。

2.8 図 1 のようなくぎ抜きがある。支点から力を入れる力点まで 30 cm，支点から釘を抜く作用点まで 5 cm ある。これは，どのような原理を用いているか。力点に 100 N の力をかけると，作用点には何 N の力が加わることになるか。

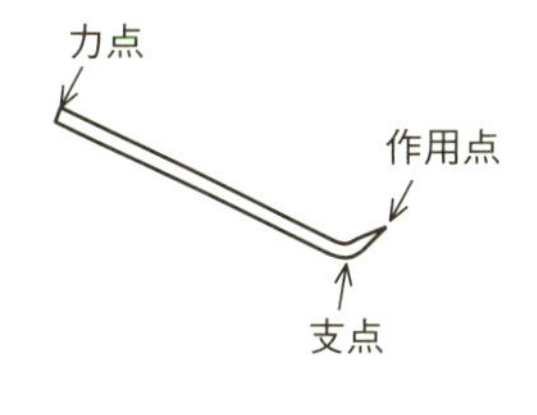

図 1

B

(運動方程式，運動)

2.9 (1) 図 2 のように角度 θ の摩擦のないなめらかな斜面に，質量 m の物体を静かに置いて手を離した (位置は $x=0$)。斜面平行で下向きに x 軸，斜面垂直上向きに y 軸を取ったとき，x 軸および y 軸方向の微分を用いた運動方程式を立てよ。これらを積分で解いて，加速度，速度，位置を求めよ。

(2) 図 2 の斜面が摩擦係数 μ の粗い面の上を物体がすべっている。x 軸および y 軸方向の微分を用いた運動方程式を立てよ。これらを積分で解いて，加速度，速度，位置を求めよ。

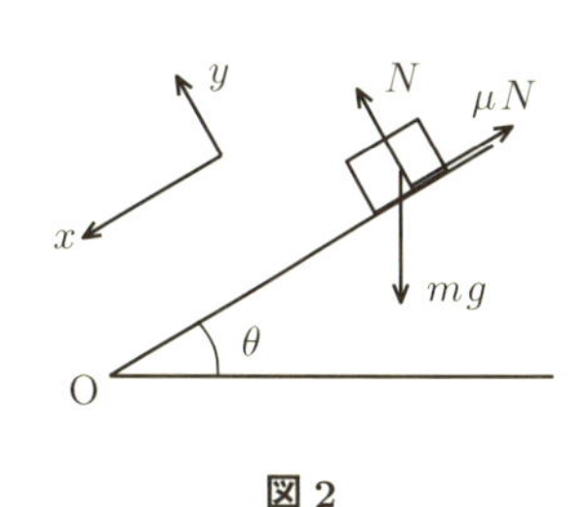

図 2

2.10 水平に距離 X_0 だけ離れたところに，高さ h の木があり，その枝にリンゴがぶら下がっている。リンゴをめがけて速さ v_0 で弾丸を発射したところ，発射の光と同時に，リンゴが木から落下した。

(1) 弾丸を発射した水平面とのなす角度を θ として，弾丸を発射して t 秒後の弾丸の x 方向および y 方向位置 x_1 および y_1 を求めよ。

(2) 弾丸を発射して，t 秒後のリンゴの地上からの位置 y_2 を求めよ。

(3) 弾丸が $x_1 = X_0$ に達する時間 t_1 を求めよ。

(4) t_1 を y_2 に代入して，弾丸がリンゴに当たるかどうかを判断せよ。

2.11 物体 A が位置 $\boldsymbol{r}_{\mathrm{A}}$，速度 $\boldsymbol{v}_{\mathrm{A}}$，で移動している。これを，観測者である自分 B が位置 $\boldsymbol{r}_{\mathrm{B}}$，速度 $\boldsymbol{v}_{\mathrm{B}}$，で移動していた。自分 B から見た物体 A の相対的位置 $\boldsymbol{r}_{\mathrm{BA}}$ を求めよ。また，B から見た A の相対的速度 v_{BA} を求めよ。自分 B から見た物体 A の $\boldsymbol{r}_{\mathrm{BA}}$，$\boldsymbol{v}_{\mathrm{BA}}$ を求める際に，共通の操作とはどのようなものか。

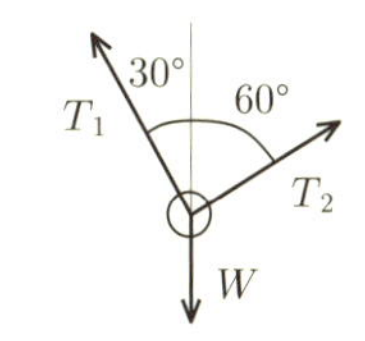

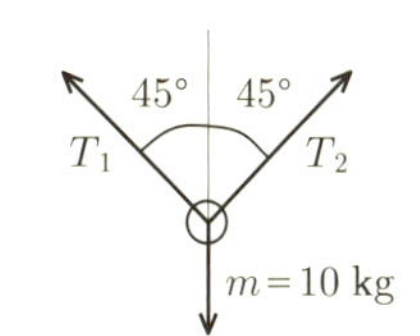

図 3

(相対速度，力のつり合い，運動)

2.12 (1) 質量 $m = 10$ kg の物体を図 3 のように鉛直と 45°の角度をもつ 2 つのひもでつるすとき，各ひもにかかる張力 T_1 と T_2 [N] を求めよ。

(2) 重さ W の物体を鉛直と 30°と 60°の角度をもつ 2 つのひもでつるすとき，各ひもの張力 T_1 と T_2 を W を用いて表せ。

2.13 図 4 のように壁と距離 A だけ離れた位置で，物体を水平となす角度 θ で，初速度 v_0 で投げ上げ，壁に垂直に当たった。

(1) 物体が壁に垂直に当たるとき，物体の高さは，放物線の運動では，どのようになっているか (最高とか最小とか)。

(2) 物体が壁に当たったときは，y 方向の位置 y および速度 v_y はどのような式で表されるか。

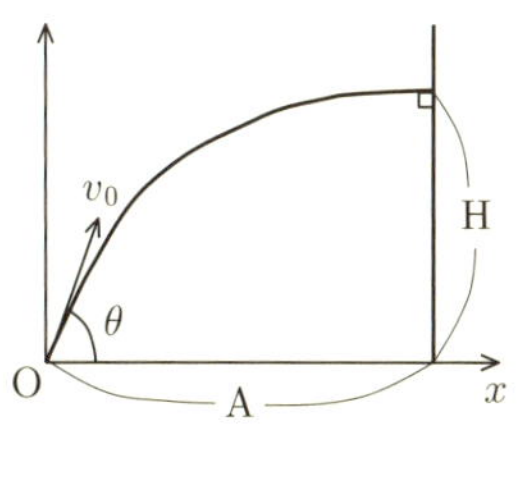

図 4

(3) 投げ上げの角度 θ と壁に当たった高さ H を求めよ。

2.14 斜面が水平となす角度 θ が小さいとき，物体は最初に静止していた。水平からの斜面の角度 θ を徐々に大きくしていったとき，$\theta = \theta_1$ のときに物体は滑り出した。この滑り出した瞬間の最大静止摩擦係数を求めよ。

(円運動，天体)

2.15 地球の半径を $r_e = 6370$ km として，人口衛星が地球の表面 (地上) すれすれを周回するために必要な速さを第一宇宙速度という。これを求めよ。

2.16 人工衛星が地球の重力圏から脱出するのに必要な速さを第二宇宙速度という。これを求めよ。

2.17 質量 m の物体が O を中心とする半径 $r = a$ の円周上を等速円運動している。物体の x 座標と y 座標の位置 x と y は次のように与えられる。ここで ω は角速度を表す。

$$x = a\cos\omega t, \qquad y = a\sin\omega t$$

(1) x 方向および y 方向の速度 v_x, v_y を微分を使って求めよ。

(2) x 方向および y 方向の加速度 a_x, a_y を微分を使って求めよ。

(3) 中心 O からの位置ベクトル $\boldsymbol{r} = (x, y) = (a\cos\omega t, a\sin\omega t)$ と，速度ベクトル $\boldsymbol{v} = (v_x, v_y)$ と加速度ベクトル $\boldsymbol{a} = (a_x, a_y)$，とはどういう向きになっているか。ベクトルの内積または外積を用いて説明せよ。

(ロケットの加速)

2.18 質量 M のロケットが速さ v で宇宙空間を進んでいる。このロケットが，相対速度 u でロケットの後方に燃料を m だけ噴射することによって，ロケットは速さが v' になった。

(1) 速度 v' を求めるため，この場合の運動保存則を求めよ。

(2) 毎秒 a [kg/s] の割合で燃料を噴射すると，t [s] 後の速さはいくらになるか。

3 質点系と剛体の力学

この章では, 2つ以上の**質点** (material particle) の集まりである**質点系** (system of particles) に対する運動の法則を調べて，それを発展させる。質点が非常に多く集まると，個々の運動方程式を解いて全体の運動を求めるやり方はほとんど不可能におもわれる。しかし，質点が非常に多く集まって変形しない物体 (これを**剛体**という) になると，少ない数の方程式を解くことによって剛体の運動が解けるという利点が生まれる。物体の大きさや形を考慮したときの運動の法則，とくに，回転運動について説明する。

3.1 2つの質点系の並進運動

基礎事項

質点に力が加わると加速度が生じて質点の位置が変化する。これを並進運動という。一方，質点系や剛体では，力が加わると並進運動が生じるだけでなく，回転運動も生じる。回転運動の強弱は角運動量によって決まり，角運動量は力のモーメントによって変化する。

A 2つの質点の重心

まず，2章で述べた簡単な例から考えよう。水平方向を x 軸，鉛直方向を y 軸とする。軽くて変形しない棒を x 軸に沿っておき，棒の2点 P, Q にそれぞれ質量 m_1, m_2 の小物体をおく。このとき，2点 P, Q の間にある点 $\mathrm{R}(x, 0)$ で鉛直上向きの力 F で支える。このとき，棒が水平 (x 軸に平行) であるためには，点 R の位置をどこにとればよいだろうか？ 2つの物体には重力 $W_1 = m_1 g$, $W_2 = m_2 g$ が作用している。g は重力加速度の大きさで 9.8 m/s^2 である。棒が回転しないので，点 R における右回りの力のモーメントと左回りの力のモーメントがつりあうので

$$(x - x_1)W_1 = (x_2 - x)W_2 \qquad \therefore\ W_1 x_1 + W_2 x_2 = (W_1 + W_2)x \tag{3.1}$$

$$\therefore\ x = \frac{W_1 x_1 + W_2 x_2}{W_1 + W_2} \tag{3.2}$$

(3.1) 式は，原点 ($x = 0$) に関する力のモーメントの和 (左辺) は，重力の合力 ($W_1 + W_2$) が点 R の1点に集中した場合の力のモーメントに等しいことを意味する。このことから $F = W_1 + W_2$ となることがわかる。(3.2) 式から，棒が回転しない点 R の位置 x は，2点の位置座標を重力の大きさの逆比 $\left(\dfrac{1}{W_1} : \dfrac{1}{W_2}\right)$

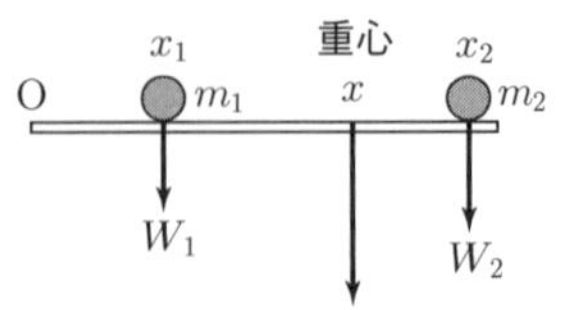
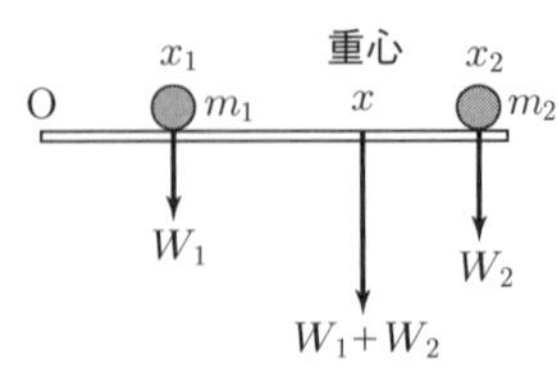

図 3.1 棒の重心

に内分する点であることを示す。このように，いくつかの物体が存在するとき，それらの重力の合力が 1 点に集中すると考えられる点を**重心** (重力の中心)(center of gravity) という (図 3.1)。一方，質量を使って (3.2) 式を書き直すと

$$x = \frac{m_1 x_1 + m_2 x_2}{m_1 + m_2} \tag{3.3}$$

となる。この表現を**質量中心** (center of mass) という *。

(3.2) や (3.3) 式は x 座標を設定すれば，2 つの物体の位置だけで決まり，棒の有無に無関係に成り立つ。

＊ 重心は，重力の大きさを基に決めた量であるが，質量中心は力の作用を考えない普遍量である。重心というときには，通常は，質量中心の意味で使われる。本書でも「重心」をこの意味で使用する。

一般に，位置ベクトル $\boldsymbol{r}_1, \boldsymbol{r}_2$ に質量 m_1, m_2 の質点があるとき，重心 (質量中心) の位置ベクトル $\boldsymbol{R}$ は，$\boldsymbol{r}_1, \boldsymbol{r}_2$ を質量の逆比 $\left(\dfrac{1}{m_1} : \dfrac{1}{m_2}\right)$ に内分する点の位置ベクトルとして

$$\boldsymbol{R} = \frac{m_1 \boldsymbol{r}_1 + m_2 \boldsymbol{r}_2}{m_1 + m_2} \tag{3.4}$$

と定義する (図 3.2)。

(3.4) 式は，2 つの位置ベクトル $\boldsymbol{r}_1, \boldsymbol{r}_2$ に質量の比率 $\dfrac{m_1}{m_1 + m_2}, \dfrac{m_2}{m_1 + m_2}$ を掛けて和をとったものである。この「質量の比率」での考えた方は，質点の数がいくつのときでも成り立つが，「内分点」での考え方は 3 つ以上の質点には適応しにくい。

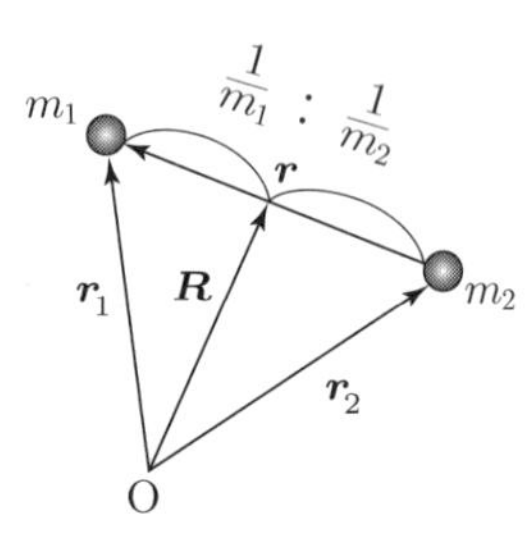

$$\left(\boldsymbol{R} - \boldsymbol{r}_1\right)\frac{1}{m_2} = \left(\boldsymbol{r}_2 - \boldsymbol{R}\right)\frac{1}{m_1}$$

$\boldsymbol{R}$: 重心の位置ベクトル

$\boldsymbol{r} = \boldsymbol{r}_1 - \boldsymbol{r}_2$：相対位置ベクトル

図 3.2 重心の位置ベクトルと相対位置ベクトル

A　重心の並進運動

2 つの質点が存在するときの運動方程式を考えよう。簡単のため，質量 m_1, m_2 をもつ 2 つの質点の位置ベクトルをそれぞれ $\boldsymbol{r}_1, \boldsymbol{r}_2$ とする。2 つの質点には，重力のように物体の外部から作用する力 (これを**外力**) と，2 つの質点間にはたらいて作用反作用の関係にある力 (これを**内力**) がはたらく (図 3.3)。質点 1 にはたらく外力と内力をそれぞれ $\boldsymbol{F}_1$ と $\boldsymbol{F}_{12}$，また，質点 2 にはたらく外力と内力を，それぞれ $\boldsymbol{F}_2$ と $\boldsymbol{F}_{21}$ とすると，次のような 2 つの質点の運動方程式を得る。

$$m_1 \frac{d^2 \boldsymbol{r}_1}{dt^2} = \boldsymbol{F}_1 + \boldsymbol{F}_{12} \tag{3.5a}$$

$$m_2 \frac{d^2 \boldsymbol{r}_2}{dt^2} = \boldsymbol{F}_2 + \boldsymbol{F}_{21} \tag{3.5b}$$

(3.5a) と (3.5b) 式の 2 つを足し合わせて，作用反作用の法則 ($\boldsymbol{F}_{12} = -\boldsymbol{F}_{21}$) を用いると

$$\frac{d^2}{dt^2}\left(m_1 \boldsymbol{r}_1 + m_2 \boldsymbol{r}_2\right) = \boldsymbol{F}_1 + \boldsymbol{F}_2 \tag{3.6}$$

となる。ここで，重心の位置ベクトル $\boldsymbol{R}$ (式 (3.4)) を用いると，(3.6) 式の運動方程式は

$$M \frac{d^2 \boldsymbol{R}}{dt^2} = \boldsymbol{F} \tag{3.7}$$

となる。ここで，$M = m_1 + m_2$，$\boldsymbol{F} = \boldsymbol{F}_1 + \boldsymbol{F}_2$ である。(3.7) 式は，2 つの質点の重心の**並進運動** (translational motion) は，質量 M の 1 つの質点が外力 $\boldsymbol{F}$ に

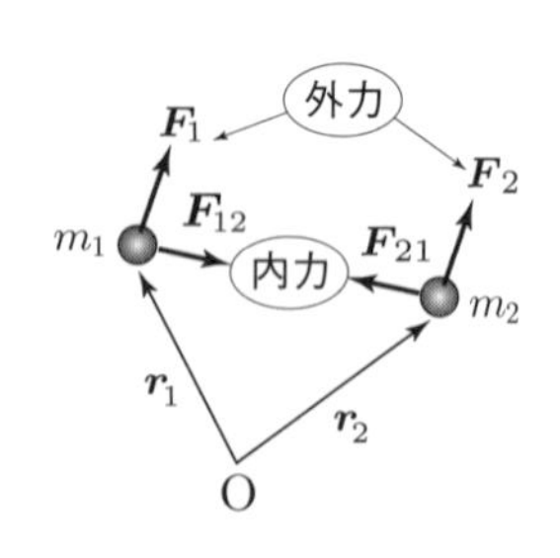

図 3.3 内力と外力

よって運動するという1体問題 (1つの質点の問題) になったことを意味する。

2つの質点の運動量の和

$$\boldsymbol{P} = m_1\boldsymbol{v}_1 + m_2\boldsymbol{v}_2 = m_1\frac{d\boldsymbol{r}_1}{dt} + m_2\frac{d\boldsymbol{r}_1}{dt} = M\frac{d\boldsymbol{R}}{dt} \tag{3.8}$$

を用いて (3.7) 式の左辺を書き直すと

$$\frac{d\boldsymbol{P}}{dt} = \boldsymbol{F} \tag{3.9}$$

とも表現できる。これはニュートンの運動方程式と同じ形の式である。(3.9) 式で外力がはたらかない場合 ($\boldsymbol{F} = \boldsymbol{0}$) には，運動量の和は一定となって運動量保存則が成り立つ。

B　重心系 (質量中心系)

外力が作用しないときには，式 (3.7) で $\boldsymbol{F} = \boldsymbol{0}$ とすると，重心の速度 $\boldsymbol{v}_g$ は一定 $\left(\boldsymbol{v}_g = \dfrac{d\boldsymbol{R}}{dt} = C\right)$ となる。すなわち，重心は静止するか，等速直線運動する。したがって，重心の速度で運動する座標系 * は慣性系である。外力が作用しないで内力 (作用反作用の力) だけが作用するときには，重心系で見ると2つの質点の相対運動だけを扱えばよいので便利である。

* 重心の速度で運動する座標系を**重心系** (center-of-gravity system) あるいは**質量中心系** (center-of-mass system) という。

B　相対運動と換算質量

質点2からみた質点1の相対運動を考えるために，相対位置ベクトル

$$\boldsymbol{r} = \boldsymbol{r}_1 - \boldsymbol{r}_2 \tag{3.10}$$

を定義して，(3.4) 式の重心の位置ベクトル $\boldsymbol{R}$ を用いると，$\boldsymbol{r}_1 = \boldsymbol{R} + \dfrac{m_2}{m_1 + m_2}\boldsymbol{r}$ となる。質点1の運動方程式 (3.5a) は

$$m_1\frac{d^2\boldsymbol{R}}{dt^2} + m\frac{d^2\boldsymbol{r}}{dt^2} = \boldsymbol{F}_1 + \boldsymbol{F}_{12} \tag{3.5a$'$}$$

となる。ここで，

$$m = \frac{m_1 m_2}{m_1 + m_2} \tag{3.11}$$

を**換算質量** (reduced mass) という。(3.5a$'$) で外力が作用しない ($\boldsymbol{F}_1 = \boldsymbol{0}$) 場合に，質点1の相対運動を重心系で見るとき，$\dfrac{d^2\boldsymbol{R}}{dt^2} = \boldsymbol{0}$ であるから，(3.5a$'$) の運動方程式は

$$m\frac{d^2\boldsymbol{r}}{dt^2} = \boldsymbol{F}_{12} \tag{3.12}$$

となって，換算質量 m をもつ質点の運動方程式と同じ形である。このとき，質点2の運動方程式もこれと同じ式になることが確かめられる。一般に，内力 $\boldsymbol{F}_{12}$ は，相対位置ベクトル $\boldsymbol{r} = \boldsymbol{r}_1 - \boldsymbol{r}_2$ の関数であるから，これを $\boldsymbol{F}(\boldsymbol{r})$ とおくと，質点1および質点2の運動方程式は，どちらも次の方程式となる。

$$m\frac{d^2\boldsymbol{r}}{dt^2} = \boldsymbol{F}(\boldsymbol{r}) \tag{3.13}$$

この $\boldsymbol{F}(\boldsymbol{r})$ の例として，太陽 (質量 M) と惑星 (質量 m) の間にはたらく万有引力とすると，太陽から見た惑星の相対座標を $\boldsymbol{r}$ として，(3.13) 式の運動方程式は次のようになる。

$$\mu\frac{d^2\boldsymbol{r}}{dt^2} = -G\frac{mM}{r^2}\frac{\boldsymbol{r}}{r} \tag{3.14}$$

ただし，換算質量を $\mu = \dfrac{mM}{m+M}$ と書き直した。(3.14) 式から相対運動のエネルギー E_r が保存する：

$$\frac{1}{2}\mu(\boldsymbol{v})^2 - G\frac{mM}{r} = E_r \quad (\text{一定}) \tag{3.15}$$

左辺の第 1 項は相対運動の運動エネルギー，第 2 項は万有引力のポテンシャルエネルギーである。

例題 1　**(換算質量)**

次の組み合わせに対して換算質量を求めよ。

(1) 地球と太陽　　(2) 地球と月

［解答］ 太陽の質量は $M = 1.989 \times 10^{30}$ kg, 地球の質量は $m = 5.974 \times 10^{24}$ kg，月の質量は $m_s = 7.348 \times 10^{22}$ kg を用いる。

(1) $$\mu = \frac{m}{1+(m/M)} = \frac{5.974 \times 10^{24}}{1+\dfrac{5.974 \times 10^{24}}{1.989 \times 10^{30}}} = \frac{5.974 \times 10^{24}}{1+3.004 \times 10^{-6}}$$

$$= 5.974 \times 10^{24} \text{ kg}$$

(2) $$\mu = \frac{m_s}{1+(m_s/m)} = \frac{7.348 \times 10^{22}}{1+\dfrac{7.348 \times 10^{22}}{5.974 \times 10^{24}}} = \frac{7.348 \times 10^{22}}{1+0.0123}$$

$$= 7.259 \times 10^{22} \text{ kg}$$

以上のように，一方の質量が他方よりも大きければ大きいほど，換算質量は小さい質量の値に近くなる。(1) の地球と太陽の場合には，換算質量は地球の質量にほぼ等しい。このことは，太陽を座標原点として地球の運動を考えた 2 章の取り扱いが正しいことを意味する。

3.2　2 つの質点系の回転運動

基礎事項

1 つの質点の場合と同じように，角運動量の時間変化率が外力のモーメントによって決まる。

B　2 つの質点系の回転運動

3.1 節で述べた 2 つの質点系の並進運動に加えて，この節では，2 つの質点系がある軸のまわりに行う**回転運動** (rotational motion) について考える。

1つの質点の回転運動では，角運動量 $\boldsymbol{L}=\boldsymbol{r}\times\boldsymbol{p}=m\boldsymbol{r}\times\boldsymbol{v}$ の時間微分は $\dfrac{d\boldsymbol{L}}{dt}=m\boldsymbol{r}\times\dfrac{d\boldsymbol{v}}{dt}$ であった。2つの質点系の位置ベクトルを $\boldsymbol{r}_1,\boldsymbol{r}_2$，運動量を $\boldsymbol{p}_1,\boldsymbol{p}_2$ とすると，回転運動を表す角運動量の和 $\boldsymbol{L}$ は，2つの質点の角運動量の和をとって

$$\boldsymbol{L}=\boldsymbol{r}_1\times\boldsymbol{p}_1+\boldsymbol{r}_2\times\boldsymbol{p}_2=m_1\boldsymbol{r}_1\times\boldsymbol{v}_1+m_2\boldsymbol{r}_2\times\boldsymbol{v}_2 \tag{3.16}$$

となる。これを時間で微分して，(3.5) の運動方程式を使うと

$$\begin{aligned}\frac{d}{dt}\boldsymbol{L}&=m_1\boldsymbol{r}_1\times\left(\frac{d}{dt}\boldsymbol{v}_1\right)+m_2\boldsymbol{r}_2\times\left(\frac{d}{dt}\boldsymbol{v}_2\right)\\&=\boldsymbol{r}_1\times m_1\frac{d^2\boldsymbol{r}_1}{dt^2}+\boldsymbol{r}_2\times m_2\frac{d^2\boldsymbol{r}_2}{dt^2}=\boldsymbol{r}_1\times\boldsymbol{F}_1+\boldsymbol{r}_2\times\boldsymbol{F}_2\end{aligned}$$

となる。上式の最右辺は，外力のモーメントの和

$$\boldsymbol{N}=\boldsymbol{r}_1\times\boldsymbol{F}_1+\boldsymbol{r}_2\times\boldsymbol{F}_2 \tag{3.17}$$

であるから，結局

$$\frac{d}{dt}\boldsymbol{L}=\boldsymbol{N} \tag{3.18}$$

これが回転運動を表す方程式である。ここで，内力は力のモーメントには寄与しない。したがって，内力のみが作用する場合には，$\boldsymbol{N}=\boldsymbol{0}$ となって $\dfrac{d\boldsymbol{L}}{dt}=\boldsymbol{0}$ となり，角運動量保存則が成り立つ。(3.18) 式は，1つの質点に対して成り立つ式と同じ形である。

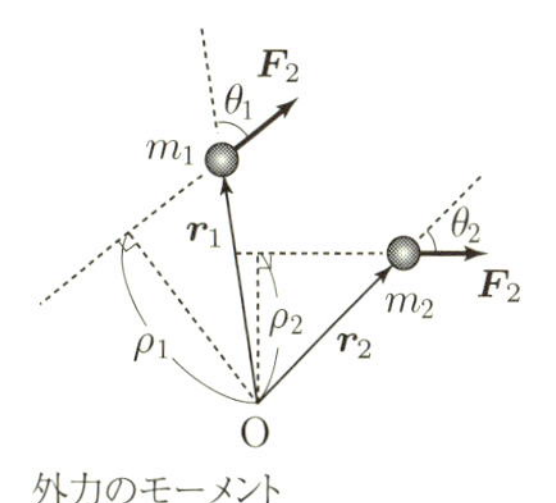

図 3.4 外力のモーメント

例題 2　2つの質点 A, B の位置ベクトルをそれぞれ $\boldsymbol{r}_1,\boldsymbol{r}_2$ として，それらにはたらく内力をそれぞれ $\boldsymbol{F}_{12},\boldsymbol{F}_{21}$ とすると，原点 O のまわりの力のモーメント $\boldsymbol{N}$ が $\boldsymbol{0}$ となることを示せ。

[解答]　2つの内力には作用反作用の法則から $\boldsymbol{F}_{21}=-\boldsymbol{F}_{12}$ の関係がある。したがって，力のモーメントの和は

$$\boldsymbol{N}=\boldsymbol{r}_1\times\boldsymbol{F}_{12}+\boldsymbol{r}_2\times\boldsymbol{F}_{21}=(\boldsymbol{r}_1-\boldsymbol{r}_2)\times\boldsymbol{F}_{12}$$

となる。ここで，内力 $\boldsymbol{F}_{12},\boldsymbol{F}_{21}$ の方向はベクトル $(\boldsymbol{r}_1-\boldsymbol{r}_2)$ の方向と一致するので，ベクトルの外積 $(\boldsymbol{r}_1-\boldsymbol{r}_2)\times\boldsymbol{F}_{12}$ は $\boldsymbol{0}$ となる。

3.3　2つの物体の衝突

基礎事項

2つの物体が衝突するとき，衝突 (collision) の前後での運動量は保存する。運動量の変化は力積に等しい。反発係数が1のとき，弾性衝突であって運動エネルギーの和は保存する。$0\leq e<1$ のとき，衝突後の運動エネルギーの和は衝突前の和よりも小さい。

A　2物体の衝突による運動量の保存

いま，質量 m_1, m_2 の2つの物体が衝突するとき，衝突前の速度を $\boldsymbol{v}_1, \boldsymbol{v}_2$，衝突後の速度を $\boldsymbol{v}_1{}', \boldsymbol{v}_2{}'$ とする。物体2が物体1に及ぼす内力を $\boldsymbol{F}$，この力が作用する時間を Δt とすると，物体1の運動量の変化 $\Delta \boldsymbol{p}_1$ は**力積** $\boldsymbol{F}\Delta t$ に等しいから

$$\Delta \boldsymbol{p}_1 = m_1\boldsymbol{v}_1{}' - m_1\boldsymbol{v}_1 = \boldsymbol{F}\Delta t \tag{3.19a}$$

が成り立つ。また，作用反作用の法則から，物体1が物体2に及ぼす内力は $-\boldsymbol{F}$ であるから，物体2の運動量の変化 $\Delta \boldsymbol{p}_2$ は，

$$\Delta \boldsymbol{p}_2 = m_2\boldsymbol{v}_2{}' - m_2\boldsymbol{v}_2 = -\boldsymbol{F}\Delta t \tag{3.19b}$$

である。(3.19a) と (3.19b) の両辺を足して整理すると

$$m_1\boldsymbol{v}_1 + m_2\boldsymbol{v}_2 = m_1\boldsymbol{v}_1{}' + m_2\boldsymbol{v}_2{}' \tag{3.20}$$

となって，運動量の和が保存する。(3.20) 式は，衝突前の速度ベクトルの差 $(\boldsymbol{v}_1{}' - \boldsymbol{v}_1)$ と $(\boldsymbol{v}_2{}' - \boldsymbol{v}_2)$ が定数倍であることを示している。

A　反発係数 (はねかえり係数)

質量 m_1, m_2 の2つの粒子が図3.5に示すように，直線上で衝突するとき，衝突前の速度を v_1, v_2，衝突後の速度を $v_1{}', v_2{}'$ とすると，

$$e = -\frac{v_1{}' - v_2{}'}{v_1 - v_2} \tag{3.21}$$

を**反発係数** (restitution coefficient) という。これは，粒子2から見た粒子1の衝突後の相対速度を衝突前の相対速度で割って，マイナス (−) の符号をつけた量である。 $0 \leq e \leq 1$ であり，$e = 1$ の場合を (完全) **弾性衝突** (elastic collision)，$e = 0$ の場合を**完全非弾性衝突**という。$0 < e < 1$ の場合を**非弾性衝突** (inelastic collision) という。

衝突前

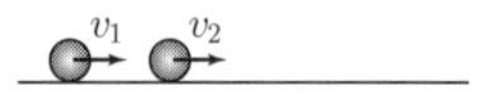

衝突後

図3.5 物体の衝突

弾性衝突 $(e = 1)$ のとき，質量 m_1, m_2 の2つの粒子の運動エネルギーの和が保存することを示そう。まず，運動量保存則から

$$m_1v_1 + m_2v_2 = m_1v_1{}' + m_2v_2{}' \tag{3.22}$$

が成り立つ。一方，反発係数の式で $e = 1$ とすると

$$v_2 - v_1 = v_1{}' - v_2{}' \tag{3.23}$$

(3.22) と (3.23) 式から $v_1{}', v_2{}'$ について解くと

$$v_1{}' = \frac{m_1 - m_2}{m_1 + m_2}v_1 + \frac{2m_2}{m_1 + m_2}v_2, \qquad v_2{}' = \frac{2m_1}{m_1 + m_2}v_1 + \frac{m_2 - m_1}{m_1 + m_2}v_2 \tag{3.24}$$

これより，衝突後の運動エネルギーの和を計算すると

$$\frac{1}{2}m_1(v_1{}')^2 + \frac{1}{2}m_2(v_2{}')^2 = \frac{1}{2}m_1v_1{}^2 + \frac{1}{2}m_2v_2{}^2 \tag{3.25}$$

となることが示される。これは，衝突の前後で運動エネルギーの和が保存することを示している。非弾性衝突 ($e < 1$) のとき，衝突後の運動エネルギーの和は，衝突前よりも減少する。弾性衝突は，滑らかな水平面上での回転しない剛体球の衝突などで実現できる。

3.4　多粒子系の運動方程式

基礎事項

n 個の質点から成る体系の運動は，外力による重心の位置ベクトルが時間的に変化する並進運動と，ある点あるいは軸のまわりの角運動量が時間的に変化する回転運動に分けることができる。合力が 0 であれば，重心の速度は一定であり，力のモーメントが 0 であれば角運動量は一定である。

B　重心の運動

n 個の質点から成る質点系の運動を考える。多くの質点の集まりを取り扱うので，**多粒子系**とよんでいる。s 番目の質点の質量を m_s，位置ベクトルを $\boldsymbol{r}_s$，速度ベクトルを $\boldsymbol{v}_s$，それらの質点にはたらく外力を $\boldsymbol{F}_s$ $(s = 1, \cdots, n)$ とすると，質点系の運動方程式は，それぞれの質点の運動方程式の和で表されるから

$$\sum_{s=1}^{n} m_s \frac{d^2 \boldsymbol{r}_s}{dt^2} = \sum_{s=1}^{n} \boldsymbol{F}_s \quad \text{あるいは} \quad \sum_{s=1}^{n} m_s \frac{d\boldsymbol{v}_s}{dt} = \sum_{s=1}^{n} \boldsymbol{F}_s \tag{3.26}$$

である。ここで，作用反作用のために，内力は互いに打ち消し合うので，内力の総和は 0 となって上式には現れない。さて，多くの質点が運動するとき，質点系全体の運動を 1 つの代表点 (重心) の運動で記述すると便利である。重心の位置ベクトルを

$$\boldsymbol{R}_G = \frac{m_1 \boldsymbol{r}_1 + m_2 \boldsymbol{r}_2 + \cdots + m_n \boldsymbol{r}_n}{m_1 + m_2 + \cdots + m_n} = \frac{\sum_{s=1}^{n} m_s \boldsymbol{r}_s}{M} \tag{3.27}$$

で定義する。また，s 番目の質点の速度は $\boldsymbol{v}_s = \dfrac{d\boldsymbol{r}_s}{dt}$ であるから，重心の速度 $\boldsymbol{V}_G$ は

$$\boldsymbol{V}_G = \frac{d}{dt}\boldsymbol{R}_G = \frac{m_1 \boldsymbol{v}_1 + m_2 \boldsymbol{v}_2 + \cdots + m_n \boldsymbol{v}_n}{m_1 + m_2 + \cdots + m_n} = \frac{\sum_{s=1}^{n} m_s \boldsymbol{v}_s}{M} \tag{3.28}$$

である。(3.28) 式の分子は質点系の運動量の和であり，分母は，質点系の全質量 $M = \sum_{s=1}^{n} m_s$ である。したがって，重心の運動量 $M\boldsymbol{V}_G$ は，以下のように質点系の運動量の和に一致する。

$$M\boldsymbol{V}_G = \sum_{s=1}^{n} m_s \boldsymbol{v}_s \tag{3.29}$$

また，重心の加速度は $\dfrac{d}{dt}\boldsymbol{V}_G = \dfrac{1}{M} \sum_{s=1}^{n} m_s \dfrac{d\boldsymbol{v}_s}{dt}$ となって，各質点の加速度と質量の積の和を質点系の質量で割ったものに等しい。重心の運動方程式は

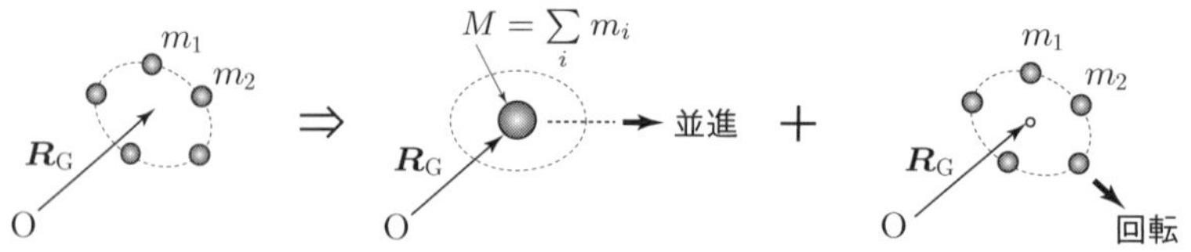

図 3.6 並進運動と回転運動

$$M\frac{d\boldsymbol{V}_G}{dt}=\boldsymbol{F},\qquad \boldsymbol{F}=\sum_{s=1}^{n}\boldsymbol{F}_s \tag{3.30}$$

となって，質点系にはたらく外力の総和 $\boldsymbol{F}$ が，重心の並進運動を決定する。

B　回転運動

質点系の回転運動については，3.2 節の 2 質点の場合と同様に，角運動量の時間変化を考える。質点系の角運動量 $\boldsymbol{L}$ は，各質点の角運動量の和であるから

$$\boldsymbol{L}=\sum_{s=1}^{n}\boldsymbol{r}_s\times\boldsymbol{p}_s=\sum_{s=1}^{n}m_s\boldsymbol{r}_s\times\boldsymbol{v}_s \tag{3.31}$$

となる。角運動量の時間変化は

$$\frac{d}{dt}\boldsymbol{L}=\sum_{s=1}^{n}\left(\frac{d\boldsymbol{r}_s}{dt}\times m_s\boldsymbol{v}_s+\boldsymbol{r}_s\times m_s\frac{d\boldsymbol{v}_s}{dt}\right)=\sum_{s=1}^{n}\boldsymbol{r}_s\times m_s\frac{d\boldsymbol{v}_s}{dt} \tag{3.32}$$

となる。ここで，同じベクトルの外積は 0 となる性質 $\left(\frac{d\boldsymbol{r}_s}{dt}\times\boldsymbol{v}_s=\boldsymbol{0}\right)$ を用いた。一方，(3.32) 式の右辺は，運動方程式より，力のモーメントの和 $\boldsymbol{N}=\sum_{s=1}^{n}\boldsymbol{r}_s\times\boldsymbol{F}_s$ に等しいから，(3.32) 式は次のようになる。

$$\frac{d\boldsymbol{L}}{dt}=\boldsymbol{N} \tag{3.33}$$

これは，「角運動量の時間変化は力のモーメントに等しい」という，回転運動の運動方程式である。多粒子系の重心運動や回転運動の式は，2 粒子系のものと同じ形式をしている。

3.5　剛体の運動

基礎事項

力を加えても変形しない物体が剛体である。剛体は大きさをもっているので，力が剛体のどの位置に作用するかによって，その効果が異なってくる。剛体の運動には，並進運動と回転運動の 2 つがある。並進運動は，剛体にはたらく力の合力によって決まり，回転運動は力のモーメントによって決まる。

A　剛体の特徴とその運動

力を加えても変形しない物体のことを**剛体** (rigid body) という。質点とは異なって，剛体はある大きさをもっている。剛体に力がはたらくとき，力が剛体

のどこに作用するかによって，その効果が異なってくる。剛体は変形しないので，任意の2点間の距離は変わらない。したがって，剛体を「隣り合う質点が多数集まったもの」と考えて，内力が存在しないときの質点系の運動方程式を拡張すれば剛体の運動方程式が得られる。1つの質点にはたらく力の和 (合力) が0であれば，その質点は加速度運動しない。しかし，2つ以上の質点では，力の和が $\mathbf{0}$ になって並進運動の加速度が $\mathbf{0}$ になっても，力のモーメントが $\mathbf{0}$ でなければ回転の加速度運動が発生する。このことは次の偶力の例からわかる。したがって，剛体がつりあう (運動しない) 条件は，並進の加速度運動しないための条件である「すべての力の和が0となる」に加えて，回転の加速度運動が起こらないための条件である「ある点のまわりの力のモーメントの和が0となる」が必要になる。剛体の運動は，物体全体が向きを変えずに運動する並進運動と，ある点またはある軸のまわりの回転運動に分けることができる。並進運動は質点の運動でも扱った。

A　偶　力

大きさが等しく互いに反対向きの力 $\boldsymbol{F}$ と $\boldsymbol{F}'$ $(= -\boldsymbol{F})$ が同一直線上になくて，剛体の異なる2点に作用するとき，この2つの力を**偶力** (couple of force) という。偶力がはたらくと，合力が0となるので剛体の並進運動の状態は変わらないが，2つの力の作用点の中点を中心とする回転運動が剛体に生じる (図3.7)。

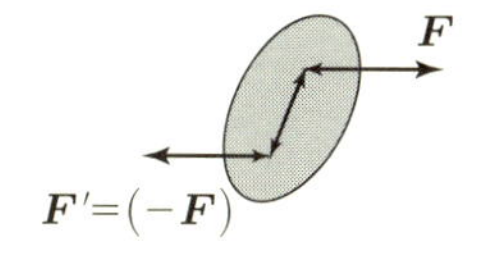

図 3.7 偶力

A　並進運動

物体の質量を M，物体にはたらく合力を $\boldsymbol{F}$，物体の重心 (質量中心) の加速度を $\boldsymbol{a}$ とすると，ニュートンの運動方程式は

$$M\boldsymbol{a} = \boldsymbol{F} \tag{3.34}$$

である。この式は，物体の大きさを無視した質点の運動方程式や質点系の並進運動の方程式 (3.30) 式と同じ形式であり，物体全体の並進運動を表す (図3.8)。

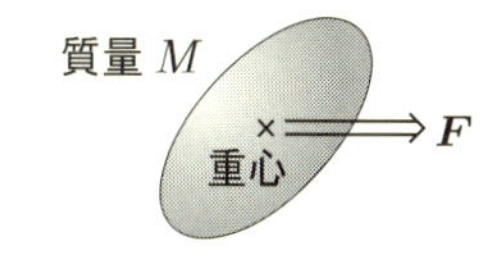

図 3.8 並進運動

A　回転運動

ある点Oのまわりの物体の回転運動を考える。物体に作用する力 $\boldsymbol{F}$ の作用線と点Oとの距離を L とすると，力の大きさ F [N] と L [m] との積 $N = FL$ [N·m] は点Oのまわりに回転させようとする能力を表す。これを，点Oのまわりの**力のモーメント** (moment of force) という。力のモーメントは，点Oに対して，右まわりの回転と左まわりの回転の2種類が考えられる。剛体が回転運動をしないとき，力のモーメントは0となる (図3.9)。

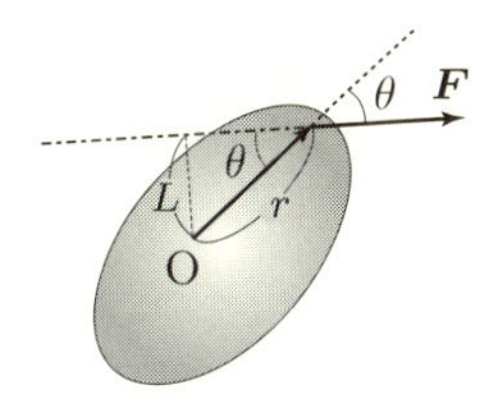

$\boldsymbol{N} = \boldsymbol{r} \times \boldsymbol{F}$ (力のモーメント) とすると
$|\boldsymbol{N}| = N = L \cdot F = r \sin\theta \cdot F$
$\boldsymbol{N}$ の方向は紙面の表から裏の方向 (O点に関して時計まわり)

図 3.9 回転運動

B　剛体の重心

密度が一様な剛体であれば，太さが等しい棒の重心は棒の長さの中点，厚さが一様な円板の重心は円板の中心，球の重心は球の中心であることはよく知られている。質点系の重心は (3.27) 式ですでに定義されている。この式を質量が

連続的に分布している場合にも拡張する。一般に，物体の重心の位置ベクトル $\boldsymbol{R}$ は，位置 $\boldsymbol{r}$ での質量密度 $\rho(\boldsymbol{r})$ をもつ物体の微小質量 $dm(\boldsymbol{r}) = \rho(\boldsymbol{r})\,dxdydz$ に位置ベクトル $\boldsymbol{r}$ をかけた総和を全質量 M で割った値で定義される。すなわち

$$\boldsymbol{R} = \frac{1}{M}\int \boldsymbol{r}\,dm(\boldsymbol{r}) = \frac{1}{M}\iiint \boldsymbol{r}\rho(\boldsymbol{r})\,dxdydz \tag{3.35}$$

ここで，全質量 M は次の式で表される。

$$M = \iiint \rho(\boldsymbol{r})\,dxdydz \tag{3.36}$$

以下に，簡単な場合について重心の位置あるいは位置ベクトルを求めよう。

例題 3　**(重心の計算)**

(1)　太さが同じで線密度 ρ [kg/m] が一様な棒 (図 3.10) の重心を求めよ。

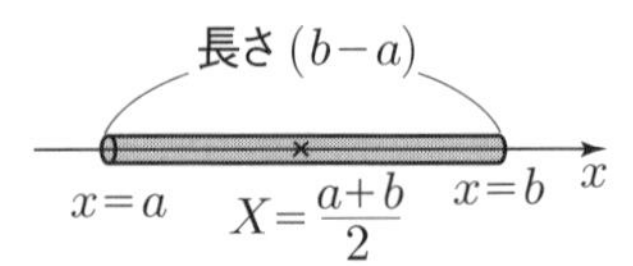

図 3.10　一様な棒の重心

[解答]　(3.35) 式で $dm=\rho\,dx$ とすると，重心の位置 X は

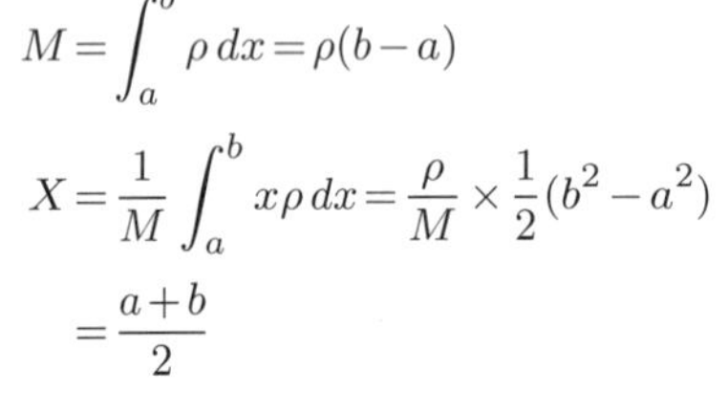

$$M=\int_a^b \rho\,dx=\rho(b-a)$$

$$X=\frac{1}{M}\int_a^b x\rho\,dx=\frac{\rho}{M}\times\frac{1}{2}(b^2-a^2)$$

$$=\frac{a+b}{2}$$

(2)　密度 ρ [kg/m^3] が一様で厚さ d [m]，半径 r [m] の半円板 (図 3.11) の重心を求めよ。

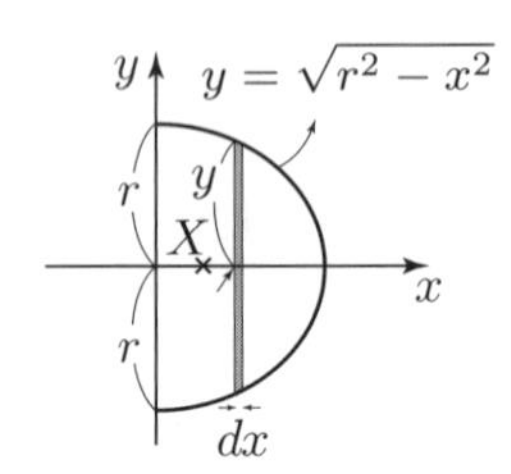

図 3.11　半円板の重心

[解答]　図 3.11 のような円板の重心は x 軸上にあるので，その位置を X とすると区間 $[x,\ x+dx]$ にある棒の質量は $dm=\rho\cdot d\cdot 2y\cdot dx$ であるから

$$M=\int_0^r \rho\,d\,2y\,dx=2\rho d\int_0^r \sqrt{r^2-x^2}\,dx=\frac{\rho d}{2}\pi r^2$$

$$X=\frac{1}{M}\int_0^r x\rho d2y\,dx=\frac{2\rho d}{M}\int_0^r x\sqrt{r^2-x^2}\,dx$$

$$=\frac{2\rho d}{M}\left[-\frac{1}{3}(r^2-x^2)^{3/2}\right]_{x=0}^{x=r}=\frac{2\rho d}{3M}r^3$$

ゆえに $X=\dfrac{4r}{3\pi}$

例題 4 **(一様な棒の水平つりあい)**

図 3.12 のような，質量 m [kg] で太さが一様な棒の左端から長さ a の位置に鉛直上向きに力 F [N]，左端に鉛直下向きに力 F_1 [N]，右端に力 F_2 [N] が鉛直下向きに作用しているとき棒は水平になった。棒の長さは $(a+b)$ である。このとき，F_1 と F_2 を求めなさい。

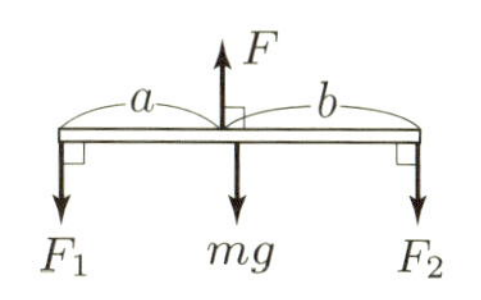

図 3.12 一様な棒のつりあい

[解答] 力のつりあい条件より

$$F = F_1 + F_2 + mg$$

回転運動しない条件より，左端の時計まわりの力のモーメントが 0 となるので

$$-aF + (a+b)F_2 + \frac{a+b}{2}mg = 0$$

これらの 2 式から，次の F_1 と F_2 が得られる。

$$F_1 = \frac{b}{a+b}F - \frac{1}{2}mg, \qquad F_2 = \frac{a}{a+b}F - \frac{1}{2}mg$$

例題 5 **(壁と床に支えられた長さ L のはしご)**

長さ L [m]，質量 m [kg] のはしごに，質量 M [kg] の人が上る。はしごの一番上まで人が登っても，はしごが滑らないためには，はしごを立て掛ける角度 θ をどれくらいにすればよいか。ただし，はしごと壁に摩擦はなく，はしごと床との静止摩擦係数は μ である。

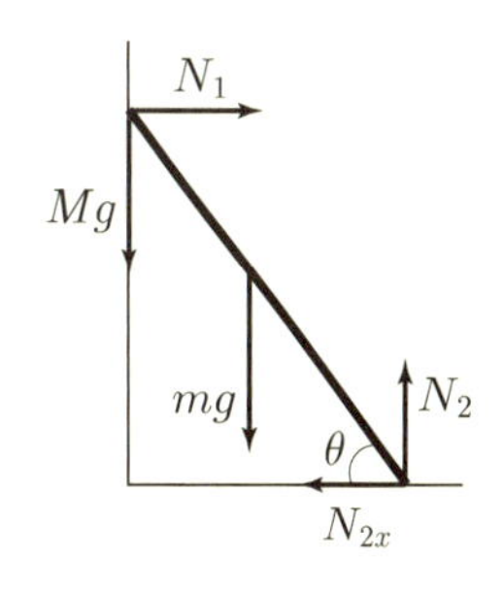

図 3.13

[解答] 壁での垂直効力を N_1 [N]，床での垂直効力を N_2 [N]，床での摩擦力を N_{2x} とすると，力のつり合いの条件から：

水平方向：$N_1 - N_{2x} = 0$

鉛直方向：$N_2 - mg - Mg = 0$

はしごと床の接点での反時計まわりの力のモーメント：

$$MgL\cos\theta + mg\frac{L}{2}\cos\theta - N_1 L\sin\theta = 0$$

以上から，

$$N_1 = \left(M + \frac{m}{2}\right)g\frac{\cos\theta}{\sin\theta},$$

$$N_2 = (M+m)g, \ N_{2x} = N_1$$

床面をはしごが滑らないための条件は，床面での摩擦力 N_{2x} が最大静止摩擦力よりも小さければよいので

$$N_{2x} \leq \mu N_2 \qquad \therefore \ \tan\theta \geq \frac{1}{2\mu}\frac{2M+m}{M+m}$$

例題 6　(半径 r の円周上を等速運動している物体の角運動量と力のモーメント)

図 3.14 のように，ひもで結ばれた質量 m [kg] の物体が，原点 O を中心とする半径 r [m]，角速度 ω [rad/s] の円運動をしている。この物体の角運動量の大きさ L と向心力のモーメントの大きさ N を求めなさい。

次に，ある瞬間にひもを引っ張ったら，物体は半径 a [m] $(r > a)$ の円運動をはじめた。このときの角速度 ω_1 [rad/s] を求めよ。

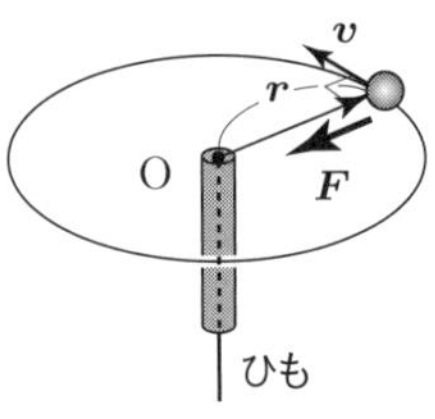

$v = r\omega$
$\boldsymbol{L} = \boldsymbol{r} \times m\boldsymbol{v}$ の方向は紙面の裏から表の方向

図 3.14

[解答]　円運動の速さは $v = r\omega$ であるから，

$$L = |\boldsymbol{r} \times m\boldsymbol{v}| = rmv\sin(\pi/2) = mr^2\omega$$

また，向心力のモーメントの大きさは次式で与えられる。

$$N = |\boldsymbol{r} \times \boldsymbol{F}| = rF\sin 0 = 0$$

したがって，

$$\frac{dL}{dt} = N = 0$$

となるので，角運動量 $L = mr^2\omega$ は一定となって保存する。

また，半径 a のときの角運動量の大きさ

$$L_1 = ma^2\omega_1$$

は L と等しいので

$$ma^2\omega_1 = mr^2\omega \quad \therefore\ \omega_1 = \frac{r^2}{a^2}\omega$$

3.6　固定軸をもつ剛体の回転運動

基礎事項

固定軸のまわりの回転運動は，角運動量によってきまる。角運動量の大きさは角速度に比例して，その比例係数を慣性モーメントという。

まず，次の例題を考えよう。

例題 7　(質点系の角運動量)

図 3.15 のように 3 つの質点 m_1, m_2, m_3 が固定軸を中心とするそれぞれ，半径 r_1, r_2, r_3 で角速度 ω の等速円運動している。このとき，この質点系の角運動量の大きさ L を求めなさい。

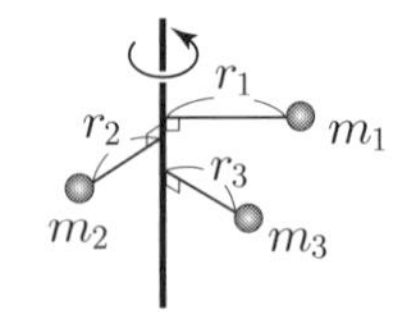

図 3.15　3 つの質点の回転

[解答]　例題 6 と (3.31) 式から

$$\begin{aligned} L &= m_1{r_1}^2\omega + m_2{r_2}^2\omega + m_3{r_3}^2\omega \\ &= (m_1{r_1}^2 + m_2{r_2}^2 + m_3{r_3}^2)\omega \end{aligned}$$

B 慣性モーメント

例題7の式からもわかるように，剛体がある固定軸のまわりを回転運動する場合の角運動量の大きさ L は，回転運動の角速度 ω に比例する。その比例係数は (質量) × (固定軸からの距離の2乗) という次元の量であり，これを**慣性モーメント** (moment of inertia) という。質量が並進運動の慣性の大きさを表す量であるが，慣性モーメントは回転運動の慣性の大きさを表す量である。

一般に，固定軸からの距離 r_s にある質量 m_s $(s = 1, \cdots, n)$ の質点系の慣性モーメント I は次のようになる。

$$I = \sum_{s=1}^{n} m_s {r_s}^2 = m_1 {r_1}^2 + m_2 {r_2}^2 + \cdots + m_n {r_n}^2$$

また，体積 V をもつ剛体に対して，固定軸のまわりの慣性モーメント I は

$$I = \int_V r^2\, dm = \int_V r^2 \rho(r)\, d^3r$$

で定義される。ここで，回転軸から距離 r にある剛体の微小質量 dm が，質量密度 $\rho(r)$ と微小体積 d^3r の積 $dm = \rho(r)\, d^3r$ であることを用いた (図 3.16)。

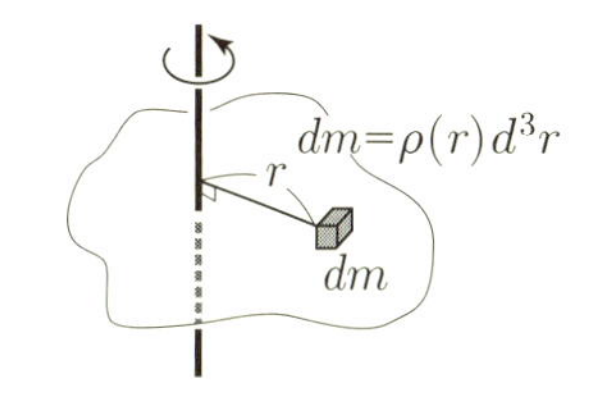

図 3.16 剛体の回転

B いろいろな剛体の慣性モーメント

(1) 密度 ρ [kg/m^3] が一定で長さ L [m] の細い棒 (棒の断面積は S [m^2]，質量は M [kg] $= \rho SL$)

① 棒の両端から長さ $L/2$ の中心点を回転軸とした慣性モーメント ($dm = S\rho\, dx$，表 3.1a の左図)

$$I = \int_{-L/2}^{L/2} x^2\, dm = \int_{-L/2}^{L/2} S\rho x^2\, dx = \frac{2}{3} S\rho \left(\frac{L}{2}\right)^3 = \frac{1}{12} ML^2$$

② 棒の端を回転軸とした慣性モーメント (棒と回転軸のなす角は直角，表 3.1a の右図)

$$I = \int_0^L S\rho x^2\, dx = \frac{1}{3}\rho SL^3 = \frac{1}{3} ML^2$$

(2) 密度 ρ [kg/m^3] が一定で半径 R [m]，厚さ d [m] の薄い円板 (円板の質量は $M = \rho\pi R^2 d$)

① 円板の中心を通る軸を回転軸とした慣性モーメント (回転軸方向が円板と垂直) の場合 (図 3.17(a))

半径が r と $r + dr$ の円環の面積 $dS = 2\pi r\, dr$ であるから，この部分の質量は

$$dm = d\rho\, dS = \frac{M}{\pi R^2} 2\pi r\, dr$$

である。この部分は，回転軸からの距離が r であるから，この部分の慣性モーメントは $dI = r^2\, dm = \dfrac{2M}{R^2} r^3\, dr$ である。したがって，これを r について $0 \le r \le R$ の区間で積分すれば

$$I = \int_0^R \frac{2M}{R^2} r^3\, dr = \frac{1}{2} MR^2$$

ここでは，円板の厚さには依存しないことに注意しよう。

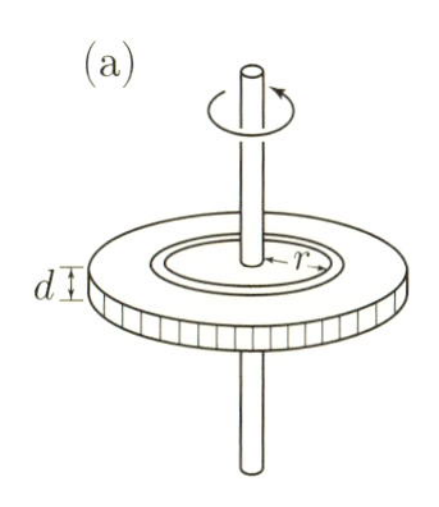

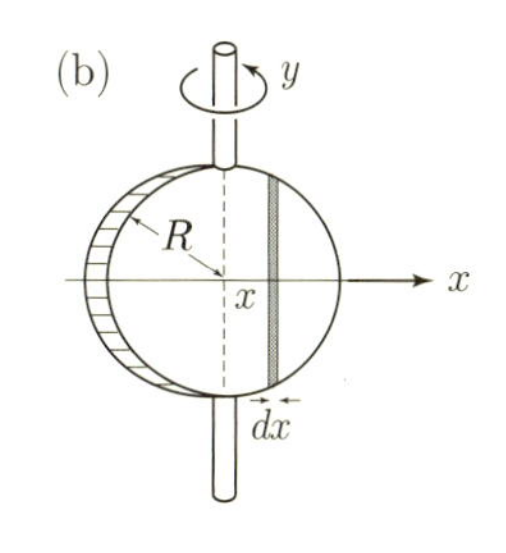

図 3.17

② 円板の中心を通る軸を回転軸とした慣性モーメント (回転軸が円板上にある) の場合 (図 3.17(b))

円板の中心を原点とし，円板の面を xy 平面とする 2 次元座標をとる。このとき，回転軸を y 軸とする。そこで，位置 x と $x+dx$ の間の細い棒の長さは $2y = 2\sqrt{R^2 - x^2}$ であり，この微小部分の慣性モーメントは $dI = 2\rho d\sqrt{R^2 - x^2}\,x^2$ である。これを x について積分すればよい。

$$I = \int_{-R}^{+R} 2\rho d\sqrt{R^2 - x^2}x^2\,dx$$

ここで，$x = R\sin\theta$ とおくと $dx = R\cos\theta\,d\theta$，$-\frac{\pi}{2} \leq \theta \leq \frac{\pi}{2}$ であるから

$$I = 2\rho dR^4 \int_{-\frac{\pi}{2}}^{\frac{\pi}{2}} \cos^2\theta\sin^2\theta\,d\theta = 2\rho dR^4 \times \frac{\pi}{8} = \frac{\pi}{4}\rho dR^4 = \frac{1}{4}MR^2$$

ただし，$M = \rho d\pi R^2$ を用いた。

以上のほかに，典型的な剛体の慣性モーメントの値を表 3.1 に示す。

表 3.1　剛体の慣性モーメント

a	細長い棒 $I_{\mathrm{G}} = \frac{1}{12}ML^2$	細長い棒 $I = \frac{1}{3}ML^2$
b	円柱 $I_{\mathrm{G}} = \frac{1}{12}ML^2 + \frac{1}{4}MR^2$	円柱 $I_{\mathrm{G}} = \frac{1}{2}MR^2$
c	円環 $I_{\mathrm{G}} = MR^2$	円環 $I_{\mathrm{G}} = \frac{1}{2}MR^2$
d	薄い円筒 $I_{\mathrm{G}} = MR^2$	薄い円筒 $I_{\mathrm{G}} = \frac{1}{2}M(R_1^2 + R_2^2)$
e	薄い直方体 $I_{\mathrm{G}} = \frac{1}{12}M(a^2 + b^2)$	薄い直方体 $I = \frac{1}{3}M(a^2 + b^2)$
f	球 $I_{\mathrm{G}} = \frac{2}{5}MR^2$	薄い球殻 $I_{\mathrm{G}} = \frac{2}{3}MR^2$

B 平行軸の定理

剛体内のある点 O を通る軸 (これを z 軸とする) のまわりの慣性モーメント I は，重心を通り z 軸に平行な軸のまわりの慣性モーメント I_G と

$$I = I_G + Mh^2 \tag{3.37}$$

の関係が成り立つ (図 3.18)。ここで，M は剛体の質量，h は 2 つの平行な軸の距離である。この関係を，**平行軸の定理**という。

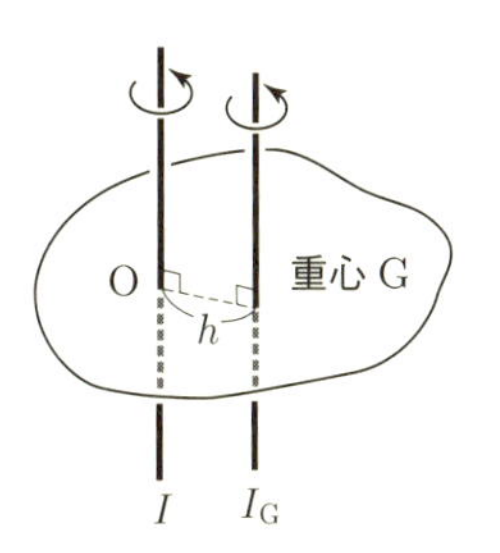

図 3.18

B 慣性モーメントを用いた回転の運動方程式

ある回転軸のまわりの剛体の慣性モーメントを I，回転角を θ，角速度を ω とすると，(3.33) 式の回転運動の方程式は次の式に書き換えることができる。

$$I\frac{d\omega}{dt} = N \text{ あるいは } I\frac{d^2\theta}{dt^2} = N \quad \left(\text{ただし } \omega = \frac{d\theta}{dt} \text{ である}\right) \tag{3.38}$$

剛体を質点系と考えて回転軸 (z 軸) のまわりの運動方程式が (3.38) 式になることを導出しよう。いま，s 番目の質点の位置ベクトルを $\boldsymbol{r}_s = (x_s, y_s, z_s)$ として 3 次元直交座標の成分で表す (図 3.19)。ベクトルの外積の性質を用いると，質点系の角運動量 $\boldsymbol{L} = (L_x, L_y, L_z)$ の各成分は

$$L_x = \sum_s m_s\left(y_s\frac{dz_s}{dt} - z_s\frac{dy_s}{dt}\right), \quad L_y = \sum_s m_s\left(z_s\frac{dx_s}{dt} - x_s\frac{dz_s}{dt}\right),$$
$$L_z = \sum_s m_s\left(x_s\frac{dy_s}{dt} - y_s\frac{dx_s}{dt}\right) \tag{3.39}$$

である。z 軸を回転軸とすると，z 方向に物体は移動しないので z_s は運動の定数であるから $\dfrac{dz_s}{dt} = 0$ である。また，x 軸から測った回転角を θ，z 軸に垂直な回転半径を $r_{s\perp} = \sqrt{{x_s}^2 + {y_s}^2}$ とすると

$$x_s = r_{s\perp}\cos\theta, \quad y_s = r_{s\perp}\sin\theta \tag{3.40}$$

となる。よって，x, y, z 方向の角運動量 L_x, L_y, L_z は，(3.39) 式より

$$L_x = -\sum_s m_s z_s r_{s\perp}\cos\theta\frac{d\theta}{dt}, \quad L_y = -\sum_s m_s z_s r_{s\perp}\sin\theta\frac{d\theta}{dt},$$
$$L_z = \sum_s m_s {r_{s\perp}}^2\frac{d\theta}{dt} \tag{3.41}$$

である。z 軸を回転軸とする運動では，z 座標がどの値であっても回転運動は同じである。すなわち，$z_s = 0$ としてもよいので，$L_x = L_y = 0$ としても一般性を失わない。したがって

$$L_z = \sum_s m_s({x_s}^2 + {y_s}^2)\frac{d\theta}{dt} = I\frac{d\theta}{dt} = I\omega \tag{3.42}$$

となる。ここで，I は z 軸のまわりの慣性モーメントであり，ω は回転の角速度である。このとき，力のモーメントの z 成分は $N_z = \sum_s (x_s F_{sy} - y_s F_{sx})$ である。このことから，(3.33) 式の z 成分が (3.38) 式に一致することがわかる。

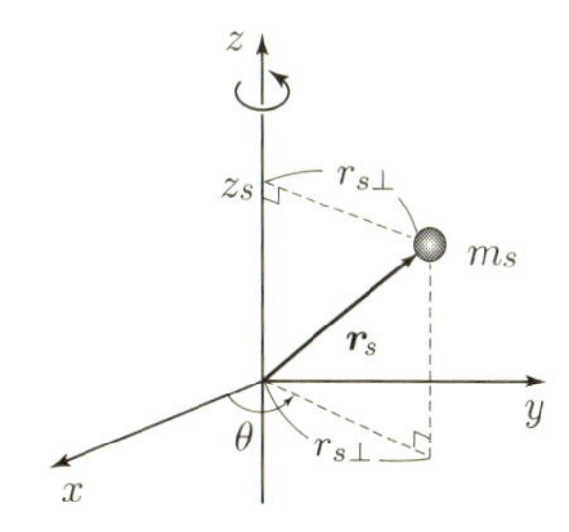

z 軸を回転軸とするとき，$r_{s\perp}$ (z 軸からの距離) が重要であり，z 座標 z_s は回転運動には無関係である．

図 3.19

B　回転運動のエネルギー

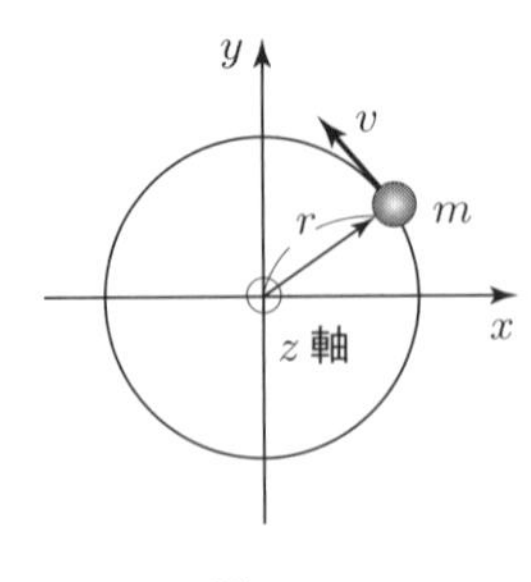

図 3.20

図 3.20 のように，質量 m の物体が xy 平面で，原点を中心とする半径 r，速さ v の等速円運動をしているとき，物体の運動エネルギーは

$$K_r = \frac{1}{2}mv^2 \tag{3.43}$$

である。このとき，円運動の角速度 ω は $v = r\omega$ の関係にあるから

$$K_r = \frac{1}{2}mr^2\omega^2 = \frac{1}{2}I\omega^2 \tag{3.44}$$

である。ここで，$I = mr^2$ は z 軸のまわりの慣性モーメントである。このように，一般に，角速度 ω で固定軸のまわりを回転運動している剛体の回転のエネルギー K_r は，その軸の慣性モーメントを I として次のように表せる。

$$K_r = \frac{1}{2}I\omega^2 \tag{3.45}$$

3.7　剛体の平面運動

基礎事項

剛体の平面内での運動は，平面内での重心の運動と，平面に垂直な軸のまわりの回転運動を調べればよい。

B　平面内での運動

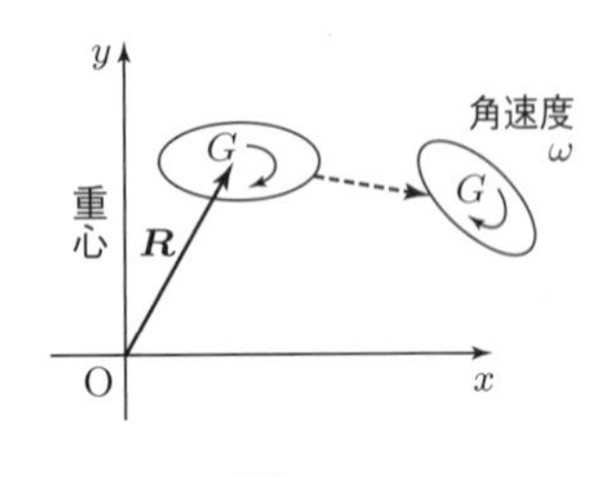

図 3.21

z 軸を回転軸として，xy 平面内での質量 M の剛体の運動を考える (図 3.21)。重心 $\boldsymbol{R} = (X, Y)$ の運動方程式は力を $\boldsymbol{F} = (F_x, F_y)$ とすると

$$M\frac{d^2X}{dt^2} = F_x, \qquad M\frac{d^2Y}{dt^2} = F_y \tag{3.46}$$

重心を通り z 軸に平行な回転軸のまわりの角速度を ω，慣性モーメントを I_G，力のモーメントを N とすると，回転運動の方程式は

$$I_G\frac{d\omega}{dt} = I_G\frac{d^2\theta}{dt^2} = N \tag{3.47}$$

である。さらに，摩擦力などの非保存力の仕事が 0 であり，熱も発生しない場合には，エネルギーが保存する。すなわち，$\boldsymbol{V}_G = \dfrac{d\boldsymbol{R}}{dt}$ とすると，重心の運動エネルギー $\dfrac{1}{2}M{V_G}^2$，重心のまわりの回転のエネルギー $\dfrac{1}{2}I_G\omega^2$，重力による重心の位置エネルギー Mgh の和が保存する：

$$\frac{1}{2}M{V_G}^2 + \frac{1}{2}I_G\omega^2 + Mgh = 一定 \tag{3.48}$$

B 剛体振り子

柱時計の振り子のように，水平な固定軸のまわりを剛体が鉛直面内に自由に回転できて，重力のはたらきによって単振子のように振動する剛体を**剛体振り子**という (図 3.22)。固定軸と剛体の重心 G までの距離を d とすると，剛体振り子の回転の運動方程式は

$$I\frac{d^2\theta}{dt^2} = N \tag{3.49}$$

である。ここで，I は固定軸のまわりの慣性モーメントであり，θ は鉛直方向からの回転角である。力のモーメントは $N = -Mgd\sin\theta$ であるから

$$I\frac{d^2\theta}{dt^2} = -Mgd\sin\theta \tag{3.50}$$

θ が小さいときには $\sin\theta \approx \theta$ と近似できるので，

$$I\frac{d^2\theta}{dt^2} = -Mg\,d\,\theta \qquad \therefore\ \frac{d^2\theta}{dt^2} = -\frac{Mgd}{I}\theta \tag{3.51}$$

となるので，微小角振動の角振動数 ω と周期 T は

$$\omega = \sqrt{\frac{Mgd}{I}}, \quad T = \frac{2\pi}{\omega} = 2\pi\sqrt{\frac{I}{Mgd}} \tag{3.52}$$

となる。

(a)

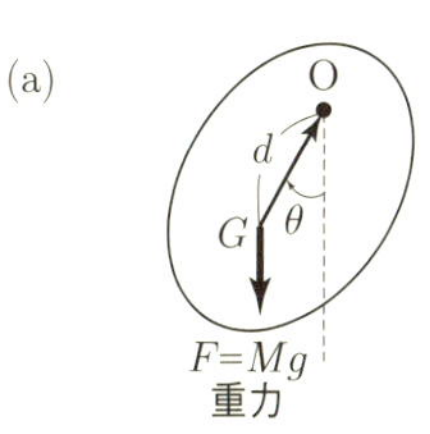

(b)

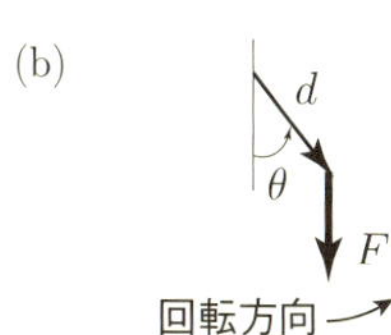

$\theta>0$，$w=\dfrac{d\theta}{dt}>0$ のとき，角運動量 $\boldsymbol{L}$ は紙面の裏から表の方向であるが，$\boldsymbol{N}$ は紙面の表から裏の方向であるから $\boldsymbol{L}$ と逆向きである。

(c)

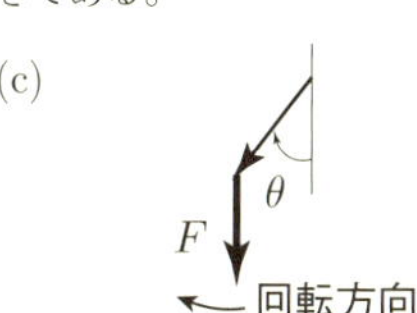

$\theta<0$，$w=\dfrac{d\theta}{dt}<0$ のときは，$\boldsymbol{L}$ は紙面の表から裏の方向であるが，$\boldsymbol{N}$ は紙面の裏から表の方向である。したがって，どちらも $\boldsymbol{L}$ と $\boldsymbol{N}$ は互いに逆向きのベクトルとなる。このため

$$I\frac{d^2\theta}{dt^2} = -Mgd\sin\theta$$

となって，負号がつく。

図 3.22 剛体振り子

B 斜面を転がる剛体球の運動

水平面と角度 α をなす斜面上を，質量 M，半径 R の剛体球が滑らずに転がり落ちる運動を調べよう。剛体球にはたらく力は，重心にはたらく重力 Mg，剛体球と斜面との接点にはたらく垂直効力 N と摩擦力 F である。いま，斜面に沿って下向きに x 軸，斜面に垂直方向に y 軸をとる (図 3.23)。重心の位置 $\mathrm{G}(X, R)$ のまわりの回転角を θ とすると，次のような運動方程式が成り立つ。

重心の並進運動 (x 方向) $$M\frac{d^2X}{dt^2} = Mg\sin\alpha - F \tag{3.53a}$$

(y 方向) $$0 = N - Mg\cos\alpha \tag{3.53b}$$

重心のまわりの回転運動 $$I_G\frac{d^2\theta}{dt^2} = FR \tag{3.54}$$

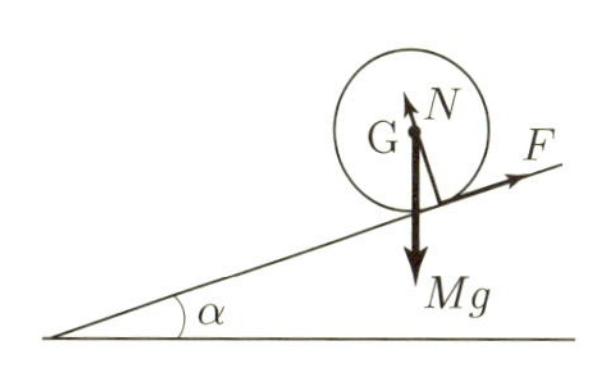

図 3.23 斜面を転がる球

球は滑らないから重心の並進運動の速さ V と回転角度 θ には $V = R\dfrac{d\theta}{dt}$ の関係があるので $\dfrac{dX}{dt} = R\dfrac{d\theta}{dt}$ ゆえに $\dfrac{d^2X}{dt^2} = R\dfrac{d^2\theta}{dt^2}$ となる。この関係と，(3.53a) と (3.54) から F を消去した式から

$$\left(M + \frac{I_G}{R^2}\right)\frac{d^2X}{dt^2} = Mg\sin\alpha \qquad \therefore\ \frac{d^2X}{dt^2} = \frac{g\sin\alpha}{1+\frac{I_G}{MR^2}} = \frac{5}{7}g\sin\alpha \tag{3.55}$$

ここで，半径 R の一様な剛体球では $I_G = \dfrac{2}{5}MR^2$ であることを使った。なめらかな斜面を滑り落ちる場合の加速度は $g\sin\alpha$ であるが，転がることによって加速度は $1\Big/\left(1+\dfrac{I_G}{MR^2}\right)$ 倍になることがわかる。

B　コマの歳差運動

鉛直軸を回転軸として回転運動しているコマが，勢いを失ってくると，コマの回転軸が鉛直軸のまわりを回転するようになることを目にする。このように回転軸がある方向のまわりに回転することを，歳差運動(さいさうんどう) (precession) といい，別名，"みそすり運動"や"首ふり運動"ともいう。

z 軸を回転軸として角速度 ω で回転している質量 M のコマが，外力 (回転軸と床との摩擦力など) の影響を受けて，回転軸が角度 α だけ z 軸から傾いたとする。回転軸と床との接触点 O とコマの重心 G との距離を d とする。点 O に関する重力のモーメント N の大きさは $N = |\boldsymbol{r} \times \boldsymbol{F}| = Mgd \sin\alpha$ で，$\boldsymbol{N}$ は xy 平面内にある。一方，回転軸方向の角運動量ベクトルを $\boldsymbol{L}$ とすると，xy 平面での角運動量の成分は $L \sin\alpha$ である。xy 平面での回転軸の歳差運動の角速度を Ω とすると，xy 平面における微小時間 Δt での回転の運動方程式は $\Delta L = N\Delta t$ と変形できる。左辺は $\Delta L = (L\sin\alpha)\Delta\theta = (L\sin\alpha)(\Omega\Delta t)$ であるから，

$$L \sin\alpha\, \Omega \Delta t = Mgd \sin\alpha \Delta t \quad \therefore\ \Omega = \frac{Mgd}{L} = \frac{Mgd}{I_G \omega} \tag{3.56}$$

したがって，歳差運動の周期は

$$T = \frac{2\pi}{\Omega} = \frac{2\pi I_G \omega}{Mgd} \tag{3.57}$$

となる。この式から，回転軸のまわりの回転の角速度 ω が大きいほど，また，重心の位置が低い (d が小さい) ほど歳差運動の周期は長いことがわかる。すなわち，コマの回転軸がぶれにくいのである。

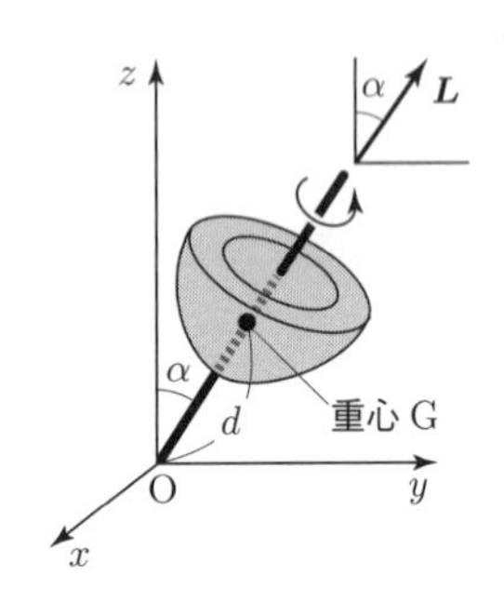

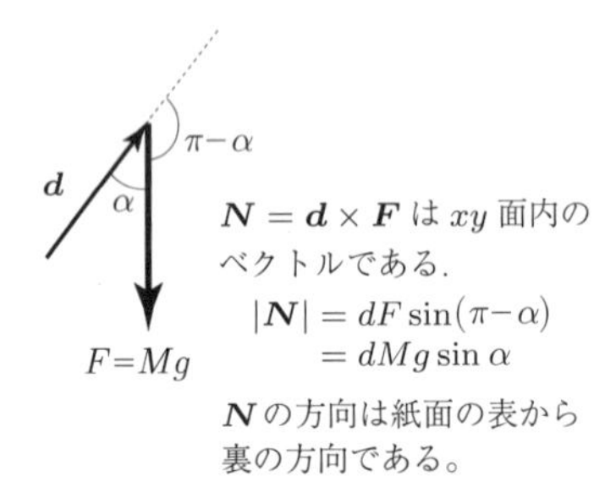

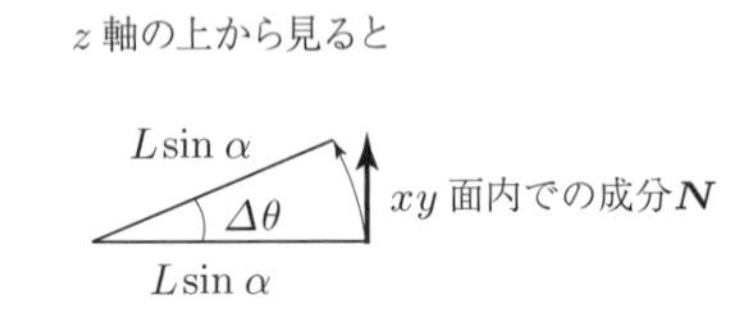

図 3.24　コマの歳差運動

演習問題 3

A

3.1 (**重心**) 図 1(a)～(c) は，それぞれ，力がつり合って棒が水平に静止している。(a), (b) では力の大きさ F [kgW] を，(c) では棒を引く力 F [kgW] とその支点の位置 x [cm] を求めよ。

(a)

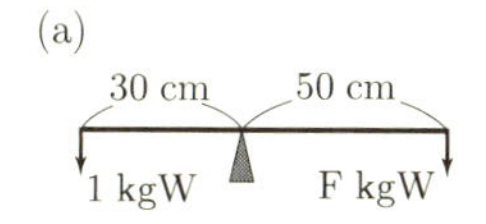

(b)

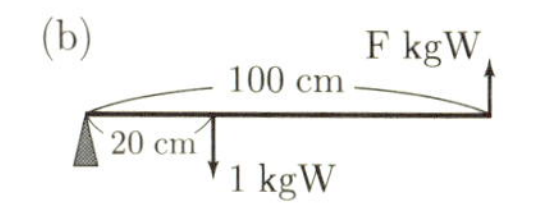

(c)

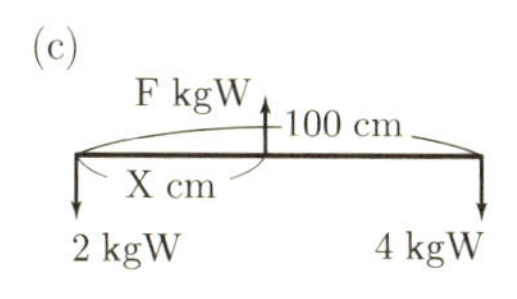

図 1

3.2 (**重心座標**)　xy 平面上の 3 点 $A(0, a)$，$B(-b, 0)$，$C(b, 0)$ に同じ大きさで質量 m の小球がそれぞれ置かれている。ただし，$a, b > 0$ である。

(1) 重心 G の座標を求めよ。

(2) $AG = BG = CG$ のとき，$\dfrac{b}{a}$ の値を求めよ。

(3) $AG = BG = CG$ のとき，$\triangle ABC$ は正三角形となることを示せ。

3.3 (**座標変換**)　質量 m_1, m_2 の 2 つの質点 A, B が，それぞれ，速度 v_1, v_2 で運動している。

(1) 重心 G の速度 $\boldsymbol{V}$ と，粒子 2 から見た粒子 1 の相対速度 $\boldsymbol{v}$ を求めよ。

(2) 質点 A と質点 B の運動エネルギーの和は $K = \dfrac{1}{2}m_1v_1^2 + \dfrac{1}{2}m_2v_2^2$ である。これを，重心の速度 $\boldsymbol{V}$ と相対速度 $\boldsymbol{v}$ を用いて表せ。

3.4 (**衝突**)　静止している質量 M の物体に，質量 m の物体が速度 $\boldsymbol{V}$ で衝突後，2 つの物体が一体となって速度 $\boldsymbol{v}$ で運動した。

(1) $\boldsymbol{v}$ を求めよ。

(2) この衝突で失われた運動エネルギー ΔK を求めよ。

B

3.5 (**二体衝突**)　質量 m_1 の物体 A が速度 $\boldsymbol{V}$ で x 軸上を進み，静止している質量 m_2 の物体 B に弾性衝突した。衝突後，物体 A は x 軸からの角度 θ_1 方向に速度 $\boldsymbol{v}_1$ で進み，物体 B は x 軸からの角度 θ_2 方向に速度 v_2 で進んだ。このように見える座標系を実験室系という。一方，この衝突を重心系でみると，衝突前には，物体 A は x 軸上を速度 $\boldsymbol{u}_1$ で，物体 B は x 軸上を速度 $\boldsymbol{u}_2$ で進み，衝突後には，物体 A は速度 $\boldsymbol{u}_1'$ で，物体 B は速度 $\boldsymbol{u}_2'$ で x 軸から角度 θ をなす同一直線上を運動した。

(1) 重心の速度 $\boldsymbol{v}_G$ を求めよ。

(2) 速度 $\boldsymbol{u}_1, \boldsymbol{u}_2$ を $\boldsymbol{V}$ で表せ。

(3) 実験室系において，運動量保存則とエネルギー保存則が成り立つ。これを，上に与えた速度と角度を用いて式で表せ。

(4) 重心系における運動量保存則とエネルギー保存則を式で表せ。

(5) $|\boldsymbol{u}_1'| = |\boldsymbol{u}_1|, |\boldsymbol{u}_2'| = |\boldsymbol{u}_2|$ であることを示せ。

(6) 物体 A の運動を実験室系と重心系で調べることによって，散乱角 θ_1 と θ の関係式を導け。

3.6 (**回転運動**)　長さ $2a$ の軽くて固い棒の両端に質量 m, M の小球が付いている。棒の中点 O を中心として 2 つの小球は速さ v の等速円運動をしている。

(1) 棒の角速度 ω を求めよ。

(2) 2 つの小球の角運動量の和 $\boldsymbol{L}$ の大きさ L，および $\boldsymbol{L}$ の方向を求めよ。

3.7 (**速度の変換，楕円軌道**)　2 次元平面内の点 P の直交座標 (x, y) から極座標 (r, θ) への座標変換が $x = r\cos\theta, y = r\sin\theta$ であるとき，

$$v^2 = v_x^2 + v_y^2 = \left(\frac{dr}{dt}\right)^2 + \left(r\frac{d\theta}{dt}\right)^2 \quad \cdots\cdots\cdots \quad \text{(A)}$$

である。ここで，$v_r = \dfrac{dr}{dt}$ は動径方向の速度成分，$v_\perp = r\dfrac{d\theta}{dt}$ は動径に垂直な方向の速度成分を表す。

(1) (A) 式を導出せよ。

(2) 質量 m の物体が (A) 式の速さ v で運動しているとき，角運動量の大きさ L を求めよ。

(3) 地球が万有引力を受けて太陽のまわりを楕円運動しているとき，太陽を座標原点とした極座標 (r, θ) で地球の軌道を表すことにすると，地球の速さ v は (A) 式である。このとき，角運動量の大きさを L とすると，L は一定 (面積速度一定の法則) である。エネルギー保存則から次の (B) 式が成り立つことを示せ。ただし，地球の質量を m，太陽の質量を M，万有引力定数を G とした。また，$E_r < 0$ である。

$$\frac{1}{2}m\left(\frac{dr}{dt}\right)^2 + \frac{L^2}{2mr^2} - G\frac{mM}{r} = E_r \quad (\text{一定}) \quad \cdots \quad \text{(B)}$$

(4) (B) 式を利用して，太陽から遠日点 (地球と太陽との距離が最も遠い点) までの距離 r_d，および，太陽から近日点 (地球と太陽との距離が最も遠い点) までの距離 r_c をそれぞれ求めよ。

3.8 (**地球の自転と公転，宇宙速度**)　以下の問に答えよ。ただし，地球の半径を $R = 6370$ km，地球と太陽との平均距離を $R_s = 1.5 \times 10^8$ km，1 日を 24 時間，1 年を 365 日とする。

(1) 地球の自転の速さ v_s を求めよ。

(2) 地球の公転の速さ (太陽のまわりを回る平均の速さ) v_0 を求めよ。ただし，地球の軌道を円と仮定せよ。

(3) 人工衛星が太陽の重力圏から脱出するのに必要な速さ (第 3 宇宙速度) v_c を求めよ。

3.9 次の (1), (2) の場合の慣性モーメントを計算せよ。

(1) 水平に置いた半径 R，長さ L，質量 M の円柱の中点を通る鉛直軸のまわりの慣性モーメント (表 3.1b の左図)

(2) 質量 M，半径 R の球の中心を通る軸のまわりの慣性モーメント (表 3.1f の左図)

3.10 (**剛体振り子**)　質量 200 g で太さが一様で長さが 1 m の棒がある。この棒の端から 10 cm のところに細い軸を通して，棒を鉛直面内で単振動させた。このときの周期を求めよ。

3.11 (**斜面における剛体の回転と落下**)　水平面との角度 α をなす斜面上を，質量 M，半径 R，長さ L の剛体円柱が，滑らずに転がり落ちるとき，斜面を転がる加速度の大きさと摩擦力の大きさを求めよ。

4 振　動

地球は太陽のまわりを1年間で一周する。また，月は地球のまわりを約1月かけて一周する。このように，物体がある基準点のまわりで行う周期運動を考える。この周期運動が平面内での運動であれば，それを平面内のある軸 (例えば x 軸) 上に投影してみるとすると一直線上の往復運動になる。これを**振動**という。この章では，振動を式で表す方法や，振動がどのような物理現象と関わっているのかを理解する。

4.1 物体の振動

基礎事項

x 軸上を運動する物体の位置が，つりあいの位置 $(x = 0)$ を基準として，$x = A\sin\left(\frac{2\pi}{T}t + \alpha\right)$ と表されるとき，その物体の運動を周期 T の**単振動**という。角振動数 $\omega = \frac{2\pi}{T}$ を用いると，$x = A\sin(\omega t + \alpha)$ である。質量 m の物体が単振動するとき，その物体には復元力 $F = -kx$ $(k = m\omega^2)$ がはたらく。

A 振動する物体の位置

図4.1のように，O点 $(x = 0)$ を基準点とする位置座標を x 軸とする。物体が x 軸上をO点→P点 $(x = a)$ →O点→Q点 $(x = -a)$ →O点というように時間の経過とともに規則的な往復運動しているとき，その運動を**振動** (oscillation) という。1回の往復運動OPOQOに要した時間T[s] を**周期** (period) という。また，1秒間あたりの往復運動の回数を**振動数** (frequency) といい，単位は [Hz] (ヘルツ) である。振動数 f と周期 T には $f = \frac{1}{T}$ の関係があるので，単位は [Hz] = [1/s] である。振動数に 2π をかけたものを**角振動数** (angular frequency) という。ω は回転運動を表すときに便利である。OPまたはOQの長さ $|A|$ [m] は最大振れ幅の距離を表すので**振幅** (amplitude) という。

図4.2のように，平面内で原点Oを中心として，速さ v，半径 A の円運動し

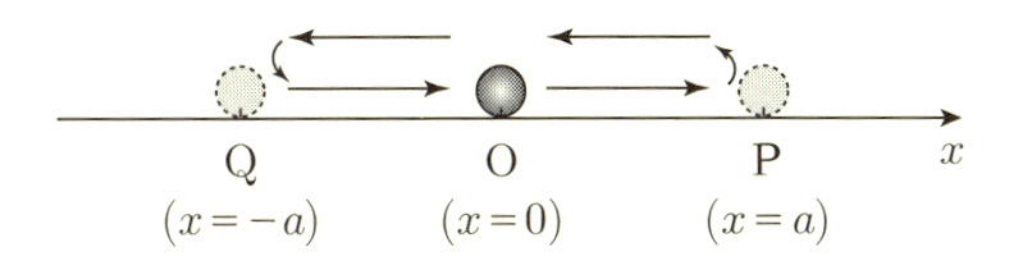

図 4.1 往復運動

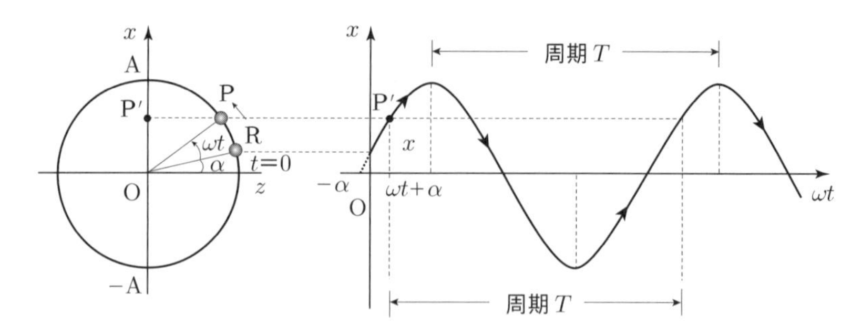

図 4.2 円運動と単振動

ている物体を考えよう。円周上の物体の位置 P を x 軸に投影してみる。物体が円周上を 1 周するとき，x 軸上に投影した位置 P′ は原点 (基準点) $x=0$ を中心に 1 回の往復運動をする。$t=0$ のときの物体の位置を点 R とすると，角 $\mathrm{ROZ}=\alpha$ を**初期位相**という。物体の円運動の角速度を ω [rad/s] とすると，時間 t のとき物体が円周上の点 P まで移動したとすると，時間 t の間に変化した角度は $\theta=\omega t$ であるから，初期位相を加えた角度 $\omega t+\alpha$ が OZ 軸からはかった動径 OP の回転角である。したがって，点 P′ の x 座標は，

$$x = A\sin(\omega t+\alpha) \tag{4.1}$$

となる。(4.1) 式の変位 x を縦軸に，時間 t を横軸にとったグラフを図 4.2 の右図に示した。図 4.2 の 2 つの図を比較すると，円運動の周期と x 軸上の振動の周期が等しいことがわかる。円運動の速さが $v=A\omega$ であるから，円運動の周期は

$$T = \frac{2\pi A}{v} = \frac{2\pi}{\omega} \tag{4.2}$$

となる。また，x 軸上で往復運動 (振動) の周期 T は，振動数 f を使うと $T=\dfrac{1}{f}$ である。これは (4.2) 式の円運動の周期と等しいので $T=\dfrac{1}{f}=\dfrac{2\pi}{\omega}$ となる。したがって，円運動の角速度は振動数を用いて

$$\omega = 2\pi f \tag{4.3}$$

となる。振動の分野では，振動数に 2π をかけた量 $\omega=2\pi f$ を**角振動数**という。したがって，振動での角振動数 [Hz] と円運動での角速度 [rad/s] は同じ次元の量である。

一般に，振動や波動の分野では，(4.1) 式で表された x を，基準となる位置 $(x=0)$ からの変位，絶対値 $|A|$ を**振幅**，$\omega t+\alpha$ を**位相** (phase) という。(4.1) 式の A は負の値になる場合もある。

B　単振動の速度と加速度

2 章の物体の運動と同じように，位置 x の時間変化は x 方向の速度を表す。(4.1) 式の両辺を t で微分すると，物体の x 方向の速度は

$$v = \frac{dx}{dt} = \omega A\cos(\omega t+\alpha) \tag{4.4}$$

となる。さらに，物体の速度 v を t で微分すると，物体の x 方向の加速度 a は

$$a = \frac{dv}{dt} = \frac{d^2x}{dt^2} = -\omega^2 A \sin(\omega t + \alpha) \tag{4.5}$$

となる。(4.1) と (4.5) 式を比較すると，物体の加速度 a は変位 x に比例し，比例係数は負になることがわかる。

$$a = -\omega^2 x \tag{4.6}$$

B 単振動する物体にはたらく力と運動方程式

さて，(4.6) 式の加速度で運動をする質量 m [kg] の物体の運動方程式は

$$ma = -m\omega^2 x \tag{4.7}$$

となる。一方，ニュートンの運動方程式では，(4.7) 式の右辺はこの物体にはたらく力を表すから

$$F = -m\omega^2 x \tag{4.8}$$

である。この式から，力 F の大きさは変位 x に比例し，その方向は変位とは逆向きであることがわかる。このような力は，物体を元の位置 ($x = 0$ となる位置) に戻そうとする力であるので**復元力**という。一般に，変位の負号 ($-x$) に比例する復元力がはたらく物体は単振動をする。復元力の例が，バネによる**弾性力**である。

4.2 バネによる単振動

基礎事項

バネの自然長を基準とした物体の変位を x とすると，バネ定数 k のバネが質量 m の物体に及ぼす弾性力 (復元力) F は

$$F = -kx$$

であって m に依存しない。この力が作用する物体の運動は単振動であり，その周期は $T = 2\pi\sqrt{\frac{k}{m}}$ である。

A 水平に置かれたバネによる単振動

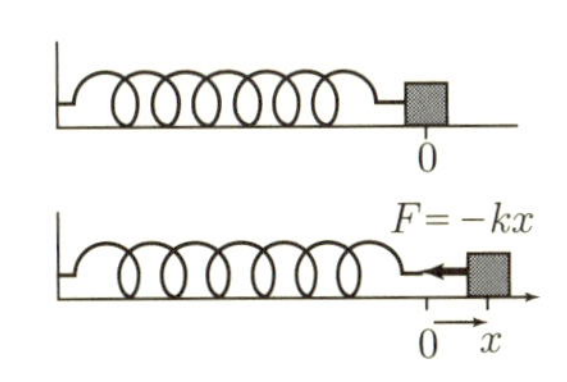

図 4.3 バネによる復元力 (弾性力)

なめらかな水平面上にあるバネの一端が固定され，他端に質量 m の物体が固定されている。物体の変位を x 座標で表し，バネが自然の長さ (自然長) であるときの物体の位置を O 点とする。O 点を基準とした物体の変位を x とする。バネが x 軸方向に伸びたり縮んだりすることによって変位 x が変化する (図 4.3)。

バネにつけた物体を手で引いてバネを伸ばそうとすればするほど大きな力が必要となる。これは，バネが物体を引き戻そうとする力がはたらくためであり，その力の大きさは物体の変位 x(バネの伸び) に比例し，力が作用する方向はバネの伸びと逆向きである。一方，バネを縮める場合に必要な力の大きさ

は，変位 x $(x<0)$ に比例するが，その方向は x の正の向き $-x$ である。これらのことから，バネの自然長を基準とした物体の変位を x とすると，バネがこの物体に作用する力 F は

$$F=-kx \tag{4.9}$$

と表すことができる。これを**フックの法則**という。ここで，k はバネ定数 [N/m] である。マイナス (−) の記号は，力 F の向きが変位 x の正負と逆であることを示す。バネが物体に作用する力は，バネの長さを自然長に戻そうとする力であるので復元力ともいう。物体に (4.9) 式の力がはたらくとき，物体の運動方程式は

$$ma=-kx \tag{4.10a}$$

あるいは

$$m\frac{d^2x}{dt^2}=-kx \tag{4.10b}$$

となる。ここで，k を

$$k=m\omega^2 \tag{4.11}$$

と置き換えれば，(4.10) は (4.7) 式と同じになり，単振動の変位や速度，加速度の項目で述べたことがすべて成り立つ。したがって，角振動数 ω と周期 T は次のようになる。

$$\omega=\sqrt{\frac{k}{m}} \tag{4.12a}$$

$$T=\frac{2\pi}{\omega}=2\pi\sqrt{\frac{m}{k}} \tag{4.12b}$$

B　バネの位置エネルギー (弾性エネルギー)

バネが自然長から x だけ変位している (伸びるか縮んでいる) とき，バネはその変位とバネ定数で決まるエネルギー (**位置エネルギー**) $U=\frac{1}{2}kx^2$ をもつことを示す。このエネルギーは**弾性エネルギー**とも呼ばれる。エネルギーとは仕事をする能力であるから，復元力がする仕事を考えよう。バネの伸びが x のとき，バネの復元力は $F=-kx$ である。この状態からバネをさらに Δx だけ伸ばすのに必要な仕事 ΔW は，復元力に逆らった力 $F'=kx$ にバネの小さい伸び Δx を掛けて

$$\Delta W=F'\Delta x=kx\Delta x$$

となる (図 4.4)。この操作を続けて，バネを自然長 $(x=0)$ から最終的に x だけ伸ばすのに必要な外力がする仕事は，

$$W=\int_0^x kx\,dx=\left[\frac{1}{2}kx^2\right]_0^x=\frac{1}{2}kx^2 \tag{4.13}$$

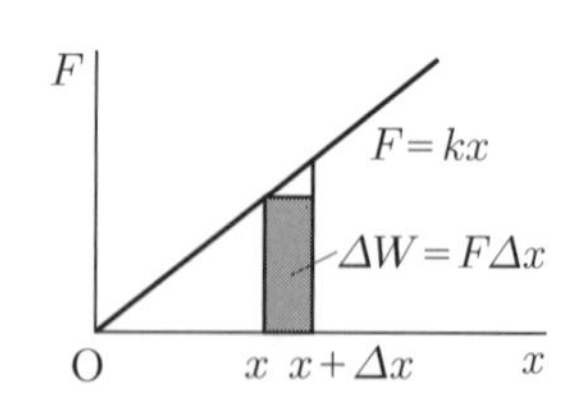

図 4.4 F と x の関係 $F(x)$

となる。バネを自然長から x だけ縮めるのに必要な外力がする仕事も (4.13) 式と同じ値になる。したがって，$x=0$ のときに比べて変位 x のときには，外部から仕事 W をされた分だけバネが持つエネルギーは大きい。

◀**解説**▶ 外力 F がする仕事 W は，横軸を x，縦軸を F とする F-x グラフの面積である。

B 物体の力学的エネルギー

バネにつけた質量 m の物体が速度 v で単振動しているとき，物体が持つ運動エネルギーは

$$K = \frac{1}{2}mv^2$$

である。これにバネの弾性エネルギー (位置エネルギー) ((4.13) 式)

$$U = \frac{1}{2}kx^2$$

を加えたものが，バネと物体の体系が持つ力学的エネルギー E であるから

$$E = K + U = \frac{1}{2}mv^2 + \frac{1}{2}kx^2$$

となる。この式に，物体の変位 x と速度 v に対する (4.1) と (4.4) 式を代入すると，

$$E = \frac{1}{2}m\omega^2 A^2 \cos^2(\omega t + \alpha) + \frac{1}{2}kA^2 \sin^2(\omega t + \alpha) = \frac{1}{2}m\omega^2 A^2 = \text{一定} \tag{4.14}$$

となることがわかる (図 4.5)。ここで，$k = m\omega^2$ ((4.11) 式) を用いた。(4.14) 式は，バネが持つ位置エネルギーが減少した分だけ物体の運動エネルギーが増加するが全エネルギー E は一定で変化しない (エネルギー保存則) ことを示している。

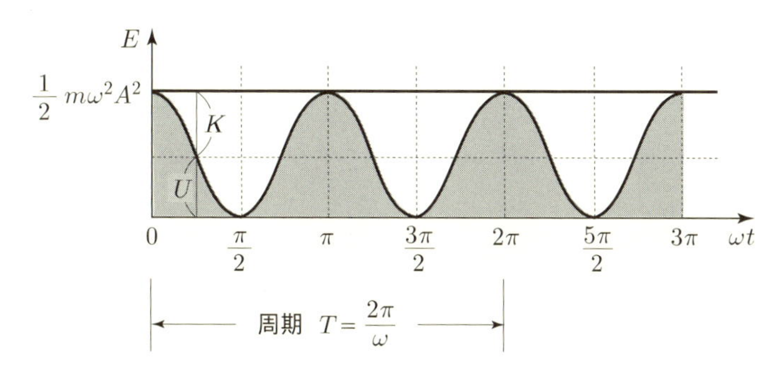

図 4.5 (4.14) 式のグラフ ($\alpha = \pi/2$ のとき)

B 鉛直につり下げたバネによる単振動

バネの一端を天井に固定し，他端に物体 (質量 m) を固定して鉛直につり下げたところ，バネは l だけ伸びて物体は O 点で静止した (図 4.6)。このとき，物体にはたらくバネの弾性力 kl と重力 mg がつりあうので l が求まる。

$$mg - kl = 0 \qquad \therefore\ l = \frac{mg}{k} \tag{4.15}$$

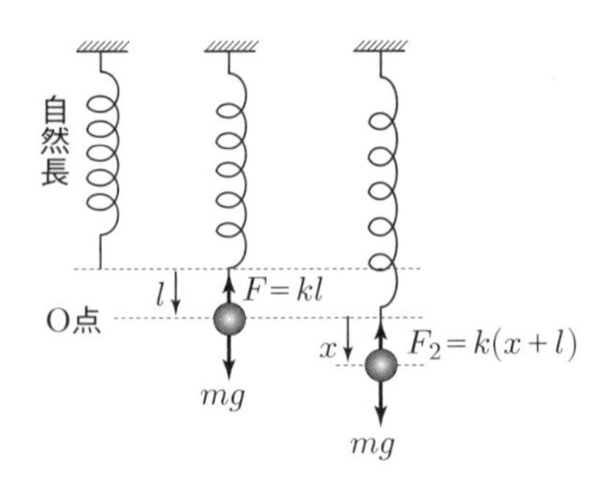

図 4.6 鉛直につり下げたバネ

さて，O 点の位置を $x=0$ として鉛直下向きに x 軸をとる。O 点から鉛直下向きに物体の位置を x に変えた $(x>0)$ とき，バネの伸びが $l+x$ になるので，物体にはたらく力 F は，重力 mg とバネの弾性力 $-k(l+x)$ の和である。(4.15) 式を考えて

$$F=mg-k(l+x)=-kx \tag{4.16}$$

となる。同様に，O 点から鉛直上向きに手で押し上げてバネを縮めたとき，$x<0$ であるがバネの伸びは，同じく，$l+x\ (<l)$ になるので，バネの弾性力は $-k(l+x)$ である。物体にはたらく合力は $F=mg-k(l+x)=-kx\ (x<0)$ となり，どちらの場合も復元力がはたらく。したがって，バネを鉛直につり下げた場合には，自然長から l だけ伸びた O 点を中心に単振動する。このとき，物体の運動方程式は

$$m\frac{d^2x}{dt^2}=-kx \tag{4.17}$$

であるから，角振動数 ω と周期 T は，バネを水平においた場合と同じ (4.12) 式で表される。

B　物体の力学的エネルギー

バネを鉛直につり下げた場合の力学的エネルギー E は，バネを水平に置いた場合と比べて，重力のポテンシャルエネルギー U_p を加えなければならない。物体が静止した位置 (つりあいの位置 O 点) を重力のポテンシャルエネルギーの基準点とすると，物体の変位が x のとき $U_p=-mgx$ となる。これに，物体の運動エネルギー K とバネの弾性エネルギー U を加える。変位が x のとき，バネの伸びは $(x+l)$ であるから，(4.15) 式を用いて

$$E=K+U+U_p=\frac{1}{2}mv^2+\frac{1}{2}k(x+l)^2-mgx=\frac{1}{2}mv^2+\frac{1}{2}kx^2+\frac{1}{2}kl^2 \tag{4.18}$$

となる。この式に x と v の式 (4.1) と (4.4) を代入すると

$$E=\frac{1}{2}m\omega^2A^2+\frac{1}{2}kl^2=\frac{1}{2}m\omega^2(A^2+l^2) \tag{4.19}$$

となって，全エネルギーは一定であることがわかる。バネが水平の場合と比べると，物体をつり下げてバネが伸びたことによる弾性エネルギー $\frac{1}{2}kl^2$ だけ力学的エネルギーが増加している。

B 単振動の微分方程式と解

単振動の微分方程式の解について考えよう。次の微分方程式

$$\frac{d^2x}{dt^2} = -\omega^2 x \tag{4.20}$$

の両辺に正弦 (sin) 関数 $x(t) = A\sin(\omega t + \alpha)$ を代入することによって，この $x(t)$ が (4.20) 式の解であることがわかる。ここで，定数 A と α は任意であるのでどのような値であってもよいので，$x(t) = A\sin(\omega t + \alpha)$ を一般解という。2 階の微分方程式の一般解は 2 つの任意定数を含む。任意定数は $t = 0$ での初期条件によって決めることが多い。さて，この解は正弦関数の加法定理より

$$x(t) = A\sin(\omega t + \alpha) = C\sin(\omega t) + D\cos(\omega t) \tag{4.21}$$

とも書き直せる。ここで，$C = A\cos\alpha$, $D = A\sin\alpha$ とおいた。(4.21) 式は，$\cos(\omega t)$ と $\sin(\omega t)$ の 2 つの振動する解の重ね合わせである。$x_1(t) = \cos(\omega t)$ と $x_2(t) = \sin(\omega t)$ は，どちらも (4.20) 式の独立な解であるので，これらを基本解という。a, b を任意定数とする基本解の一次結合 $x(t) = ax_1(t) + bx_2(t)$ が一般解である。a, b は初期条件によって決めることができる。$x(t) = A\sin(\omega t + \alpha)$ において，任意定数 α を $\alpha = \beta + \frac{\pi}{2}$ によって任意定数 β におきなおすと，$x(t) = A\cos(\omega t + \beta)$ とも表せるので，一般解として余弦 (cos) 関数を使ってもよい。

B 指数関数の解

(4.20) 式の一般解は，2 つの基本解の線形結合で表されることがわかった。ここでは，基本解を指数関数の形で求めてみよう。未定定数 λ を含む形式的な解 $x(t) = \exp(\lambda t)$ を (4.20) 式に代入すると，λ に関する 2 次方程式を得る。

$$\lambda^2 = -\omega^2 \qquad \therefore\ \lambda = +i\omega,\quad -i\omega$$

このことから，(4.20) 式の基本解は $x_1(t) = e^{+i\omega t}$ と $x_2(t) = e^{-i\omega t}$ の 2 つである。したがって，(4.20) 式の一般解は次のように基本解の線形結合で与えられる。

$$x(t) = Ae^{i\omega t} + Be^{-i\omega t} \tag{4.22}$$

ここで，虚数単位 $i = \sqrt{-1}$ があるので (4.22) 式の右辺は一般に複素数であり，A, B も複素数の任意定数である。しかし，$x(t)$ は実数であるから，$B = \overline{A}$ ($\overline{A}$ は A の共役複素数) でなければならない。三角関数のオイラー公式 ($e^{i\theta} = \cos\theta + i\sin\theta$, θ は実数) を用いると

$$\cos\theta = \frac{e^{i\theta} + e^{-i\theta}}{2}, \quad \sin\theta = \frac{e^{i\theta} - e^{-i\theta}}{2i} \tag{4.23}$$

である。a, b を実数として $A = a + ib$, $B = \overline{A} = a - ib$ と表すと，(4.22) 式は次式となる。

$$x(t) = (A + B)\cos(\omega t) + (A - B)i\sin(wt) = 2a\cos(wt) - 2b\sin\omega t$$

ここで，$C = 2\sqrt{a^2 + b^2}$, $\cos\beta = \dfrac{a}{\sqrt{a^2 + b^2}}$, $\sin\beta = \dfrac{b}{\sqrt{a^2 + b^2}}$ と置きかえれば

$$x(t) = C\cos(\omega t + \beta) \tag{4.24a}$$

あるいは，$\cos\alpha = \dfrac{-b}{\sqrt{a^2+b^2}}$, $\sin\alpha = \dfrac{a}{\sqrt{a^2+b^2}}$ と置くと

$$x(t) = C\sin(\omega t + \alpha) \tag{4.24b}$$

となって，sin や cos を使った振動の表現になる。

以上の結果から，(4.22) 式の指数関数の解は (4.24) 式の振動解と同等であることがわかった。したがって，単振動の微分方程式の解は，正弦 (sin) 関数や余弦 (cos) 関数だけでなく，指数関数でも表せる。

4.3　ひも (糸) の振り子

基礎事項

長さ l [m] の伸びないひもに質量 m [kg] の物体をつるして，鉛直面内で振動させた単振り子は単振動を行い，その周期は $T = 2\pi\sqrt{\dfrac{l}{g}}$ である。

A　単振り子

軽くて伸びない糸に物体をつるして鉛直面内で振動させたものを単振り子 (simple pendulum) という。図 4.7 のように物体の質量を m [kg]，糸の長さを l [m] とする。物体が静止している位置 (これを O 点とする) を $x = 0$ とする。物体が振動しているときの揺れの角を θ とすると，物体には糸の張力 T と重力 mg が作用する。糸の張力は重力の成分とつりあうので $T = mg\cos\theta$ となる。一方，重力の接線方向の成分は $F = -mg\sin\theta$ である。ここで，角度 θ は小さいので $\sin\theta \simeq \theta = \dfrac{x}{l}$ と近似すると

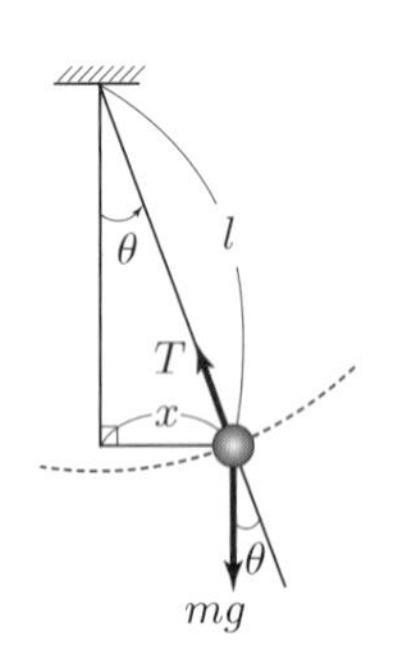

図 4.7 単振り子

$$F = -mg\sin\theta = -mg\frac{x}{l} = -Kx \tag{4.25}$$

となる。ただし $K = \dfrac{mg}{l}$ とおいた。ここで，x は O 点を基準とする物体の水平方向の変位である。こうして，重力の接線方向成分が，物体を O 点に引き戻す復元力となることがわかる。接線方向の物体の運動方程式は

$$m\frac{d^2x}{dt^2} = -Kx \tag{4.26}$$

となり，定数 K がバネ定数 k に対応するので，単振動の周期 T は

$$T = 2\pi\sqrt{\frac{m}{K}} = 2\pi\sqrt{\frac{l}{g}} \tag{4.27}$$

である。(4.27) 式から，単振子の周期は，糸の長さが同じであれば，振幅の大きさや物体の質量の大小に依存しないことを示す。これを**振り子の等時性** (isochronism) という。

◀**解説**▶ 単振り子の周期 T には重力加速度が入っている。つるす物体の質量とひもの長さが同じ単振り子であっても，地球上と月では重力加速度の大きさが異なるので周期も異なる。しかし，バネによる単振動の周期は，地球でも月でも同じである。

B　円錐振り子

ひもの一端を固定し，他端に質量 m [kg] のおもりがついている。ひもの長さは l [m] である。いま，このおもりを水平面内で図 4.8 のように円運動させた。ひもと鉛直方向となす角を θ とする。この物体には，ひもの張力と重力がはたらいている。ひもの張力の鉛直成分は重力とつりあうが，ひもの張力の水平成分が円運動の向心力となる。このとき，円運動の周期は次のようになる。

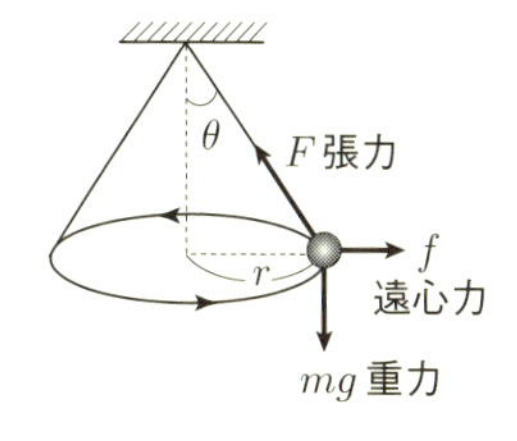

図 4.8 円錐振り子

物体から見たときの力のつりあいを考えると

$$\text{鉛直方向}\quad F\cos\theta = mg$$

$$\text{水平方向}\quad F\sin\theta = f = mr\omega^2$$

$$\therefore\ \omega^2 = \frac{F\sin\theta}{mr} = \frac{g}{r}\tan\theta$$

$$\therefore\ \omega = \sqrt{\frac{g}{r}\tan\theta} = \sqrt{\frac{g}{l\sin\theta}\tan\theta} = \sqrt{\frac{g}{l\cos\theta}}$$

$$\therefore\ T = \frac{2\pi}{\omega} = 2\pi\sqrt{\frac{l\cos\theta}{g}} \tag{4.28}$$

4.4　バネの接続

基礎事項

バネ定数が k_1, k_2 である 2 つのバネをつないだ合成バネのバネ定数 k は次のようになる。

直列接続：$k = \dfrac{k_1 k_2}{k_1 + k_2}$　　並列接続：$k = k_1 + k_2$

---

(1)　直列接続

図 4.9 のように，バネ定数が k_1, k_2 である 2 つのバネを連結したとき，バネのバネ定数はどのようになるかを調べよう。直列接続したバネに力 F を加えると，それぞれのバネの伸び x_1, x_2 と加えた力 F の関係から

$$F = k_1 x_1, \quad F = k_2 x_2 \qquad \therefore\ x_1 = \frac{F}{k_1}, \quad x_2 = \frac{F}{k_2}$$

となり，接続したバネ全体の伸びは $x = x_1 + x_2$ となる。これをバネ定数 k をもつ 1 つのバネの伸び x であると考えると，$F = kx = k(x_1 + x_2)$ である。この式に x_1, x_2 の式を代入して整理すると

$$\therefore\ k = \frac{k_1 k_2}{k_1 + k_2} \tag{4.29}$$

(2) 並列接続

一方，並列接続した場合には，2 つのバネの伸び x は同じになり，加えた力 F は 2 つのバネに分散するから $F_1 = k_1x$, $F_2 = k_2x$, $F = F_1 + F_2$ である。したがって，$F = (k_1 + k_2)x$ となる。これを，バネ定数 k をもつ 1 つのバネの伸びが x であると考えると

$$F = kx \qquad \therefore\ k = k_1 + k_2 \tag{4.30}$$

バネを並列に接続すると，合成したバネのバネ定数が大きくなり伸びにくくなることがわかる。

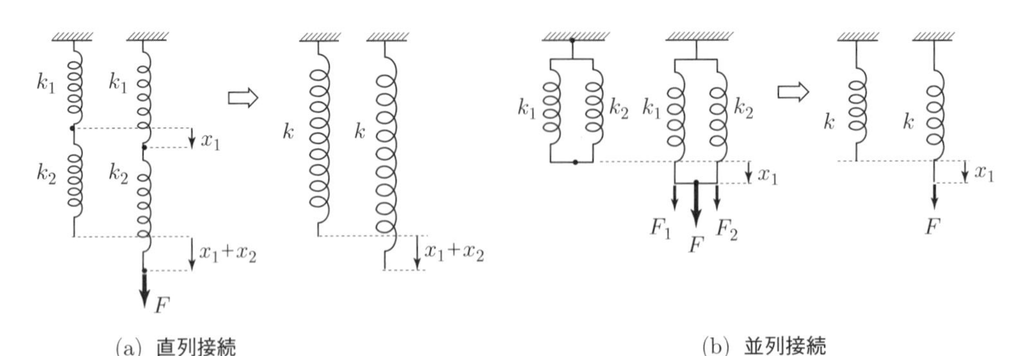

(a) 直列接続　　(b) 並列接続

図 4.9 バネの接続

4.5 連 成 振 動

基礎事項

複数のバネと物体を直列につないだ体系の振動は，つり合いの位置を基準としたそれぞれの物体に対して運動方程式を立てて，その連立方程式に共通の振動数が体系の固有振動数である。

A　2 つの物体の連成振動

なめらかな水平面上にバネ定数 k の同じ長さの 3 つのバネと 2 つの小物体 (ともに質量 m) が図 4.10 のように結合され，x 方向に振動する系がある。2 つの物体が同じ振動数で振動する固有振動数を求めよう。物体 1 と 2 のつりあいの位置からの変位をそれぞれ x_1, x_2 とすると，運動方程式は

$$\text{(物体 1)}\quad m\frac{d^2x_1}{dt^2} = -kx_1 - k(x_1 - x_2) \quad \therefore\ m\frac{d^2x_1}{dt^2} = -2kx_1 + kx_2 \tag{4.31a}$$

$$\text{(物体 2)}\quad m\frac{d^2x_2}{dt^2} = -kx_2 - k(x_2 - x_1) \quad \therefore\ m\frac{d^2x_2}{dt^2} = -2kx_2 + kx_1 \tag{4.31b}$$

2 つの物体はどちらも同じ角振動数 ω で振動するが振幅は異なるであろう。振動関数をサイン関数で表すと

$$x_1 = A\sin(\omega t), \quad x_2 = B\sin(\omega t) \tag{4.32}$$

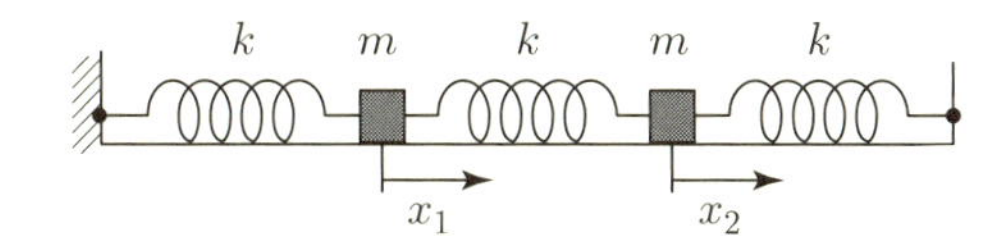

図 4.10 連成振動

これらを (4.31) 式に代入して整理すると，A, B に関する次の連立方程式を得る。

$$\begin{cases} (2k - m\omega^2)A - kB = 0 \\ -kA + (2k - m\omega^2)B = 0 \end{cases} \tag{4.33}$$

この方程式が $A = B = 0$ 以外の解 (自明でない解) をもつためには，係数行列式が 0 であればよいので

$$\begin{vmatrix} 2k - m\omega^2 & -k \\ -k & 2k - m\omega^2 \end{vmatrix} = 0 \quad \therefore \ (2k - m\omega^2)^2 - k^2 = 0 \quad \therefore \ \omega^2 = \frac{k}{m}, \frac{3k}{m} \tag{4.34}$$

したがって，$\omega = \sqrt{\dfrac{k}{m}}, \sqrt{\dfrac{3k}{m}}$ となる。この 2 つの角振動数が固有角振動数である。

つぎに，A, B の関係を求めよう。$\omega = \sqrt{\dfrac{k}{m}}$ のとき，これを (4.33) 式に代入すると，$A = B$ となるので 2 つの物体は同じ位相で振動する。2 つの物体の変位の差が $x_2 - x_1 = 0$ であるので，2 つの物体は間隔を一定値に保った同じ動きをする。そのため，1 つの物体の単振動と同じ角振動数の運動をする。

一方，$\omega = \sqrt{\dfrac{3k}{m}}$ のときは (4.33) 式から，$A = -B$ となるので 2 つの物体は逆位相で振動する。このとき，2 つの物体は互いに近づいたり遠ざかったりする単振動をする。

◀解説▶ 初期条件を取り入れた解を求めるためには，(4.32) 式の代わりに

$$x_1 = A\sin(\omega t + \alpha), \quad x_2 = B\sin(\omega t + \beta)$$

とおいて，初期条件を考慮して初期位相 α, β を求めればよい。

4.6 減衰振動

基礎事項

単振動を行う物体が速度に比例する摩擦力を受けたとき，単振動の振幅はだんだんと減衰して最終的には静止する。このような振動が減衰振動である。単振動の変位 $x(t) = C\sin(\omega_0 t + \alpha)$ と比較して減衰振動の変位は $x(t) = C\exp(-at)\sin(\omega_0 t + \alpha)$ となって振幅が時間 t とともに減衰する。

A　減衰振動する物体の運動方程式

ひもにつけたおもりを直線状に振動させた単振り子は，空気抵抗などの摩擦力が作用すると，振動運動の振幅は時間の経過とともに小さくなって，最終的におもりは止まってしまう。ここでは，単振動する物体に摩擦力がはたらくと単振動はどのように変わるのかを調べよう。例として，鉛直方向につるしたバネの先端の物体にダンパー (制動器) を取りつけた系の運動を考える (図 4.11)。ダンパーとは物体の運動を制御するための抵抗力を与えるものである。その抵抗力は物体の速度に比例すると仮定する。ここでは，鉛直方向に振動する物体 (質量 m) には，バネ定数 k のバネの弾性力と，ダンパーによる摩擦力がはたらく。つりあいの位置からはかった鉛直下向きの物体の変位を x とすると，物体に作用するバネの弾性力は $F = -kx$ ((4.16) 式を参照)，摩擦力は $F_d = -\gamma v = -\gamma \dfrac{dx}{dt}$ とする。ここで γ は摩擦力の比例係数で単位は [N·s/m] である。ゆえに，ニュートンの運動方程式は

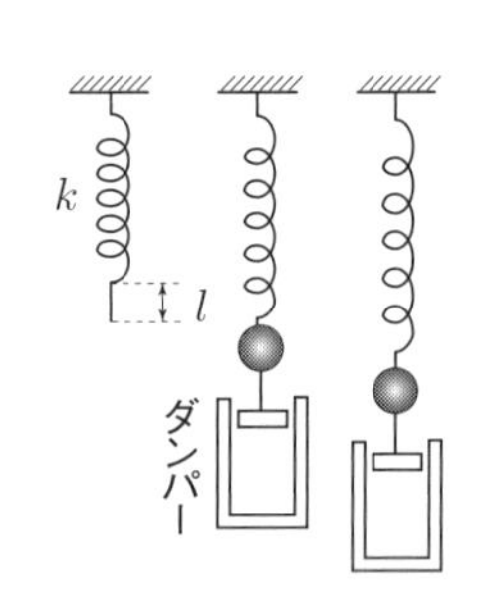

図 4.11 減衰振動

$$m\frac{d^2x}{dt^2} = -\gamma\frac{dx}{dt} - kx \tag{4.35}$$

となる。

B　運動方程式の解法 1

ここでは，(4.35) の方程式の解を振動関数 (sin や cos) ではなく，指数関数 (exp) で表すことにする。この関数形の方が解を簡単に求められるからである。γ が小さければ単振動する解に近いと予想される。そこで，基本解を $x(t) = \exp(\lambda t)$ と仮定して与式に代入して $\lambda = \pm i\omega_0$ のように純虚数解が得られれば角振動数 ω_0 で振動する解 ($\sin(\omega_0 t)$ や $\cos(\omega_0 t)$) となる。そこで $x(t) = \exp(\lambda t)$ を実際に与式 (4.35) に代入すると λ に関する方程式

$$m\lambda^2 + \gamma\lambda + k = 0 \tag{4.36}$$

を得る。これは λ の 2 次方程式であるから，判別式を

$$D = \gamma^2 - 4mk \tag{4.37}$$

とする。抵抗力が小さい (γ が小さい) 場合から考えよう。

(1) $D < 0$ の場合 ($\gamma < \sqrt{4mk}$)：(4.35) 式の解は異なる 2 つの解

$$\lambda_1 = -\frac{\gamma}{2m} + i\sqrt{\frac{k}{m} - \frac{\gamma^2}{4m^2}}, \quad \lambda_2 = -\frac{\gamma}{2m} - i\sqrt{\frac{k}{m} - \frac{\gamma^2}{4m^2}} \tag{4.38}$$

となる。ここで，

$$a = \frac{\gamma}{2m}, \quad \omega_0 = \sqrt{\frac{k}{m} - a^2} \tag{4.39}$$

とおくと，与式の基本解は

$$x_1(t) = \exp(\lambda_1 t) = \exp\{(-a + i\omega_0)t\}, \quad x_2(t) = \exp(\lambda_2 t) = \exp\{(-a - i\omega_0)t\}$$

の 2 つである。(4.35) 式の一般解 $x(t)$ は基本解 $x_1(t), x_2(t)$ の重ね合わせであるから，A, B を任意定数とすると

$$x(t) = A\exp\{(-a + i\omega_0)t\} + B\exp\{(-a - i\omega_0)t\} \tag{4.40a}$$

となる。あるいは，任意定数 A, B を選び直して C, α または C, β を使うと

$$x(t) = C\exp(-at)\sin(\omega_0 t + \alpha) \tag{4.40b}$$

または

$$x(t) = C\exp(-at)\cos(\omega_0 t + \beta) \tag{4.40c}$$

と表せる。(4.40b) 式の解は，時間 t に関して振動する項 $\sin(\omega_0 t + \alpha)$ と振幅が減衰する項 $\exp(-at)$ の積であるから図 4.12 のような形状になる。このような振動を**減衰振動** (damped oscillation) という。

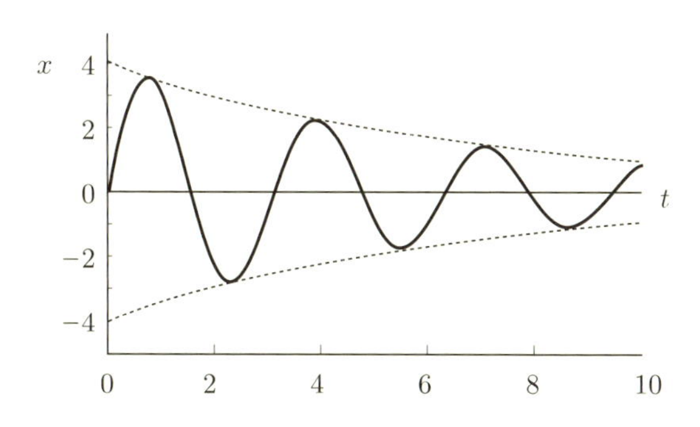

図 4.12 減衰振動 (4.40b) のグラフ

◀**解説**▶ 摩擦力がないときのバネの固有角振動数は $\omega = \sqrt{\dfrac{k}{m}}$ であるが，摩擦力がはたらくと (4.39) 式の $\omega_0 = \sqrt{\dfrac{k}{m} - \left(\dfrac{\gamma}{2m}\right)^2}$ となって ω よりも小さくなる。また，摩擦力が大きくなる (γ が大きくなる) と (4.39) 式の a が大きくなり，振動する因子を除くと，$|x(t)|^2 \propto \exp(-2at)$ となって変位の振幅は短い時間 $\left(\sim \dfrac{1}{2a}\ [\mathrm{s}]\right)$ で減衰する。

(2) $\boldsymbol{D = 0}$ **の場合** ($\gamma = \sqrt{4mk}$)：(4.36) 式の根は $\lambda = -a$ (重根) となる。このときの基本解は $x_1(t) = \exp(-at)$ と $x_2(t) = t\exp(-at)$ の 2 つであるから，A, B を任意定数として，一般解は

$$x(t) = (At + B)\exp(-at) \tag{4.41}$$

となる。このように，物体の振動がちょうど起こらなくなる解を**臨界減衰** (critical damping) という (図 4.13)。

(3) $\boldsymbol{D > 0}$ **の場合** ($\gamma > \sqrt{4mk}$)：抵抗力が大きくなると，(4.36) 式の解は $\lambda = \lambda_1, \lambda_2$ となる。ここで

$$\lambda_1 = -\frac{1}{2m}(\gamma - \sqrt{D}), \quad \lambda_2 = -\frac{1}{2m}(\gamma + \sqrt{D})$$

である。$\gamma > \sqrt{D}$ であるから λ_1 と λ_2 は負の実数になる。このとき，任意定数を A, B とすると，一般解は次のようになる。

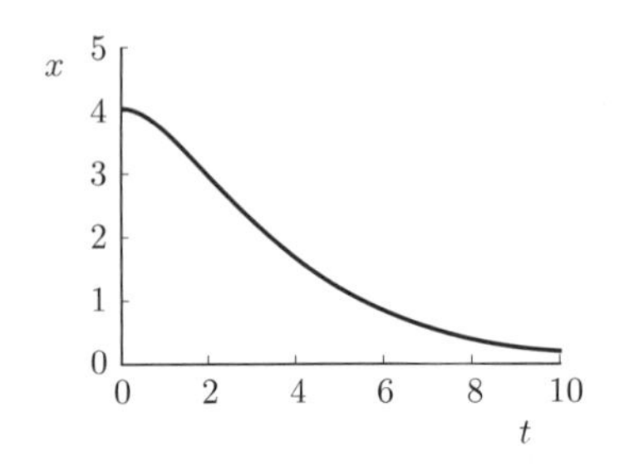

図 4.13 臨界減衰 (4.41) 式のグラフ例

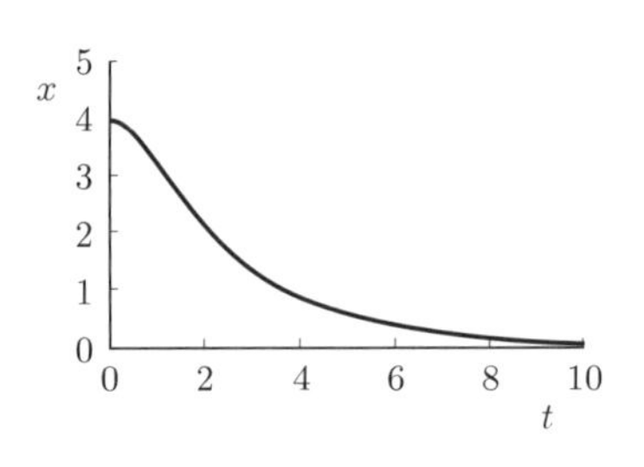

図 4.14 過減衰 (4.42) 式のグラフ例

$$x(t) = Ae^{\lambda_1 t} + Be^{\lambda_2 t} = A\exp\left[-\frac{1}{2m}(\gamma - \sqrt{D})\right] + B\exp\left[-\frac{1}{2m}(\gamma + \sqrt{D})t\right] \tag{4.42}$$

摩擦力の効果が非常に大きいときは，物体は振動しないで停止する。これを**過減衰** (overdamping) という (図 4.14)。

以上のように，摩擦力の大きさが大きくなるにつれて，減衰振動，臨界減衰，過減衰と移行していく。3 つの場合いずれも，任意定数を決めるには，条件 (通常は，初期条件 $x(0), v(0)$) が必要である。

B　運動方程式の解法 2

(4.35) 式の解を

$$x(t) = y(t)\exp(-at) \tag{4.43}$$

とおいて代入すると，$y(t)$ に関する次の微分方程式を得る。

$$m\frac{dy^2}{dt^2} + (\gamma - 2ma)\frac{dy}{dt} + (k - a\gamma + a^2 m)y = 0 \tag{4.44}$$

ここで (4.39) 式を使うと

$$m\frac{dy^2}{dt^2} + \left(k - \frac{\gamma^2}{4m}\right)y = 0 \quad \therefore\ \frac{dy^2}{dt^2} = \left(\frac{\gamma^2 - 4mk}{4m^2}\right)y \tag{4.45}$$

この微分方程式は，$D = \gamma^2 - 4mk$ の値によって解が異なる。

(1) $\boldsymbol{\gamma < \sqrt{4mk}}$ のとき：(4.39) 式の ω_0 を用いて (4.45) 式はよく知られた単振動の方程式

$$\frac{dy^2}{dt^2} = -\omega_0^2 y \tag{4.46}$$

であるから，一般解は $y(t) = A\sin(\omega_0 t + \alpha)$ または $y(t) = B\cos(\omega_0 t + \beta)$ となる。ここで A, α と B, β は任意定数である。したがって，(4.46) 式の一般解は

$$x(t) = Ae^{-at}\sin(\omega_0 t + \alpha) \tag{4.47a}$$

または

$$x(t) = Be^{-at}\cos(\omega_0 t + \beta) \tag{4.47b}$$

となる。

(2) $\boldsymbol{\gamma = \sqrt{4mk}}$ のとき：(4.45) 式は

$$\frac{dy^2}{dt^2} = 0 \qquad \therefore\ \frac{dy}{dt} = A, \quad y(t) = At + B \quad (A, B \text{ は任意定数})$$

となるので，(4.43) 式より

$$x(t) = (At + B)e^{-at} \tag{4.48}$$

(3) $\gamma > \sqrt{4mk}$ のとき：$\lambda = \sqrt{\dfrac{\gamma^2}{4m^2} - \dfrac{k}{m}} = \dfrac{\sqrt{D}}{2m}$ とおくと (4.45) 式は

$$\frac{dy^2}{dt^2} = \lambda^2 y$$

となって，一般解は $y(t) = Ae^{-\lambda t} + Be^{+\lambda t}$ (A, B は任意定数) であるから，

$$x(t) = (Ae^{-\lambda t} + Be^{\lambda t})e^{-at} \tag{4.49}$$

となる。

(4.47)〜(4.49) 式は，(4.40)〜(4.42) 式の表現と一致することがわかる。

4.7 強制振動

基礎事項

速度に比例する摩擦力がはたらくときバネに取り付けられた物体の同一直線上での振動は減衰振動である。この物体に，時間に依存する外力が加わったときの物体の運動が強制振動である。外力の振動数がバネの固有振動数に近いとき，物体が振動する振幅は非常に大きくなる。これを**共鳴** (**共振**) という。

B 強制振動の運動方程式

前項では，(4.35) 式の解のなかで条件 $\gamma < \sqrt{4mk}$ のとき，物体が減衰振動することがわかった。ここでは，減衰振動する物体に，時間的に変動する外力 (強制力) $F(t) = F_0 \exp(-i\omega t)$ が加わった場合の物体の変位を調べよう。このときの物体の運動方程式は，(4.35) 式の右辺に外力の項を加えて

$$m\frac{d^2x}{dt^2} = -\gamma\frac{dx}{dt} - kx + F_0 \exp(-i\omega t) \tag{4.50}$$

である。右辺の項は，物体にはたらくすべての力の和であることに注意しよう。このように，強制力が加わった振動を**強制振動** (forced oscillation) という。

B 運動方程式の解

摩擦力が小さい場合を考えるために，(4.37) 式の判別式 $D = \gamma^2 - 4mk < 0$ と仮定する。これは，減衰振動の条件である。物体を，振動数 ω で強制的に振動させようとする外力がはたらくので，変位 $x(t)$ も振動数 ω で振動するであろう。ここでは，振動を簡単に扱うために指数関数を用いる。そこで，$x(t) = A(\omega)\exp(-i\omega t)$ とおいて振幅 $A(\omega)$ を求めよう。変位の振幅 $A(\omega)$ は外力の振動数によって変化すると考えられるので ω 依存性を持たせた。$x(t)$ を (4.50) 式に代入すると $A(\omega)$ に関する次の式を得る。

$$(-m\omega^2 - i\gamma\omega + k)A(\omega) = F_0 \qquad \therefore\ A(\omega) = \frac{F_0}{-m\omega^2 - i\gamma\omega + k} \tag{4.51}$$

そこで，振幅の大きさを調べると

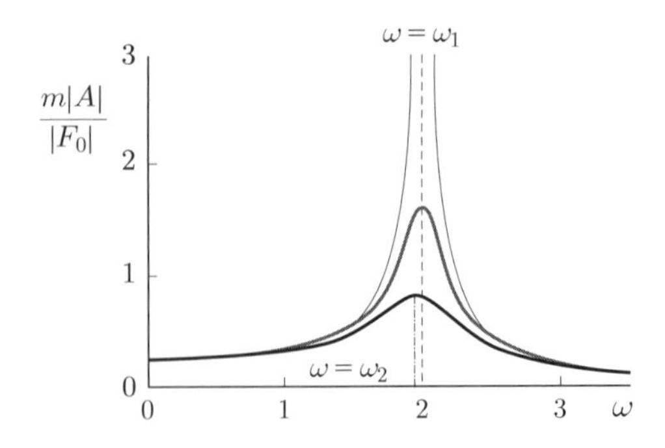

図 4.15 (4.52) 式のグラフ

$$|A(\omega)| = \frac{|F_0|}{\sqrt{(k - m\omega^2)^2 + (\gamma\omega)^2}} = \frac{|F_0|}{m\sqrt{(\omega^2 - {\omega_1}^2)^2 + (\gamma\omega/m)^2}} \tag{4.52}$$

となる。ここで，$\omega_1 = \sqrt{k/m}$ とおいた。また

$$\omega_2 = \sqrt{{\omega_1}^2 - \frac{1}{2}\left(\frac{\gamma}{m}\right)^2} = \sqrt{\frac{k}{m} - \frac{1}{2}\left(\frac{\gamma}{m}\right)^2}$$

とおくと，振幅 $|A(\omega)|$ は $\omega = \omega_2$ のときに最大となることがわかる。すなわち，外力の振動数が減衰振動の固有振動数 ω_2 (γ が小さいとき $\omega_2 \simeq \omega_1$) に等しいときに，振幅が非常に大きくなるのである。この現象を**共鳴** (resonance) あるいは**共振**という。子どもの頃にブランコに乗った経験がある人は，共振を体験している。ブランコを大きく揺らすためには，ブランコが両端にきたときに力を加えたはずである。これは，力を加える周期がブランコの周期 $T = \dfrac{2\pi}{\omega_2}$ と一致していたからである。

演習問題 4

A

4.1 (**単振動**)　時間 t [s] における物体の変位 x [m] が $x = 0.4\sin\left(\dfrac{2\pi}{5}l\right)$ と変化するとき，振動の周期 T [s]，振動数 f [Hz]，振幅 A [m] をそれぞれ求めよ。また，横軸を t，縦軸を x とするグラフを描け。

4.2 (**振り子**)　宇宙飛行士が，バネ (バネ定数が k) の一端に質量 m のおもりをつけたものを宇宙船に持ち込んだ。地上からロケットで打ち上げる前に，おもりを少し引っ張って振動させたらおもりの振動数は f であった。

(1) k を m, f で表せ。

(2) ロケットで打ち上げ加速しているときの振動数は f よりも大きいか，小さいか，変わらないかを答えよ。

(3) 人工衛星として地球を周回しているときの振動数は f よりも大きいか，小さいか，変わらないかを答えよ。

4.3 (**単振り子**)　エレベーターに乗った人が，長さ l の丈夫な糸の一端に質量 m のおもりをつけた単振り子をエレベーターに持ち込んだ。エレベーターが静止しているときの単振り子の振動数を f，重力加速度の大きさを g とする。

(1) エレベーターが加速度 a で上昇しているとき，単振り子の周期を求めよ。
(2) エレベーターが一定の速さで動いているとき，単振り子の周期はいくらか。
(3) エレベーターが加速度 a で下降しているとき，単振り子の周期を求めよ。

4.4 **(バネの接続)**　バネ定数 k_1, k_2, k_3 の 3 つの軽いバネを，図 1 の (a)〜(c) のように接続したとき，合成バネ全体のバネ定数 k を求めよ。ただし，バネの質量は無視できるものとする。

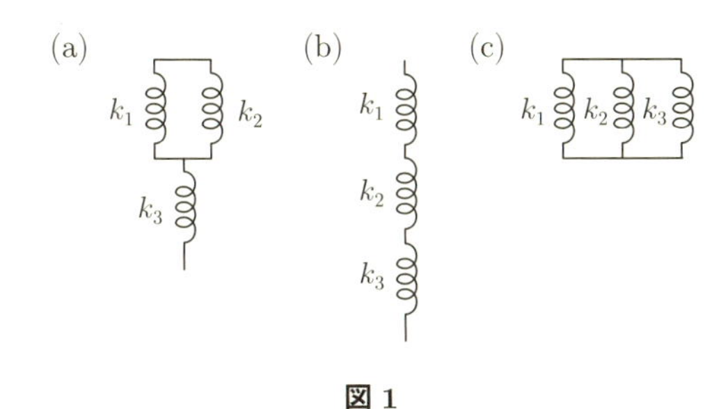

図 1

B

4.5 **(単振動)**　滑らかで水平な床上に一端を固定したバネ (バネ定数は k) の他端に質量 の物体がついている。この物体を手で長さ A だけ引っ張り，時間 $t = 0$ で手を放したら，物体は x 軸上を単振動した。

(1) バネの自然長を基準とした物体の変位を x として，運動方程式を書きなさい。
(2) 物体の単振動の周期 T を求めよ。
(3) 時間 t における物体の変位 $x(t)$ と速度 $v(t) = \dfrac{dx(t)}{dt}$ を求めなさい。

4.6 オイラーの公式 $e^{i\theta} = \cos\theta + i\sin\theta$ (θ は実数，$i = \sqrt{-1}$) を用いて $x(t) = C\sin(\omega t) + D\cos(\omega t)$ を $x(t) = c_0 e^{i\omega t} + d_0 e^{-i\omega t}$ と表す。c_0, d_0 を C, D で表せ。

4.7 **(円錐振り子)**　長さ l [m] のひもの一端が固定され，他端に質量 m [kg] のおもりがついている。いま，このおもりを水平面内で図 2 のように円運動させた。ひもと鉛直方向との角度は θ [rad] であった。以下の設問に答えよ。

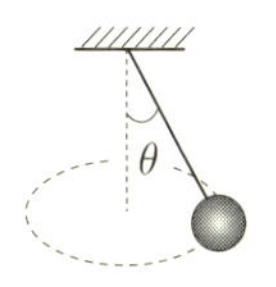

図 2

(1) ひもの張力 S を求めよ。
(2) 物体にはたらく向心力の大きさ F を求めよ。
(3) 物体の円運動の速さ v を求めよ。
(4) 物体の円運動の周期 T を求めよ。

4.8 **(2 本のバネ)**　滑らかな水平面上の x 軸に沿って，バネ定数 k，自然長 l の 2 つのバネの間に質量 m の物体が取り付けてあり，2 つのバネの他端は自然長になるように固定されている。このときの物体の位置を $x = 0$ とする。この物体を $x = a(> 0)$ まで手で移動させ，$t = 0$ で手を放したら物体は単振動した。

(1) 単振動の周期 T を求めよ。
(2) 時間 t での物体の位置 $x(t)$ を求めよ。
(3) 2 つのバネをバネ定数 k_1, k_2 のものに交換して，同様の実験をしたとき，単振動させたときの周期 T を求めよ。

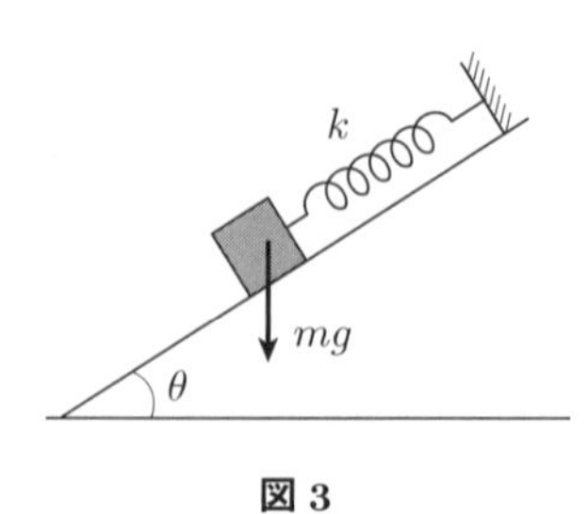

図 3

4.9 (**斜面での単振動**)　図 3 のような，水平面に対して角度 θ のなめらかな斜面にバネ定数 k のバネの一端が固定され，他端に質量 m の物体が取り付けてある。物体が静止しているとき，バネの伸びは l であった。この物体を，斜面にそってバネを A だけ引っ張り，$t=0$ で手を離したら，この物体は斜面上の x 軸にそって振動した。

(1) バネの伸び l を求めよ。
(2) 前問の位置を基準とした物体の変位を x として，この物体の運動方程式を求めよ。
(3) 運動方程式を解いて，解 $x(t)$ を求めよ。
(4) 力学的エネルギーが保存することを示せ。

4.10 (**平衡点付近での振動**)　位置エネルギー (ポテンシャル・エネルギー) $V(x)$ が作用しているとき，位置 x で物体にはたらく力は $F=-\dfrac{dV(x)}{dx}=-V'(x)$ である。いま，$V(x)$ を $x=0$ の付近で $V(x)\approx V(0)+\dfrac{1}{2}V''(0)x^2$ と近似する。

(1) $x=0$ で物体にはたらく力が 0 であることを示せ。
(2) $V''(0)>0$ ならばこの物体は単振動することを示し，その周期を求めよ。

4.11 (4.52) 式の $|A(\omega)|$ は $\omega=\omega_2$ のときに最大となることを示して，その最大値を求めよ。

5 波　動

4 章では振動を扱った。波源でつくられた媒質の振動がつぎつぎに空間的に伝わっていくと**波動** (wave) になる。波動の代表例は水面波である。波を伝える物質 (水面波の場合には水) を媒質という。水面波のほかには音波や光波などが身近であるが，これらの波動は干渉や回折という特徴を持っている。この章では波動に関する性質について学習する。

5.1 波動の種類とその表現

基礎事項

波源 O 点 ($x=0$) において発生した周期 T [s] の振動の変位が，時間 t のとき

$$u(t) = -A\sin\left(2\pi\frac{t}{T}\right) = -A\sin(2\pi ft)$$

で表される。ここで，f [1/s] は振動数である。この振動が，波形が変わらずに，O 点から x だけ離れた P 点に伝わる。P 点での振動の変位 $u(x,t)$ は，O 点よりも時間が $\dfrac{x}{v}$ だけ遅れるので，$u(t)$ の t を $t-\dfrac{x}{v}$ で置き換えて

$$u(x,t) = -A\sin\left\{\frac{2\pi}{T}\left(t-\frac{x}{v}\right)\right\} = A\sin\left\{2\pi\left(\frac{x}{\lambda}-\frac{t}{T}\right)\right\}$$

と表せる。ここで，$\lambda = Tv = \dfrac{v}{f}$ は波の波長である。

A 縦波と横波

長いひもに等間隔に目印をつけて，ひもの一端を壁に固定する。ひもの他端を手でつまんでひもを水平に張ってから手を上下に振動すると，手元の振動がひもの各部分に伝わって，波 (あるいは波の先端) は壁のほうに進んでいく。このとき，目印をつけたひもの各位置は上下に振動しているだけであって左右に動くわけではない。この波動の媒質はひもである。この波のように，各部分の振動方向と波が伝わる方向 (伝播方向) が垂直な波を**横波** (transverse wave) という。

滑らかな水平面上にあるバネの一端を固定し，他端を手で引っ張ってバネが伸びた状態で静止する。ここでバネに等間隔に目印をつけたあと，手を振動させてバネを伸縮させると，目印をつけた部分は，バネの振動方向に振動し，隣り合う目印の間隔が伸びたり縮んだりする現象がバネを伝わる。このように，

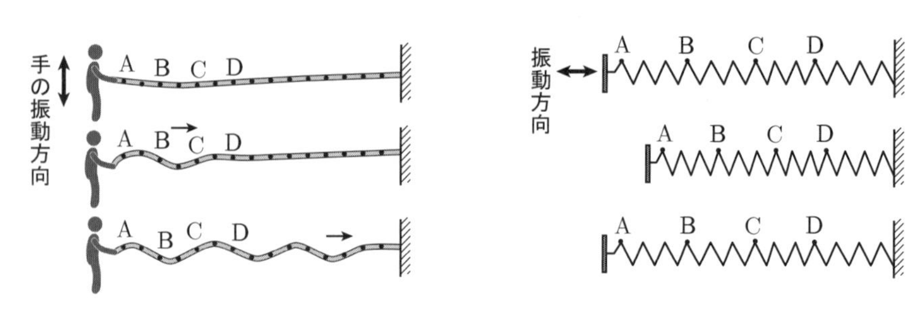

図 5.1 ひもの波とバネの波の図

各部分の振動方向と波が伝わる方向 (伝播方向) が同じ波を**縦波** (longitudinal wave) という。となり合う部分の間隔が最も短い位置を**密**，最も長い位置を**疎**というので，縦波を**疎密波** (compressional wave) ともいう (図 5.1)。

ひもの波やバネの波以外の例を挙げよう。光波 (光) や電波 (電磁波) は横波である。光波は電磁波であり，電気と磁気の振動方向が波の進行方向と直角であるので横波である。また，音波は空気中の気体分子の密度の濃い薄いによって伝わる縦波である。これを図 5.2 に示した。

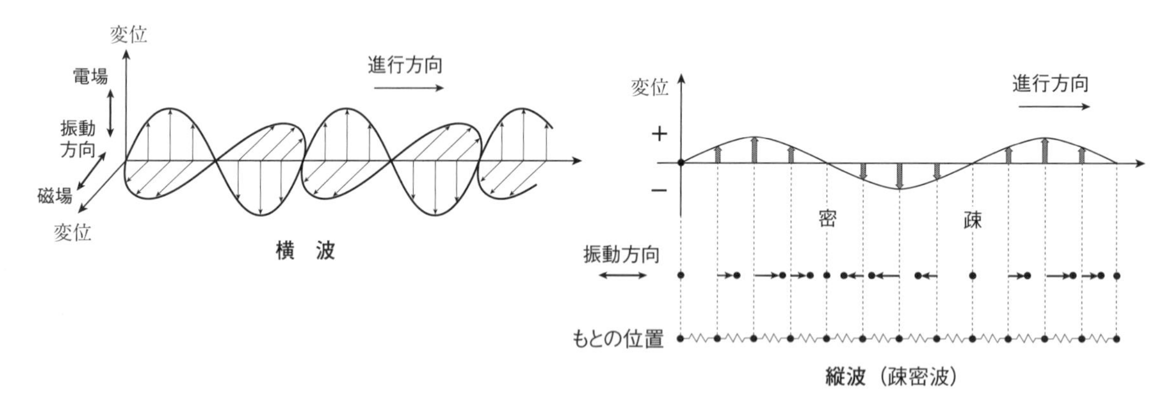

図 5.2 光波 (横波) と縦波 (疎密波)

A　波動の表現

波動を数式で表現するには，横軸を媒質の位置，縦軸を媒質の変位とするのが便利である。まず横波を考える。静かな池に石を投げ入れたとき，水面はもとの高さ (これを静水面という。この面の位置を 0 とする) から上下に変動して波紋はだんだん広がっていく。基準面よりも上向きを正の変位，下向きを負の変位とする。静水面上の位置の O 地点に小石を落とすと，この波源での水面の振動が周囲に伝わっていく (図 5.3)。時間 t における波源での水面の変位が次のように振動すると仮定する。

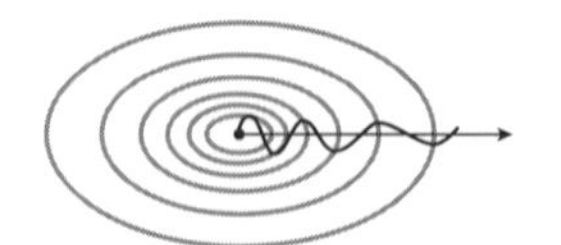

図 5.3 水面の波

$$u(t) = -A\sin\left(2\pi\frac{t}{T}\right) = -A\sin(2\pi ft) \tag{5.1}$$

ここで，T [s] は水面が上下に振動する**周期** (period) であり，$f = 1/T$ は 1 秒間に起きる振動の回数であるから**振動数** (frequency) [Hz] とよばれる。また，変位 $u(t)$ の最大値 $|A|$ を**振幅** (amplitude) という。さて，この波を，小石を落と

した地点Oから x [m] だけ離れた地点Pで観測する。波が水面を伝わる速さを v [m/s] とし，波の形が変形しないで伝わると仮定すれば，P地点でもO地点と同じ形状の波が時間 x/v [s] だけ遅れて到着するであろう。したがって，P地点での波の変位 $u(x,t)$ は，(5.1) 式の t を $t-x/v$ で置き換えて

$$u(x,t) = -A\sin\left(\frac{2\pi}{T}\left(t-\frac{x}{v}\right)\right) = A\sin\left(2\pi\left\{\frac{x}{\lambda}-\frac{t}{T}\right\}\right) \tag{5.2}$$

となる。ここで，λ (ラムダ) は**波長** (wave length) であり，**波の速さ** (speed of wave) v が

$$v = \lambda f = \frac{\lambda}{T} \tag{5.3}$$

であることを使った (図5.4)。また，sin の引数

$$\phi(x,t) = 2\pi\left(\frac{x}{\lambda}-\frac{t}{T}\right) \tag{5.4}$$

を波の**位相** (phase) という。位相が 2π の整数倍だけずれた点では波の変位が同じであるので**同位相** (in phase)，位相が π の奇数倍ずれた場合には**逆位相** (out of phase) という。また，位相が増えることを**位相が進む**，位相が減ることを**位相が遅れる**という。波の変位を記述する関数を波形といい，これによって波の形状が決まる。(5.2) 式の波形は正弦波 (sin) である。正弦波以外にも余弦波 (cos) などいろいろな形が考えられる。また，波形の高いところを**山**，低いところを**谷**という場合がある。以上から，波の性質は，波長と振動数 (あるいは周期) で決まり，波の強さ (大きさ) は振幅で決まる。

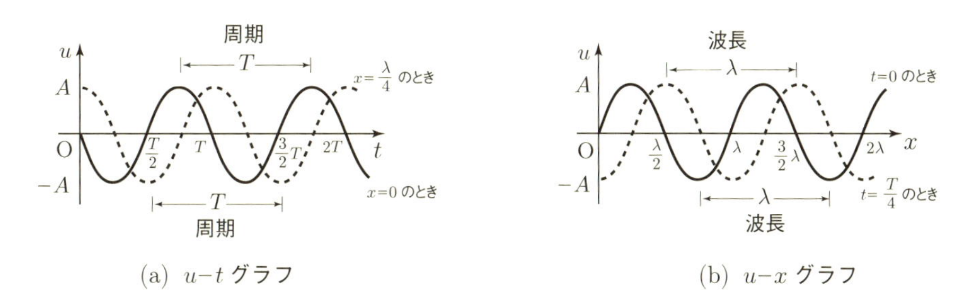

(a) u–t グラフ　　(b) u–x グラフ

図5.4 (5.2) 式のグラフ

次に縦波 (疎密波) を数式で表現しよう。波が存在しないときの x 軸上の位置を x とする。縦波が存在するとき，ある時間 t での x での変位 $u(x,t)$ が x 軸の正の方向であれば $u(x,t)>0$，x 軸の負の方向であれば $u(x,t)<0$ として，変位 $u(x,t)$ を縦軸に表すと式 (5.2) と同じ数式で表すことができる。疎密波では，最も疎の位置 x と最も密の位置 x は $u(x,t)=0$ を満たす x の値で決まる。

A 波長と周期，波の速さの関係

式 (5.2) で，ある位置 x において，時間 t での波の変位 $u(x,t)$ と時間 $t+T$ における波の変位 $u(x,t+T)$ は同じ値になることがわかる。このように，ある位置において，波の変位が等しくなる時間の間隔が周期 T である。一方，ある時間において，波の変位 u の値が等しい位置の間隔が波長 λ である。1つの振

動が伝わる距離が波長 λ であり，1 秒間に f 個の振動が伝わるから，1 秒間に波が進む速さは $v = \lambda f = \lambda/T$ となり，(5.3) 式が成り立つ。

例題 1　(5.2) 式で $u(x, t+T) = u(x+\lambda, t) = u(x, t)$ を確かめよ。

[解答]

$$u(x, t+T) = A\sin\left(2\pi\left\{\frac{x}{\lambda} - \frac{t+T}{T}\right\}\right) = A\sin\left(2\pi\left(\frac{x}{\lambda} - \frac{t}{T}\right) - 2\pi\right) = u(x, t)$$

$$u(x+\lambda, t) = A\sin\left(2\pi\left\{\frac{x+\lambda}{\lambda} - \frac{t}{T}\right\}\right) = A\sin\left(2\pi\left(\frac{x}{\lambda} - \frac{t}{T}\right) + 2\pi\right) = u(x, t)$$

A　波数と角振動数

波長 λ と周期 T の代りに，次の式で定義された**波数** (wave number) k と**角振動数** (angular frequency) ω で波を記述すると便利である。k は 2π [m] あたりの波の数を表し，ω は 2π [s] あたりの振動の数を表す。

$$k = \frac{2\pi}{\lambda}, \quad \omega = \frac{2\pi}{T} = 2\pi f \tag{5.5}$$

(5.5) 式中の ω の式 (第 2 式) は，4 章の振動の項目で定義されたものと同じである。k と ω を使うと，(5.2) 式の波動と (5.4) 式の波の位相は

$$u(x, t) = A\sin(kx - \omega t) = A\sin\phi(x, t) \tag{5.6}$$

$$\phi(x, t) = kx - \omega t \tag{5.7}$$

と簡潔に表現できる。

5.2　ホイヘンスの原理と波の重ね合わせ

基礎事項

波は障害物と衝突するとその点から素元波 (球面波) を発生する (ホイヘンスの原理)。いくつかの波は重なり合って干渉や回折を起こす。

A　平面波と球面波

海岸線に打ち寄せる白波や，池の水面にできる ‘波紋’ は，波の変位が等しい場所を示している。(5.6) 式からわかるように，波の位相 $\phi(x, t)$ が等しいとき，波の変位 $u(x, t)$ は等しい。このように，ある時間において，波の位相が等しくなる (これを同位相という) 点 (位置) の集まりを**波面** (wave front) という。波面が平面になる波を**平面波** (plane wave)，波面が球面になる波を球面波 (spherical wave) という。静水面の一点を振動させるときにできる同心円状の波は球面波の例であり，静水面上の長い棒や板を手前や奥に平行に振動させてできた波は平面波の例である (図 5.5)。

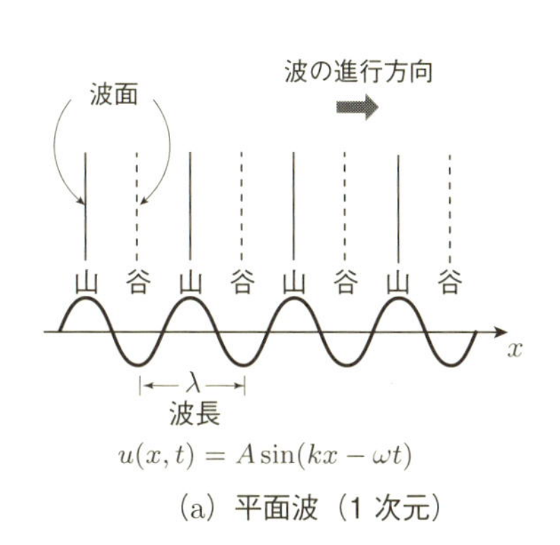

$u(x,t) = A\sin(kx - \omega t)$

(a) 平面波（1 次元）

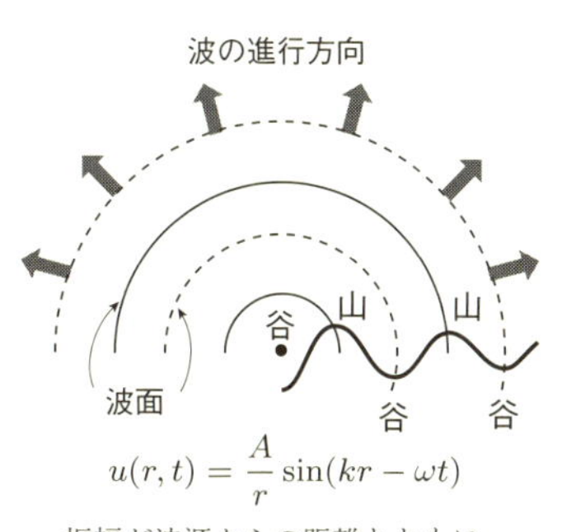

$$u(r,t) = \frac{A}{r}\sin(kr - \omega t)$$

振幅が波源からの距離とともに小さくなる。

(b) 球面波

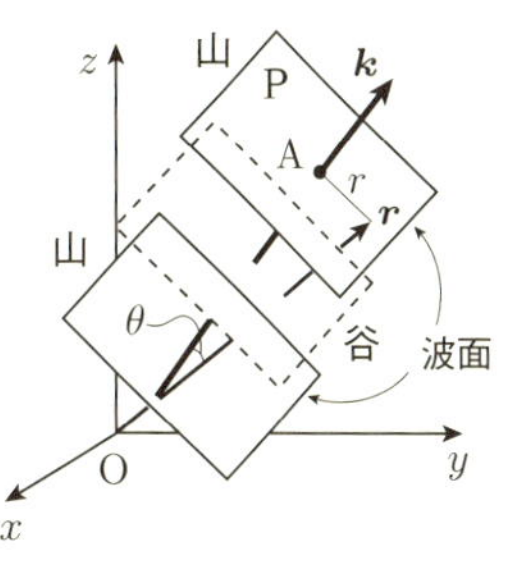

$$u(\boldsymbol{r},t) = A\sin(\boldsymbol{k}\boldsymbol{r} - \omega t)$$
$$\boldsymbol{k}\boldsymbol{r} = k\,r\cos\theta = k\,r_\perp$$
$$r_\perp = r\cos\theta = \overline{\mathrm{OA}}$$

平面 P 上の点はすべて $r_\perp =$ 一定となる。

(c) 平面波（3 次元）

図 5.5 平面波と球面波

A ホイヘンスの原理

平面波や球面波ができることを説明するため，ホイヘンスは次のように考えた。媒質中の 1 点からは**素元波** (elementary wave) とよばれる球面波が発生する。その隣接した点から同じ速度の素元波が発生し，それらが重なり合って少し時間が経過したときの波面ができると考える。こうすると，球面や平面である波面が継続して伝わることが説明できる。また，ある媒質中を進む波が異なる媒質や障害物と衝突したとき，波が衝突した各点から素元波 (球面波) が発生すると考えれば，波の屈折や反射が説明できる。このように，媒質の各点から素元波が発生して，それらが重なりあって直後の波面を次々に形成していくという波動に独特な性質を**ホイヘンスの原理** (Huygens' principle) という。平面波は，非常に近い波源から発生する球面波の集まりからできている。すなわち，平面波を球面波に分解することもできるし，球面波を重ね合わせることによって平面波にすることもできる。これは，波の重ね合わせが成り立つからである。

時間 t に位置 x で 2 つの波 $u_1(x,t), u_2(x,t)$ が重なったとき，その合成波は

$$u(x,t) = u_1(x,t) + u_2(x,t)$$

と表すことができる。このことは，3 つ以上の波が重なったときにも成り立つ。これを**波の重ね合わせの原理** (principle of superposition) という。波の重ね合わせによって，媒質の各点の波の変位は強くなったり弱くなったりする。この現象を**波の干渉** (interference) という。波の干渉が起こると，各時間での波形が変化するが，2 つの波の進行方向や波の速さが変わることはない。また，海岸に行くと，防波堤の隙間から侵入した波が防波堤の後ろ側に波が回り込む現象をよく見かける。このように，波には障害物の背後に回り込む性質がある。これを**波の回折** (diffraction) という。ホイヘンスの原理と波の重ね合わせの原理は，波動に特有のものであり，回折や干渉は波動独特の性質であり，2 章や 3 章で扱った質点系や剛体はこの性質を持たない。

A　2 つの波の干渉

2 つの波源 S_1, S_2 から振幅 A，波長 λ の同位相の波が発生しているとき，S_1 から距離 L_1，S_2 から距離 L_2 である地点 P での波の強弱は次の条件によってきまる (図 5.6(a))。

① 波が強めあう条件

$$|L_1 - L_2| = m\lambda \quad (m = 0, 1, 2, \cdots) \tag{5.8a}$$

② 波が弱めあう条件

$$|L_1 - L_2| = \left(m + \frac{1}{2}\right)\lambda \quad (m = 0, 1, 2, \cdots)) \tag{5.8b}$$

図 5.6(b) において，実線は波の山，破線は波の谷を表す。実線と実線，破線と破線が重なった点では波は強め合い，実線と破線が重なった点では波は弱め合う。

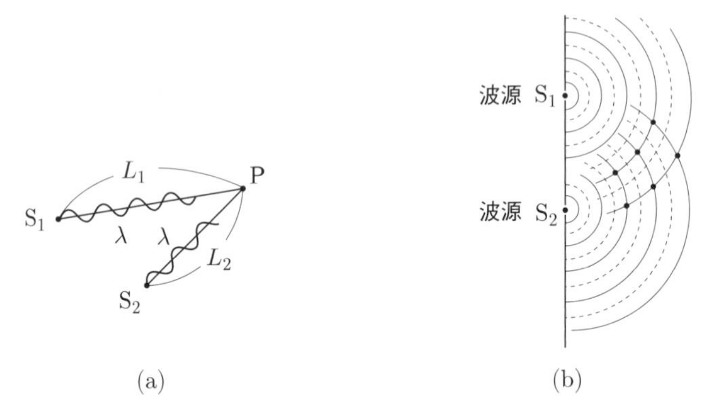

図 5.6 2 つの波の干渉

5.3　波の反射と屈折

基礎事項

ホイヘンスの原理に基づくと境界面における波の反射と屈折の現象が説明できる。

A　反射と屈折の法則

ホイヘンスの原理に基づくと境界面における波の**反射** (reflection) と**屈折** (refraction) が合理的に説明できる。

媒質 I と媒質 II の境界が平面であり，媒質 I と II での波の速さをそれぞれ v_1, v_2 とする。この波が，媒質 I から媒質 II に入射角 i で入射したとき，波の一部は境界面では反射角 j で媒質 I 中に反射され，残りの波は屈折角 r で媒質 II 中を進む。このとき次のことが成り立つ。

<反射の法則>　入射角と反射角は等しい

$$i = j \tag{5.9}$$

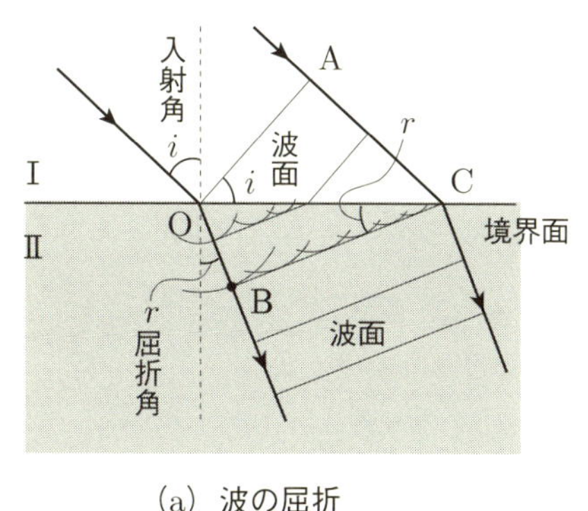

(a) 波の屈折

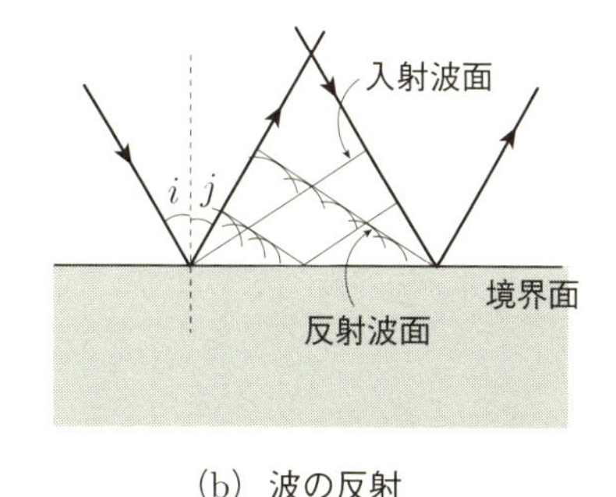

(b) 波の反射

図 5.7 波の反射と屈折

＜屈折の法則＞ 入射角と屈折角は次の関係をみたす

$$\frac{\sin i}{\sin r} = \frac{v_1}{v_2} = \frac{\lambda_1}{\lambda_2} \tag{5.10}$$

波の屈折について考える。図 5.7(a) のように媒質 I の平面波が境界面で屈折して媒質 II に進むものとする。入射波が平面波であるとき OA が平面波の波面である。この波面は境界面に衝突した点から媒質 II に素元波が発生し，それらが重なり合って屈折波が平面波となり，その波面が BC である。媒質 I の A 点から C 点に波が進む時間を t とすると $\overline{\mathrm{AC}} = v_1 t$ であり，媒質 II では，同じ時間で波が O 点から B 点に進むので $\overline{\mathrm{OB}} = v_2 t$ となる。したがって

$$\frac{\overline{\mathrm{AC}}}{\overline{\mathrm{OB}}} = \frac{\overline{\mathrm{OC}} \sin i}{\overline{\mathrm{OC}} \sin r} \qquad \therefore \quad \frac{\sin i}{\sin r} = \frac{v_1}{v_2} = \frac{\lambda_1}{\lambda_2}$$

ここで，振動数を f として $v_1 = \lambda_1 f, v_2 = \lambda_2 f$ を用いた。この波が光 (光波) の場合には，真空での光の速さを c，真空に対する媒質 I および II の屈折率をそれぞれ n_1, n_2 とすると，(5.10) 式は，$v_1 = c/n_1, v_2 = c/n_2$ を用いると次のようになる。

$$\frac{\sin i}{\sin r} = \frac{v_1}{v_2} = \frac{n_2}{n_1} \tag{5.11}$$

波の反射についても，屈折の場合と同様に，素元波が発生し，それの重ね合わせで反射波の波面も平面となる (図 5.7(b))。入射波と反射波の速さは等しいので波長も等しい。その結果，入射角 i と反射角 j も等しくなる。反射波および屈折波の振動数は，どちらも入射波の振動数 f と変わらない。

5.4 進行波と定在波

基礎事項

進行波とは，時間の経過とともに山や谷が移動して波形が空間を移動していく波であり，定在波とは時間が経過しても山と谷あるいは腹と節の位置が変わらない波である。

B　進 行 波

(5.2) 式の波は，位置 x と時間 t が変化すると位相 $\phi(x,t)$ が変わる。いま，位置と時間が (x,t) である P 点での波の位相 $\phi(x,t)$ と，$(x+\Delta x, t+\Delta t)$ である Q 点での波の位相 $\phi(x+\Delta x, t+\Delta t)$ が等しいとすると，

$$2\pi\left(\frac{x}{\lambda}-\frac{t}{T}\right)=2\pi\left(\frac{x+\Delta x}{\lambda}-\frac{t+\Delta t}{T}\right)$$

が成り立ち，P 点と Q 点での波の変位は等しい。この等式から，$\dfrac{\Delta x}{\Delta t}=\dfrac{\lambda}{T}$ となる。これは，Δx だけ異なった位置には Δt だけ遅れて同位相の波が伝わることを意味しているので，$\dfrac{\Delta x}{\Delta t}$ は波が伝わる速さに等しい。このように，波の位相に注目した波の速さ

$$v_p \equiv \frac{\Delta x}{\Delta t}=\frac{\lambda}{T} \tag{5.12}$$

を**位相速度** (phase velocity)v_p という。位相速度の正負を調べることによって波が伝わる方向がわかる。(5.2) 式の波は $v_p>0$ であるから，x の正の方向に進む波である。位相速度は，波の波長 λ と周期 T が 1 つに決まった波 (これを**単色波**という) に対して定義される。(5.2) と (5.6) 式は波の位相が等しい点が時間とともに移動していくので**進行波** (travelling wave) という。いくつかの波長と振動数の波が重ね合わさった波の速さは，群速度とよばれる。

B　定在波 (定常波)

振幅と波長が等しい 2 つの進行波をお互い逆向きに重ね合わせたときの合成波を考えよう。

$$u_1(x,t)=A\sin\left[2\pi\left(\frac{x}{\lambda}-\frac{t}{T}\right)\right],\quad u_2(x,t)=A\sin\left[2\pi\left(\frac{x}{\lambda}+\frac{t}{T}\right)\right]$$

のとき

$$u(x,t)=u_1(x,t)+u_2(x,t)=2A\sin\left(2\pi\frac{x}{\lambda}\right)\cos\left(2\pi\frac{t}{T}\right) \tag{5.13}$$

となる。

合成波の変位は，

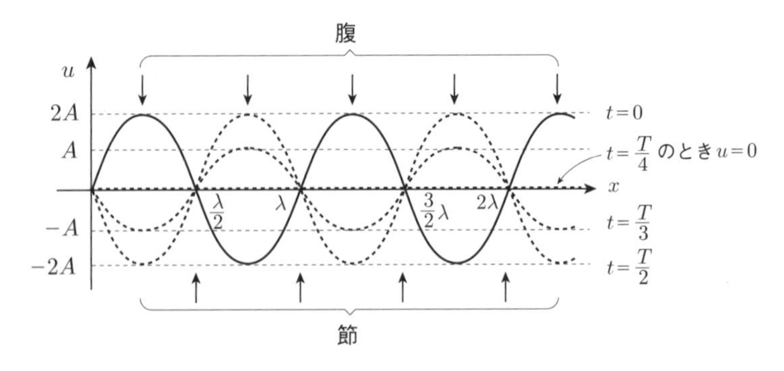

図 5.8 定在波の図

$$t = 0, T, 2T, \cdots \text{ のとき,} \qquad u = 2A\sin\left(2\pi\frac{x}{\lambda}\right),$$

$$t = \frac{T}{2}, \frac{3T}{2}, \frac{5T}{2}, \cdots \text{ のとき,} \qquad u = -2A\sin\left(2\pi\frac{x}{\lambda}\right),$$

$$t = \frac{T}{4}, \frac{3T}{4}, \frac{5T}{4}, \cdots \text{ のとき} \qquad u = 0$$

となる (図 5.8)。したがって，位置 x における変位の最大値 (振幅) は，$2\left|A\sin\left(2\pi\frac{x}{\lambda}\right)\right|$ と決まる。このとき，位置 $x = n\frac{\lambda}{2}$ (n は整数) では変位が常に 0 となり，$x = m\frac{\lambda}{4}$ (m は奇数) では変位の最大値は $2|A|$ となる。このように，ある位置における波の最大変位が時間に依存しない波を**定在波** (standing wave) または，**定常波** (stationary wave) という。定常波では，変位が最大になるところを**腹**，変位が 0 であるところを**節**といい，腹の位置と節の位置は，時間によって変化しない。一般に，定常波は，(5.13) 式のように変数 x だけを含む関数と変数 t だけを含む関数の積で表すことができる。このように，1 変数の関数の積で表される関数の形を変数分離形という。

A 弦の固有振動

線密度 ρ [kg/m] の弦に張力 S [N] を加えて，弦の両端は振動しないように固定されている。このとき弦の長さは L [m] である。この弦の中点をはじくと，図 5.9(a) のような定常波ができる。また，中点を指で押さえて，その右または左の弦の中点を指ではじくと図 5.9(b) のような定在波ができる。これは，弦の両端まで伝わった入射波が反射され，入射波と反射波が干渉した結果として定常波ができる。このように，弦に生じる定常波を弦の**固有振動** (characteristic oscillation) といい，その振動数を**固有振動数** (eigen frequency) という。固有振動では，ある決まった波長や振動数だけが許される。波長が長い順から $n = 1, 2, \cdots$ と番号を付けると，n の数は定常波の腹の数と一致する。弦が発する音の速さは $v = \sqrt{S/\rho}$ ((5.17) 式参照)，n 番目の定常波の波長は

$$\lambda_n = \frac{2L}{n} \tag{5.14}$$

であるから，その固有振動数は

$$f_n = \frac{v}{\lambda_n} = \frac{n}{2L}\sqrt{\frac{S}{\rho}} \tag{5.15}$$

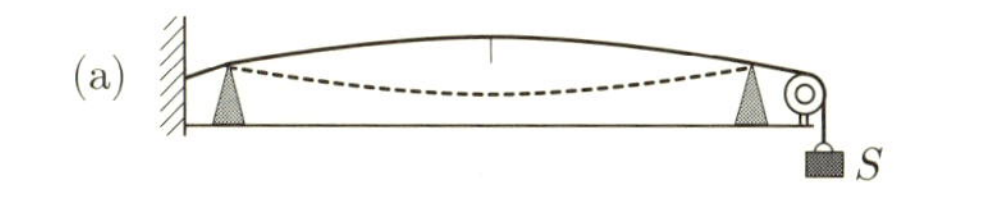

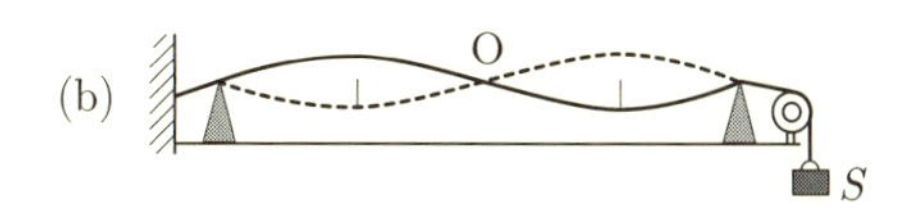

図 5.9 弦の固有振動の図

である。特に，$n = 1$ の波を**基本振動** (fundamental oscillation) といい，そのとき生じる音を基本音という。また，$n = 2, 3,$ の波を 2 倍振動，3 倍振動といい，$n = 2$ 以上の波をまとめて**倍振動**という。弦の振動では，弾く位置によってはいくつかの固有振動数が混ざることがある。

A　気柱の共鳴

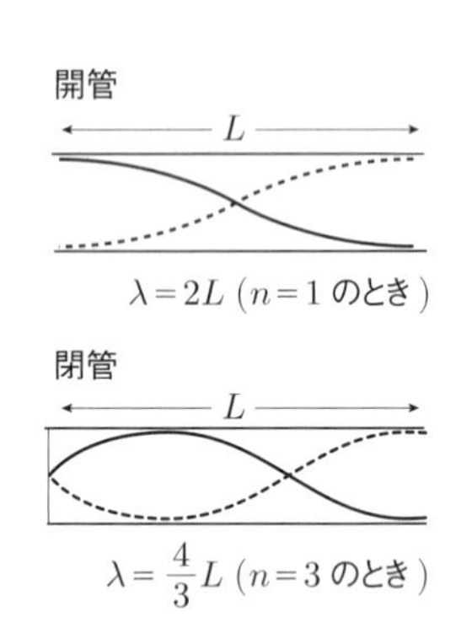

図 5.10 気柱の振動

フルートやクラリネットなどの管楽器は，管の中の空気を振動させて音を出している。管の中の空気を**気柱** (air-column) という。管の両端が開いているものを開管，一端が閉じているものを閉管という (図 5.10)。閉管内に一端から息を吹き込むと特有の音が出る。これは，吹きこまれた空気と，閉じた端で反射された空気とが干渉して，閉管内に定常波ができるためである。このとき，閉じた端 (閉口端) では空気が動けないために固定端，開いた端 (開口端) では空気が自由に動けるために自由端となる。すなわち，閉口端では節，開口端では腹となるような定常波ができる。管の長さを L，音速を V とすると気柱の定常波の固有振動の波長と振動数は次のとおりである。

＜閉管での固有振動＞　波長 $\lambda_n = \dfrac{4L}{n}$，振動数 $f_n = \dfrac{V}{\lambda_n} = n\dfrac{V}{4L}$
$(n = 1, 3, 5, \cdots)$

閉管では，開口端の腹の位置が，開口端の少し外側に出ている。管口と実際の腹の位置までの長さを開口端補正という。

＜開管での固有振動＞　波長 $\lambda_n = \dfrac{2L}{n}$，振動数 $f_n = \dfrac{V}{\lambda_n} = n\dfrac{V}{2L}$
$(n = 1, 2, 3, \cdots)$

A　空気中を伝わる音波

私たちが出す声の音や太鼓の音は，空気の圧縮と膨張を繰り返す疎密波 (縦波) として空気中を伝わる。これを音波という。空気中を伝わる音波の速さ [m/s] は，空気が 1 気圧で温度 t°C のとき，

$$v = 331.45 + 0.607t \tag{5.16}$$

である。したがって，空気が 15°C のときの音波の速さは約 340 m/s である。音波は波動であるから当然のことながら回折や干渉，屈折をする。また，音波は，液体中や固体中でも伝わる。固体中を伝わる音波は**フォノン** (phonon) とよばれ，固体を構成する原子や分子が平衡点を中心として微小振動することによって発生する。フォノンには，縦波以外に横波も存在する。人間の聴覚で聞こえる音波の振動数 (周波数) は約 20 Hz から 20,000 Hz である。この範囲の周波数を**可聴周波数**という *。

* 可聴周波数以上の音波を**超音波** (supersonic wave) という。

B　弦を伝わる横波の速さ

バイオリンのような弦を伝わる波は横波である。その速さ v は，弦の張力 S [N] と弦の単位長さあたりの質量 (線密度) ρ [kg/m] を用いると

$$v = \sqrt{\frac{S}{\rho}} \tag{5.17}$$

となる。弦を伝わる波は，両端を固定した定在波であり，両端の間の指で押える位置を変えることによってさまざまな波長 λ の波をつくる。このときの振動数 $f = v/\lambda$ で決まる。振動数は音の高低をきめる。

B 理想気体中を伝わる音波

分子量 M の理想気体が絶対温度 T の状態にあるとき，この理想気体中を伝わる音波の速さは次の式で与えられることが知られている。

$$v = \sqrt{\frac{\gamma RT}{M}} \quad \left(\gamma = \frac{c_p}{c_v}\right) \tag{5.18}$$

ここで，R は気体定数，c_p は定圧比熱，c_v は定積比熱である。

表 5.1 いろいろな物質中の音速

物質 (気体)	音速 [m/s] (0°C, 1 atom)	物質 (液体，固体)	音速 [m/s]
水素	1269.5	水 (海水，20°C)	1513
空気	331.45	鉄 (金属) (自由固体)	5950 (縦波)
酸素	317.2	鉄 (金属) (自由固体)	3240 (横波)
ヘリウム	970	大理石 (自由固体)	6100 (縦波)
ネオン	435	大理石 (自由固体)	2900 (横波)

B 衝 撃 波

音源の速さ V が物質中を伝わる音速 v_p よりも大きいとき，音源が発した音波は物体の後方に発生する (図 5.11)。すなわち，物体が通過した後に音波が遅れて到達する。また，このとき媒質の圧縮性が増して，媒質の密度を大きく変化させるために，ガラス戸や家を振動させるほど強い衝撃を与える。この波を**衝撃波** (shock wave) という。衝撃波はマッハ数 $M = V/v_p$ が 1 以上のときに発生する。

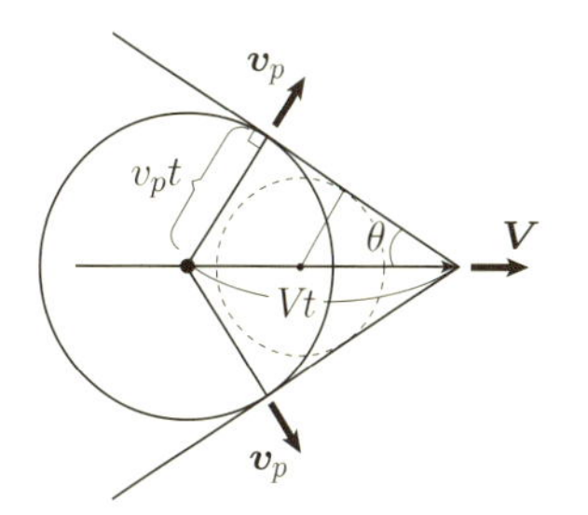

図 5.11 衝撃波

B 地 震 波

地球内部で地震が起きたときに発生する地表の揺れは，地震波とよばれる。よく知られているのは横波であるS波と縦波であるP波である。P波の速度がS波の速度よりも大きいので，P波がS波よりも先に観測される。地球内部 (数 10 km の深さ) では，P波の速度は約 8 km/s，S波の速度は約 4.5 km/s である。

5.5 ドップラー効果

基礎事項

音源や観測者が移動しているときには，観測者が聞く音の振動数は音源の振動数とは異なる。これをドップラー効果 (Doppler effect) という。速さ V_s で移動する音源が発する音の振動数を f とすると，速さ V_0 で移動する観測者が聞く音の振動数 f' は，次のようになる。

$$f' = \frac{V + V_0}{V - V_s} f \qquad \text{(観測者と音源が近づくとき)}$$

$$f' = \frac{V - V_0}{V + V_s} f \qquad \text{(観測者と音源が遠ざかるとき)}$$

A　音のドップラー効果 (観測者が聞く音の振動数)

救急車が自分に近づいてくるときと遠ざかるときとでは，サイレンの音の高さが違って聞こえることを経験する。これは，救急車のサイレンの音そのものが変化したものではない。この理由は次のように説明される。ただし，音源の音の波長を λ，振動数を f，音の速さを V とすると $V = \lambda f$ である。

(1)　音源が速さ V_s で移動して，観測者が静止している場合 (図 5.12a)

音源が 1 秒間音を発生したとする。発生した音波の先端部は 1 秒後には V [m] 進んでいる。このとき，音源が音の進行方向に速さ V_s [m/s] (ただし $V > V_s$) で進んでくるので，音波の終端部は先端部から間隔 $V - V_s$ [m] だけ後ろにある。この距離の間に振動数 f 個の波があるから，観測者が聞く音波の波長は $\lambda' = (V - V_s)/f$ となる。しかし，観測者に届く音波の速さは V であるから，観測者が聞く音の振動数 f' は

$$f' = \frac{V}{\lambda'} = \frac{V}{V - V_s} f \tag{5.19}$$

となって，f よりも大きい振動数の音を聞くことになる。

一方，音源が観測者から遠ざかるときは，1 秒間に観測者に届く音波の先端部と終端部の間隔が $V + V_s$ [m] であるので，観測者が聞く音波の波長は $\lambda' = (V + V_s)/f$ となる。したがって，観測者が聞く音の振動数 f' は

$$f' = \frac{V}{\lambda'} = \frac{V}{V + V_s} f \tag{5.20}$$

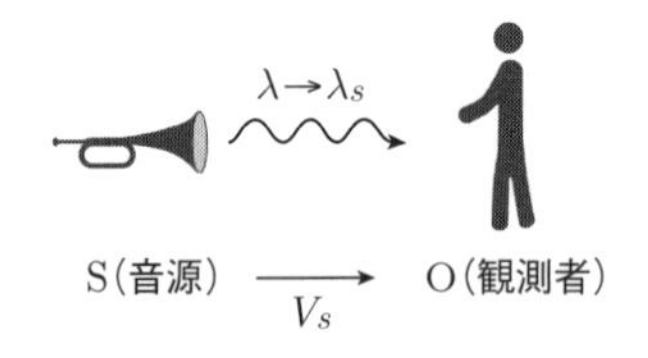

O は波長 λ'，速さ V の音を聞く

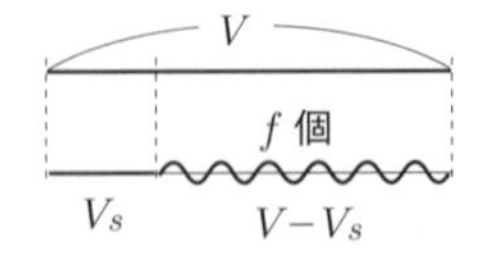

1 秒間に $V - V_s$ の間に f 個の波がつまっている

(a)　音源が動くとき

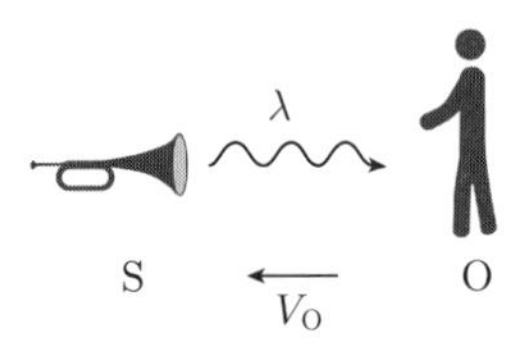

O が聞く音の波長は $\lambda = \dfrac{V}{f}$

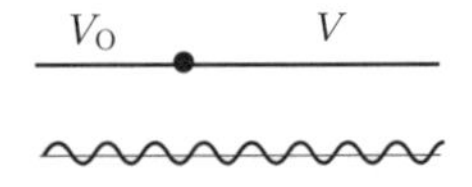

波長はかわらないが，1 秒間に聞く波数が増える

(b)　観測者が動くとき

図 5.12　音のドップラー効果 (音源と観測者のどちらか一方が動くとき)

となり，f よりも小さい振動数の音を聞くことになる。

以上をまとめると，音源が速さ V_s で観測者の方向に動くとき，静止している観測者が聞く音の振動数 f' は次のようになる。

$$f' = \frac{V}{V \pm V_s} f \tag{5.21}$$

（$-$ は音源が近づくとき，$+$ は音源が遠ざかるとき）

(2) 観測者が音源の方向に動き，音源が静止している場合 (図 5.12b)

音源から発生する音の振動数は $f = \dfrac{V}{\lambda}$ である。観測者が音源の方向に速さ V_o で近づくとき，観測者は 1 秒間に $(V + V_o)$ [m] の中に存在する f' 個の波を受け取る。このとき，音源の波長 λ と観測者が聞く音の波長 λ' は変わらないから

$$\lambda' = \lambda = \frac{V}{f} = \frac{V + V_o}{f'} \qquad \therefore \quad f' = \frac{V + V_o}{V} f \tag{5.22}$$

観測者が音源から遠ざかる場合には，V_o の符号をマイナスにすればよい。したがって，以上をまとめると次のようになる。

$$f' = \frac{V \pm V_o}{V} f \tag{5.23}$$

ただし，$+$ は観測者が音源に近づく場合，$-$ は遠ざかる場合を示す。

(3) 観測者と音源がどちらも動く場合 (図 5.13)

観測者は波長 $\lambda' = \dfrac{V - V_s}{f}$ の波を，1 秒間に $V - V_o$ の中にある波の数だけ聞くので，観測者が聞く音に振動数は

$$f' = \frac{V + V_o}{\lambda'} = \frac{V - V_o}{V - V_s} f$$

となる。したがって，

$$f' = \frac{V + V_o}{V - V_s} f \quad \text{(観測者と音源が近づくとき)} \tag{5.24}$$

$$f' = \frac{V - V_o}{V + V_s} f \quad \text{(観測者と音源が遠ざかるとき)} \tag{5.25}$$

ただし，音源が静止しているときは $V_s = 0$，観測者が静止しているときは $V_o = 0$ とする。

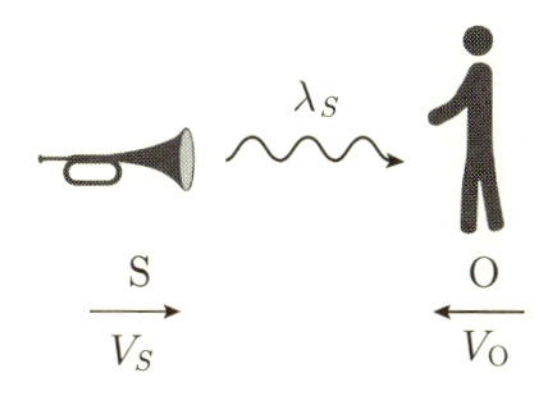

図 5.13 音のドップラー効果 (音源と観測者がともに動くとき)

◀解説 1▶ ここでの公式は，音源の速さが音速よりも小さい場合 ($V_s < V$) に成り立つ。音源の速さが音速よりも大きい場合 ($V_s > V$) には，音源の物体を頂点とする円錐状の波面をもつ衝撃波が発生する。この波面と似た現象は，水面を船が高速で走る場合の船の後方にできる逆 V 字状の水面波でも見ることができる。

◀解説 2▶ 音源が，観測者に対して角度 θ の方向で近づく場合や遠ざかる場合には式の V_s を $V_s \cos\theta$ と置き換えればよい。(斜め方向のドップラー効果)

B　ドップラー・シフト

ドップラー効果は運動する物体の速度の計測にも使われる。その例は，高速道路での自動車の速度計測器や野球の球速を計測するスピード・ガン (あるいはレーダー・ガン) とよばれる装置である。ここでは，電子レンジや携帯電話にも使われている 10 GHz 程度のマイクロ波を用いた速度計測の原理を解説する。マイクロ波の発射源の方向に速さ v で近づく物体 A に向かって，振動数 (周波数) f_0 のマイクロ波を発射して，物体 A から反射された振動数 f のマイクロ波を同じ装置で測定する。マイクロ波の速さを c とすると，1 秒間に物体 A から反射される波の振動数は $f_A = \dfrac{c+v}{c} f_0$ である。この反射波は，1 秒間に長さ $(c-v)$ の中に短縮されるので，反射された波の波長 λ_A は $\lambda_A = \dfrac{c-v}{f_A}$ と短くなる (図 5.14)。したがって，測定される振動数 f は，次のようになる。

$$f = \frac{c}{\lambda_A} = \frac{c+v}{c-v} f_0 \tag{5.26}$$

ここで，$c \gg v$ であるから，振動数の差 $f_d = f - f_0$ は

$$f_d = \frac{2v}{c-v} \fallingdotseq \frac{2v}{c} f_0 \tag{5.27}$$

この振動数の差 f_d を**ドップラー・シフト** (Doppler shift) という。ドップラー・シフトは物体の速さ v に比例するので，これを計測することによって，運動する物体の速さを知ることができる。

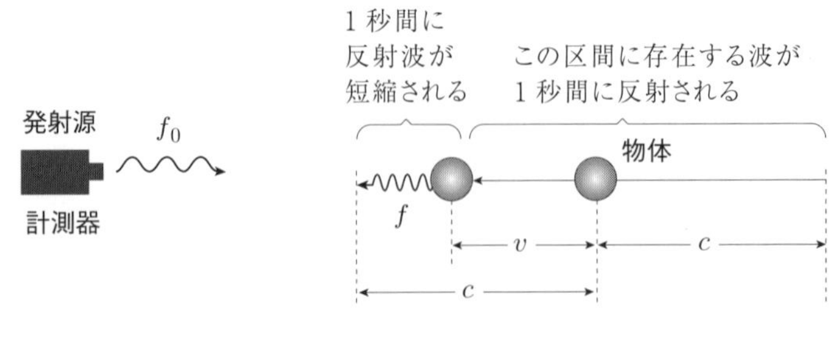

図 5.14 ドップラー・シフト

5.6 分散関係と波動方程式

基礎事項

$u(x,t) = A\sin(kx - \omega t + \alpha)$ のとき波数 k と角振動数 ω の関係 (分散関係) で $u(x,t)$ が満足する波動方程式が決まる。

B 分散関係

波動を式で表すためには，波長 λ と周期 T (あるいは振動数 f) がわかればよい。それらは波数と角振動数で表される。媒質中を伝わる波は，いろいろな波長や振動数をもつことが考えられる。一般に，波数 k と角振動数 ω の関係を**分散関係** (dispersion relation) という。分散関係と波の速さは，どちらもその波動に特有の量である。音波では $\lambda f = v$ であるから

$$v = \lambda f = \frac{\lambda}{2\pi} 2\pi f = \frac{\omega}{k} \quad \therefore \ \omega = vk \tag{5.28}$$

となる。また，光波では，$\lambda f = c$ であるから $\omega = ck$ (c は光速) となる。

B 波動方程式

分散関係を用いて波動が満たすべき方程式を導こう。まず，音波や光波など縦波や横波に無関係に x 軸を伝播する単色波の波動を正弦波としよう。

$$u(x,t) = A\sin(kx - \omega t + \alpha) = A\sin\phi(x,t)$$

ここで，A, α は任意定数とする。波の位相が $\phi(x,t) = kx - \omega t + \alpha$ であるから，波の速さ (位相速度) は (5.12) と (5.28) 式から

$$v_p = \frac{\omega}{k} = \frac{\lambda}{T} = \lambda f \quad (f \text{ は振動数})$$

である。真空中では光の速さは c であるから $v_p = c$ である。また，音波の速さは $v_p = v$ (音速) である。これらを踏まえて，分散関係によって**波動方程式** (wave equation) が決まることを示そう。いま $u(x,t)$ を x および t で偏微分すると

$$\frac{\partial u}{\partial x} = kA\cos(kx - \omega t + \alpha), \quad \frac{\partial^2 u}{\partial x^2} = -k^2 A\sin(kx - \omega t + \alpha) = -k^2 u$$

$$\frac{\partial u}{\partial t} = -\omega A\cos(kx - \omega t + \alpha), \quad \frac{\partial^2 u}{\partial t^2} = -\omega^2 A\sin(kx - \omega t + \alpha) = -\omega^2 u$$

となる。ここで，光の分散関係 $\omega^2 = c^2 k^2$ を用いると

$$\frac{\partial^2 u}{\partial x^2} = \frac{1}{c^2}\frac{\partial^2 u}{\partial t^2} \quad (\text{光波の波動方程式}) \tag{5.29}$$

また，音波の分散関係 $\omega^2 = v^2 k^2$ を用いると

$$\frac{\partial^2 u}{\partial x^2} = \frac{1}{v^2}\frac{\partial^2 u}{\partial t^2} \quad (\text{音波の波動方程式}) \tag{5.30}$$

が成り立つ。(5.29), (5.30) 式を導出するとき，正弦波 (sin) を仮定したが，(5.29), (5.30) 式の解は余弦波でもよい。以上の波動方程式には，波の速さ v あ

るいは c だけが現われている。分散関係が同じである光波 (あるいは音波) の重ね合わせた波形 (例えば，赤色と青色が混ざった光波)，すなわち，いろいろな振動数を重ね合わせた合成波) に対して成り立つ一般的な方程式である。なぜなら，波長 λ や振動数 f が違っていても (色の違いはあっても)，分散関係が同じであることは，波が進む速さ c が同じであるからである。

演習問題 5

A

(波長，速さ，周期)

5.1 (a)〜(c) の電磁波の波長はそれぞれいくらか。ただし，電磁波の伝わる速さを 3.0×10^8 m/s とする。

(a) ラジオ (AM) 波　600 kHz　　(b) ラジオ (FM) 波　90 MHz
(c) テレビ (BS 放送) 波　11.8 GHz

5.2 図 1 は，ある瞬間における x 軸に沿って伝わる波の波形である。図中の矢印は点 A における移動方向を表している。

(1) この波は，右 (x の正方向) または左 (x の負方向) のどちらに進んでいるのか。
(2) 波形のグラフ上の点 B, C はそれぞれ上，下のどちらの方向に移動するのか。
(3) 図 2 は，図 1 の波形の点 D における変位の時間変化を示している。図 1 の時間は図 2 の a〜e のどの時間であると考えられるか。
(4) この波の波長と周期を求めよ。

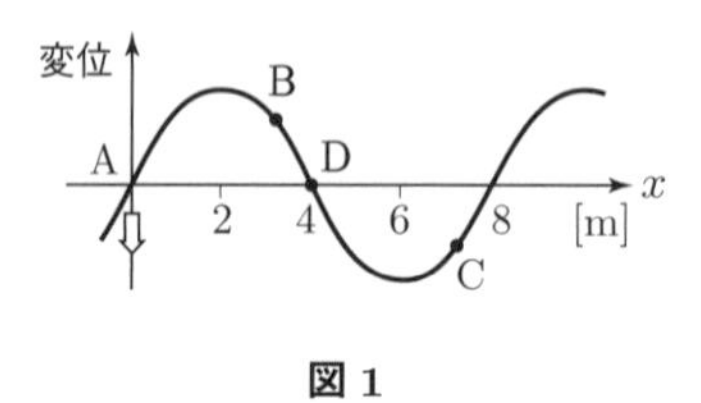

図 1

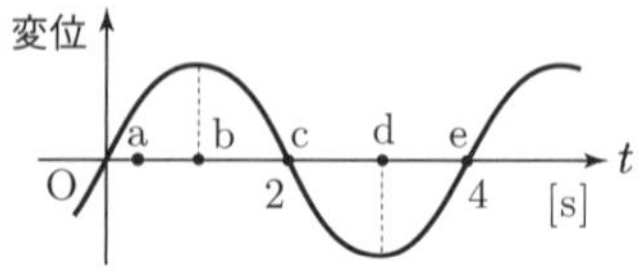

図 2

5.3 (雷の発生地点までの距離)

雷は眩しい光とともに音も発生する。光の速さは，1 秒間に 30 万キロメートル (3.0×10^8 m/s) であるから一瞬で伝わる。雷が光ってから 4 秒後に雷の音が聞こえた。このときの気温は 30°C であった。

(1) 音速を求めよ。
(2) 雷の発生地点までの距離は何 km か。

5.4 (波の屈折)　図 3 のように，媒質 I から媒質 II へ平面波が伝わっている。媒質 I での波の速さ v_1 は 27 m/s, 媒質 II での波の速さ v_2 は 18 m/s であった。

(1) 媒質 I での波の波長 λ_1 が 3 m のとき，媒質 II での波の波長 λ_2 を求めよ。
(2) 媒質 I および II での波の振動数をそれぞれ求めよ。
(3) 入射角 i が 30°のとき，屈折角 r は何度か。

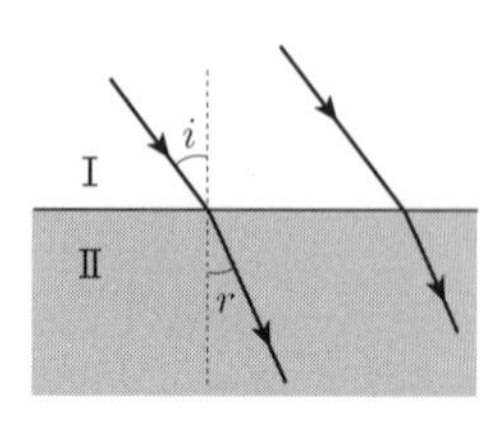

図 3

5.5 (**ドップラー効果**)　静止した音源から前方の壁に向かって振動数 f の音を出して，音源と壁の間に静止している観測者が，壁から反射した音を聞く。音速を v とする。

(1) 壁が動かないとき，観測者が聞く音の波長 λ を求めよ。

(2) 壁が観測者に向かって速さ V で近づいてくるとき，観測者が聞く音の波長と振動数をそれぞれ求めよ。

B

5.6 (**波の特徴**)　波動 $u(x,t) = A\sin(ax - bt)$ $(a, b > 0)$ について以下の問に答えよ。

(1) この波は x 軸の正方向に進む波であることを示せ。

(2) この波の波長 λ，周期 T，振動数 f，波の速さ v をそれぞれ求めよ。

5.7 (**アンテナ**)　パラボナ・アンテナの反射面は放物面である。パラボナ・アンテナの切り口を xy 平面で $y = ax^2$ の放物線とする。y 軸の正方向から $y = 0$ の方向に平面波が入射して，この放物線で反射された波がある点 $\mathrm{P}(0, b)$ に収束することを示しなさい。このとき，b を a で表しなさい。

5.8 (**波の干渉**) 図4のように，波長 λ の平面波が2つの狭いすき間 H_1, H_2 で回折して球面波 (円形波) となって xy 平面で伝わる。H_1 と H_2 の位置をそれぞれ $(0, d)$, $(0, -d)$ とすると，点 $\mathrm{P}(L, y_1)$ で波が強めあう条件，および，点 $\mathrm{Q}(L, y_2)$ で波が弱め合う条件を求めよ。ただし，L は d, y_1, y_2 と比べて非常に大きい。また，x が1より十分小さいとき，近似式 $\sqrt{1+x} \simeq 1 + \dfrac{1}{2}x$ が成り立つ。

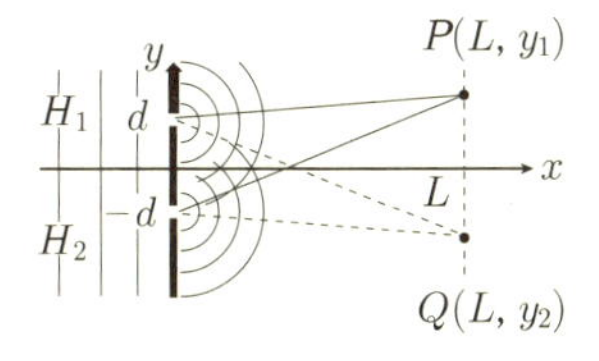

図4

5.9 (**波の重なり**)　波長と振動数がわずかに違う音波の重なりを考える。$u_1(x,t) = A\sin(k_1 x - \omega_1 t)$ と $u_2(x,t) = A\sin(k_2 x - \omega_2 t)$ で表される2つの波がある。ここで，$k_1 = \dfrac{2\pi}{\lambda_1}, \omega_1 = 2\pi f_1, k_2 = \dfrac{2\pi}{\lambda_2}, \omega_2 = 2\pi f_2$ である。

(1) $u_1(x,t)$ で表される波の波長，振動数，振幅，波の速さをそれぞれ求めよ。

(2) $k_1 = k + a, k_2 = k - a, \omega_1 = \omega + b, \omega_2 = \omega - b$ とおくと，$u_1(x,t)$ と $u_2(x,t)$ の合成波 $u(x,t)$ は $u(x,t) = w(x,t)\sin(kx - \omega t)$ と表せる。$w(x,t)$ を求めよ。

(3) $\lambda_1 = 1.9$ m，$f_1 = 180$ Hz，$\lambda_2 = 2.0$ m，$f_2 = 171$ Hz のとき，k, a, ω, b の値を求めよ。また，音速も求めよ。

(4) $w(x,t)$ は，$u(x,t)$ の振幅がゆっくりと変化する現象 (うなり) を表す。波動 $|w(x,t)|^2$ の振動数 f_c と速さ v_c が，うなりの振動数とうなりの速さである。f_c, v_c を求めよ。

5.10 (**衝撃波**)　媒質中での波の速さ v よりも音源の速さ V が大きい場合には，音波の波面は，図5のような，頂角 θ の円錐状になる。点Oで音源が音を出したのち時間 t 後の音と音源が進む距離はそれぞれ vt, Vt として，次の問に答えよ。

(1) $\sin\theta$ の値を求めよ。

(2) $\theta = 30^\circ, v = 340$ m/s のとき，音源の速さ V を求めよ。

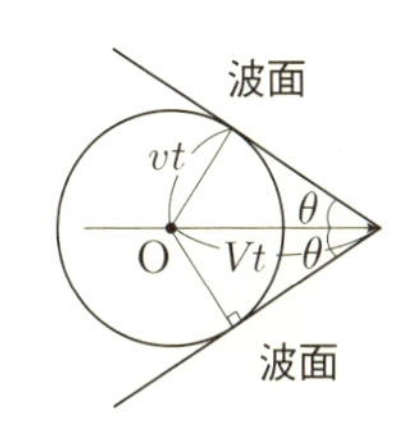

図5

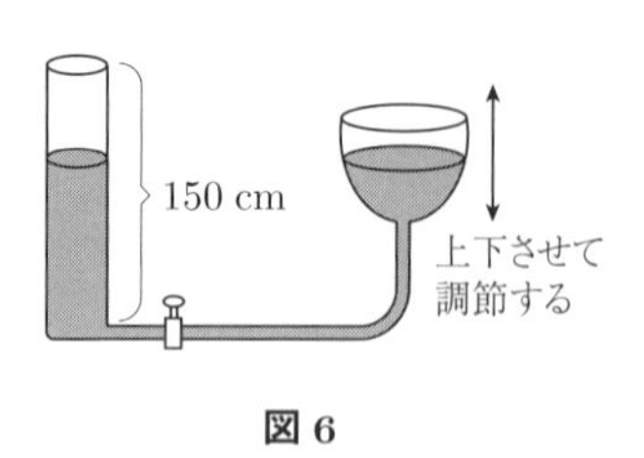

図 6

5.11 (**音波**)　図 6 のように，垂直に立てた細長い透明な管の中を水で満たした。管の底につけた液面調節装置で，管の上端から 150 cm 下の位置まで水面の高さを変えることができる。管のすぐ上にオンサで音波を出して水面の高さを変えながら音の強弱を調べた。水面が管の上から 18 cm のとき，オンサの音は共鳴して最初に強く響いた。オンサで音を出しながら，さらに水面をゆっくりと下げていったら，音は小さくなり，水面が管の上から 58 cm のときに再び共鳴した。音速を 340 m/s として以下の問に答えなさい。開口端補正を 2 cm とする。

(1) 音波の波長と振動数を求めよ。

(2) 管の中を水で満たしてから徐々に水面を下げていくと，共鳴による大きな音を何回聞けるか。

5.12 (**ドップラー効果**)　振動数 400 Hz の音を出しながら 36 km/h の速さで自動車が壁に向かって走っている。音速を 340 m/s とする。自動車と人の運動方向は壁に垂直であるとする。

(1) 壁の前に立っている人が聞く音の振動数を求めよ。

(2) 自動車に乗っている人が壁から反射した音を聞くとき，この音の振動数を求めよ。

(3) 壁の前に立っている人が，壁から遠ざかる方向に 18 km/h で移動しているときに聞く音の振動数を求めよ。

5.13 (**弦の振動**)　半径 0.5 mm の円形断面をもつ長さ 80 cm のピアノ線が張力 10 N で引っ張られているとき，弦を伝わる音速 V，および，基本振動の波長 λ と基本振動数 f を求めよ。ただし，ピアノ線の密度を 7.0 g/cm^3 とする。

5.14 (**ドップラー・シフト**)　野球場のネット裏の席から，スピード・ガンでピッチャーが投げるボールの速さを計測した。スピード・ガンから 10 GHz のマイクロ波が発射され，ドップラー・シフトが 2800 Hz であった。ボールの速さは何 km/h か。ただし，マイクロ波の速さを $c = 3.0 \times 10^8$ m/s とせよ。

Tea Break

粒子と波動

現代物理学では，電子や陽子，光などの物質には粒子性と波動性の 2 つの性質を併せ持っているという「物質の二重性」が認められている。粒子である電子や陽子は，ド・ブロイの物質波の波長をもつ波動としての性質をもつ。一方，光は干渉や回折を示す波動であるが，光のエネルギーは振動数 ν に比例した $h\nu$ の塊 (かたまり) としての性質をもつことが量子力学によって解明された。粒子性と波動性のどちらの性質を表すのかエネルギーなど条件に依存する。これらの研究から，質量や速度よりも，「運動量」と「エネルギー」が粒子と波動のどちらにも共通するキーワードであり，より基本的な物理量であることがわかる。

では，粒子と波動の違いは何か？ 粒子の運動は，位置や速度などを時間の関数として求めるので，独立変数は時間変数のみである。一方，波動では，任意の位置座標と任意の時間座標で波の変位を考えることができるので，独立変数は 2 つ以上ある。

6 温度と熱

6.1 温度と熱を理解するための基本的な状態量

基礎事項

気体の熱平衡状態を決める基本的な物理量を状態量といい，「温度」「圧力」「体積」が代表的なものである。さらに気体の持つエネルギーである「内部エネルギー」も状態量である。

私たちが生活している世界は，空気で満たされている。空気は気体であり，温度が上昇すれば膨張する。容器に入れて圧縮すれば体積は減少する。

この節では，これら気体の性質を理解する上で重要な，温度，圧力，体積や融解熱や気化熱などの内部エネルギーの状態量について学習する。

A 温 度

温度 (temperature) は物質の温かさや冷たさを表す指標として用いられる。温度は身近な物理量の一つとして，物質の温かさや冷たさを定量化したものである。温かさの違う 2 つの物質が熱平衡に達したとき，両物体の温度は等しいという。

温度を定量的に扱う指標として，これまでさまざまな基準が提唱されてきた。最も私たちに馴染み深いものが**摂氏温度目盛** (Celsius temperature scale) であろう。単位の記号は°C を用い，1 気圧で水が氷になる温度 (氷点，0°) と水が沸騰する温度 (沸点，100°) を基準とした温度目盛である。

北米を中心に用いられている温度目盛として**華氏温度目盛** (Fähenheit temperature scale) がある。単位の記号は°F を用い，摂氏温度目盛との関係は以下のように示される。

$$F = \frac{9}{5}C + 32 \tag{6.1}$$

華氏温度目盛の決め方については諸説あるが，考案者のガブリエル・ファーレンハイトは，負の温度をきらい，測定できる最低温度を 0 度にし，自身の体温を 100 度と決め，それを 12 等分，さらにそれを 8 等分して 96 等分した温度目盛を作ったと言われている。

物質に関係なく熱力学の法則によって定義された温度が**熱力学的温度目盛** (Kelvin temperature scale) である。単位の記号は K であり，熱力学的温度またはケルビン温度ともいう。すべての物質は温度が高いと熱運動を激しく行い，温度が低いと熱運動は緩やかになる。そこで，この熱運動が止まる温度を 0 度 (絶対零度という) と決め，目盛間隔を摂氏温度目盛と等しくなるように定めた。摂氏温度と熱力学温度の関係は以下のように示される。

$$K = C + 273 \tag{6.2}$$

摂氏温度や華氏温度にはマイナス温度があるのに対して，熱力学的温度にはマイナスは存在しない。

A　圧　力

物体の表面，あるいは物体内部に考えた任意の面に垂直に加わる単位面積あたりの力を**圧力** (pressure) という。

最も重要な圧力の単位は，平方メートルあたりの力 (力の単位はニュートン) [N/m^2] であり，国際単位系として必ず知っておいてほしい単位である。この単位はパスカル [Pa] とよばれる場合もあるが，別の言い方をしているだけなので，1 Pa = 1 N/m^2 である。

私たちになじみの深い圧力の単位は，気圧であろう。地球上は大気で満たされており，その大気の重さを圧力の単位として用いている。標準の大気の重さを 1 気圧と定めた。一般的な表記は 1 atm と記す。先のパスカルとの関係は次のように換算できる。

1 atm = 101325 Pa = 1013.25 hPa (ヘクトパスカル)

代表的な単位とそれぞれの関係を表 6.1 に示す。

表 6.1 圧力の単位換算

	mmHg	atm	kg/cm^2	N/m^2=Pa
1 mmHg		1.315×10^{-3}	1.3595×10^{-3}	133.3
1 atm	760		1.033	1.013×10^{5}
1 kg/cm^2	7.356×10^{2}	9.678×10^{-1}		9.807×10^{4}
1 N/m^2	7.500×10^{-3}	9.869×10^{-6}	1.0197×10^{-5}	

A　体　積

立体が占める空間の大きさを体積 (volume) といい，国際単位系は立方メートル [m^3] が用いられる。1 モルの気体が標準状態 (0°C, 1 atm) に占める体積は $22.4\ l = 22.4 \times 10^{-3}$ m^3 である。

A　熱　量

すべての物質は，十分に長い時間放置されれば全体が均一な温度になる。また，温かさの違う 2 つの物質を接触させれば，互いに熱のやり取りを行い，十分な時間がたつと熱のやり取りがなくなる。このとき 2 つの物質は**熱平衡に達した**という。このとき高温側から低温側に移動するエネルギーを**熱**といい，移動したエネルギーの量を**熱量** (heat quantity) という (記号では Q が用いられることが多い)。熱量の単位はエネルギーの単位である**ジュール** (J) を用いる。

ところで，高温側の物質が与えた熱量と低温側が受け取った熱量は必ず等しい量である。これを**熱量の保存則** (law of conservation of heat) という。

A 熱容量と比熱

夏にプールに行くと，プールサイドのコンクリートは裸足で歩けないくらい熱いのに，水に浸かるとヒンヤリして気持ちいい経験をした人も多かろう。このように，物体に同じ熱量を与えても，その温度の上がり具合は物体の材質や質量によって異なる。同じ温度だけ温度変化させる際，多くの熱量が必要な物質ほど，温まりやすく冷めにくい物質といえる。プールの例では，水が温まりやすく冷めにくい物質である。

表 6.2 代表的な物質の比熱

物質	比熱 [J/gK] 25°C
銅	0.384
アルミニウム	0.902
コンクリート	約 0.8
水	4.18
酸素	0.918

このように，材質や質量に関係なく，物質の温度を 1 K 上昇させるのに必要な熱量を，その物質の**熱容量** (heat capacity) (記号では C が用いられることが多い) という。単位は [J/K] が用いられる。熱容量 C の物質に熱量 Q を与えられ，温度が T_1 から T_2 に上昇したとき，熱容量と熱量の関係は

$$Q = C(T_2 - T_1) \tag{6.3}$$

と示される。このように熱容量とは，物質の質量によってもかわる量であることから，物質 1 つ 1 つによる量となる。一方，物質の種類による違いをなくした熱容量が**比熱** (specific heat) である。単位質量あたりの熱容量が比熱である。質量 m [g]* の物質の熱容量が C [J/K] のとき，比熱 c [J/gK] は

$$c = \frac{C}{m} \tag{6.4}$$

であり，温度を T_1 から T_2 まで上昇したときの熱量 Q を，比熱 c を用いて表現すれば，次のようになる。

$$Q = mc(T_2 - T_1) \tag{6.5}$$

表 6.2 に代表的な物質の比熱を示した。

このように，比熱は物質固有の値であり，その物質の性質を決める量であることから，重要な物理量の一つとして取り扱われる。

* 比熱はグラム比熱 (1g あたりの比熱) やモル比熱 (1 モルあたりの比熱) で表されることが多いため，質量単位は，SI 単位ではないが g (グラム) を用いる。

A 物質の三態

氷は加熱されると水になり，さらに加熱されると水蒸気になる。このように物質には**固体** (solid)，**液体** (liquid)，**気体** (gas)(あるいは固相，液相，気相) の 3 つ状態がある。これを**物質の三態** (the three phases of matter) あるいは**三相**という。

固体，液体，気体の状態は，熱運動の大きさの違いによるものである。固体は粒子 (分子，原子，イオン) どうしが結合力によって結びついた状態である。その固体に熱を与えると，温度は上昇し，それぞれの粒子の熱運動が激しくなる。さらに熱を与え続けると，結合がある程度切れ，粒子の塊が自由に動き回るようになる。これが液体である。もっと熱を与え続けると，液体の温度は上昇し，それぞれの粒子が自由に動ける状態 (気体) へと移り変わる。気体では粒子がさまざまな速度で自由に空間を飛び回っている状態であり，固体や液体に比べて体積は著しく増大する。

図 6.1 に氷に一定の熱量を与え続けた場合の温度と状態の変化を示した。氷点下の氷に一定の熱量を与えると，氷はその熱容量に応じた一定の傾きで温度

上昇する。このように，温度が上昇下降させる熱の総称を**顕熱** (sensible heat) という。0°C に達すると，氷は溶け始める。この時の温度を特に**融点** (melting point) という。融点では熱量を与え続けても温度は 0°C のままである。これは，この間に与えられた熱量は，0°C の氷を溶かし，0°C の水を作るのに使われるからであり，温度上昇には使われない。このような温度上昇のために使われない熱量が**潜熱** (latent heat) である。

融点と同様に，液体が沸騰し始める (その温度を**沸点** (boiling point) という) 場合も同様に，温度が一定に保たれる。特に，固体から液体になる時の潜熱は**融解熱** (heat of fusion)，液体から気体へと変化するときの潜熱を**気化熱** (heat of evaporation) とよばれることもある。それら相変化 (固体から液体，液体から気体など，相から相への変化) の際に，伴う熱の種類を図 6.2 に記した。

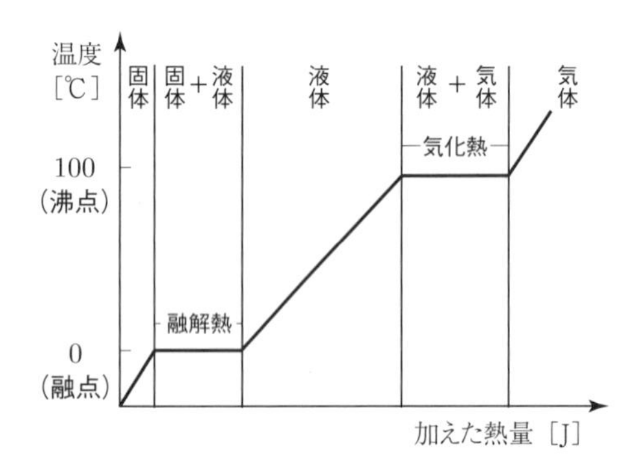

図 6.1 氷に一定の熱量を与え続けた場合の温度と状態の変化

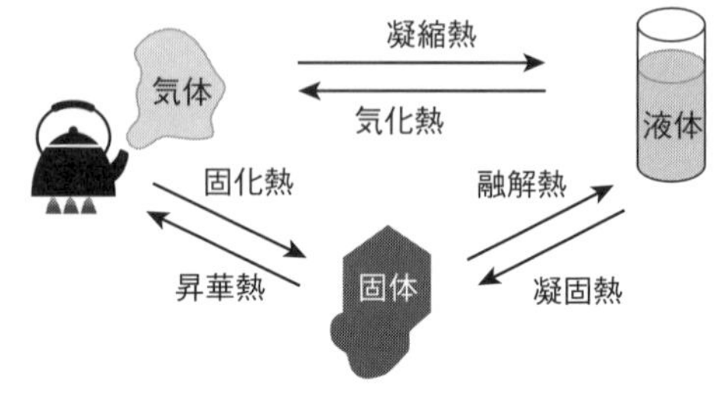

図 6.2 相から相への変化の際に伴う熱の種類

A　相　図

水は 0°C で固体から液体に，100°C で液体から気体に相変化するが，これは 1 気圧に限った話である。水を入れた容器を密閉して，ポンプで内部を減圧したり，ピストンで加圧したりすると，水の融点や沸点は 1 気圧の値から変化する。これをまとめたものが温度と圧力の**相図** (phase diagram) である (図 6.3 参照)。例えば 1 気圧の下で，高温から気相の温度を下げてゆくと，**蒸気圧曲線** (vapor pressure curve) にあたり，液体へと相変化する。液体となった状態で，さらに温度を下げると，**融解曲線** (melting curve) にあたり，固相へと相変化する。

十分低い圧力 (図では 0.006 気圧以下) では，液体は存在せず，固体はドライアイスのように気体に直接相変化する (**昇華** (sublimation))。

融解曲線，昇華曲線，蒸気圧曲線上では 2 種類の相が共存した状態となっている。先に述べた潜熱はこの曲線上で発生する熱量である。

ところで，**2 相共存状態**では (融解曲線，昇華曲線，蒸気圧曲線上) では，温度か圧力のどちらかを選ぶと，もう一方は物質の性質によって自動的に決まってしまう。共存曲線上では，自由に変化させられる変数が 1 個なので自由度は 1 である。一方，共存曲線で囲まれた各相の中では，その中にいる限り温度も圧力も自由に変化させられるので，自由度は 2 である。

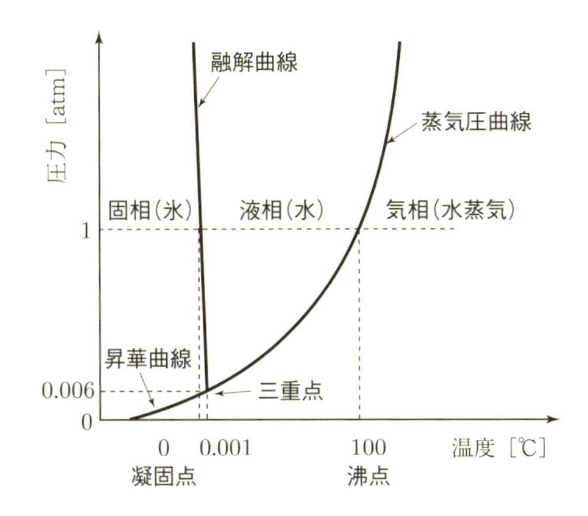

図 6.3 圧力-温度の関係を表した相図

相図上で 3 本の共存曲線が交わる点は非常に興味深い点で，**三重点** (triple point) という。三重点は固体，液体，気体が共存する (水の場合は圧力 0.006 気圧，温度 0.01°C) 点で，この条件では，3 つの相が共存する条件は物質の性質として決まっており，変えることができないので自由度はゼロである。したがって，純粋な物質を密閉した容器の中で 3 相が共存したら，温度と圧力は一義的に決まる。三重点は物質に固有であり，1990 年国際温度目盛り (ITS-90) では，さまざまな物質の三重点が温度目盛りを定義するために利用されている。

6.2 理想気体と実在気体

基礎事項

気体の温度，圧力，体積は，熱平衡状態において定まった値を示す状態量である。系内の物質量が一定の場合，それぞれは独立に与えることはできず，ある関数で結ばれている。その関数を状態方程式といい，理想気体の場合，その状態方程式は

$$pV = nRT$$

と表される。ここで，p [Pa] は圧力を，V [m^3] は体積を，T [K] は温度である。

私たちのまわりの気体は，1 cm^3 中に 10^{19} 個程度の原子や分子がたくさん集まった集団である。このために，1 つ 1 つの分子や原子の運動をニュートンの運動方程式で解くことは不可能である。しかし，幸いなことに分子数が非常に多い場合には，集団としての性質が現れ，わずか 3 つの量 (温度，圧力，体積) で気体の集団としての性質が記述できる。ここでは，その性質について学ぶ。

A ボイル・シャルルの法則

温度を一定に保ったまま，ピストンを押して体積を半分にすると，圧力は 2 倍になる。すなわち，温度が一定の時，気体の体積は圧力に反比例する (ボイルの法則)。さらに圧力を一定に保って温度を上げると，気体の体積も上がる。圧力一定の時，気体の温度と体積は比例する (シャルルの法則)。これらの法則から，気体の体積は圧力に反比例し，絶対温度に比例することが導かれる。そ

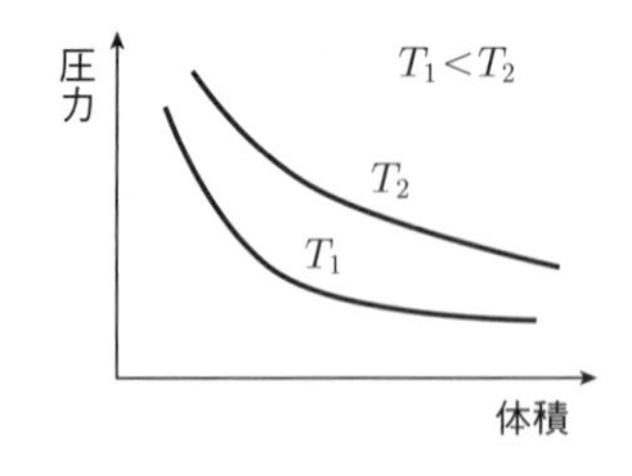

図 6.4 理想気体の pV 相図 (ボイルの法則)

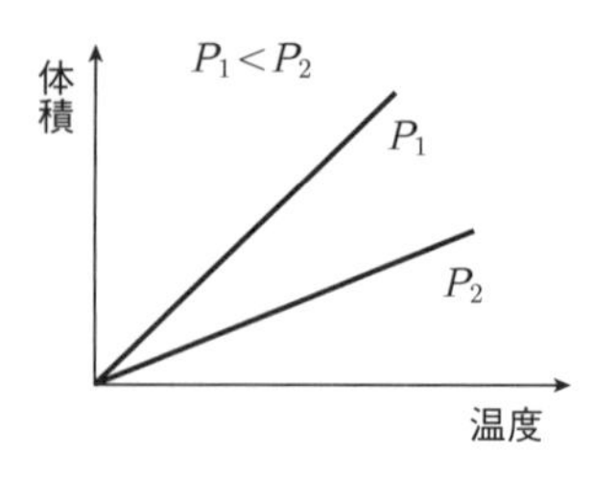

図 6.5 理想気体の VT 相図 (シャルルの法則)

れぞれの法則を示す相図を示した (図 6.4，図 6.5)。

ボイル・シャルルの法則 (Boyle's and Charles's Law) は以下のように表現される。

$$\frac{pV}{T} = \frac{p'V'}{T'} \tag{6.6}$$

ここで，p [Pa] は圧力，V [m^3] は体積，T [K] は温度を示している。さらに，同一圧力，同一温度および同一体積のすべての種類の気体には，同じ数の分子が含まれるというアボガドロの法則から

$$\frac{pV}{T} = 一定 = nR$$

を得る。これを**理想気体の状態方程式** (Ideal gas law) という。n は気体のモル数を示し，R は気体定数 (gas constant) とよばれる気体の種類に依存しない定数である。$p = 1.013 \times 10^5$ [Pa]，$T = 273$ [K] を標準状態といい，標準状態にある気体 1 mol の体積は気体の種類によらず，およそ 22.4×10^{-3} [m^3] である。これらの値を使って気体定数 R を求めると

$$R = 8.314 \quad [\mathrm{J/mol\ K}]$$

となる。ところで，理想気体とは気体分子の大きさと分子間の相互作用を考慮していない気体のことである。低圧状態にある気体や，高温状態にある気体では，分子どうしの衝突がほとんど起こらない。したがって，相互作用が無視できるので，理想気体とみなしてもよい。では，それ以外の場合はどうであろうか。実は，定性的な議論では理想気体の状態方程式を用いてもさしつかえないのである。それは図 6.6 に示すように実際の気体と理想気体とのズレは数倍にも満たないこと，さらに以下の理由 (1)〜(3) による。

(1) 理想気体 (気体) では構成する分子間の相互作用や分子の大きさを無視しているので，簡単なモデルで理解できること。
(2) 簡単なモデルに基づいているので，具体的な計算が容易であること。
(3) 気体の種類に依存しないこと。

本書でも，理想気体の状態方程式を用いて議論を展開する。

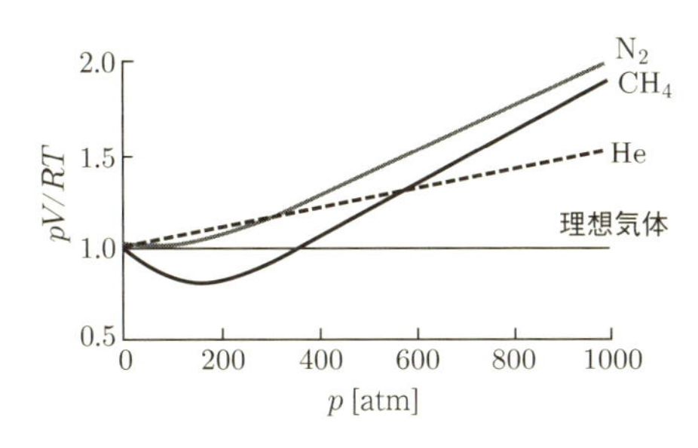

図 6.6 理想気体と実在気体のズレ
理想気体の状態方程式から計算できる定数を1としたときの実在気体とのズレ。

B ファン・デル・ワールスの状態方程式

実際の気体分子はある大きさをもち，それぞれの分子間には相互作用もはたらいている。そこで，理想気体の状態方程式に，それらの補正を加えたものが実在気体の状態方程式または**ファン・デル・ワールスの状態方程式** (van der Waals equation) とよばれる式である。以下では，いくつかの補正を考慮して，ファン・デル・ワールスの状態方程式を導出する。

＜分子のサイズの補正＞

分子 1 モルあたりの分子が占める体積の減少を b とすると，理想気体の状態方程式は次式のように補正できる。

$$p = \frac{nRT}{V - nb} \tag{6.7}$$

＜分子間力の補正＞

分子が容器の壁に衝突する際に分子間力により速度が減少するとし，分子 1 個あたりにはたらく分子間引力を気体分子の数密度程度，また，単位時間に壁の単位面積に衝突する分子の量を気体分子の数密度程度と考えると

$$p = \frac{nRT}{V - nb} - a\left(\frac{n}{V}\right)^2 \tag{6.8}$$

と補正できる。これを変形して次のような実在気体の状態方程式 (ファン・デル・ワールスの状態方程式ともいわれる) を得る。

$$\left(p + a\frac{n^2}{V^2}\right)(V - nb) = nRT \tag{6.9}$$

表 6.3 実在気体の状態方程式の定数 a, b の代表的な値

気体	a [Pa m^{6}mol^{-2}]	b [m^{3}mol^{-1}]
空気	135×10^{-3}	36.6×10^{-6}
He	3.45×10^{-3}	23.8×10^{-6}
H_2	24.8×10^{-3}	26.8×10^{-6}
N_2	141×10^{-3}	39.2×10^{-6}
O_2	138×10^{-3}	31.9×10^{-6}
CO_2	365×10^{-3}	42.8×10^{-6}
水蒸気	553×10^{-3}	33.0×10^{-6}

ここで，a, b は気体の種類によって決まる定数である。代表的な値を表 6.3 に示した。

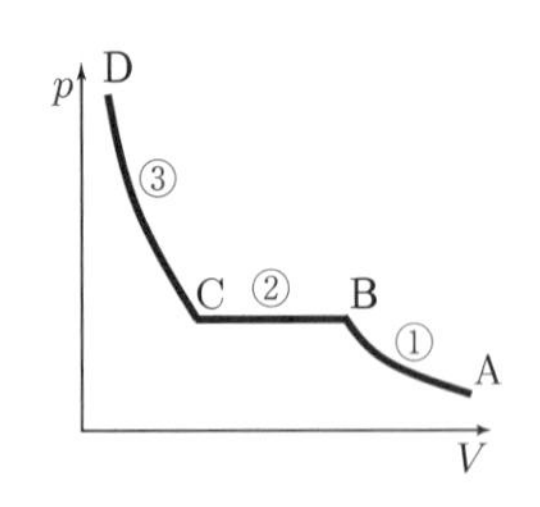

図 6.7 相変化を伴う場合の pV 相図

B 臨界点

温度一定のもとで，気体に圧力をかけてゆくと，ボイルの法則にしたがって，体積は収縮し，圧力は上昇する (図 6.4 参照)。実在気体では，それだけに収まらず，気体は液化する (図 6.3 参照)。その様子を pV 相図で表したのが，図 6.7 である。A 点の状態にある気体を圧縮していくと，圧力が上昇する (状態①) が，ある圧力に達すると，圧力上昇が止まり，液化を始める (B 点)。これを**臨界点** (critical point) という。状態②では，気体が液化している状態であり，気液共存状態である。この状態では圧力は変化しないが，体積は減少する。すべての気体が液体へと相変化してしまえば (臨界点 C)，加圧に従って，体積は減少，圧力は急増し (状態③) D 点へとむかう。

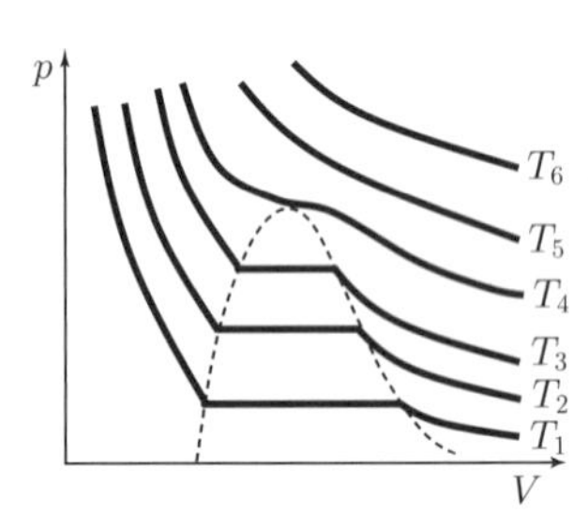

図 6.8 さまざまな温度のもとで相変化を伴う pV 相図

加圧を始める A 点の気体のさまざまな温度 ($T_1 < T_2 < T_3 < T_4 < T_5 < T_6$) のもとで，圧縮した場合の圧力と体積の変化の示したのが図 6.8 である。温度 T_1, T_2, T_3 では，臨界点があり，気体の液化には収縮を伴っている。このような状態 (図中では，さまざまな温度での臨界点を結んだ点線で囲まれている状態) を**気液共存状態**という。温度 T_4 では，気液共存状態が存在せず，気体から液体への相変化は一瞬でなる。この温度を臨界温度とよび T_C と記す。また，臨界温度で相変化するときの体積と圧力も臨界体積 V_C，臨界圧力 p_C といい，その状態もまた，臨界点である。臨界温度 T_C 以上では，いくら圧縮しても気体は液体へと相変化しない。このような状態を**超臨界状態** (supercritical state) といい，気体か液体かの区別すらできない状態である。

pV 相図でみるように臨界点は変曲点なので，接線の傾きはゼロである。つまり

$$\frac{dp}{dV} = 0 \quad \text{かつ} \quad \frac{d^2p}{dV^2} = 0 \tag{6.10}$$

を満たす点が臨界点である。

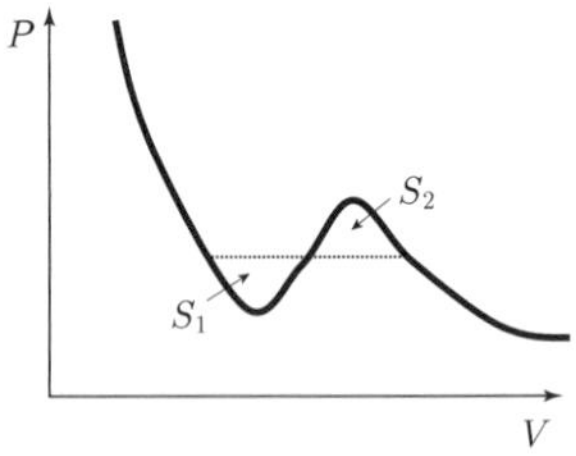

図 6.9 実在気体の状態方程式から計算される線と実際の気液共存状態の線

B マクスウェルの等面積則

(6.9) 式の実在気体の状態方程式から計算される関係を pV 相図に起こすと，図 6.9 の実線のように 2 つの変曲点をもつ関数となる。しかしながら，実際の相変化は図 6.7 のように，気液共存状態では，圧力の変化を伴わず，理論との間にずれが生じる。この辺りが，経験則から導いた状態方程式の限界であろう。そこで，実際の相変化に一致するように，圧力一定の線を引く (図中の点線)。この時，点線は $S_1 = S_2$ となるように引くと，気液共存状態の実際の変化とほぼ一致することが知られている。これを**マクスウェルの等面積則** (Maxwell equal area rule) という。

6.3 気体分子運動論

基礎事項

この節では，1原子分子の運動エネルギーと熱エネルギーの関係を導出する。

$$\frac{1}{2}m\langle v^2\rangle = \frac{3}{2}\left(\frac{R}{N_A}\right)T = \frac{3}{2}k_B T$$

この式の重要な点は，温度は分子の種類によらず，平均運動エネルギーに比例していることである。例えば，水素の 0°C における速度の 2 乗平均平方根は $\sqrt{\langle v^2\rangle} = 1840$ m/s である。

私たちは電子レンジで水分子を激しく揺する (運動エネルギーを上昇させる) と，それに比例して温度も上昇することを知っている。つまり，運動エネルギーと熱エネルギーとは比例関係にあることを知っている。この節では，1原子分子の運動エネルギーと熱エネルギーの関係について学ぶ。

A 単原子分子の運動エネルギーと温度の関係

気体の分子は容器の壁にぶつかってはね返されながら，いろんな方向に飛び回っている。分子が壁にぶつかると運動量の変化 Δp が $\Delta p = F\Delta t$ によって，容器の壁は力 F を受ける。1個の分子が衝突する時間は一瞬で，その力も弱いが，たくさんの分子が絶え間なくぶつかることによって，壁は一定の力を受ける。これが気体全体の圧力を生み出す力である。さて，この考えに基づき巨視的な物理量である圧力を求め，分子の飛び回っている速度を算出してみよう。

(1) 分子1個が壁に1回衝突するとき

分子の質量を m，衝突前の分子の速度の x 成分を v_x とし，壁との衝突を完全弾性衝突とすると，衝突後の速度の x 成分は $-v_x$ となる。したがって，分子の運動量は x 方向に $-2mv_x$ だけ変化し，壁が受ける衝突前後の運動量の変化 (壁が受ける力積) は $2mv_x$ である (図 6.10)。

$$f_x\Delta t = 2mv_x \tag{6.11}$$

(2) 分子の衝突で壁が受ける力

分子は他の壁に衝突した後に，再び同じ壁に戻ってくる。L [m] だけ離れた 2 つの壁の間を往復するのに要する時間は

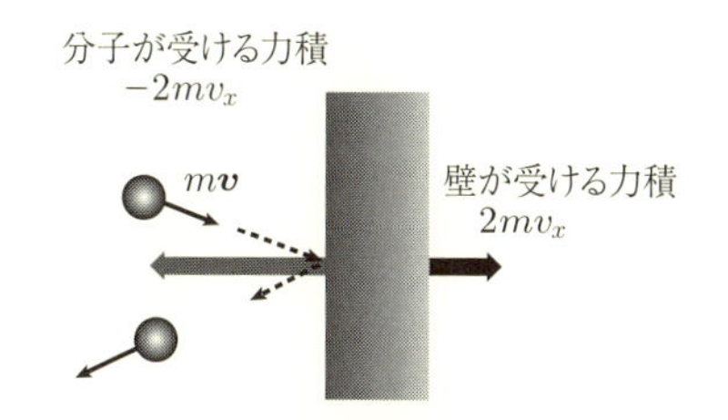

図 6.10 分子の壁での跳ね返りの模式図

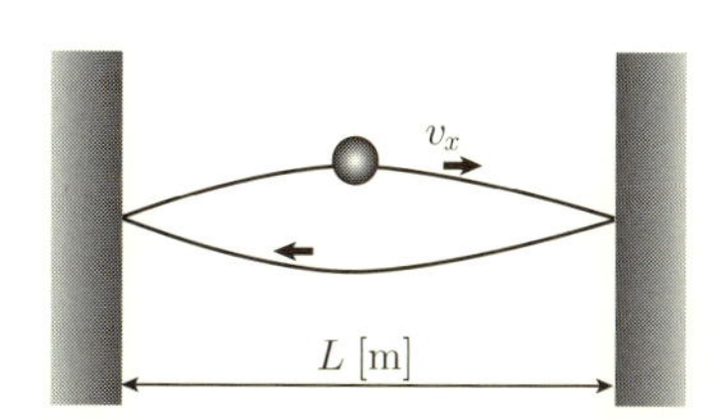

図 6.11 L [m] 離れた壁を往復する分子

$$t = \frac{2L}{v_x} \tag{6.12}$$

なので，この分子が 1 つの壁に 1 秒間に衝突する回数は

$$\frac{1}{t} = \frac{v_x}{2L} \tag{6.13}$$

したがって，1 秒間に 1 個の分子が壁に与える力積は

$$f_x \Delta t \cdot \frac{1}{t} \tag{6.14}$$

である。したがって 1 個の分子が 1 秒間に壁に与える力積は

$$f_x \Delta t \frac{1}{t} = 2mv_x \frac{v_x}{2L} = \frac{m{v_x}^2}{L} \tag{6.15}$$

となる。

(3)　N 個の分子の衝突によって壁が受ける平均の力

v_x の大きさや向きは分子によってばらつきがあるので，${v_x}^2$ をすべての分子の平均値 $\langle {v_x}^2 \rangle$ で置き換える。

$$f_x = \frac{m\langle {v_x}^2 \rangle}{L} \tag{6.16}$$

さらに，容器の中の分子数 N を掛ければ，気体全体が壁に与える力 F [N] が得られる。

$$F = \frac{Nm\langle {v_x}^2 \rangle}{L} \tag{6.17}$$

気体の圧力 p [Pa] は，1 m^2 あたりの力なので

$$\frac{F}{S} = p = \frac{Nm\langle {v_x}^2 \rangle}{LS} = \frac{Nm\langle {v_x}^2 \rangle}{V} \tag{6.18}$$

ここで S は，x 軸に垂直な壁の面積であり，気体の体積が $V = LS$ であることを用いた。

さて，分子の速さを v とすると，三平方の定理から以下のように表現できる(図 6.12)。

$$v^2 = {v_x}^2 + {v_y}^2 + {v_z}^2 \tag{6.19}$$

これをすべての分子について平均すると

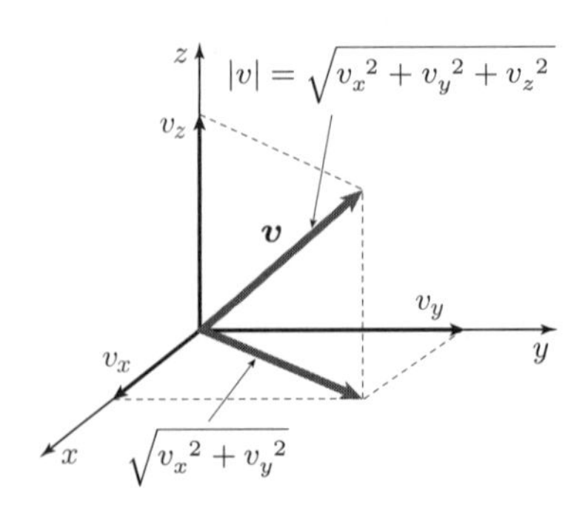

図 6.12　速度ベクトルの分解

$$\langle v^2 \rangle = \langle {v_x}^2 \rangle + \langle {v_y}^2 \rangle + \langle {v_z}^2 \rangle \tag{6.20}$$

となる。容器の中の分子の運動はどの方向も同じように起こっている (エネルギーの等分配則) ので

$$\langle {v_x}^2 \rangle = \langle {v_y}^2 \rangle = \langle {v_z}^2 \rangle \tag{6.21}$$

これにしたがって，

$$\langle v_x^2 \rangle = \frac{1}{3}\langle v^2 \rangle \tag{6.22}$$

が得られる。したがって，(6.18) 式より

$$pV = \frac{Nm\langle v^2 \rangle}{3} = \frac{2}{3}N\frac{1}{2}m\langle v^2 \rangle \tag{6.23}$$

を得る。

(4)　理想気体の温度と分子の運動エネルギー

理想気体の状態方程式より

$$pV = \frac{2}{3}N\frac{1}{2}m\langle v^2 \rangle = nRT \tag{6.24}$$

さらに n [mol] の分子数 N は，アボガドロ数 N_{A} を用いて $N = nN_{\mathrm{A}}$ なので，次のように表せる。

$$\frac{1}{2}m\langle v^2 \rangle = \frac{3}{2}\left(\frac{R}{N_{\mathrm{A}}}\right)T = \frac{3}{2}k_{\mathrm{B}}T \tag{6.25}$$

ここで，気体定数 R は 1 モルの気体に対する定数であるのに対して，ボルツマン定数 k_{B} は 1 つの分子に対する気体定数を表し，$R = N_{\mathrm{A}}k_{\mathrm{B}}$ である。

さて，以上のことから，気体の温度は分子の種類によらず，平均運動エネルギー $\frac{1}{2}m\langle v^2 \rangle$ に比例することがわかる。

B　2 原子分子の運動エネルギーと温度の関係

エネルギーの等分配則にしたがって，(6.22) 式さらには (6.25) 式を導いたが，これは気体分子の自由度が 3 の場合，つまり 1 原子分子について成り立つものである。

エネルギー等分配則に注目すれば，2 原子分子の場合も考えることができる。2 原子分子では，分子の自由度は，x, y, z の 3 自由度に加え，回転の自由度が 2 つあるので自由度が 5 となり，エネルギーの等分配側から

$$\langle {v_x}^2 \rangle = \frac{1}{5}\langle v^2 \rangle \tag{6.26}$$

となる。さらには

$$\frac{1}{2}m\langle v^2 \rangle = \frac{5}{2}k_{\mathrm{B}}T \tag{6.27}$$

となる。極限の状態 (例えば温度が非常に高い状態など) では，お互いの原子が近くなったり遠くなったりの振動も発生する。その場合には自由度は 7 となるので，

$$\langle {v_x}^2 \rangle = \frac{1}{7}\langle v^2 \rangle \tag{6.28}$$

$$\frac{1}{2}m\langle v^2 \rangle = \frac{7}{2}k_{\mathrm{B}}T \tag{6.29}$$

となる。

6.4　熱と仕事

基礎事項

熱と仕事は等価な関係である。仕事 W [J] と熱量 Q [cal] の間には比例関係があり，その比例定数は 4.19 [J/cal] である。1 原子分子の内部エネルギーは次のように表すことができる。

$$W\ [\mathrm{J}] = 4.19Q\ [\mathrm{cal}]$$

寒い冬に手をこすり合わせると，温かくなることを経験したことがあるだろう。これは接触面付近の原子や分子がぶつかり合い，熱運動のエネルギー (一般には摩擦熱という) が増加するからである。この節では，水に与える仕事が熱エネルギーと等価であることを学ぶ。

A　熱の仕事当量

19 世紀イギリスのジェームズ・プレスコット・ジュールは，羽根車を回す仕事 W[J] と，水が羽根車との摩擦によって上昇する温度との関係を調べ，熱が仕事と等価であることを明らかにした。

実験は図 6.13 のような装置で行われた。おもりがゆっくり降下すると滑車と回転軸と羽根車が回り，断熱された (熱が外に逃げない構造の) 水熱量計の中の水を攪拌し，摩擦熱によって水温が上がる仕組みになっている。おもり 1 個の質量を m [kg]，おもりが降下した距離を h [m] とすると，重力がおもりにした仕事 W [J] は

$$W = 2mgh \tag{6.30}$$

である。

当時，熱量の単位にカロリー [cal] を用いていた。1 cal は 1 g の水を 1°C 上昇させるのに必要な熱量なので，水の質量を M [g]，上昇した温度を ΔT [°C] とすると，水の得た熱量 Q [cal] は，次のように表せる。

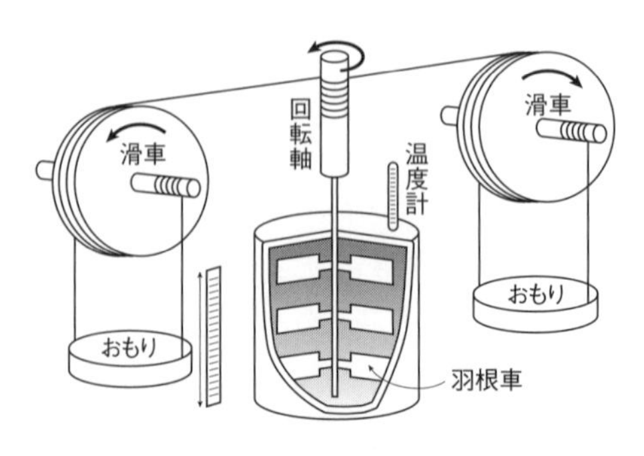

図 6.13　ジュールの実験装置

$$Q = M\Delta T \tag{6.31}$$

ジュールは精密な実験を繰り返し，仕事 W と熱量 Q の間に比例関係があり，その比例定数が 4.19 [J/cal] であることを発見しました。この比例定数 4.19 を**熱の仕事当量** (mechanical equivalent of heat) という。

この実験は，単に比例定数を決めただけに留まらず，熱と仕事が可変可能であることがわかり，エネルギーの概念がより明確になった。そのことが後のエネルギー保存則の発見へと繋がっていくことになる。

6.5 熱力学第一法則

基礎事項

内部エネルギーの増加量 dU [J] は，気体が吸収した熱量 ΔQ [J] と外からされた仕事 ΔW [J] の和として

$$dU = \Delta Q + \Delta W$$

と表される。また，内部エネルギーと仕事は，状態変数 p, V, T を用いて，次のように表すことができる。

$$dU = \frac{3}{2}nR\,dT$$
$$dW = -p\,dV$$

気体に関するエネルギーの保存則が熱力学の第一法則である。言い換えると，熱力学の第一法則は内部エネルギー (全分子の運動エネルギーの総和) の変化に関する法則である。この節では，熱力学の第一法則の概念について学ぶ。

A 熱力学第一法則

ピストンを押して中の気体を圧縮すると，内部の圧力は上昇する。つまり，気体分子の運動が激しくなる。このことを気体は仕事をされたという。この仕事は気体の運動を激しくするのに使われるので，「内部エネルギーが増加した」ともいう (図 6.14(a))。一方，気体に熱を与えた場合も気体分子の運動は激しくなり，気体の内部エネルギーは増加する (図 6.14(b))。したがって，内部エネルギーの増加量 dU [J] は，気体が吸収した熱量 ΔQ [J] と外からされた仕事

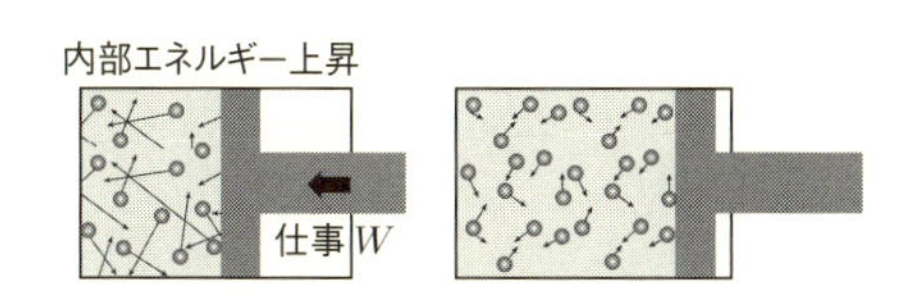

(a) 仕事によって内部エネルギーが上昇する様子

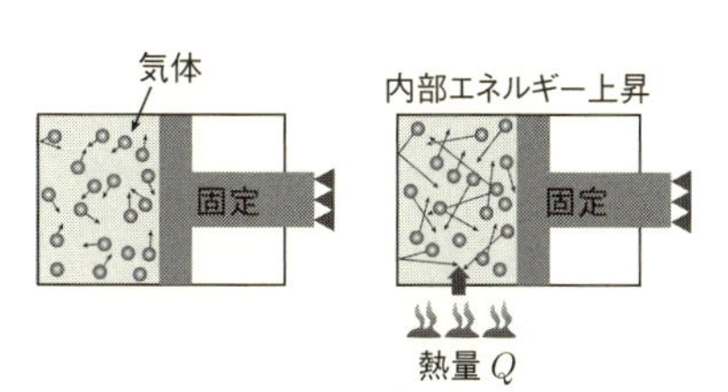

(b) 熱によって内部エネルギーが上昇する様子

図 6.14 気体に与えられる仕事を与える場合と熱を与え場合とで，同じように内部エネルギーが上昇する。(a) はピストンを押し込むことで，気体に仕事を与えた場合で，(b) は体積一定のもとで熱を与えた場合である。

ΔW [J] の和として表現される。

$$dU = \Delta Q + \Delta W \tag{6.32}$$

このことは，外から与えられた熱や仕事は，内部エネルギーとして蓄えられることを意味する。人間でいうと，皮下脂肪がそれにあたるのであろう。

このように，気体に関するエネルギー保存則が，**熱力学の第一法則** (first law of thermodynamics) の本質である。

B　気体のする仕事・気体にされる仕事

仕事について考えてみよう。

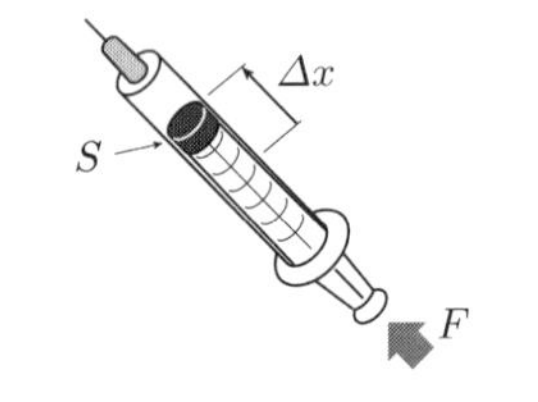

図 6.15 気体に与えられる仕事

図 6.15 のように片側を閉じた面積 S の滑らかに動くシリンダーに n [mol] の理想気体を入れた場合を考える。このシリンダーを力 F で押して，Δx だけ気体が圧縮されたとする。このとき，気体が (外から) された仕事を考える。

仕事 W は力×距離なので

$$W = F \times \Delta x \tag{6.33}$$

である。圧力は単面積あたりの力なので，圧力 $p\left(=\dfrac{F}{S}\right)$ を表現するために両辺を断面積 S で割る。

$$W = \frac{F}{S} \cdot S \cdot \Delta x \tag{6.34}$$

ここで，$S\Delta x$ は体積変化 ΔV に等しいので

$$W = p\Delta V = p\,dV \tag{6.35}$$

となり，一定の圧力のもとで気体が (された) 仕事は，(圧力×体積の変化量) で示されることがわかる。ここで，ΔV は微小体積であるが，体積 V は気体の状態を決める状態変数なので，積分に結びつきやすいように微小体積 dV で表現しなおした。

次に，気体が外部にする仕事について考える。

pV 相図でみると，気体がする仕事はもっとわかりやすい。図 6.16 は圧力と体積の関係を表した pV 相図である。微小体積 dV だけ体積が変化したときの

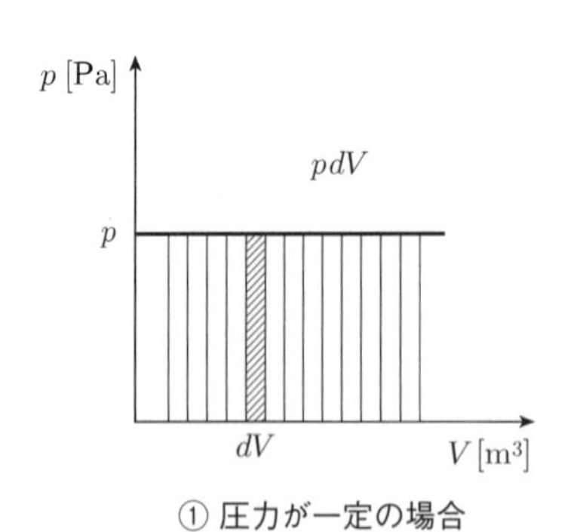

① 圧力が一定の場合　② 圧力が一定でない場合

図 6.16 気体に与えられる仕事

pV 相図においては「面積が仕事」を表している

仕事は $(W=p\,dV)$ なので，斜線部の面積に等しい値である。

例えば，V_1 から V_2 までの広い範囲での仕事を，積分を用いて示すと以下のようになる。

$$W=\int_{V_1}^{V_2} p\,dV \tag{6.36}$$

さらに，理想気体の状態方程式を用いれば，以下のように計算できる。

$$W=\int_{V_1}^{V_2} \frac{nRT}{V}\,dV=nRTln\frac{V_2}{V_1} \tag{6.37}$$

一般に，気体が (外に) 行った仕事 (気体の膨張) は，内部エネルギーを下げる方向なので $-p\,dV$ と表し，

$$dU=\Delta Q-p\,dV \tag{6.38}$$

と表現する。気体になされた仕事は (気体の圧縮)，内部エネルギーが上がる方向なので

$$dU=\Delta Q+p\,dV \tag{6.39}$$

と表現する。このように，一つの現象を捉える場合には，数学的な記述よりも，物理的な意味付けで正負の符号を考えるのが物理学であり，自然現象を考える面白さでもある。

◀解説▶ ここで，熱力学の第一法則を

$$dU=\Delta Q+\Delta W$$

と表現したが，内部エネルギー U は気体の状態を表す状態量であるのに対して，Q や W は熱平衡を動かすための量 (過程の量) なので，d と Δ の違いを付けたが，両者とも微小変化量を示し，数学的な取り扱いに区別はない。

A 内部エネルギー

風船に入った n モルの気体の集団 (以後，単に気体と表現する) を考えたとき，その気体はエネルギーを持つであろうか。答えは「持つ」である。目には見えないが，小さな気体の分子あるいは原子は風船内を自由に飛びまわっており，それぞれが運動エネルギーを持っている。また，気体を熱すれば，激しく動くであろう。このように気体が潜在的に持っているエネルギーを**内部エネルギー** (internal energy) という。これから，温度を状態量として，1 原子分子の気体の内部エネルギーをどう表すかを以下で学ぶ。

(1) 1 原子分子の内部エネルギー

内部エネルギーを一言で表すと「物質中の分子の熱運動の運動エネルギーとポテンシャルエネルギーの総和」である。ここでの熱運動の運動エネルギーとは，分子の力学的エネルギーの総和から，物体全体としての運動に関する運動エネルギーを引いた残りのエネルギーを指す。

内部エネルギーは微視的な力学的エネルギーの総和なので，分子 1 個が持つ運動エネルギーの総数である。例えば，容器の中に温度 T の 1 原子分子の理想気体が n [mol] 入っているとする。原子の総和は nN_{A} なので

$$U = nN_A \times \frac{3}{2}k_B T \tag{6.40}$$

ボルツマン定数 (Boltzmann constant) と気体定数 (gas constant) の関係は

$$\frac{R}{N_{\mathrm{A}}} = k_{\mathrm{B}} \tag{6.41}$$

なので，1 原子分子の内部エネルギーは次のように表すことができる。

$$U = \frac{3}{2}nRT \tag{6.42}$$

このように，内部エネルギーの本質は温度に比例した量であることがわかる。つまり，気体の温度が上昇すれば，内部エネルギーが増え，降下すれば内部エネルギーが減るのである。

◀解説▶ 本節では，熱エネルギーとして，ボルツマン定数を用いて $k_{\mathrm{B}}T$ と表したが，エネルギーの表現には，電子エネルギーの eV や周波数でみた電磁波のエネルギー $h\nu$，一般的なエネルギーの単位として J/mol などがある。

定義式	$k_B T$ =	eV =	$h\nu$ =	ε
	K	eV	Hz	J
1 K	1	0.861×10^{-4}	2.084×10^{10}	1.381×10^{-23}
1 eV	1.160×10^{4}	1	2.418×10^{14}	1.602×10^{-19}
1 Hz	4.799×10^{-11}	4.136×10^{-15}	1	0.663×10^{-33}
1 J/mol	1.203×10^{-1}	1.036×10^{-5}	2.506×10^{9}	1

6.6 気体の状態変化

基礎事項

典型的な 4 つの状態変化 (定積変化・定圧変化・等温変化・断熱変化) について，内部エネルギーの変化量 (熱力学第一法則の適用) は次のようになる。

(1) 定積変化では，熱力学の第一法則は $dU = \Delta Q$ と表現される
(2) 定圧変化では，熱力学の第一法則は $dU = \Delta Q - p\,dV = \Delta Q - nR\,dT$ と表現される
(3) 等温変化では，熱力学の第一法則は $dU = 0$ と表現される
(4) 断熱変化では，熱力学の第一法則は $\Delta Q = \Delta W$ と表現される

これまでの節で，気体がさまざまな状態 (圧力・体積・温度) へと変化するとき，状態方程式に従っていることを学んだ。この節では，気体の持っているエネルギーの観点からこのことを考えてみよう。

A　定積変化

n [mol] の理想気体をシリンダーに入れ，シリンダーの位置が変わらないようにして熱を加える場合を考える。そのとき，気体は体積を一定に保ったままで，気体の状態が変わる。このような変化を**定積変化** (process of constant volume) という (図 6.17 の矢印の状態変化)。定積変化するときは，気体の膨張・圧縮がないので，気体は仕事をされることも，することもしないので，$dW = 0$ である。

したがって，熱力学の第一法則から気体の内部エネルギーの増加量は，加えた熱量 ΔQ に等しくなる。

$$dU = \Delta Q \tag{6.43}$$

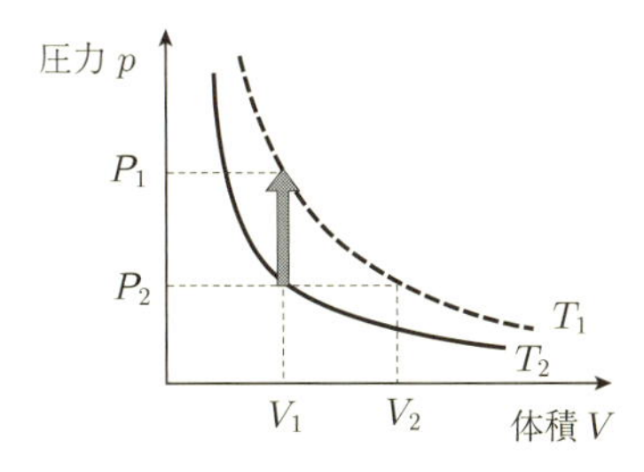

(P_2, V_1) の状態から (P_1, V_1) の状態への変化を考える。この状態変化は，変化に伴う面積が零なので，仕事を伴わない変化である。

図 6.17 定積変化

A　定圧変化

n [mol] の理想気体をシリンダーに入れ，シリンダーは自由に動く状態で熱を加える場合を考える。そのとき，気体の圧力を一定に保ったままで気体状態が変化したとする。このような変化を**定圧変化** (process of constant pressure) という (図 6.18 の矢印の状態変化)。

ここで，体積 V と温度 T がそれぞれ，$V + dV, T + dT$ に変化したとする。微小変化を考慮したときの理想気体の状態方程式は

$$p(V + dV) = nR(T + dT) \tag{6.44}$$

$$pV = nRT \tag{6.45}$$

(6.44), (6.45) 式から気体が外にする仕事 ΔW は以下のようになる。

$$\Delta W = p\,dV = nR\,dT \tag{6.46}$$

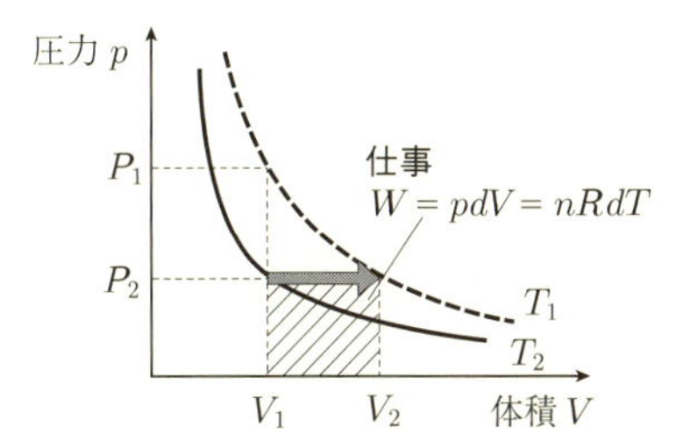

(P_2, V_1) の状態から (P_2, V_2) の状態変化を考える。この状態変化は，変化に伴う面積 (仕事) がある。その量は $W = -p\,dv = P_2(V_2 - V_1)$ であり，膨張しているので，外に向かって仕事をしている。

図 6.18 定圧変化

このとき吸収した熱量を ΔQ とすると熱力学の第一法則は，以下のように表現できる。

$$dU = \Delta Q + \Delta W = \Delta Q - p\,dV = \Delta Q - nR\,dT \tag{6.47}$$

このように膨張を伴う定圧変化では，与えられた熱量の一部が気体の膨張に使われるため，定積変化に比べると内部エネルギーの増加量は小さくなる。

図 6.18 では，圧力 P_2 のもとで体積は V_1 から V_2 へと膨張した状態を示している。この状態変化で行った仕事 W は

$$W = -p\,dV = -P_2(V_2 - V_1) \tag{6.48}$$

である。

◀**解説**▶　(6.46) 式と (6.48) 式とで仕事 W の正負の表現に疑問が生じているのではないだろうか。仕事の表現についての決まりを述べる。仕事を表現するとき，気体が外に向かって仕事をするとき (膨張するとき)，内部エネルギーが減るため負で表す。逆に気体が圧縮されるときは正で表すのが決まりである。ところで，(6.46) 式は膨張なのに正で示しているのは，「気体が外にする」仕事と前置きすることによって，仕事 W を数値として扱ったためである。

A　等温変化

n [mol] の理想気体をシリンダーに入れ，シリンダーは自由に動く状態で熱を加える場合を考える。そのとき，気体は温度を一定に保った状態が変化したとする。すなわち，ゆっくり状態変化することで，外部と熱のやり取りを行い，気体の温度を外部と同じ温度に保ちながら状態変化したとする。このような状態変化を**等温変化** (isothermal process) という (図 6.19)。理想気体では，内部エネルギーの変化量 (dU) は温度の変化量 (dT) に比例する。等温変化では温度変化がない ($dT = 0$) ので，内部エネルギーの変化量も 0 である。

$$dU \propto R\,dT = 0 \tag{6.49}$$

したがって，吸収した熱量 ΔQ を熱力学の第一法則に従って表現すれば，以下のようになる。

$$0 = \Delta Q - p\,dV \tag{6.50}$$

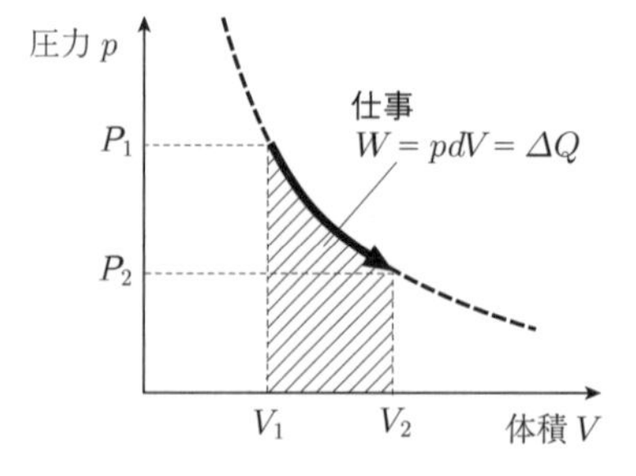

(P_1, V_1) の状態から (P_2, V_1) の状態への変化を考える。この状態変化は，変化に伴って面積 (仕事) がある。その仕事は $W = pdV = \int_{V_1}^{V_2} \frac{nRT}{V} dV = nRTln\frac{V_2}{V_1}$ である。

図 6.19　等温変化で行う仕事

すなわち，$\Delta Q = p\,dV$ である。つまり等温変化は，加えられた熱のすべてが気体を膨張させる仕事になる状態変化である。

これまでの3つの状態変化は，ボイル・シャルルの法則に従って考えることができた。次に学ぶ断熱変化はボイル・シャルルの法則に従わない状態変化である。どのような関数で表現できるかは次節で詳説する。

A　断熱変化

外部との熱のやり取りがない状態で，気体の状態を変化させることを**断熱変化** (adiabatic Process) という。図 6.20 の (P_1, V_1, T_1) の状態から (P_2, V_2, T_2) の状態への移り変わりを示し，ボイル・シャルルの法則に従わない状態変化である。

この状態変化は，シリンダーに入れた気体を，熱のやり取りができないくらい急に圧縮する場合などに起こる。断熱変化では熱のやり取りがない ($\Delta Q = 0$) ので，熱力学の第一法則は以下のように表現できる

$$dU = \Delta W \tag{6.51}$$

したがって，内部エネルギーの変化量は外からなされた仕事に等しい。言い換えると，外から気体に仕事がされて，気体が圧縮されれば (これを断熱圧縮という)，内部エネルギーはその分 ($dU = p\,dV$) だけ増加し，気体が外に仕事をして膨張すれば (これを断熱膨張という)，内部エネルギーは，その分 ($dU = -p\,dV$) だけ減少する。

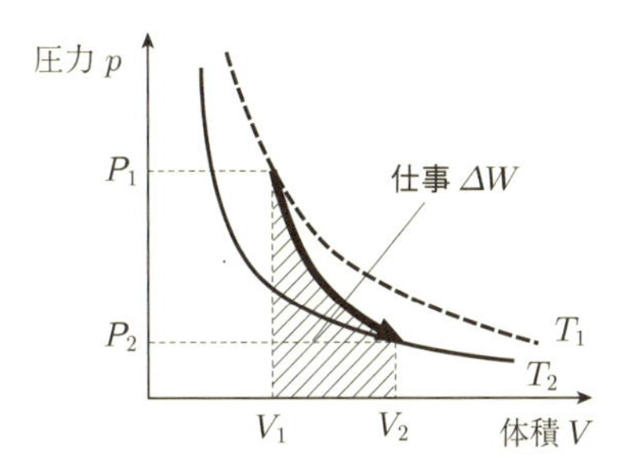

断熱変化は，矢印のように (P_1, V_1, T_1) から (P_2, V_2, T_2) の道筋をたどる状態変化である。この状態で気体が外にする仕事は，斜線部で表した値となる。

図 6.20 断熱変化の過程

6.7　気体のモル比熱と断熱変化の定式化

基礎事項

気体は，加熱による体積膨張が非常に大きいので，体積を一定にして加熱する場合の比熱 (定積モル比熱) と圧力を一定にしながら加熱する場合の比熱 (定圧モル比熱) は異なる。1 原子分子の理想気体では定積モル比熱は $C_v = \dfrac{3}{2}R$，定圧モル比熱は $C_p = \dfrac{5}{2}R$ と表される。

さらに，内部エネルギーと C_v との間にルニョーの法則 $dU = nC_v dT$ が成り立ち C_p と C_v の間にはマイヤーの関係 $C_p = C_v + R$ がある。

断熱変化では，ポアソンの関係式 $TV^{\gamma-1} =$ 一定 が成り立つ。ここで，$\gamma = \dfrac{C_p}{C_v}$ は比熱比という。

---

1 mol の気体の温度を，1 K 上げるための熱量をモル比熱という。

$$C = \frac{\Delta Q}{n\Delta T} \quad [\mathrm{J/mol\ K}]$$

気体は，固体や液体とは異なり，加熱による体積膨張は非常に大きいので，温度上昇に使用される熱量の他，体積膨張に使用される熱量も考える必要がある。そこで，体積を一定にして加熱する場合の比熱 (定積比熱) と圧力を一定にしながら加熱する場合の比熱 (定圧比熱) の 2 つ比熱を考える必要がある。この節では，定積比熱と定圧比熱について学び，それを用いた断熱変化の定式化を学ぶ。

B　定積モル比熱

密閉容器に封入されている 1 原子分子の理想気体に，外から熱を与えるときを考える。定積変化では (6.43) 式より $dU = \Delta Q$ であるので，n [mol] の定積モル比熱 C_v は

$$C_v = \frac{\Delta Q}{n\Delta T} = \frac{dU}{n\Delta T} \tag{6.52}$$

となり，この式は**ルニョーの法則** (Regnault's law) とよばれる式である。温度が T から $(T + \Delta T)$ へ上昇したときの内部エネルギーの変化量 dU は (6.42) 式を用いて

$$dU = \frac{3}{2}nR(T + \Delta T) - \frac{3}{2}nRT = \frac{3}{2}nR\Delta T \tag{6.53}$$

となる。これを (6.52) 式に代入して次式を得る。

$$C_v = \frac{3}{2}R = 12.5 \quad [\mathrm{J/mol{\cdot}K}] \tag{6.54}$$

B　定圧モル比熱

風船の中に入った少量の気体が加温により，風船を膨らませながら温度上昇していくような場合を考える。

定圧変化での熱力学の第一法則は次式のように表現できた ((6.47) 式参照)。

$$dU = \Delta Q - p\,dV = \Delta Q - nR\Delta T$$

したがって，圧力一定のもとでの比熱 (定圧モル比熱) C_p は

$$C_p = \frac{\Delta Q}{n\Delta T} = \frac{dU + nR\,dT}{n\Delta T} = \frac{dU}{n\Delta T} + R \tag{6.55}$$

となり，$\dfrac{dU}{n\Delta T}$ を定積モル比熱 C_v を用いて表せば，**マイヤーの関係式** (Mayer's relation) とよばれる次式を得る。

$$C_p = C_v + R \tag{6.56}$$

したがって，1 原子分子の定圧モル比熱 C_p は

$$C_p = \frac{3}{2}R + R = \frac{5}{2}R = 20.8 \quad \text{J/mol·K} \tag{6.57}$$

となる。

B　断熱変化の定式化

図 6.21 の状態変化のように等温曲線上の状態 (P_1, V_1, T_1) から異なる等温曲線上の状態 (P_2, V_2, T_2) に断熱的に状態変化するときに従う式を導出する。

断熱変化に対する熱力学第一法則とルニョーの法則は

$$dU = -pdV, \qquad dU = nC_v\,dT \tag{6.58}$$

さらに状態方程式 $p = \dfrac{nRT}{V}$ を用いて書き換えると

$$C_v\,dT = -\frac{RT}{V}\,dV \tag{6.59}$$

$$\frac{dT}{T} = -\frac{R}{C_v}\frac{dV}{V} \tag{6.60}$$

両辺を積分すると以下を得る。

$$lnT = -\frac{R}{C_v}\ln V + Const. \tag{6.61}$$

まとめると次式となる。

$$TV^{\frac{R}{C_v}} = const. \tag{6.62}$$

ここで，マイヤーの関係 $(C_p - C_v = R)$ から

$$\frac{R}{C_v} = \frac{C_p - C_v}{C_v} = \frac{C_p}{C_v} - 1 \tag{6.63}$$

ここで，比熱比を $\gamma = \dfrac{C_p}{C_v}$ と定義し，上式をまとめると断熱状態の状態方程式を表す次式を得る。この (6.64) 式は図 6.21 の矢印のような状態変化である。

$$TV^{\gamma-1} = const. \quad \text{または} \quad pV^{\gamma} = const. \tag{6.64}$$

この関係式は**ポアソンの法則** (Poisson's law) とよばれる。

表 6.4 に C_v, C_p, γ をまとめる。

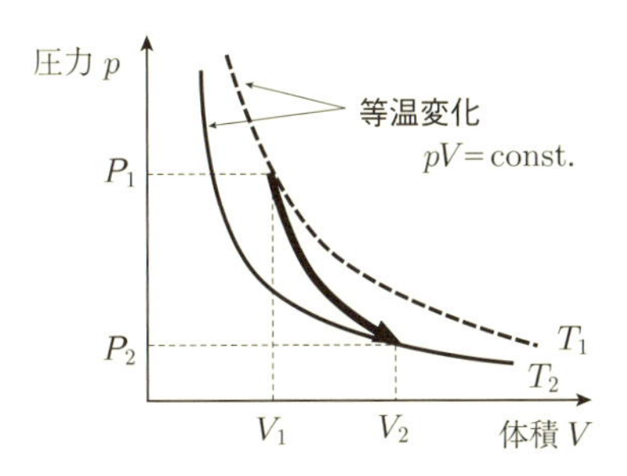

図 6.21 断熱変化の過程

表 6.4 分子の成り立ちによる定積モル比熱，定圧モル比熱，比熱比の関係

	定積モル比熱 C_v	定圧モル比熱 C_p	比熱比 γ
1 原子分子	$\frac{3}{2}R$	$\frac{5}{2}R$	$\frac{5}{3} = 1.666$
2 原子分子	$\frac{5}{2}R$	$\frac{7}{2}R$	$\frac{7}{5} = 1.4$
多原子分子	$3R$	$4R$	$\frac{4}{3} = 1.333$

6.8　熱力学の第二法則，第三法則

基礎事項

熱力学の第二法則は「お湯は勝手に熱くならない」を表した法則であり，熱力学の第三法則は「絶対零度でのエントロピーは零と決めた」法則である。

熱機関の効率 η は $0 \leq \eta = 1 - \dfrac{Q_1}{Q_2} = 1 - \dfrac{T_1}{T_2} < 1$ で示される。

エントロピーは，系の乱れ具合を決める状態量で，定式化すると $dS = \dfrac{dQ}{T}$ である。

これまで，熱エネルギーと仕事は同等なエネルギーとして取り扱ってきたが，両者には大きな質の違いが存在する。その質の違いを明確に表したのが，熱力学の第二法則である。そして，エントロピーとよばれる状態量を用いて，絶対零度を定義したのが熱力学の第三法則である。この節では，それぞれを理解するために，熱機関から順に学ぶ。

B　カルノーサイクル

一定の量の気体に熱や仕事を作用させて，いくつかの状態変化を経て，元の状態に戻る循環過程を**熱サイクル** (heat cycle) といい，繰り返しのサイクルから動力を生み出す機関を**熱機関** (heat engine) という。特に，高熱源と低熱源の 2 つの熱源の間ではたらくサイクルを，考案者の名前をとって**カルノーサイクル** (Carnot cycle) とよぶ。

図 6.22 の pV 相図に A → B → C → D → A と循環するカルノーサイクルの様子を示した。このサイクルは等温過程と断熱過程の 2 種類の準静的過程で構成されており，4 つの過程を繰り返すことで，熱エネルギーを動力に変換する機関であり，理論上の最大の効率を示すサイクルである。

A → B：**等温膨張過程**
　気体は熱量 Q_2 を吸収して，外に仕事をする (膨張する)。

B → C：**断熱膨張過程**
　熱の出入りを断ち，外に仕事する (断熱膨張) ことで，気体の圧力を大きく下げる。気体の温度も同時に下がる。

C → D：**等温圧縮過程**

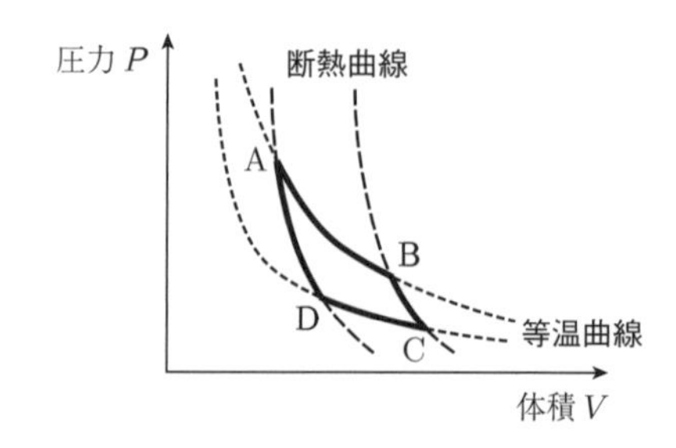

図 6.22　断熱変化と等温変化を繰り返しながら A → B → C → D → A と循環するカルノールサイクル

気体は外から仕事をされる (圧縮される) ことで，熱量 Q_1 を放出する。

D → A：**断熱圧縮過程**

熱の出入りを断ち，外から仕事されること (断熱圧縮) で，気体の圧力と温度を大きく上げ，元の状態に戻す。

カルノーサイクルを熱力学の第一法則にあてはめて考えてみる。A から始まり，A に戻るので，内部エネルギーの変化はないので

$$dU = 0$$

気体がこのサイクルで得る熱量 Q は

$$Q = Q_2 - Q_1 \tag{6.65}$$

したがって，このサイクルが行った仕事を W と表し，熱力学の第一法則に照らせば

$$0 = (Q_2 - Q_1) - W$$

$$W = Q_2 - Q_1 \tag{6.66}$$

熱を吸収して，仕事をするので，どれくらいの熱量を吸収して，どれくらいの仕事をするかという**熱効率** (thermal efficiency) η は以下のように与えられる。

$$\eta = \frac{\text{外にする仕事}}{\text{吸収した熱量}} = \frac{W}{Q_2} = \frac{Q_2 - Q_1}{Q_2} = 1 - \frac{Q_1}{Q_2} \tag{6.67}$$

最大効率は 1，最小効率は 0 なので

$$0 \leq \eta < 1$$

である。

B　カルノーサイクルの動力

熱機関から得られる動力とは，外にする仕事である。カルノーサイクルを一回りしたときの外にする仕事を計算してみよう。

1 サイクルで気体がする仕事は，図 6.22 の ABCD で囲まれた面積である。それぞれの過程において，外にする仕事を計算し合計することで，1 サイクルで外にする仕事を算出することができる。

(1)　A→B における仕事 $W_{\mathrm{A\to B}}$ を計算する (温度を T_1 とした等温膨張過程)

$$W_{\mathrm{A\to B}} = Q_2 = \int_{V_A}^{V_B} p\,dV \tag{6.68}$$

理想気体の状態方程式を導入して

$$(\text{上式}) = nRT_1 \int_{V_\mathrm{A}}^{V_\mathrm{B}} \frac{1}{V}\,dV = nRT_1 \ln \frac{V_\mathrm{B}}{V_\mathrm{A}} \tag{6.69}$$

この $W_{\mathrm{A\to B}}$ は，図 6.23 の斜線部に相当する。

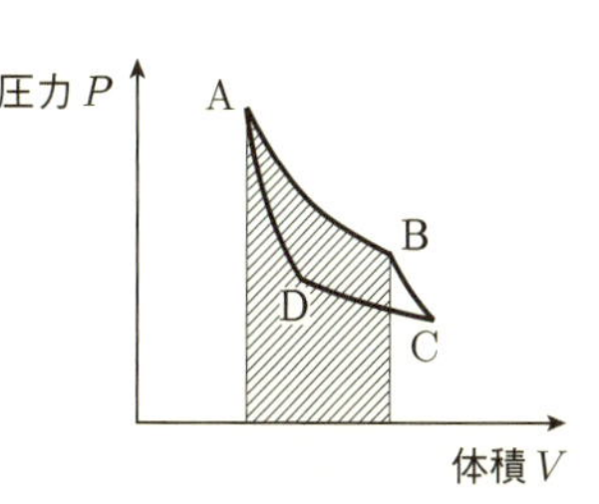

図 6.23　A から B へ等温膨張するときに，気体が外にする仕事の大きさが斜線部

(2)　B→C における仕事 $W_{\mathrm{B\to C}}$ を計算する (温度が T_1 から T_2 へと変わる断熱膨張過程)

(6.58) 式の断熱変化に対してルニョーの法則を適用して

$$W_{\mathrm{B\to C}} = nC_v \int_{T_1}^{T_2} dT = nC_v(T_2 - T_1) \tag{6.70}$$

この $W_{\mathrm{B\to C}}$ は，図 6.24 の斜線部に相当する。

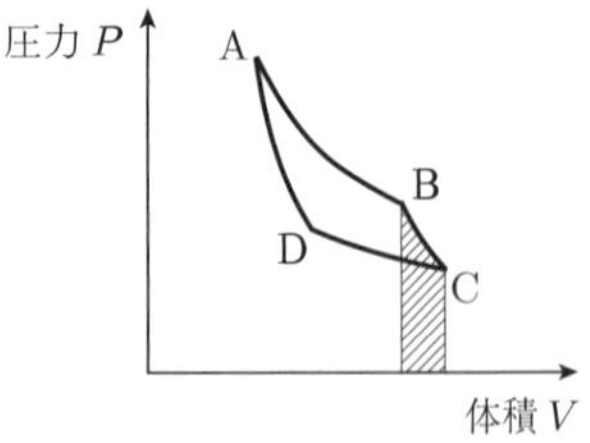

図 6.24　断熱膨張時の仕事

(3)　C→D における仕事 $W_{\mathrm{C\to D}}$ を計算する (温度を T_2 とした等温圧縮過程)

この過程は温度を T_2 とした等温圧縮過程であり，外から仕事がされるので，気体が外にする仕事 $W_{\mathrm{C\to D}}$ は負となる。この大きさは，図 6.25 の斜線部に相当する。

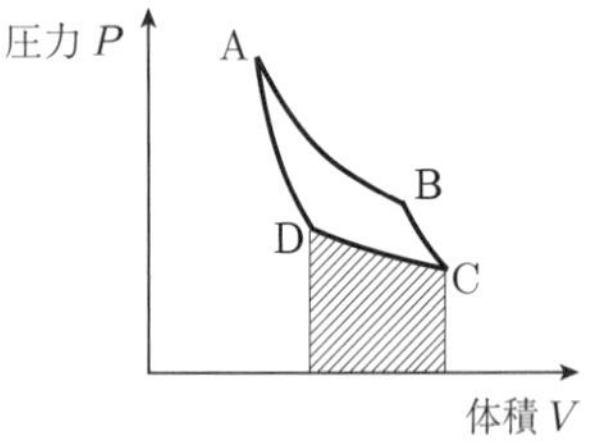

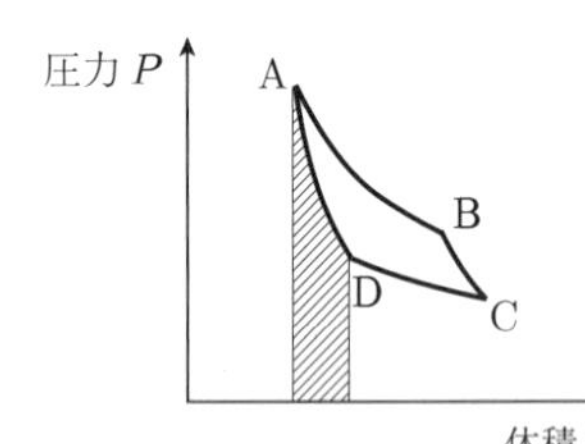

図 6.25　等温圧縮時の仕事

$$W_{\mathrm{C\to D}} = Q_1 = -\int_{V_{\mathrm{C}}}^{V_{\mathrm{D}}} p\,dV \tag{6.71}$$

$$= -nRT_2 \int_{V_{\mathrm{C}}}^{V_{\mathrm{D}}} \frac{1}{V}\,dV = -nRT_2 \ln \frac{V_{\mathrm{D}}}{V_{\mathrm{C}}} = nRT_2 \ln \frac{V_C}{V_D} \tag{6.72}$$

(4)　最後に D→A における仕事 $W_{\mathrm{D\to A}}$ を計算する (温度が T_2 から T_1 へと変わる断熱圧縮過程)

$$W_{\mathrm{D\to A}} = -\int_{V_{\mathrm{D}}}^{V_{\mathrm{A}}} p\,dV = -nC_v(T_1 - T_2) \tag{6.73}$$

この $W_{\mathrm{D\to A}}$ は，図 6.26 の斜線部に相当する。

図 6.26　断熱圧縮時の仕事

(5)　ABCDA サイクルの全仕事 W を計算する

1 サイクルで外にする仕事 W は，それぞれの状態変化での仕事をすべて積算すると以下のようになる。

$$W = W_{\mathrm{A\to B}} + W_{\mathrm{B\to C}} - W_{\mathrm{C\to D}} - W_{\mathrm{D\to A}} \tag{6.74}$$

$$= nRT_1 \frac{V_{\mathrm{B}}}{V_{\mathrm{A}}} - nRT_2 \frac{V_{\mathrm{C}}}{V_{\mathrm{D}}} = nR(T_1 - T_2) \ln \frac{V_{\mathrm{B}}}{V_{\mathrm{A}}} \tag{6.75}$$

ところで，気体がカルノーサイクルの 1 周分で得る熱量は Q は $Q = Q_2 - Q_1$ であった。Q を計算すると，以下のように気体が得た熱量は気体がした仕事と等しい。

$$Q = nRT_1 \ln \frac{V_{\mathrm{B}}}{V_{\mathrm{A}}} - nRT_2 \ln \frac{V_{\mathrm{C}}}{V_{\mathrm{D}}} \tag{6.76}$$

$$= nR(T_1 - T_2) \ln \frac{V_{\mathrm{B}}}{V_{\mathrm{A}}} = dW \tag{6.77}$$

気体が排出する熱量 Q_1 を，できるだけ少なくできれば，熱効率を 1 に近づけることができ，理論上，最大効率を得ることのできるサイクルといえる。ただし，$Q_1 = 0$ となる (熱効率 $\eta = 1$ となる) サイクルは，次に述べるトムソンの原理に反するサイクルとなり，存在しない。

A 熱力学の第二法則

お湯を放っておくと冷めるし，冷めってしまったお湯は勝手に熱くはならない。当たり前のことのようだが，重要な経験則である。この経験則の本質を抜き出し，自然法則として表したものが**熱力学の第二法則** (second law of thermodynamics) である。この法則は，いろんな人が表現を変えて言い表しているが，それも全く同じ意味であることがわかっている。例えば，ルドルフ・ユリウス・エマヌエル・クラウジウスやウィリアム・トムソンの表現が有名である。

(1) クラウジウスの原理

「何の変化も残さずに，熱を低温の物体から高温の物体に移すことはできない」

少しわかりにくいかもしれない。要は，低い温度のものから，熱を奪い，高い温度のものに移す時には，何らかの変化を必要とする。と言い換えても良い。例えば，気体に外部から仕事をさせて，熱を低い熱源から奪い，高い熱源に捨てるのに，電力を利用するのであれば，まさにクーラーである。

(2) トムソンの原理

「何の変化も残さずに，一つの熱源から熱を取り出し，すべて仕事に変えて，自身は元に戻ることはできない」

これもわかりにくい表現であるので，極端に表現すれば，排熱がない ($Q_1 = 0$)，つまり，熱効率が 1 となる熱機関はできないと解釈できる。

B エントロピー

熱力学の第二法則を言葉で表現したが，わかったようでよくわからないかもしれない。そこで表式を試みる。そのために新しい状態量を導入する。

前の説明で熱効率は気体が吸収する熱量 Q_2 と排出する熱量 Q_1 を用いて，あるいは作業する気体の温度 T_1, T_2 ($T_1 > T_2$) を用いて

$$0 \leq \eta = 1 - \frac{Q_1}{Q_2} = 1 - \frac{nRT_2 \ln \frac{V_C}{V_D}}{nRT_1 \ln \frac{V_B}{V_A}} = 1 - \frac{T_2}{T_1} < 1 \tag{6.78}$$

となることはすでに学んだ。

> **◀解説▶** (6.78) 式には，かなり重要なことが示されていることに気が付いただろうか。実は，熱機関の熱効率は熱源の温度だけで決まり，作業する気体の種類に寄らない。つまり，理想気体でなくても良いのである。

(6.78) 式から熱量と温度の関係は

$$\frac{Q_1}{Q_2} = \frac{T_2}{T_1} \leq 0 \tag{6.79}$$

であることがわかる。さらに書き換えると，クラウジウスの不等式とよばれる式を得る。

$$\frac{Q_1}{T_2} = \frac{Q_2}{T_1} \leq 0 \tag{6.80}$$

この式は熱サイクルから出したものなので，気体の状態がいろいろ変化して，最後に元の状態に戻ってくるとき，上の式が成り立っている。つまり，この関係は，どんな変化をしても，気体の状態が同じであるときには，いつも同じ値を取るという状態量に他ならない。新しい状態量の発見である。この新しい状態量を**エントロピー** (entropy) **S** と名づける。

微小なエントロピーの変化量を dS として，以下のように定義する。

$$dS = \frac{dQ}{T} \tag{6.81}$$

さらに，エントロピーを用いて熱力学の第一法則を表現し直すと

$$T\,dS = dU + p\,dV = nC_v\,dT + p\,dV \tag{6.82}$$

となり，熱力学の第一法則の微分型とよばれる式を得る。

このように，エントロピーは熱のやり取りと密接に関係している状態量であり，外部から熱をもらうときには正になり，エントロピーは増える。また，熱を外部に与える時には負になりエントロピーは減少する。熱の出入りのない変化 (断熱変化) は，エントロピーの変化もないので，等エントロピー変化ともよばれる。そして，エントロピーを一周積分すると，0 または負になることもわかった。

B　エントロピーの増大則

放っておくと，お湯が冷めるような過程を考える。この過程では冷める方向にしか行かず，放っておいても熱くなることはない。このように時間的な方向性を持つような過程を**不可逆過程** (irreversible process) という。一方，無限の時間をかけて (準静的に)，常に熱平衡状態が保たれるように変化する過程を**可逆過程** (reversible process) という。シリンダーに入っている空気を準静的に断熱圧縮する場合などがこれにあたる。

不可逆過程を含むサイクルを考えてみる。状態 A から状態 B に不可逆変化で進み，状態 B から状態 A に戻るときは可逆変化だったとする。1 周した時のエントロピーの変化量は

$$S = \oint \frac{dQ}{T} = \int_{\mathrm{A}\to\mathrm{B}} \frac{dQ}{T} + \int_{\mathrm{B}\to\mathrm{A}} \frac{dQ}{T} \leq 0 \tag{6.83}$$

状態 A 状態 B のエントロピーをそれぞれ $S(A), S(B)$ とすれば，可逆過程は経路によらないので，

$$\int_{\mathrm{B}\to\mathrm{A}} \frac{dQ}{T} = S(A) - S(B) \tag{6.84}$$

とできる。一方，不可逆過程の AB は経路によるので，計算はそう簡単ではない。そこで，そのままで表して，

$$\int_{A\to B} \frac{dQ}{T} + (S(A) - S(B)) \leq 0 \tag{6.85}$$

$$S(B) - S(A) \geq \int_{A \to B} \frac{dQ}{T} \tag{6.86}$$

$S(B)$ と $S(A)$ の差が微小であれば，その差を dS と表現して

$$dS \geq \int_{A \to B} \frac{dQ}{T} \tag{6.87}$$

を得る。もし外界との熱のやり取りがなければ $dQ = 0$ なので

$$dS \geq 0 \tag{6.88}$$

となる。この式の意味することは，「断熱系で不可逆過程がおこると，エントロピーは増える方向にしか行かない」ということである。これを**エントロピーの増大則** (law of increasing entropy) という。これを「断熱系ではエントロピーが増大するように現象が起こる」と言い換えて，熱力学の第二法則の表式による表現と言ってもよい。

A　熱力学の第三法則

物質をどんどん冷やしてゆくと，抵抗のなくなる超伝導現象や磁場を全く内部に入れないマイスナー効果，粘性のない超流動状態など，とても不思議な現象が観測され始める。絶対零度に非常に近い超低温の世界では，さらに不思議な現象が見える。温度を下げることは，エントロピーを下げることと同義である。ここではエントロピーと温度の関係について議論する。

エントロピーを温度で微分すると

$$\frac{\partial S}{\partial T} = \frac{d}{dT}\left(\frac{dQ}{T}\right) = \frac{C_P}{T} \tag{6.89}$$

$$S = \int \frac{C_P}{T}\, dT \tag{6.90}$$

となり，定積比熱を測定することによって，温度 T におけるエントロピーの変化量を知ることができる。さらに，絶対零度はエントロピーを基準に考えることができそうであり，ここから「絶対零度でのエントロピーを零とする」という**熱力学の第三法則** (third law of thermodynamics) が生まれた。

6.9　熱力学的諸関数

基礎事項

p, V, T, S 以外の状態量に，エネルギーの次元をもつ U, H, F, G がある。

(1) 内部エネルギーは　$dU = T\,dS - p\,dV$

(2) エンタルピーは　$dH = T\,dS + V\,dp$

(3) ヘルムホルツの自由エネルギーは　$dF = -p\,dV - S\,dT$

(4) ギブスの自由エネルギーは　$dG = V\,dp - S\,dT$

実際の化学変化などを扱うとき，熱平衡状態で論じることが多い。等温変化の熱平衡を論じる場合，自由エネルギーを用いるのが便利である。自由エネルギーには体積と温度を一定にした系に適用されるヘルムホルツの自由エネル

ギー，圧力と温度を一定にした系で適用されるギブスの自由エネルギーがある。この節では，物質が熱平衡状態をとるための条件および，熱力学的関数について学ぶ。

B　熱平衡の条件

断熱状態で変化がおきれば，系のエントロピーは増大することを前節で学んだ。逆に考えれば，「系が断熱条件のもとで取りえるエントロピー最大の状態になっていれば，それ以上に変化は進まない」といえ，この状態が熱平衡状態であるといえる。

エントロピーの極大値は，その変数の 1 次の微分が 0 で表現できるので，断熱状態での熱平衡条件は

$$dS = 0$$

である。

B　自由エネルギー

自然界でおこる熱力学過程は，必ず不可逆過程をともなっている。したがって，エントロピーの表現は，エントロピーの増大則から

$$dS > \frac{dQ}{T} \tag{6.91}$$

と表され，これを用いて熱力学の第一法則を表現しなおすと

$$dU < T\,dS - p\,dV \tag{6.92}$$

となる。この関係を用いると，次の特別な場合において，その熱平衡条件を導くことができる。

(1)　温度と体積が一定の場合の自由エネルギー (ヘルムホルツ自由エネルギー)

温度と体積が一定に保たれた状態で起こる状態変化では，$dV = 0, dT = 0$ なので

$$dU < T\,dS \tag{6.93}$$

$$d(U - TS) < 0 \tag{6.94}$$

ここで，$(U - TS)$ なる新たな状態量を定義する。$F = U - TS$ とすると

$$dF < 0 \tag{6.95}$$

と簡単になる。

温度と体積が一定に保たれた条件のもとでは，関数 F が減少する方向に変化が進む。したがって，熱平衡条件は，F の極小値となる。

$$dF = 0 \tag{6.96}$$

この関数 F を**ヘルムホルツの自由エネルギー** (Helmholtz free energy) という。

次に関数 F を全微分すると

$$dF = dU - T\,dS - S\,dT \tag{6.97}$$

$$= -p\,dV - S\,dT \tag{6.98}$$

となり，熱力学的関数を以下のように特徴づけることができる。

$$S = -\left(\frac{\partial F}{\partial T}\right)_V, \quad p = -\left(\frac{\partial F}{\partial V}\right)_T \tag{6.99}$$

(2) 温度と圧力が一定の場合の自由エネルギー (ギブスの自由エネルギー)

温度と圧力が一定に保たれた状態で起こる状態変化は，熱力学の第一法則に $dp = 0, dT = 0$ を適用して

$$d(U - TS + pV) < 0 \tag{6.100}$$

ここで，新たな状態量として $G = U - TS + pV$ を導入すると

$$dG < 0 \tag{6.101}$$

と簡単になる。

温度と圧力が一定に保たれた条件のもとでは，関数 G が減少する方向に変化が進む。従って，熱平衡条件は，G の極小値となる。

$$dG = 0 \tag{6.102}$$

この関数 G を**ギブスの自由エネルギー** (Gibbs free energy) という。

次に関数 G を全微分すると

$$dG = dU - T\,dS - S\,dT + p\,dV + V\,dp \tag{6.103}$$

$$= dF + p\,dV + V\,dp \tag{6.104}$$

$$= -S\,dT + V\,dp \tag{6.105}$$

となり，熱力学的関数の特徴づけは

$$S = -\left(\frac{\partial G}{\partial T}\right)_p, \quad V = \left(\frac{\partial G}{\partial p}\right)_T \tag{6.106}$$

となる。

B その他の状態量の熱力学的関数

＜内部エネルギー＞

可逆過程にともなう状態量の微小変化は，熱力学の第一法則の微分型とよばれる以下のような関係がある。

$$dU = T\,dS - p\,dV \tag{6.107}$$

内部エネルギー U を S や V の関数として表すとき

$$dU = \left(\frac{\partial U}{\partial S}\right)_V dS + \left(\frac{\partial U}{\partial V}\right)_S dV \tag{6.108}$$

となるので，上式と比較して以下の関係を得る。

$$T = \left(\frac{\partial U}{\partial S}\right)_V, \quad p = -\left(\frac{\partial U}{\partial V}\right)_S \tag{6.109}$$

＜エンタルピー＞

圧力を一定に保った状態変化 (定圧過程) では，$dU = dQ - p\,dV$ は $dp = 0$ なので，次のようにまとめることができる。

$$dQ = d(U + pV) \tag{6.110}$$

ここで，$(U + pV)$ は**エンタルピー** (enthalpy) (**H**) とよばれる状態量である。

エンタルピーを全微分すると

$$dH = d(U + pV) \tag{6.111}$$

$$dH = dU + p\,dV + V\,dp \tag{6.112}$$

$$dH = T\,dS + V\,dp \tag{6.113}$$

となるので，以下の関係を得る。

$$T = \left(\frac{\partial H}{\partial S}\right)_p, \quad V = \left(\frac{\partial H}{\partial p}\right)_S \tag{6.114}$$

演習問題 6

A

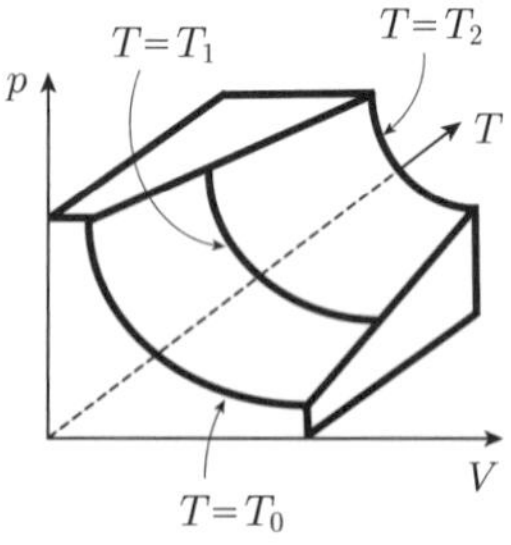

6.1 (**ボイル・シャルルの法則**)　ボイル・シャルルの法則を図に表すと，図 1 のようになる。図中 $T = T_0, T = T_1, T = T_2$ の線はボイルの法則を示している。シャルルの法則から導かれる線を書入れなさい。

図 1

6.2 (**内部エネルギー**)　ピストンのついた容器内に気体を入れて加熱し，5.0×10^2 J の熱量を与えたところ，気体は膨張し，ピストンを押して 2.0×10^2 J の仕事をした。このとき，気体の内部エネルギーの変化量は何 J か。

6.3 (**気体のする仕事**)　断面積 3.0×10^{-3} m^2 のシリンダー中に圧力 1.0×10^5 N/m^2 の気体を入れて，圧力を一定に保ちながら 100 cal の熱を加えたところ，気体は滑らかに動くピストンを 10 cm 動かした。以下の問に答えなさい。

(1) 気体が外部にした仕事を求めよ。
(2) 内部エネルギーの変化量を求めなさい。

6.4 (**状態変化**)　一定の気体をシリンダーの中に閉じ込めて，図 2 のように A → B → C → A のように変化をさせた。A → B, B → C, C → A の変化について以下の問に答えなさい。ただし，B → C は等温変化とする。

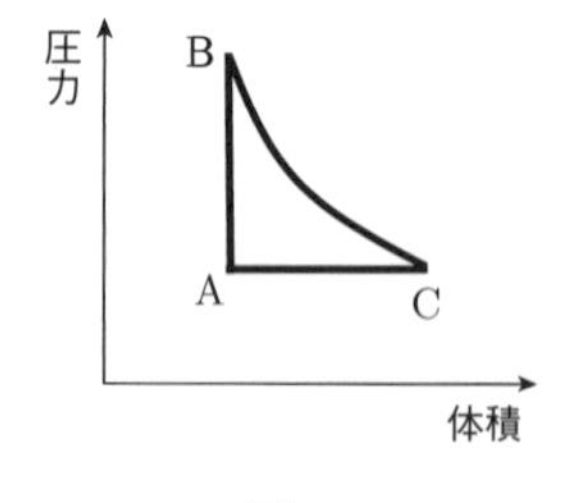

図 2

(1) 気体が仕事をするのはどの場合か。
(2) 気体の温度が上昇するのはどの場合か
(3) 気体の内部エネルギーが増加するのはどの場合か
(4) 気体が外部から熱を吸収するのはどの場合か
(5) A → B, C → A の変化はどんな変化か
(6) このサイクルで行った仕事を図中に記入しなさい

B

6.5 ($\mathbf{C}_P$ **と** $\mathbf{C}_v$)　酸素の定圧モル比熱は 6.97 cal/mol·K であり，定積モル比熱は 4.97 cal/mol·K である。酸素を理想気体とみなして，マイヤーの関係から

1 cal = 4.2 J を求めなさい。

6.6 (**熱と仕事**)　質量 1.0 [kg] の物体が，あらい水平面上を初速度 10 [m/s] で滑りだし，徐々にスピードが落ちて，やがて静止した。この場合に発生する熱量 Q [J] を求めよ。

6.7 (**2 乗平均速度**)　温度 27°C に保たれた酸素について以下の問に答えなさい。

(1) 酸素分子 1 個の平均運動エネルギー ε を求めよ。

(2) 2 乗平均速度 $\langle v^2 \rangle$ を求めよ。

6.8 (**エントロピー**)　1 mol の理想気体が状態 $A(P_1, V_1)$ から断熱膨張して状態 $B(P_2, V_2)$ になった。このときのエントロピーの変化 $dS = S_B - S_A$ を求めたい。図 3 に示す 3 つの可逆変化，(1) 等温変化 A → B，(2) 定積変化 A → C と定圧変化 C → B，(3) 定圧変化 A → D と定積変化 D → B を計算し，どれも同じ結果を与えることを示せ。

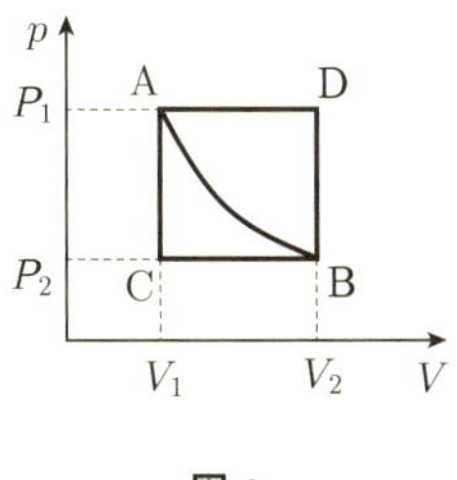

図 3

7 光

光は，5 章で述べたような波動としての性質を持つことが広く知られている。すなわち，ホイヘンスの原理にしたがって，干渉や回折，屈折や反射が起こる。光が平面波であれば波面に垂直な方向に直進する。20 世紀になって，原子や量子の世界の研究の進展につれて，光は“粒子”としての性質を持つことが明確になった。この章では，波動としての光の性質を述べる。

7.1 光の性質

基礎事項

真空中の光の速さは，$c = 299{,}792{,}458$ m/s で，およそ秒速 30 万 km である。

A 光の直進性と光の速さ

光は均一で一様な媒質中では基本的に直進する。一様な媒質中における光の速さ (光速：light speed) は一定である。真空中での光の速さ c の値は

$$c = 299{,}792{,}458 \text{ m/s} \tag{7.1}$$

と定められている。およそ秒速 30 万 km と非常に高速であるため，測定は困難であった。

光の速さは 1849 年にアルマン・フィゾーが回転する歯車と反射鏡を使って実験で測定され，現在と近い値が求められた。それ以前にもレーマーが木星の衛星の食，ブラッドレイが光行差など天体現象を活用して光速は推定されている。1983 年に真空中の光速の値は定義値として定められ，光速をもとに SI 単位系のメートルが定義し直された。

物質中の光の速さは真空中よりも小さくなるが，空気中の光の速さは真空中とほぼ等しい。物質中での光の速さは屈折率と関係があり，次節で説明する。

[問 1] 光速で地球を 1 周するには何秒かかるか。地球 1 周を 4 万キロメートルとして求めよ。また，太陽からでた光が地球に届くまで何分かかるか。太陽までの距離を 1 億 5000 万キロメートルとして求めよ。

A 光の色と波長

人が視覚を通して物体の色を識別できるのは，物体から反射した光を目で受けて，反射光の波長の違いを色の違いとして認識するからである。人の目に見える光を可視光という。光は波長に応じて色が異なる。波長が一番長い赤色の光の波長は 770 nm 程度であり，橙色（だいだい），黄色，緑色，青色と波長はだんだんと短くなって，紫色の光の波長は最も短く 380 nm 程度までである。赤色よりも波長が長い赤外線や紫色よりも波長が短い紫外線はどちらも目には見えない。光の色はその波長に応じて連続的に変化するが，6 色に分けてみるとおおむね図 7.1 のようになっている。

光は波の性質を持つので，光の波長 λ (ラムダ) と周波数 ν (ニュー) と光速 c には関係があり，

$$c = \lambda\nu \tag{7.2}$$

である。

図 7.1 光の色と波長

7.2 光の反射と屈折

基礎事項

物質の境界に光が入射角 θ_i で入射したとき，その光は反射角 θ_r で反射し，このとき反射の法則

$$\theta_i = \theta_r$$

が成り立つ。また，この入射角 θ_i が小さいとき，その光の一部は屈折角 θ_t で屈折し，2 つの角度には屈折の法則

$$\frac{\sin\theta_i}{\sin\theta_t} = \frac{n_2}{n_1}$$

が成り立つ。屈折率が n_1 の物質から n_2 の物質へ光が入射したとき，$n_1 > n_2$ であれば，ある θ_c 以上の入射角で入射すると屈折せずに全反射する。θ_c を全反射の臨界角といい，

$$\sin\theta_c = \frac{n_2}{n_1}$$

で与えられる。

A 光の反射と屈折

細い束にした光線を空気から水に入射したとき，入射光の一部は水面で**反射** (reflection) し，残りの光は水中に入ったあとに境界面で**屈折** (refraction) して直進する。境界面 (水面) への入射光と，反射光，屈折光が境界面の法線方向と

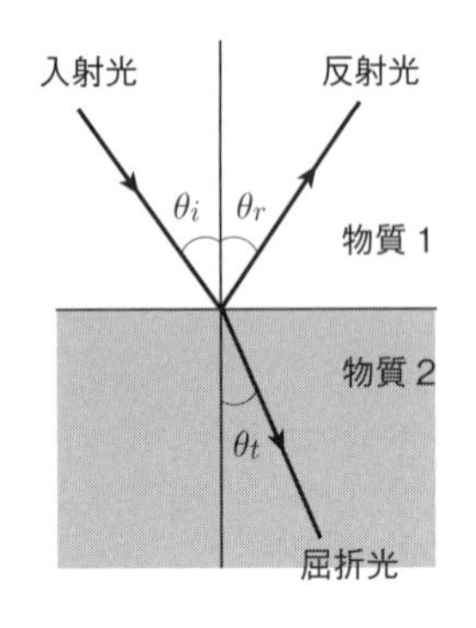

図 7.2 光の反射と屈折

のなす角度は，次の反射の法則と屈折の法則に従って導かれる。

図 7.2 のように光の入射角 θ_i，反射角 θ_r，屈折角 θ_t を，2 つの物質 (物質 1 と物質 2) の境界面に対して垂直な線から角度を定める。

(1)　反射の法則

光を境界面に入射したとき，入射角 θ_i と反射角 θ_r は等しくなる。これを反射の法則という。

$$\theta_i = \theta_r \tag{7.3}$$

(2)　屈折の法則

一方，屈折光は入射角 θ_i とは異なる角度 θ_t の方向に進む。θ_i と θ_t の関係は，物質 1 と物質 2 の屈折率 n_1 と n_2 に依存し，屈折の法則を満たす。屈折の法則は 10 世紀に発見されていたが，17 世紀にスネルらによって再発見されたため，スネルの法則ともよばれる *。

* ホイヘンスによる説明は第 5 章を参照すること。

$$\frac{\sin\theta_i}{\sin\theta_t} = \frac{n_2}{n_1} \tag{7.4}$$

スネルの法則において，空気と水を考えてみよう。空気の屈折率 n_1 と水の屈折率 n_2 を比べると $n_1 < n_2$ であるから，$\sin\theta_i > \sin\theta_t$ すなわち $\theta_i > \theta_t$ となる。入射角に対して屈折角は小さくなるため，水中にある物質は本来の深さよりも浅いところにみえることになる。

(3)　屈 折 率

屈折の法則において，n は真空に対する物質中での屈折率を表す。屈折率は物質中での光の速さ v と関係があり，

$$n = \frac{c}{v} \tag{7.5}$$

と表される。例えば，空気の屈折率は 1.00292，水の屈折率は 1.3334 である。空気に比べて水は大きい屈折率を持つ。すなわち水中では光の速度は遅くなる。物質の屈折率は 1 より大きく，屈折率が大きい物質ほど，光の速度は遅くなる。レンズはガラスやプラスチックからなるが，その屈折率は∼1.5 である。ダイヤモンドは屈折率が 2.42 と高い。

物質 1 に対する物質 2 の相対屈折率を n_{12} とすると，

$$n_{12} = \frac{n_2}{n_1} = \frac{\sin\theta_i}{\sin\theta_t} \tag{7.6}$$

となり，屈折の法則と屈折率は関連づけられる。また，

$$n_{12} = \frac{v_1}{v_2} = \frac{\lambda_1}{\lambda_2} \tag{7.7}$$

であり，振動数は物質によって変わらない。屈折角 θ_t は，

屈折の法則について

$$\sin\theta_t = \frac{n_1}{n_2}\sin\theta_i \tag{7.8}$$

であるから θ_t について解くと

$$\theta_t = \sin^{-1}\left(\frac{n_1}{n_2}\sin\theta_i\right) \tag{7.9}$$

となる。ここで，$\sin^{-1} x$ は三角関数の逆関数である。

[問 2] 光が空気から水に入射角 30°で入ったときの屈折角を，関数電卓等を用いて求めよ。

A 全反射

屈折率が大きい媒質 1 から小さい媒質 2 に入射した光に対して，屈折の法則は $n_1 > n_2$ であるので

$$\frac{\sin\theta_i}{\sin\theta_t} = \frac{n_2}{n_1} < 1 \tag{7.10}$$

となる。これより $\theta_i < \theta_t$ である。したがって入射角 θ_i を大きくすると，ある角度 θ_c において $\theta_t = 90°$ となり，$\theta_i > \theta_c$ では，(7.10) 式をみたす θ_t は存在しなくなる。このように θ_c 以上の角度で入射した光は媒質 2 に屈折して進むことができなくなるので，媒質 1 にすべて反射される。これを全反射といい，

$$\sin\theta_c = \frac{n_2}{n_1} \tag{7.11}$$

で求まる角度 θ_c を臨界角という。全反射を利用した技術としては，光ファイバーケーブルがある。

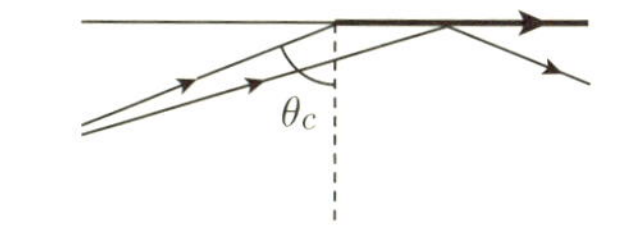

図 7.3 全反射

[問 3] 光ファイバーケーブル (屈折率の比 $n_2/n_1 = 1.0/1.5$) にて全反射がおこる臨界角を求めよ。

A 光の分散と散乱

(1) 光の分散

可視光のほぼ全域の波長を含んだ光は白く見えるため，白色光とよばれる。太陽光は白色光である。一般に光に対する媒質の屈折率 n は，光の波長 (色) によって異なる。波長の長い赤い光よりも波長の短い紫色の光の方が，屈折率が大きい。このため，プリズム (図 7.4) に入射した白色光は赤から紫までに連続的に分かれる。これを光の分散 (dispersion) という。波長ごとに分けた光を**スペクトル** (spectrum) という。スペクトルを調べると光を発する物質の性質を調べることができる *。分散した光にみられる特徴に関しては，11 章で取り扱う。光の分散が起こるのは，ガラス等の物質の誘電率が屈折率と関係しているためであることがわかっている。

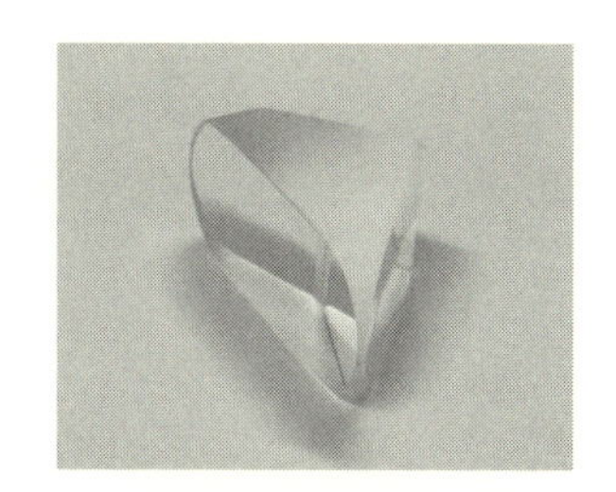
図 7.4 プリズム

* こういった学問を分光学とよぶ。

光の分散の自然現象としては，虹などがある。虹の色は運動の法則をまとめたニュートンによって研究されている。ニュートンは虹の色は連続的に変化しており，中間的な色があることに気づいていたが，波長の長いほうから赤，橙，黄，緑，青，藍，紫と 7 色とした。現在，日本では虹の色は 7 色とされ，赤，

橙，黄，緑，水色，青，紫とするのが標準であるが，アメリカやドイツでは日本より 1 色少ない 6 色で表現されている。

プリズムやレンズ，理化学機器に用いられるガラスには多くの種類があり，屈折率が微妙に異なる。色に対する屈折率の変化を色分散 $dn/d\lambda$ (chromatic dispersion) という。代表的なガラス等の屈折率と色分散の値を表 7.1 に記す。

表 7.1 屈折率 ($\lambda = 588$ nm の光に対する)

物質	n	$dn/d\lambda[\mu\mathrm{m}^{-1}]$
空気	1.0029	0.00002
水	1.330	0.017
石英ガラス	1.458	0.040
フッ化物ガラス	1.487	0.040
ホウケイ酸塩ガラス	1.517	0.047
フリントガラス	1.620	0.100
高密度フリントガラス	1.756	0.161
ダイヤモンド	2.42	0.25

(2) 光の散乱

光がその波長と同じ程度かそれよりも小さい粒子の集団に入ると，光は四方八方に散る。これを**光の散乱**という。粒子が光の波長に比べて小さい場合は**レイリー散乱** (Rayleigh scattering) がおこる。この場合，波長の長い赤い光に比べて，波長の短い青い光は散乱されやすい。地球の大気でも光の散乱は起きている。夕方の太陽は高度が低く，太陽からの光は大気を長い間通過する。このため，青い光の方が多く散乱され，赤い光の方が多く届くため，夕焼けとして観察される。

光の散乱の現象は，粒子の大きさによってその性質が異なる。サイズが大きい場合は幾何光学的な反射現象となるが，光の波長程度の場合は**ミー散乱** (Mie scattering)，波長より十分小さい場合はレイリー散乱が起こる。ミー散乱は光の波長の依存性が弱く，どの光も同じように散乱する。雲が白く見える理由はミー散乱による。

7.3 光の回折と干渉

光の波の性質を用いると，干渉や回折の実験から光の波長 λ を正確に求めることができる。そのような実験としてヤングの実験や回折格子を用いた実験がある。

基礎事項

2 つのスリットを通った波長 λ の光は光の干渉をおこす。2 つのスリットからスクリーンまでの距離を l_1 と l_2 としたとき，光の干渉縞 (明線) ができる条件は

$$|l_1 - l_2| = m\lambda \quad (m = 0, 1, 2, \cdots)$$

である。

格子定数 d を持つ回折格子を通った波長 λ の光は

$$d\sin\theta = m\lambda$$

を満たす θ で明るくなる。

光は横波であり，振動方向がある。振動方向が特定の方向に偏った光を偏光という。

A ヤングの実験

光は波動であるために，障害物の後方に回り込むことができる。これを**回折** (diffraction) という。光は波長が小さいため，音や海の波より回折を観察しにくいが，光の波長程度の十分に小さい隙間を通した光は回折現象を起こす。CD や DVD，BD (ブルーレイディスク) などの光ディスクには細い溝があり，回折と干渉が起こるため，反射光が虹色のように見えることがある。

光の干渉実験からは光源の光の波長 λ を調べることができる。19 世紀の初頭にヤングは，細く絞った光を 2 つのスリットに平行に通すと，回折した光が**干渉** (interference) して，スクリーン上で縞模様 (干渉縞) を生じることを示した (図 7.5)。2 つ以上のスリットを通った光の光路の差が波長の整数倍のときにはスクリーン上の光は強め合う (明線)。図 7.6 において二重スリットからスクリーンまでの距離を l_1 と l_2 としたとき，光が強めあう条件は

$$|l_1 - l_2| = m\lambda \quad (m = 0, 1, 2, \cdots) \tag{7.12}$$

である。一方，光の光路差が半波長だけずれるようになると光は弱めあう (暗線)。光が弱め合う条件は

$$|l_1 - l_2| = \left(m + \frac{1}{2}\right)\lambda \quad (m = 0, 1, 2, \cdots) \tag{7.13}$$

となる。

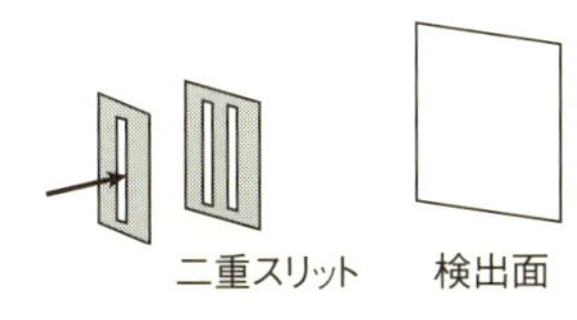

図 7.5 ヤングの実験

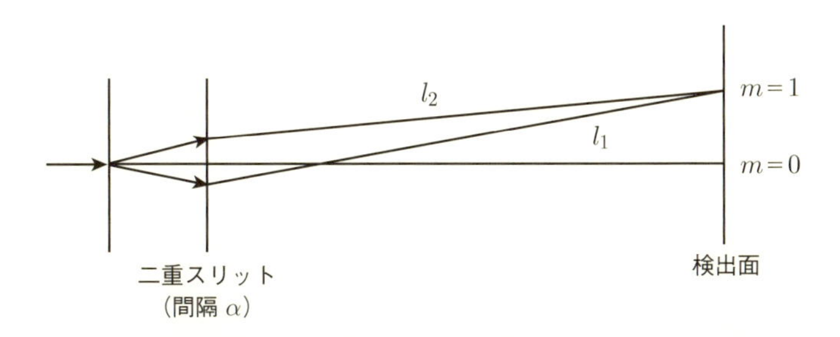

図 7.6 光の経路差

A 回折格子

透明な板の片面に多く (数百本から数千本) の細い筋を等間隔で平行に刻んだものを**回折格子** (diffraction grating) という。回折格子を通した光 (回折光) は多数のスリットを通った光であり，回折光どうしが干渉をする。まずは，光を透過するタイプの回折格子 (透過型回折格子) にみられる現象を見ていこう。

回折格子に刻まれている細い筋の間隔を格子定数という。天体観測に実際に使われる回折格子では，1 mm あたり 100 本から 3000 本の筋がある。格子定数を d としたとき，回折格子から十分離れたスクリーン上で

図 7.7 物理学基礎実験で用いられる回折格子

$$d\sin\theta = m\lambda \quad (m = 0, 1, 2, \cdots) \tag{7.14}$$

を満たす θ で明るくなる。(7.14) 式において $m = 0$ であるとき $\theta = 0$ となり，直進する入射光である。つまり白色の光は白色のままで虹色に分かれることはない。この直進する成分を 0 次光という。(7.14) 式において $m = 1$ の関係を満たす光 (1 次光) は，波長 λ に応じて回折角 θ は異なるのでプリズムを通した光のように色に分かれて分散する。白色光の場合，波長 λ が大きいと回折角 θ は大きくなるので，紫色の光は角度が小さく，赤色の光は角度が大きく分散する。光源が十分に明るいときは，(7.14) 式において $m = 2$ (2 次光) の関係をみたす光も確認することができる。

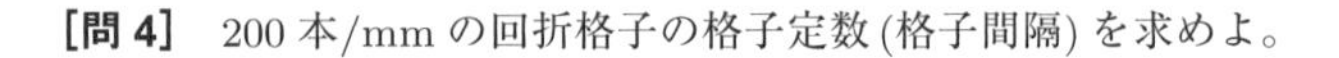
[問 4]　200 本/mm の回折格子の格子定数 (格子間隔) を求めよ。

(1) いろいろな回折格子

回折格子には反射するタイプ (反射型) の回折格子もある。大型の望遠鏡に取り付けられる回折格子には，格子の溝に角度をつけて特定の波長の光を強めるタイプの回折格子 (ブレーズド回折格子) も存在する。日本のすばる望遠鏡の主力装置にもブレーズド回折格子の一つであるエシェル回折格子を使用したものがあり，光を広く分散させることができる。

光学装置として，回折格子を用いる場合，分散した光は角度をもつことがあげられる。つまり光学系として直線系に装置を配置することができず，装置が大型化してしまう。この欠点を取り除くため，プリズムと回折格子を組み合わせて，任意の波長の分散した光を直進するように工夫された装置が用いられる。この装置をグリズムといい，天体の分光撮像観測によく用いられる。

図 7.8 回折格子を通してみた豆電球の光
回折格子は分光学で現在でも使われている。

A 偏 光

光は電磁波の一種であり，横波の集まりである。すなわち電場ベクトルと磁場ベクトルの振動方向が，光の伝播方向と直角である。その振動の方向が結晶などを通ると特定の方向に偏ることがあり，これを**偏光** (polarization) という。偏光を作る板を偏光板という (図 7.9，図 7.10)。偏光を利用したものとして，道路や海や川からの反射光を弱める目的で作られたサングラスが市販されている。鉱物学や結晶学の研究では偏光顕微鏡が用いられる。偏光板は立体視投影装置にも用いられることがある。右目用の画像と左目用の画像を偏光板を通して投写する (図 7.11)。偏光めがねをかけてみることで立体にみることができる。

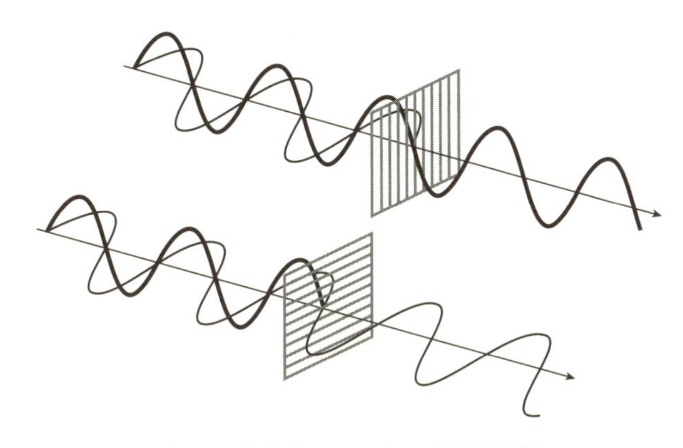

図 7.9 偏光板による光の吸収と透過
特定の方向に振動する光のみを透過させる。

図 7.10 偏光板を通した写真
2 枚の偏光板を 90°向きを変えて重ねると光が透過しなくなる。

図 7.11 立体視投影装置
2 台のプロジェクターの前に偏光板を設置して映像を偏光させる。

7.4　光のドップラー効果

基礎事項

真空中の光の速さは，どの慣性座標系でも同一であり，これを光速度不変の原理という。波長 λ を持つ光源が観測者から速さ v で遠ざかる場合，観測者が観測する光の波長 λ' は

$$\lambda' = \lambda\sqrt{\frac{1+v/c}{1-v/c}}$$

と変化する。これを光のドプラー効果という。

B　光のドップラー効果

光も波であるため，音と同様にドップラー効果を引き起こす。光源や観測者の相対的な運動によって，観測者が観測する光の振動数が光源からの光の振動数とは異なる。音のドップラー効果との決定的な違いとしては，光の特徴にあり特殊相対性理論を考慮しなければならない。

アインシュタインは特殊相対性理論を確立する際に2つの原理を用いた。その1つが光速度不変の原理「真空中の光の速さは，光源と観測者の運動状態(速度)によらず一定である」であり，もう1つの原理は，「すべての物理法則は，すべての慣性座標系で同じ形式で表現される」である。これら2つの原理に従うと，時間も速さに応じて相対的に変化する。光のドップラー効果は，周波数の変化は光源と観測者の相対速度によって決まり，光源が動くか観測者が動くかの違いはない。どちらが見ても光の速さ c はで同じであるからである。詳しくは省略するが，ここで光のドップラー効果による光の振動数の変化について述べてみよう。

光源が観測者に対して，速さ v で運動している場合，観測する振動数は

$$\nu' = \nu\sqrt{\frac{1-\dfrac{v}{c}}{1+\dfrac{v}{c}}} \tag{7.15}$$

波長は $\lambda = c/\nu$ より

$$\lambda' = \lambda\sqrt{\frac{1+\dfrac{v}{c}}{1-\dfrac{v}{c}}} \tag{7.16}$$

となる。ここで光源と観測者の位置関係は，$v > 0$ のときは遠ざかり，$v < 0$ のときは近づくとする。光源と観測者が遠ざかっている場合，$\nu' < \nu$ あるいは $\lambda' > \lambda$ となるから，観測者が観測する波長 λ' は光源が出した波長 λ より長くなる。加えて速さ v が光速 c に近づけば近付くほど，λ' は長くなる。

(1)　赤方偏移とハッブル=ルメートルの法則

アメリカの天文学者のハッブルはさまざまな銀河の距離と速度を調べ，ほとんどの銀河からの光が，波長が長い方すなわち赤色側に変化していることを発見した。この現象を**赤方偏移**という。波長のずれからは赤方偏移 z とよばれる

量が

$$z = \frac{\lambda' - \lambda}{\lambda} = \frac{\Delta\lambda}{\lambda} \tag{7.17}$$

として定義される。ハッブルによると，この量は遠方の天体ほど大きく，銀河の速度 v と距離 r は比例関係にあることを発見した*。この法則を**ハッブル＝ルメートルの法則** (ハッブルの法則) といい，

$$v = Hr \tag{7.18}$$

と表される。H は比例定数である。速度が大きい天体は，距離が大きい遠方の天体であり，光のドップラー効果も大きくなるため，赤方偏移の量も大きくなる。このため，赤方偏移 z は天体の距離の指標として用いることが多い。現在，宇宙は膨張していることが知られており，遠方の天体はすべて遠ざかっている。

* 1927 年にルメートルも独立発見をしていた。

[問 5]　$z = 0.004$ の銀河と $z = 0.158$ のクェーサーにおけるライマンアルファ線 ($\lambda = 121.6$ nm) の波長のずれと観測される波長をそれぞれ求めよ。

7.5　レンズによる物体の像

基礎事項

凸レンズと物体の距離を a，凸レンズと像の距離を b，レンズの焦点距離を f とすると，写像公式

$$\frac{1}{a} + \frac{1}{b} = \frac{1}{f}$$

が得られる。

レンズの倍率は，$m = b/a$ となる。

A　凸レンズと凹レンズ

レンズは光の屈折を利用し像を結ぶ。レンズには中心が膨らんだ**凸レンズ** (convex lens) と中心がへこんだ**凹レンズ** (concave lens) がある (図 7.12)。凸レンズを通して近くのものをみると大きく拡大して見える (図 7.13) が，遠くのものを目から離してみると上下左右が逆さまで小さい像が見える (図 7.14)。凸レンズは虫眼鏡などにも使われている。凹レンズを通してみると，小さい像が見える (図 7.15)。凹レンズは近視の矯正に使われている。

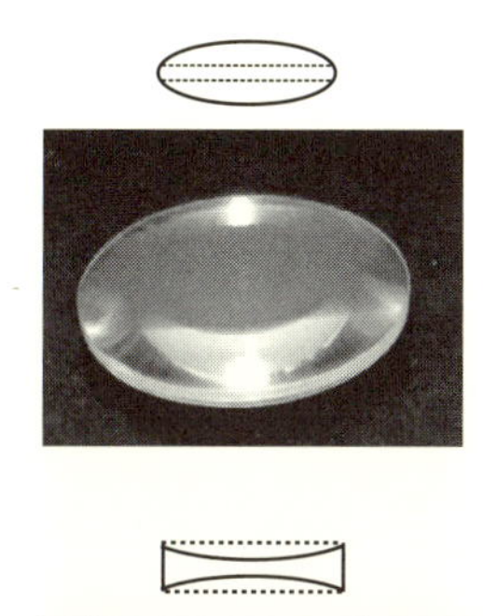

図 7.12　凸レンズと凹レンズ

A　凸レンズと凹レンズによる像

ここでは，レーザービームのように光を光線として扱う。これによって，レンズによる物体の結像のしくみ，像の拡大や縮小，光線の集束などが理解できる。まずはレンズによる像の拡大や縮小について考える。レンズの中心を通り，レンズに垂直な直線を**光軸**という。

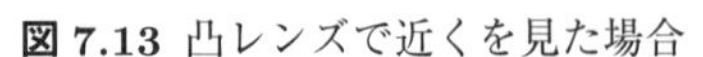
図 7.13 凸レンズで近くを見た場合

図 7.14 凸レンズで遠くを見た場合

図 7.15 凹レンズで見た場合

(1) 凸レンズによる像

光軸に並行に進んだ光線が凸レンズを透過すると，屈折して一点に集まる。この点を**焦点**という。焦点は，凸レンズの両側の対象な位置にそれぞれ一つ存在する。凸レンズを通過する光線は次の規則によって進む。

① 光軸に平行に進んだ光線はレンズを透過後にレンズの焦点を通る。
② レンズの中心を通過する光線は，レンズを透過後も直進する。
③ レンズの焦点から発した光線は，レンズを透過後に光軸に平行に進む。

図 7.16 のようにレンズの焦点 F の外側に物体 PQ を置き，位置 Q から出た光線について①と②の規則に従って作図すると，レンズの後方に光線が集まる点ができる。光軸上で物体とレンズとの距離を a $(a > f)$，レンズの後ろ側にできる物体の像までの距離を b，レンズの焦点距離を f とすると，

$$\frac{1}{a} + \frac{1}{b} = \frac{1}{f} \tag{7.19}$$

が成り立つ。このとき，光線が集まる場所にスクリーンを置くと物体の倒立し

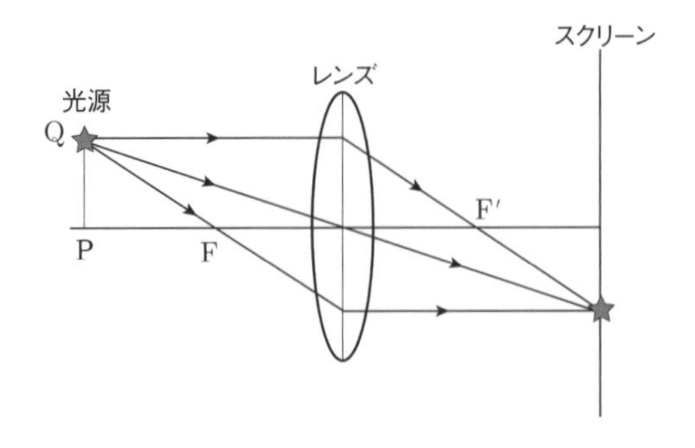

図 7.16 凸レンズによる実像，スクリーンに投影された像

た実像が映る。また，物体の大きさに対する像の大きさは

$$m = \frac{b}{a} \tag{7.20}$$

であり，m を像の**倍率**という。人間の目は水晶体がレンズの役割をしており，網膜で実像を結んでいる。

次に図 7.17 のようにレンズの焦点 F の内側に物体 PQ を置き，位置 Q から出た光線を②と③の規則に従って作図すると，レンズを通った光線は集まらず実像はできない。レンズを通った光を後方で観察すると，レンズの手前側 (左側) で物体よりも遠くの位置 $P'Q'$ に光線が集まっているように見える。このとき，できる物体の像は正立した虚像となる。光軸上で物体とレンズの距離を a $(a < f)$，レンズから物体の像までの距離を b，レンズの焦点距離を f とすると，

$$\frac{1}{a} - \frac{1}{b} = \frac{1}{f} \tag{7.21}$$

が成り立つ。このとき，像の倍率 $m > 1$ となり，拡大されて大きく見える。虫眼鏡やレンズで拡大像がみえるのはこの原理による。

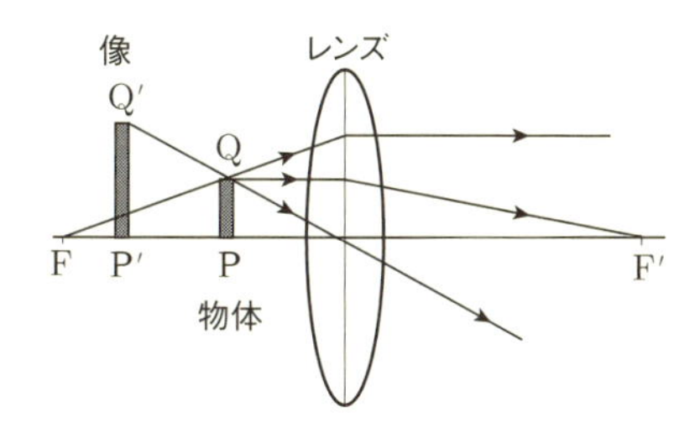

図 7.17 凸レンズによる虚像，虫眼鏡による物体の拡大

(2) 凹レンズと像

凹レンズに入射した光線はレンズが厚い方向に向かって屈折する。凹レンズの両側の対象な位置に焦点がそれぞれ一つずつ存在する。凹レンズを通過する光線は次の規則によって進む。

① 光軸に平行に進んだ光線は，レンズを透過後にレンズ手前の焦点から発した方向に進む。

② レンズの中心を通過する光線は，レンズを透過後も直進する。

③ レンズの焦点に向かって進んだ光線は，レンズを透過後に光軸に平行に進む。

図 7.18 のようにレンズの焦点の内側に物体を置き，物体から出た光線を①～③の規則に従って作図する。物体 A とレンズとの距離を a とすると，レンズの後方には光線は集まらずに，レンズの手前側で物体よりもレンズに近い位置 B に光線が集まる。このとき，B にできる物体の像は成立した虚像となる。レンズから像までの距離 b を，レンズの焦点距離を f とすると

$$\frac{1}{a} - \frac{1}{b} = -\frac{1}{f} \tag{7.22}$$

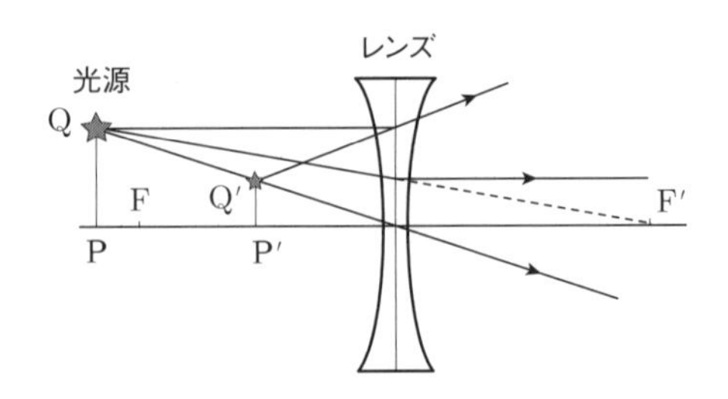

図 7.18 凹レンズによる虚像

が成り立つ。f は正であるから，像の倍率 $m < 1$ となり，実際より小さく見える。

B 望遠鏡と顕微鏡

光の波の性質が無視でき，光の進む経路を直線的に近似できる場合を幾何光学 (近似) という。このような場合で，鏡やレンズ等を組み合わせて望遠鏡や顕微鏡といった光学機器が設計される。それらの組み合わせ方に応じて，小さいものを大きく見たり，遠くのものを大きく見たりすることができる。

望遠鏡や顕微鏡において，物体のある方向にあるレンズを**対物レンズ**といい，目でのぞくレンズを**接眼レンズ**という。ケプラー式望遠鏡は 2 つの凸レンズからなる。ケプラー式望遠鏡は，対物レンズでできた倒立像を拡大してみる望遠鏡である。一方，ガリレオ式望遠鏡は，対物レンズは凸レンズであるが，接眼レンズは凹レンズである。ガリレオ式望遠鏡では対物レンズでできる像が倒立像になる前に拡大をするため，正立像が見える。

演習問題 7

A

7.1 (光の屈折)　水中にある物差しを斜めに見下ろすと，深さが浅く見える。入射角 45° で屈折率の比が $n_2/n_1 = \sqrt{2}$ である水面を見下ろすと何倍浅く見えるかを求めよ。

7.2 (全反射)　光ファイバーは主に 2 層からなる。屈折率の高いコアとそれよりも若干低いクラッドである。光ファイバーは 2 種類の素材を用いることで剛性が保たれている。

(1) コアとクラッドに対する臨界角を求めよ。$n_2/n_1 = 1.45/1.465$ とする。
(2) クラッドと空気に対する臨界角を求めよ。$n_3/n_2 = 1.00/1.45$ とする。
(3) コアからクラッドに屈折角 70° で漏れた光は，クラッドと空気の境界面でどうなるか。

7.3 (回折格子)　600 本/mm の回折格子について，次の問に答えよ。

(1) 格子間隔は，波長 600 nm の光の波長の何個分に相当するか調べよ。
(2) 波長 600 nm の光が回折格子を通ったとき，1 次光の回折角を求めよ。角度の単位 [rad] と [°, ′] で求めよ。

7.4 (レンズの式)　三角形の相似を利用して次のレンズの式を導け。

(1) 凸レンズの実像 $\dfrac{1}{a}+\dfrac{1}{b}=\dfrac{1}{f}$　　(2) 凸レンズの虚像 $\dfrac{1}{a}-\dfrac{1}{b}=\dfrac{1}{f}$

(3) 凹レンズの虚像 $\dfrac{1}{a}-\dfrac{1}{b}=-\dfrac{1}{f}$

B

7.5 (**光の散乱**)　火星の夕焼けは何色だろうか，調べてみよう。その色の理由も考えてみよう。

7.6 (**回折格子**)　回折格子によって分散した光は，いろいろな次数で強め合うため，波長が異なる光が同じ回折角をもつことがある。

(1) 角度 θ に $m=1$ の波長 590 nm の光が見られた。この角度 θ で $m=2$ の光の波長を求めよ。

(2) 重なり合ったいろいろな次数の光はどのようにしたら分けることができるだろうか。

Tea Break

PIXE

PIXE (ピクシー) とは，粒子線誘起 X 線放出 (**P**article-**I**nduced **X**-ray **E**mission) の頭文字をとったものである。原子に，高速の電子線や陽子線などの粒子線が当たると，原子核に近い電子 (エネルギーを E_1 とする) が弾き飛ばされて空席（これを内殻空孔という）ができる。その空席 (空孔) を，より外側にある電子 (エネルギーを E_2 とする) が埋めることによって，波長 λ の特性 X 線が発生するのである (ボーアの振動数条件からである)。

現在では，各元素から発生する特性 X 線スペクトルの波長は非常によくわかっている。この事実を使って，血液や海水に含まれる元素の特定，絵画の顔料などに含まれる元素分析など，物理学が環境，医学，文化財など多方面で応用されている。

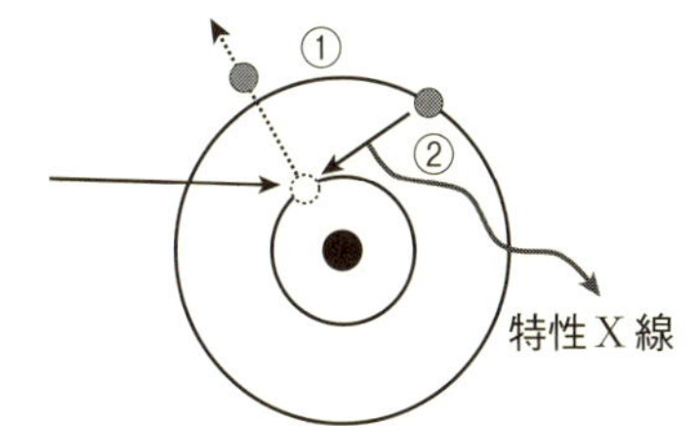

① 陽子線などによって原子の内殻電子がはじき出される (内殻空孔の生成)。
② その空孔を外殻電子が埋めるために特性 X 線が発生する。

8　電気と電場

寒い冬場に金属製のドアノブを触ろうとすると手にビリッとした静電気を感じることがある。また，セーターを脱ぐときにビリビリという小さな音を聞くことがある。これは衣類による摩擦電気である。携帯電話や電気自動車，パソコンなど，我々が生活している身近なところに電気がある。この章では，静電気 (移動しない電気，流れない電気) の性質や電気が存在する周囲にできる電場について学ぶ。

8.1　物質の帯電と電気量，静電気力

基礎事項

電荷には正電荷と負電荷の 2 種類がある。電気量は素電荷 $e = 1.6 \times 10^{-19}$ クーロン [C] の整数倍である。距離 r だけ離れた 2 つの点電荷 q_1, q_2 にはクーロンの法則による静電気力がはたらく。静電気力の大きさ F は

$$F = k\frac{q_1 q_2}{r^2}$$

であり，2 つの電荷が同符号 $(q_1 q_2 > 0)$ の場合には斥力，異符号 $(q_1 q_2 < 0)$ の場合には引力となる。k はクーロンの法則の比例定数であり，電荷が真空中に存在するときには $k = \dfrac{1}{4\pi\varepsilon_0} = 9.0 \times 10^9\ \mathrm{N{\cdot}m^2/C^2}$ である。

A　物質の帯電，電気をもつ粒子

物質が電気を帯びることを帯電するといい，帯電した物質を帯電体という。帯電させるもっとも簡単な方法は，2 つの物質を摩擦することである。このとき発生した電気を**静電気** (static charge) (あるいは摩擦電気) という。例えば，ガラス棒を絹の布でこすると，ガラス棒は正に帯電し，絹の布は負に帯電する。ゴム製の棒を毛皮でこすると，毛皮は正にゴムは負に帯電する。乾いたペットボトルの中に発泡スチロールの小球をいれてペットボトルを強く振ると，小球はある程度の距離を保ってペットボトルの内側にくっつく。各小球には同種の静電気が発生したために少し離れ，ペットボトルには小球とは異種の静電気が発生したためにくっついたと考えられる。摩擦によって発泡スチロール (ポリスチレン) の小球は正に帯電し，ペットボトル (ポリエチレン) は負に帯電する。摩擦することによって，正または負に帯電する傾向を表わしたものが表 8.1 にある摩擦帯電列である。例えば，毛皮とナイロンを摩擦すると，毛皮が正にナイロンが負に帯電するが，ナイロンとエボナイトを摩擦すると，ナ

イロンが正にエボナイトが負に帯電する。このように，同じ物質や材質でも摩擦する相手によって正になったり負になったりする (表 8.1)。

電気をもつ粒子を**荷電粒子** (charged particle) あるいは**イオン** (ion) という。電気的に中性の**原子** (atom) が**電子** (electron) を放出すると正 (+) イオンに，電子を取り込んだときには負 (−) イオンになる。食塩の塩化ナトリウム NaCl は，電子を放出したナトリウムイオン Na^+ と，電子を取り込んだ塩化物イオン (塩素イオン) Cl^- からできている。摩擦によっても電子が移動するが，外部から電子や光を当てることによっても電気的に中性な原子や分子などから電子を放出させ，荷電粒子をつくることができる。

表 8.1 摩擦帯電列

人毛・毛皮
ガラス
羊毛
ナイロン
絹・木綿・麻
ひとの皮膚
アルミニウム
紙
エボナイト
金・銅・鉄・アルミ
ゴム
ポリスチレン
ポリエステル
ポリエチレン
セロファン
塩化ビニール
テフロン

(上にあるものほどプラスに，下にあるものほどマイナスになりやすい)

A 電気量 (電荷)

物体のもつ電気の量を**電気量**または**電荷** (charge) という。電荷には正の電荷 (positive charge) と負の電荷 (negative charge) の 2 種類がある。物質は原子や分子から構成されている。原子は，正の電荷をもつ原子核を中心として，そのまわりに存在する負の電荷をもつ電子から構成されている。原子核は，正の電荷をもつ陽子と電荷をもたない中性子から成り立っている (図 8.1)。ミリカンの実験によって，電気量には最小の単位である電気素量あるいは素電荷が存在することがわかった。いろいろな物質の電気量は**素電荷** (elementary charge) $e = 1.6 \times 10^{-19}$ C(**クーロン**) の整数倍である。物質を構成する粒子である電子の電荷は $-e$ [C]，陽子 (H^+) の電荷は $+e$ [C]，中性子の電荷は 0 [C] である。これらの粒子から構成される原子や分子の電気量は，個々の粒子がもつ電荷を足し合わせて求められる。一般に，原子番号 Z の原子は，Z 個の電子と Z 個の陽子をもつので全電気量は

$$-e \times Z + e \times Z = 0 \text{ C}$$

である。これを電気的に中性であるという。

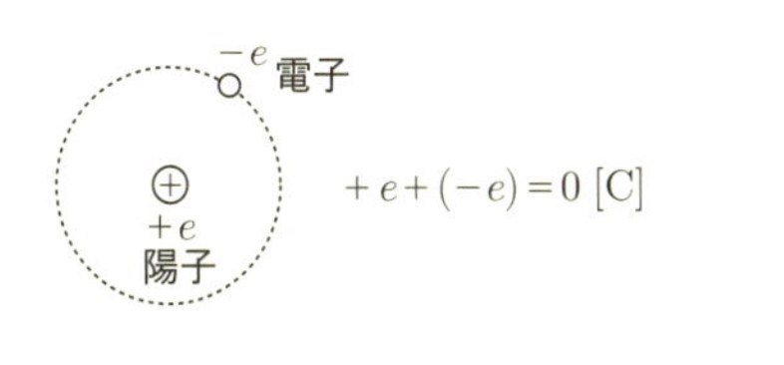

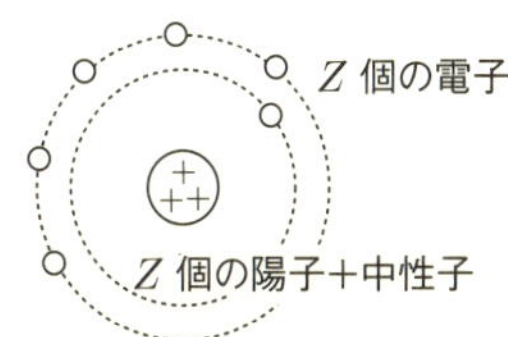

$Z\times(+e)+Z\times(-e)=0$ [C]
中性子の電気量は 0 [C]

水素原子　　原子番号 Z の中性原子

図 8.1 中性原子の中の電荷

A 静電気力，クーロンの法則

フランスの物理学者であるクーロンは，2 つの点電荷 q_1 [C], q_2 [C] にはたらく静電気力が次の性質をもつことを発見した (図 8.2)。

(1) 静電気力の大きさ F [N] は電荷の積 q_1, q_2 に比例し，電荷間の距離 r の 2 乗に反比例する。

$$F = k\frac{q_1 q_2}{r^2} \quad (k \text{ は比例定数}) \tag{8.1}$$

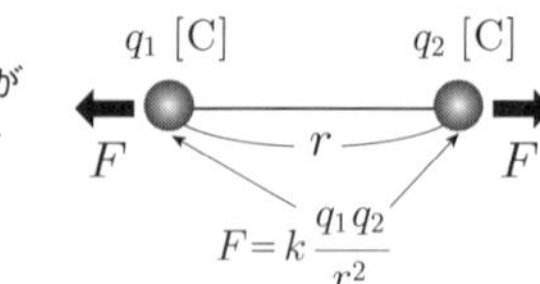

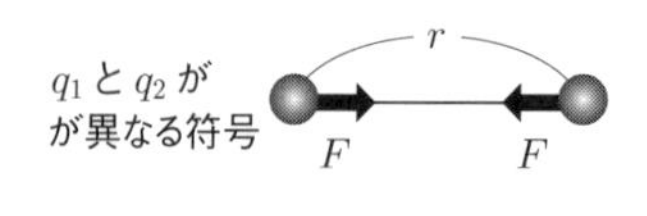

図 8.2 クーロンの法則

(2) 静電気力の向きは 2 つの電荷を結ぶ線上にあり，2 つの電荷が同符号ならばお互いに斥け合う方向にはたらき，2 つの電荷が異符号ならば互いに引き合う方向にはたらく。

これを**クーロンの法則** (Coulomb law) という。クーロンの法則の比例定数 k は電荷を取り巻く物質に依存する。その物質の**誘電率** (dielectric constant) を ε とすると $k = 1/(4\pi\varepsilon)$ である。取り巻く物質が真空の場合には，真空の誘電率 ε_0 を用いると，比例定数は次のような値になる。

$$k = \frac{1}{4\pi\varepsilon_0} = 9.0 \times 10^9 \quad \mathrm{N \cdot m^2/C^2} \tag{8.2}$$

物質の誘電率 ε を真空の誘電率 ε_0 で割った値を**比誘電率** (relative dielectric constant) ε_r という。すなわち，$\varepsilon = \varepsilon_r \varepsilon_0$ である。ε_r は無次元量であり，$\varepsilon_r \geq 1$ である (表 8.2 参照)。

表 8.2 物質の比誘電率

物　質	比誘電率
空気 (乾燥)	1.000536
二酸化炭素	1.000922
ゴム (天然)	2.4
ボール紙	3.2
ダイヤモンド	5.68
ゴム (シリコン)	8.5～8.6
雲母	7.0
ソーダガラス	7.5

8.2　電場と電気力線

基礎事項

電荷 +1 [C] あたりにはたらく静電気力を**電場** $\boldsymbol{E}$ [N/C] と定義する。電場 $\boldsymbol{E}$ である位置に存在する電荷 q [C] には，$\boldsymbol{F} = q\boldsymbol{E}$ [N] の力がはたらく。電場を図示したものが電気力線である。

A　原点に存在する点電荷の電場

座標原点 O に点電荷 (point charge) Q [C] が存在するとき，原点から距離 r の位置 P に点電荷 q [C] をおくと，電荷 q が電荷 Q から受ける**静電気力** (electrostatic force) の大きさは (8.1) 式で求められるが，力の作用方向も含めると，次のようなベクトルで表される。

$$\boldsymbol{F} = kq\frac{Q}{r^2}\frac{\boldsymbol{r}}{r} \tag{8.3}$$

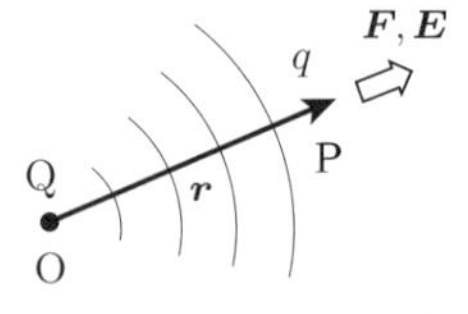

P 点での電場 $\boldsymbol{E} = k\frac{Q}{r^2}\frac{\boldsymbol{r}}{r}$

P 点での静電気力 $\boldsymbol{F} = q\boldsymbol{E}$

図 8.3 静電気力による電場

ここで，Q や q が負の電荷であることにはマイナス (−) の記号をつけて表せばよい。電荷 q を置く位置をさまざまにかえると，静電気力 $\boldsymbol{F}$ は原点からの位置ベクトル $\boldsymbol{r}$ に応じて変化する (図 8.3)。また，電荷 q を 2 倍，3 倍にすると静電気力の大きさも 2 倍，3 倍と比例する。このように考えると，原点にある電荷 Q はそのまわりの空間に静電気力が作用する空間をつくると考えてよい。そこで，位置 $\boldsymbol{r}$ において電荷 +1 [C] あたりにはたらく静電気力を**電場** (electric field) $\boldsymbol{E}$ [N/C] と定義すると

$$\boldsymbol{E} = k\frac{Q}{r^2}\frac{\boldsymbol{r}}{r} \tag{8.4}$$

である。このとき，位置 $\boldsymbol{r}$ に存在する電荷 q に作用する静電気力は，その位置における電場ベクトル $\boldsymbol{E}$ に電荷 q をかければよいので

$$\boldsymbol{F}(r) = q\boldsymbol{E} = kq\frac{Q}{r^2}\frac{\boldsymbol{r}}{r} \tag{8.3'}$$

となる。ここで，$\dfrac{\boldsymbol{r}}{r}$ は $\boldsymbol{r}$ 方向の長さが 1 の単位ベクトルである。電荷 q, Q が異符号のときには $\boldsymbol{F}$ は $\boldsymbol{r}$ と逆向きである。静電気力の大きさは $F = k\dfrac{|q|\,|Q|}{r^2}$ であって，電荷の符号に依存しない。

このように，電荷が存在する空間につくられる静電気力の場が電場であり，電場はベクトル量である。点電荷が複数存在するときの電場 $\boldsymbol{E}$ は，それぞれの電荷がつくる電場 $\boldsymbol{E}_i$ $(i = 1, 2, \cdots)$ をベクトルとして足し算すればよいので $\boldsymbol{E} = \boldsymbol{E}_1 + \boldsymbol{E}_1 + \cdots$ となる。電場は光の速さで伝わる。

電場 $\boldsymbol{E}$ と電荷 q にはたらく静電気力 F の関係

$$\boldsymbol{F} = q\boldsymbol{E} \tag{8.5}$$

は，点電荷がつくる電場に限らず，あらゆる電場に対して成り立つ一般的な関係式である。

A 電場の図示

点電荷のまわりの電場を図に表すことを考えよう。電荷 Q [C] が存在するときの位置 r における電場は図 8.4 である。

$$\boldsymbol{E} = k\frac{Q}{r^2}\frac{\boldsymbol{r}}{r}$$

である。この電場ベクトルは，$Q > 0$ のとき，電荷 Q から放射状に出ていく方向のベクトルであり，$Q < 0$ のときは，電荷に向かって放射状に入ってくるベクトルである。どちらの場合も，電場ベクトルの大きさ (長さ) は，原点から離れるにつれて，距離の 2 乗に反比例して小さく (短く) なる。いくつかの電荷が存在するときの電場は，各電荷がつくる電場ベクトルを足し合わせたものになる。

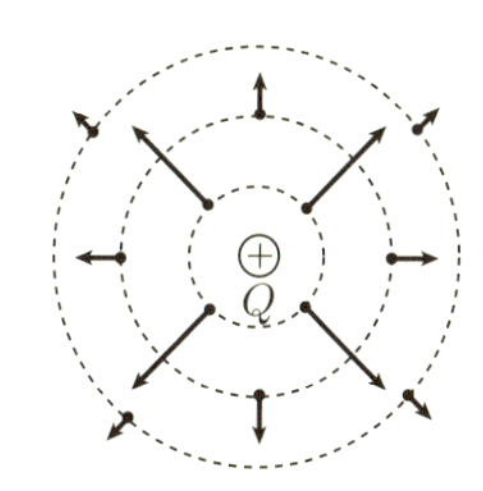

電荷 Q からの距離が 2 倍，3 倍と増加すると電場の大きさは $\dfrac{1}{4}$ 倍，$\dfrac{1}{9}$ 倍になる。

図 8.4 点電荷のまわりの点における電場

B 原点以外に存在する点電荷の電場

電荷 q が位置 $\boldsymbol{r}_1$ に存在し，Q が位置 $\boldsymbol{r}_2$ に存在するとき，電荷 Q を基準とした電荷 q の相対位置ベクトルは $\boldsymbol{r} = \boldsymbol{r}_1 - \boldsymbol{r}_2$ であるから，電荷 q の位置における電荷 Q がつくる電場 $\boldsymbol{E}$，および，電荷 q にはたらく静電気力 $\boldsymbol{F}$ は，それぞれ，次のようになる。

$$\boldsymbol{E} = k\frac{Q}{r^2}\frac{\boldsymbol{r}}{r} = k\frac{Q}{|\boldsymbol{r}_1 - \boldsymbol{r}_2|^2}\frac{\boldsymbol{r}_1 - \boldsymbol{r}_2}{|\boldsymbol{r}_1 - \boldsymbol{r}_2|}, \quad \boldsymbol{F} = q\boldsymbol{E} \tag{8.6}$$

逆に，電荷 Q の位置における電荷 q がつくる電場 $\boldsymbol{E}'$，および，電荷 Q にはたらく静電気力 $\boldsymbol{F}'$ は，q と Q，$\boldsymbol{r}_1$ と $\boldsymbol{r}_2$ を入れ替えればよいので，それぞれ，次のようになる。

$$\boldsymbol{E}' = k\frac{q}{|\boldsymbol{r}_2 - \boldsymbol{r}_1|^2}\frac{\boldsymbol{r}_2 - \boldsymbol{r}_1}{|\boldsymbol{r}_2 - \boldsymbol{r}_1|}, \quad \boldsymbol{F}' = Q\boldsymbol{E}' \tag{8.7}$$

A　電気力線

電場が存在する空間に正の電荷が存在すると，この電荷は静電気力の作用によって時間とともに移動していく。この移動経路を図示した線が**電気力線** (line of electric force) であり，移動する方向に矢印をつけて表す (図 8.5)。電気力線の接線方向がその位置における静電気力の作用方向である。ある点に正電荷 Q が固定されているとき，その近くに別の正電荷 q をおくと，斥力がはたらくために，電荷 q は電荷 Q を結ぶ直線上を Q から遠ざかっていく。このために，正電荷 Q が存在するときの電気力線は，Q を中心として放射状に出ていく直線となる。これとは逆に，負電荷が存在するときの電気力線は，放射状に負電荷に集まる直線となる。電気力線の性質をまとめると次のようになる。

① 電気力線は正電荷から出て負電荷に入る。
② 電気力線は交差しないし，枝分かれもしない。
③ 電気力線の各点での接線方向は電場の方向を示す。
④ 電場が強い領域では電気力線の本数が密になる。

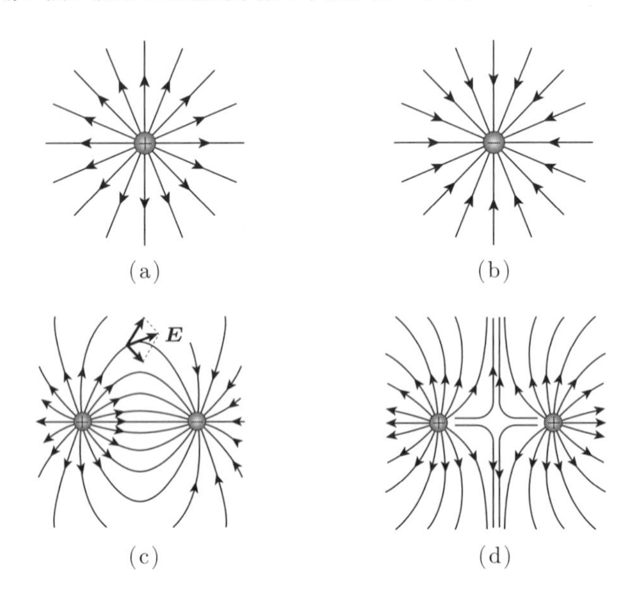

図 8.5 電気力線と電場の方向

B　電気力線の面密度と電場の関係

電場とは，1 C あたりにはたらく静電気力である。これまでは，点電荷に対する電場ベクトルを考えてきたが，電気力線を用いて電場を定義しよう。そのために，$+Q$ [C] の帯電体から出ていく電気力線の本数 N と電場の関係を考える。帯電体を囲むように，帯電体の中心から半径 r の球を描く。球の表面上での電場の強さは，(8.4) 式から

$$E = k\frac{Q}{r^2} \tag{8.8}$$

である。一方，電気力線の面密度 (1 平方メートルあたりの電気力線の本数) は，電気力線の本数 N [本] を球の表面積で割ると $N/(4\pi r^2)$ である。したがっ

て，$N = 4\pi kQ$ 本と決めると，

$$E = (\text{電気力線の本数 } N)/(\text{球の表面積}) = \frac{4\pi kQ}{4\pi r^2} = k\frac{Q}{r^2} \tag{8.9}$$

となって，電気力線の面密度は電場の強さ (8.8) と一致する。電荷 Q が負のときには Q を $|Q|$ とすればよい。なぜなら，電荷の正負は，電気力線が出ていくのか入ってくるのかの違いだけであって電気力線の本数はどちらも等しいからである。このように電気力線の本数を決めると，ある点における電場の強さ (大きさ) は，その点における電気力線の面密度と等しくなる。この方法を用いると，点電荷以外の帯電体の電場を簡単に求めることができる。

8.3 静電気力による仕事と位置エネルギー

基礎事項

一定の静電気力 $\boldsymbol{F}$ が物体を位置ベクトル $\boldsymbol{s}$ だけ移動させたとき，静電気力が物体にした仕事は $W = \boldsymbol{F} \cdot \boldsymbol{s} = Fs\cos\theta$ である。θ は力の作用方向と物体の移動方向がなす角度である。静電気力 $F = k\dfrac{qQ}{r^2}$ による位置エネルギー $V(r)$ は，無限遠方を基準にすると $V(r) = k\dfrac{qQ}{r}$ である。

A 一様な電場による仕事と位置エネルギー

2 章や 3 章で述べたように，保存力が物体に仕事 W をすると，物体がもつエネルギーが W だけ増加する。物体がもつエネルギーのうち，物体の位置によって決まるエネルギーが位置エネルギーであった。保存力 F が物体を点 P から点 O まで移動したときにする仕事 W を，点 O を基準とした点 P での物体の**位置エネルギー**または**ポテンシャルエネルギー** (potential energy) という。

一様な電場 E の作用によって，電荷 q をもつ物体が電場の方向に点 P から点 O まで距離 d だけ移動したとき，静電気力がした仕事は $W = Fd = qEd$ である (図 8.6)。したがって，点 O を基準とした点 P での位置エネルギー U は

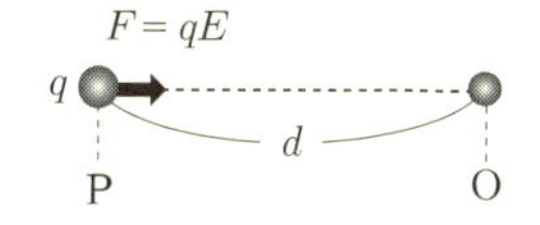

図 8.6 電場がする仕事と電位

$$U = qEd \tag{8.10}$$

である。位置エネルギー U を電荷 q で割った量は，点 O を基準とした点 P における 1 C あたりの位置エネルギーを表す。これを点 P での**電位** (electric potential) といい，次式のようになる。

$$V = \frac{U}{q} = Ed \tag{8.11}$$

電位の単位は V (ボルト) であり，1 V = 1 J/C である。(8.11) 式から電場の単位は [V/m] である。(8.10) 式は電位 V が電荷 q にする仕事として

$$W = qV \tag{8.12}$$

と表せる。

B　静電気力 (斥力) による位置エネルギー

正の電荷 Q [C] から距離 r の位置に存在する正の電荷 q には，大きさが $F = k\dfrac{qQ}{r^2}$ の斥力がはたらく (図 8.7(a))。このとき，斥力が電荷 q を無限遠方 ($r = \infty$) まで移動する仕事 W は，次のようになる。

$$W = \int_r^{+\infty} F\,dr = \int_r^{+\infty} k\frac{qQ}{r^2}\,dr = \left[-k\frac{qQ}{r}\right]_r^{+\infty} = k\frac{qQ}{r}$$

したがって，電荷 Q から距離 r だけ離れた位置での位置エネルギーは

$$U = k\frac{qQ}{r} \tag{8.13}$$

であり，その位置での電位は次のようになる。

$$V = \frac{U}{q} = k\frac{Q}{r} \tag{8.14}$$

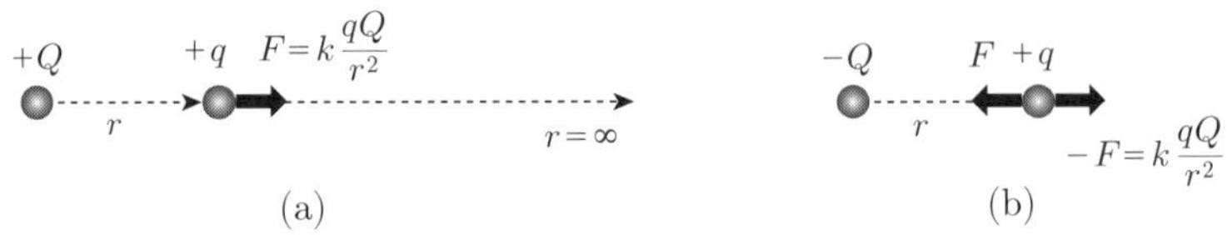

図 8.7 斥力と引力による位置エネルギー

B　静電気力 (引力) による位置エネルギー

負の電荷 $-Q$ [C] から距離 r の位置に正の電荷 q が存在するとき，この正の電荷には $F = -k\dfrac{qQ}{r^2}$ の引力がはたらく (図 8.7(b))。引力は，お互いの距離を短くしようとする方向にはたらくから，この引力に逆らって (逆向きに) 電荷 q [C] を無限遠方まで移動させる力 $(-F)$ がする仕事 W' は

$$W' = \int_r^{+\infty} (-F)\,dr = k\int_r^{+\infty} \frac{qQ}{r^2}\,dr = k\frac{qQ}{r}$$

このことは，外からエネルギー (仕事) を供給されて無限遠方に移動させられたのであるから，無限遠方での位置エネルギーを 0 とすると，位置 r での位置エネルギー U は W' だけ低いことになる。すなわち，位置 r での位置エネルギー U と電位 V は次のようになる。

$$U = -W' = -k\frac{qQ}{r} \tag{8.15}$$

$$V = \frac{U}{q} = -k\frac{Q}{r} \tag{8.16}$$

B　2 点間の位置エネルギーの差

ここでは，静電気力が引力と斥力のどちらでも成り立つ考察をしよう。

電荷 Q から距離 r の点 P に存在する電荷 $+q$ が距離 R の点 O まで移動したとき，静電気力 $F = k\dfrac{qQ}{r^2}$ がする仕事 W は，点 O を基準とした位置エネル

ギーの差 $U(r) - U(R)$ に等しいので

$$U(r) - U(R) = \int_r^R F\,dr = kqQ \int_r^R \frac{dr}{r^2} = kqQ\left(\frac{1}{r} - \frac{1}{R}\right) \tag{8.17}$$

斥力の場合には $Q > 0$，引力の場合には $Q < 0$ とすればよいので，上の式は，Q の正負にかかわらず成り立つ。この式で $R \to \infty$ とすると無限遠方を基準とした位置エネルギー

$$U(r) = k\frac{qQ}{r}$$

が得られる。当然のことながら $r \to +\infty$ のとき，$U(r) \to 0$ である。また，点 P と点 O の電位差は $V(r) - V(R) = \dfrac{1}{q}(U(r) - U(R)) = k\left(\dfrac{Q}{r} - \dfrac{Q}{R}\right)$ であり，無限遠方 $(R \to +\infty)$ での電位を 0 とすると，位置 r での電位は次のようになる。

$$V(r) = k\frac{Q}{r}$$

このように，(8.17) 式を基にすると (8.13)〜(8.16) 式を導くことができる。

> **◀解説▶** (8.3)〜(8.5) 式より，電場 E の単位は [N/C] であるが，(8.11) 式からもう 1 つの単位として [V/m] があることがわかる。

8.4 電場と電位の関係

基礎事項

位置 r での電位 $V(r)$ と電場 $E(r)$ には $E(r) = -\dfrac{dV(r)}{dr}$ の関係がある。3 次元の位置ベクトル $\boldsymbol{r}$ における電場 $\boldsymbol{E}(\boldsymbol{r})$ と電位 $V(\boldsymbol{r})$ には $\boldsymbol{E} = -\operatorname{grad} V(\boldsymbol{r}) = -\nabla V(\boldsymbol{r})$ の関係がある。

B 電場と電位

電位 $V(r) = k\dfrac{Q}{r}$ を r で微分すると $\dfrac{dV}{dr} = -k\dfrac{Q}{r^2}$ となるから，電場と電位は

$$E = k\frac{Q}{r^2} = -\frac{dV}{dr} \tag{8.18}$$

の関係にある。この関係は電荷 Q が正でも負でも成り立つ。$E = -\dfrac{dV}{dr}$ の両辺を $r = a$ から $r = b$ まで積分すると

$$\int_a^b E\,dr = -\int_a^b \frac{dV}{dr} = V(a) - V(b)$$

となる。最後の式は $r = b$ における電位 $V(b)$ と $r = a$ における電位 $V(a)$ の差 (電位差) であり，点 B $(r = b)$ の電位を基準とした点 A $(r = a)$ の電位を表している。ここで，関係式 $E = -\dfrac{dV}{dr}$ は，点電荷による電位や電場でなくても一般的に成り立つことに注意しよう。

以上をまとめると，一般に，電場 E と電位 V について，次の関係式が成り立つ。

$$E = -\frac{dV}{dr}, \quad V(a) - V(b) = \int_a^b E\,dr \tag{8.19}$$

B　3 次元空間内での電場と電位

3 次元空間内の任意の位置 $\boldsymbol{r}$ での電場は，電位の勾配 (グラディエント) で定義される：

$$\boldsymbol{E} = -\nabla V(\boldsymbol{r}) = -\operatorname{grad} V(\boldsymbol{r}) \tag{8.20}$$

これを成分で表すと

$$\boldsymbol{E} = (E_x, E_y, E_z), \quad E_x = -\frac{\partial V}{\partial x}, \quad E_y = -\frac{\partial V}{\partial y}, \quad E_z = -\frac{\partial V}{\partial z} \tag{8.21}$$

このとき，点 A と点 B での電位差は

$$V(A) - V(B) = \int_A^B -\nabla V(\boldsymbol{r})\,d\boldsymbol{r} = \int_A^B \boldsymbol{E}\cdot d\boldsymbol{r} \tag{8.22}$$

で与えられる。右辺の経路に沿った A から B までの積分は，その経路をどのように選んでも A と B の位置だけで決まる (図 8.8)。

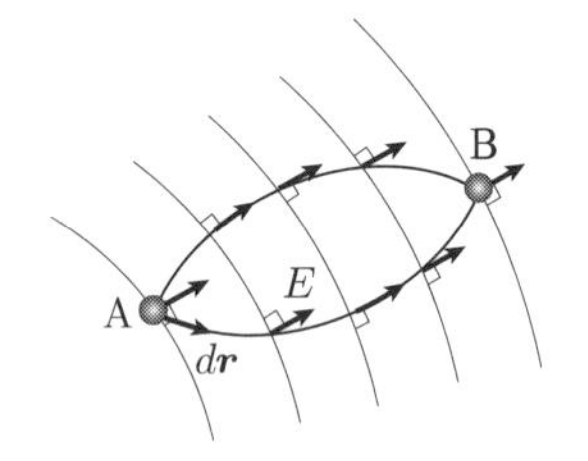

図 8.8　電場と等電位線

B　等電位線と等電位面

電位が等しい点を結んだ線を等電位線，電位が等しい面を**等電位面** (equipotential surface) という (地図の等高線と同じと考えればよい)。等電位線の間隔が狭いところは電場の勾配が急峻に変化する。等電位線上の点における電場の方向は等電位線に垂直な方向であり，等電位面上の点における電場ベクトルは等電位面に対して垂直である。

8.5　電場に関するガウスの法則

基礎事項

真空中に電荷が存在するとき，その電荷を取り囲む閉曲面 A から外向きに出ていく電気力線の本数は，閉曲面内にある正電荷の総量を Q とすると，(Q/ε_0) 本である。これを，**電場に関するガウスの法則**という。

B　ガウスの法則

一様な電場 E の中に，電場に垂直な平面 P (面積 A) をおくと，それを貫いて出ていく電気力線の本数 Φ は，(8.9) 式の関係から

$$\Phi = (\text{電気力線の面密度}) \times (\text{面積}) = EA$$

である。平面 P に対して垂直な方向 (これを法線方向という) と電場の方向が角 θ であるときには，次のようになる。

$$\Phi = EA\cos\theta \tag{8.23}$$

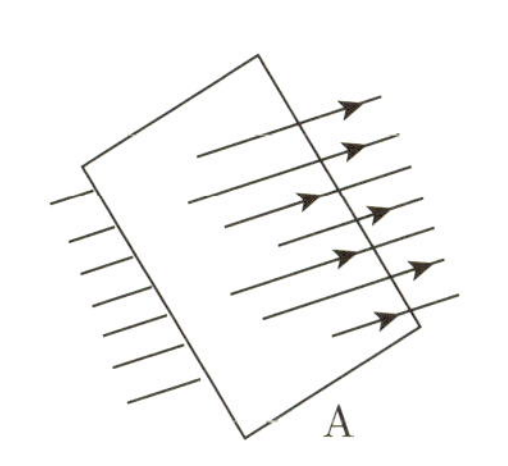

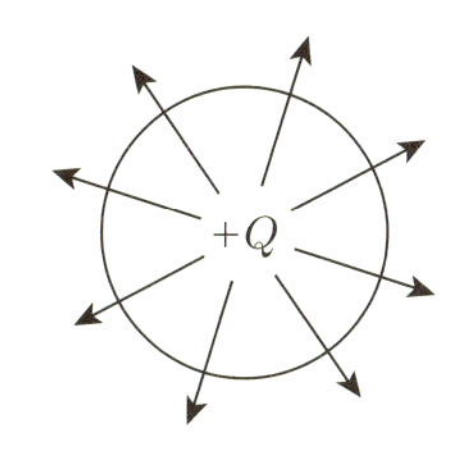

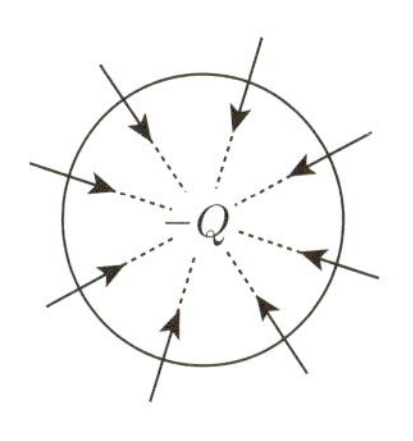

図 8.9 平面および球面を貫く電気力線の数

真空中に点電荷 Q が存在するとき，この点電荷を中心とする半径 r の球面を外向きに出ていく電気力線の本数 Φ は，

$$\Phi = E \times 4\pi r^2 = \frac{1}{4\pi\varepsilon_0}\frac{Q}{r^2}4\pi r^2 = \frac{Q}{\varepsilon_0} \tag{8.24}$$

となり，球面の半径に依存しない。すなわち，球の表面を通し外向きに出ていく電気力線の数は正の電気量 Q によって決まる。一方，負の電荷 $-Q$ が球内に存在するときには，球の表面を通して球内に入ってくる電気力線の本数は正電荷 $+Q$ の場合と変わらないが，電気力線の方向が逆向きになるために，電気力線の本数にマイナス (−) をつけることにする ((8.23) 式で球面の外向きの法線方向とのなす角が $\theta = 180^\circ$ と考えればよい) (図 8.9)。したがって，この場合は

$$\Phi = -E \times 4\pi r^2 = -\frac{1}{4\pi\varepsilon_0}\frac{Q}{r^2}4\pi r^2 = \frac{-Q}{\varepsilon_0} \tag{8.25}$$

となって，球の半径に依存しない。(8.24) と (8.25) 式の最後の結果は，電荷を取り囲む面が球面でなくても表面が閉じた曲面 (閉曲面) であれば成り立つ。球 (あるいは閉曲面) の内部に正の電荷 $+Q_1$ と負の電荷 $-Q_2$ が存在する場合には，この球面から出ていく電気力線の数は

$$\Phi = +\frac{Q_1}{\varepsilon_0} - \frac{Q_2}{\varepsilon_0} = \frac{Q_1 - Q_2}{\varepsilon_0} \quad (\text{本})$$

となる。真空中に電荷が存在するとき，その電荷を取り囲む閉曲面 S から出ていく電気力線の本数は，閉曲面内にある正電荷の総量を Q とすると (Q/ε_0) 本である。これを**電場に関するガウスの法則** (Gauss law) という。これを面積積分で表現すると

$$\int_S \boldsymbol{E}\cdot\boldsymbol{n}\,dS = \int_S E_n\,dS = \frac{Q}{\varepsilon_0} \tag{8.26}$$

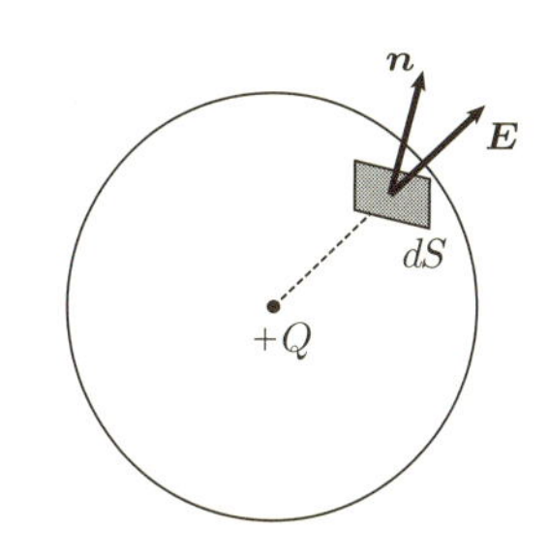

図 8.10 微小面積 dS の外向き法線方向の単位ベクトル $\boldsymbol{n}$ と電場 $\boldsymbol{E}$

ただし，$\boldsymbol{n}$ は微小面積 dS の外向き法線方向の単位ベクトルである (図 8.10)。点電荷 $+Q$ を中心とする球面では，$\boldsymbol{E}$ と $\boldsymbol{n}$ は同じ方向である。Q は閉曲面内に存在する電荷の総量である。ガウスの法則は，電荷分布が与えられたときに電場を計算するのに便利である。

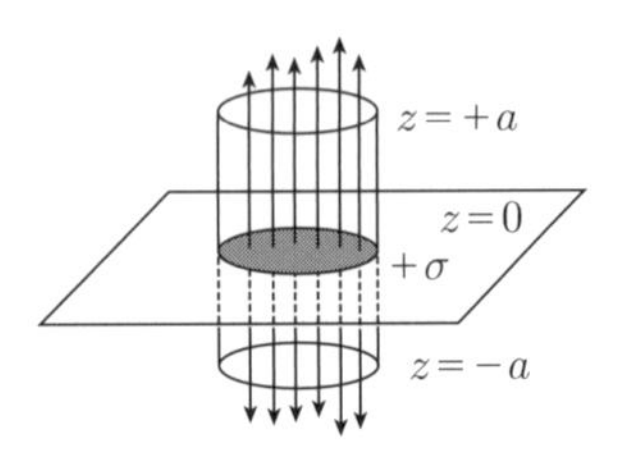

図 8.11 平面上での電荷密度と電場の大きさ

B 無限に広い平面上にある電荷による電場

無限に広がった平面上に一様な面密度 σ の電荷が分布しているときの電場 E を計算する。図 8.11 のように，電荷が分布している平面を $z = 0$ とする。$z = +a$ と $z = -a$ に円の面積 A をもつ円柱を閉曲面とする立体についてガウスの法則を用いる。電気力線は z 軸に平行であるから，円柱の側面から出ていく電気力線は存在しないし，電場の大きさは z によらない。したがって，側面では $E = 0$，円柱の上下面 $(z = \pm a)$ での電場の大きさを E とすると (8.26) 式は

$$\sigma = \frac{Q\ (Z = 0\ \text{の円内にある電気量})}{A\ (\text{円柱の断面の円の面積})}$$

$$\int_{\text{側面}} E\,dS + \int_{\text{上面}} E\,dS + \int_{\text{下面}} E\,dS = 0 + EA + EA$$
$$= \frac{Q}{\varepsilon_0} = \frac{\sigma A}{\varepsilon_0} \qquad \therefore\ E = \frac{\sigma}{2\varepsilon_0} \tag{8.27}$$

B 2 枚の平行板に挟まれた空間での電場

2 枚の無限に広い薄い平板 P_1, P_2 が距離 d で平行におかれている (図 8.12)。それぞれの平板に面密度 $\sigma, -\sigma$ の電荷が存在するとき，平板に挟まれた空間における電場を求めよう。(8.27) 式の結果を使うと，電場の重ね合わせによって次の結果になる。すなわち，平板 P_1 の上側，P_2 の下側では，それぞれの電場ベクトルが相殺して $E = 0$ となる。平行板間では同じ向きで大きさが等しいベクトルが 2 倍になるので

$$E = \frac{\sigma}{2\varepsilon_0} + \frac{\sigma}{2\varepsilon_0} = \frac{\sigma}{\varepsilon_0} \tag{8.28}$$

となる。

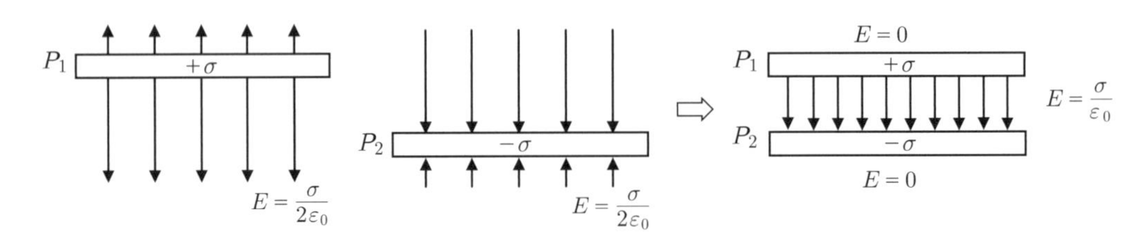

図 8.12 平行板で挟まれた空間の電場

8.6 導 体

基礎事項

導体中には，自由に動き回れる電子 (自由電子) が存在する。導体全体の電位は等しく，導体の表面は等電位面になる。電荷は導体の表面だけに現れ，電気力線は導体の表面に垂直である。

A　静電誘導

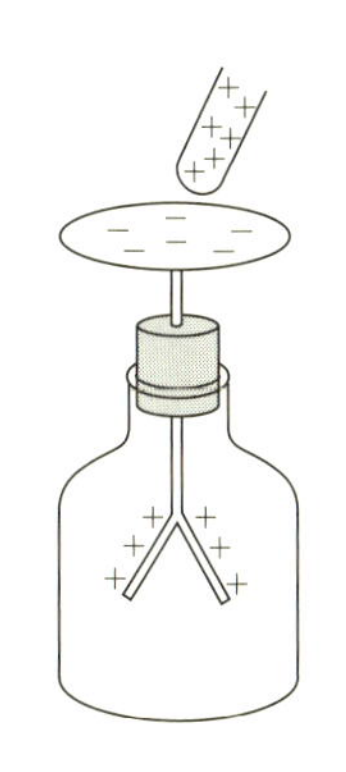

図 8.13 箔検電器

金属のような導体に帯電体を近づけると，導体は帯電体に引き寄せられる。これは，電気的に中性な導体であっても，帯電体に近い側には帯電体と異符号の電荷が，遠い側には同符号の電荷がそれぞれ同じ量だけ誘導されるためである。このように，静電気力によって物体の内部に電荷分布の偏りが生じることを**静電誘導** (electrostatic induction) という。帯電体を導体から遠ざけると，導体中に誘導された電荷はお互いに打ち消しあって，もとの電気的に中性の状態に戻る。箔検電器に帯電体を近づけると箔が開くのも静電誘導のためである。金属における静電誘導は，自由電子が移動することによって起こる (図 8.13)。

A　導体内部の電場と電位

金属のように電気をよく通す物質を**導体** (conductor) という。これは，金属の中にある自由に動き回れる電子 (自由電子，伝導電子) が存在するためである。導体中の**自由電子** (free electron) は，電気伝導に関わるので**伝導電子** (conduction electron) でもある。自由電子はいろいろな方向に飛び回っているために，その平均的な数は導体のどこでも同じであり一定である。導体を外部電場の中に置くと静電誘導が起こり，自由電子は電場の向きとは逆向きの力を受ける。その結果，正電荷に近い方の導体の端に集まる自由電子の平均的な数が増える。その一方で，導体の他の端には自由電子の平均的な数が少なくなる。このような自由電子の平均的な移動は，導体内部での外部電場を打ち消す逆向きの電場を発生するまで続く。その結果，導体内部での電場は 0 となり，導体全体の電位は等しくなる。すなわち，導体の表面は等電位面になる。また，電荷は導体の表面だけに現れ，電気力線は導体の表面に垂直である。導体表面上の点 P での電荷の面密度が σ であれば，その点 (点 P のわずかに外側) での電場の強さは $E = \dfrac{\sigma}{\varepsilon_0}$ である。

A　静電遮蔽（しゃへい）

前項の説明から，導体には外部の電場を遮るという性質があることがわかる。導体内部に空洞があっても電場は入り込めない。この性質を利用すると，物体を金網などの導体で囲むと，導体の外部の電場が内部の物体に作用しないようにできる。このように，導体によって外部の電場が遮断される現象を**静電遮蔽** (electric shielding) という。たとえば，箔検電器に帯電体を近づけると箔は開くが，箔検電器を金網で囲んで金網の外側から帯電体を近づけても箔は開かない。自動車の中で雷の電場を避ける，と言われるのは，静電遮蔽の効果を利用したものである。

例題 1　半径 R の金属球の表面に Q の電荷が存在するとき，この電荷がつくる電場と電位を求めよ。

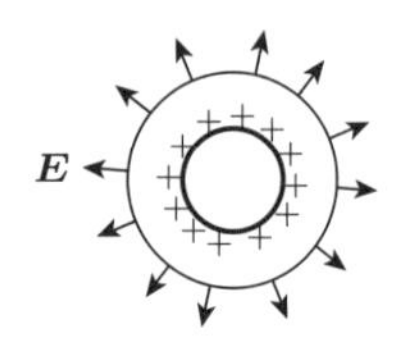

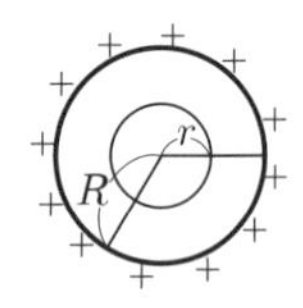

図 8.14(a)

[解答]　まず，電場を求めるために金属球の中心から半径 r の球面に対してガウスの法則を適用する。電荷分布が球対称 (方向によらず r の大きさだけの関数であること) な場合は，r が等しい位置での電場の大きさは同じであり，電場ベクトルは球の中心から放射状に出ていく方向である。まず電場を求める。

① $r>R$ のとき，半径 r の球内に存在する電荷は Q であるから，(8.26) 式より

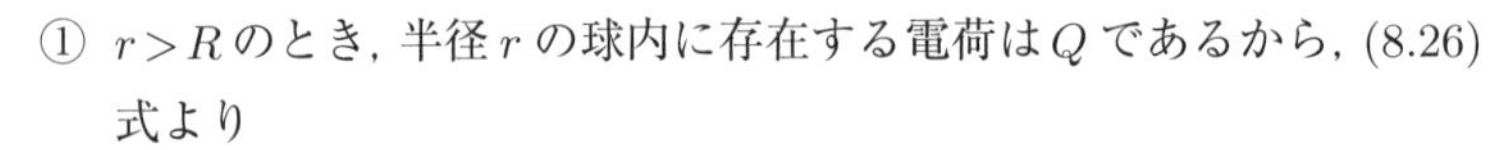

$$\int E_n\,dS = E(r)\times 4\pi r^2 = \frac{Q}{\varepsilon_0} \quad \therefore\ E(r) = \frac{1}{4\pi\varepsilon_0}\frac{Q}{r^2} \quad (r>R) \tag{8.29a}$$

② $r<R$ のときは，半径 r の球面は金属内にあるために球面内にある電荷は 0 であるから

$$E(r)=0 \quad (r<R) \tag{8.29b}$$

次に電位を求める。無限遠方を基準とした位置 r での電位は，(8.19) 式から $V(r)-V(\infty)=\int_r^{+\infty} E(r)\,dr$ である。

① $r>R$ のとき

$$V(r) = \frac{Q}{4\pi\varepsilon_0}\int_r^{+\infty}\frac{1}{r^2}\,dr = \frac{Q}{4\pi\varepsilon_0}\frac{1}{r} \quad (r>R) \tag{8.30a}$$

($V(\infty=0)$ は自明である)

② $r<R$ のときは，金属内部では $E=0$ であるから

$$V(r) = \int_r^R E(r)\,dr + \int_R^{+\infty} E(r)\,dr = \frac{1}{4\pi\varepsilon_0}\frac{Q}{R} \quad (r<R) \tag{8.30b}$$

となって，$V(r)$ は一定である。図 8.14(b) に $E(r)$ と $V(r)$ を示す。

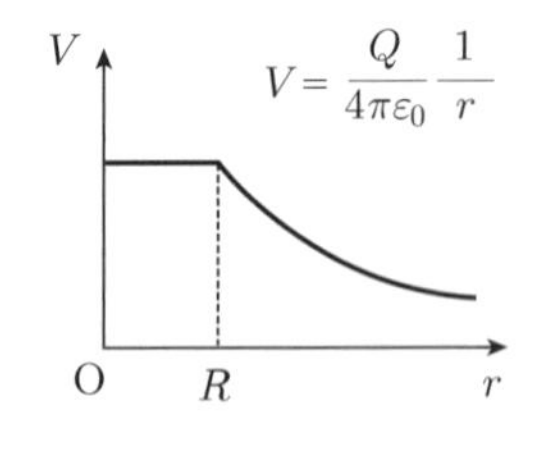

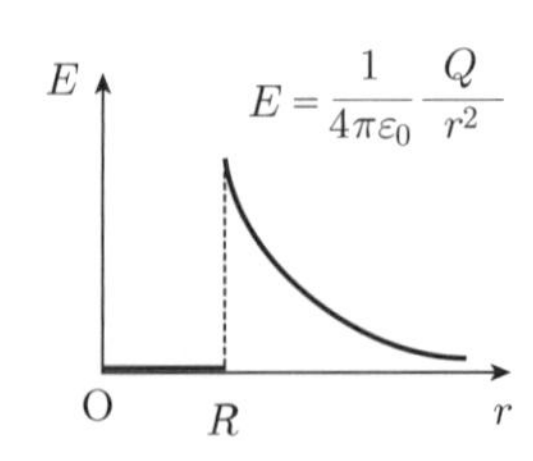

図 8.14(b)　球面上に電荷 Q があるときの $E(r)$ と $V(r)$

8.7 キャパシターと電気容量

基礎事項

2つの導体の一方に $+Q$，他方に $-Q$ の電荷を蓄える装置をキャパシター(またはコンデンサー)という。このとき，2つの導体間の電位差を V とすると $Q = CV$ の関係がある。C を電気容量といい，導体の形状や導体間の距離などによって決まる定数である。

A キャパシター(コンデンサー)

2つの導体を近くに置くと，一方には正の電荷 $+Q$ を，もう一方には負の電荷 $-Q$ を貯めることができる。このとき2つの導体間には電位差 V が生じる。このような電荷を蓄える装置を**キャパシター** (capacitor) または**コンデンサー**という。電荷 Q と電位差 V は比例するので

$$Q = CV \tag{8.31}$$

と表せる。この C をキャパシターの**電気容量** (electric capacity) といい，単位は**ファラド** [F] を用いる。1 F は，1 V の電位差を与えたとき，1 C の電荷を蓄えられる電気容量を表す。電気容量は，2つの導体の形状や距離などによって決まる定数である。

A 平行板キャパシター

面積 S で同じ形状の薄い2枚の金属板(極板) A と B を短い距離 d で平行に設置したキャパシターを平行板キャパシターという(図 8.15)。この電気容量 C を求めよう。2枚の極板に電荷 $+Q$，$-Q$ の電荷を与えたとき，S が d に比べて非常に大きければ，(8.28) 式により極板間に生じる電場の大きさ E は

$$E = \frac{\sigma}{\varepsilon_0} = \frac{Q}{\varepsilon_0 S} \tag{8.32}$$

である。したがって，極板間の電位差 V と電気容量 C は

$$V = \int_0^d E\,dx = \frac{Q}{\varepsilon_0 S}\,d \tag{8.33}$$

$$C = \frac{Q}{V} = \frac{\varepsilon_0 S}{d} \tag{8.34}$$

となる。この式から，極板の面積が広いほど，また，極板間隔が狭いほど電気容量は大きい。また，電気容量は極板の形状(円形か長方形かなど)には依存しないこともわかる。極板の端では，電場ベクトルが多少ゆがむ(図 8.15)。

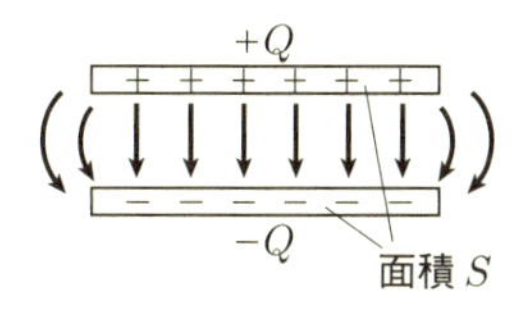

図 8.15 平行板キャパシター

B 球形キャパシター

中心から半径 a の金属球殻 A と半径 $b(b > a)$ の金属球殻 B からできた同心球形キャパシター(図 8.16)の電気容量を求めよう。金属球殻 A の電荷を $+Q$，金属球殻 B の電荷を $-Q$ とする。ただし，B は接地されている。$r(a < r < b)$ での電場の大きさは，半径 r の球面に対してガウスの法則 (8.26) を用いると

$$\int E_n\,dS = E 4\pi r^2 = \frac{Q}{\varepsilon_0} \quad \therefore\ E = \frac{1}{4\pi\varepsilon_0}\frac{Q}{r^2}$$

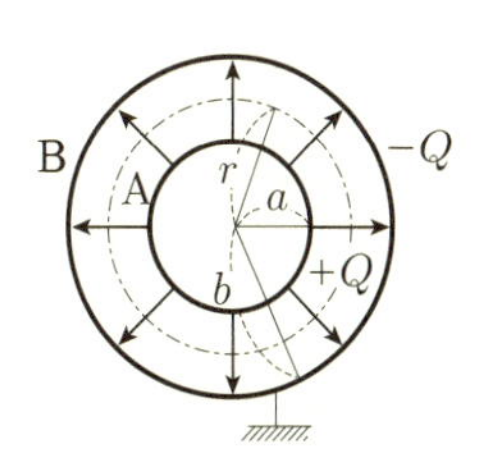

図 8.16 球形キャパシター

また，AB 間の電位差は (8.19) 式を使って

$$V = \int_a^b E\,dr = \frac{Q}{4\pi\varepsilon_0}\int_a^b \frac{dr}{r^2} = \frac{Q}{4\pi\varepsilon_0}\left(\frac{1}{a} - \frac{1}{b}\right)$$

$$\therefore\ C = \frac{Q}{V} = 4\pi\varepsilon_0 \frac{ab}{b-a} \tag{8.35}$$

◀解説 1▶ (8.35) 式で $b \to +\infty$ とすると，孤立した半径 a の金属球殻の電位 V と電気容量 C は

$$V = \frac{Q}{4\pi\varepsilon_0 a},\quad C = 4\pi\varepsilon_0 a \tag{8.36}$$

となることがわかる。これは，金属球殻を地球とみなしたためである。

◀解説 2▶ 金属球殻 A を接地し，金属球殻 B に電荷 $+Q$ を与えたとき，電気容量は異なる。なぜならば，金属球殻 B の電荷は金属球殻の内側と外側の両方に電場をつくるからである。このとき，「半径 b の導体球キャパシター」と「半径 a と b でできた球形キャパシター」の並列接続となるから，電気容量は

$$C = 4\pi\varepsilon_0 b + 4\pi\varepsilon_0 \frac{ab}{b-a} = 4\pi\varepsilon_0 \frac{b^2}{b-a} \tag{8.37}$$

となる。

B　キャパシターの接続

いくつかのキャパシターを接続して，それらが 1 つのキャパシタと同じはたらきをすると考えたときの電気容量 C を求めよう。ここでは，電気容量が C_1, C_2 である 2 個のキャパシターを並列および直列に接続して電圧 V をかけたとき，電気容量 C をもつ 1 つのキャパシターと同じはたらきをすると考える。

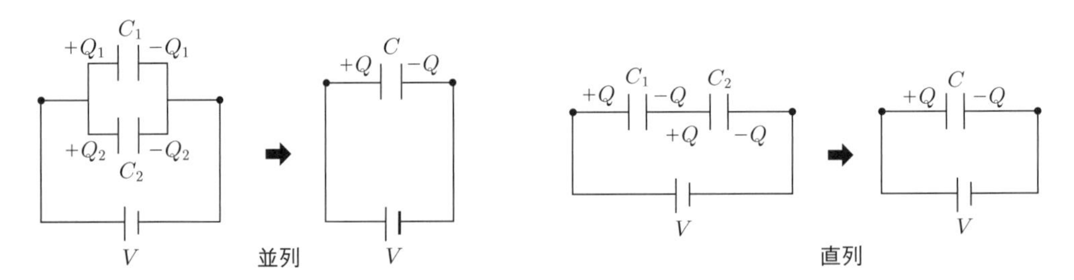

図 8.17 キャパシターの接続

① **並列接続**：2 つのキャパシターの電位が等しい。

$$Q = Q_1 + Q_2,\quad Q_1 = C_1 V,\quad Q_2 = C_2 V$$

$$\therefore\ C = \frac{Q}{V} = \frac{Q_1 + Q_2}{V} = C_1 + C_2 \tag{8.38}$$

② **直列接続**：2つのキャパシターの電気量が等しい。

$$Q = C_1V_1 = C_2V_2, \quad V = V_1 + V_2$$

$$\therefore \quad \frac{1}{C} = \frac{V}{Q} = \frac{V_1 + V_2}{Q} = \frac{1}{C_1} + \frac{1}{C_2} \tag{8.39}$$

B 静電エネルギーと電場のエネルギー

キャパシターに電荷を蓄えるには電場に逆らって電荷を移動させなければならないので，外部から仕事をする必要がある。この仕事を計算しよう。いま，平行板キャパシター (電気容量 C) の極板 A に電荷 $+q$，極板 B に電荷 $-q$ がたまっているとき，B から微小の正電荷 Δq を A に移動させて A の電荷を $+(q+\Delta q)$，B の電荷を $-(q+\Delta q)$ にする仕事は

$$\Delta W = (\Delta q)V = \Delta q \frac{q}{C}$$

である ((8.12) 式参照)。この操作を繰り返して，最終的に A の電荷を 0 から $+Q$，B の電荷を 0 から $-Q$ にするために要する仕事は

$$W = \int_0^Q \frac{q}{C}\, dq = \frac{1}{2}\frac{Q^2}{C}$$

となる。$Q = CV$ の関係を用いると

$$W = \frac{1}{2}\frac{Q^2}{C} = \frac{1}{2}CV^2 = \frac{1}{2}QV \tag{8.40}$$

となる。これを**静電エネルギー** (electrostatic energy) という。(8.40) 式は，次の単位が等しいことを示す。

$$[\mathrm{J}] = [\mathrm{C}^2/\mathrm{F}] = [\mathrm{F}\cdot\mathrm{V}^2] = [\mathrm{C}\cdot\mathrm{V}]$$

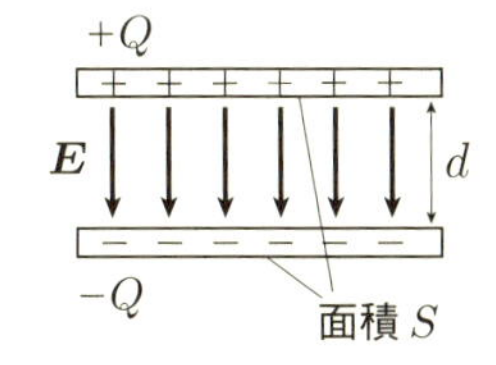

図 8.18 平行板キャパシターでの静電エネルギー

このエネルギー W を電場 E で表現しよう。極板面積 S，極板間隔 d の平行板キャパシター (図 8.18) では $C = \dfrac{\varepsilon_0 S}{d}$，$E = \dfrac{Q}{\varepsilon_0 S}$，$V = Ed$ であるから，これらを (8.40) 式に代入すると

$$W = \frac{1}{2}\varepsilon_0 E^2 (Sd) \tag{8.41}$$

となる。Sd は，電場が存在する極板間の空間の体積であるから，静電エネルギーは電場 E が担っていて，極板間の空間に蓄えられていることがわかる。

$$W_E = \frac{1}{2}\varepsilon_0 E^2 \tag{8.42}$$

を**電場のエネルギー密度** [J/m^3] (単位体積あたりの電場のエネルギー) という。

8.8　電気双極子

基礎事項

大きさが等しい正と負の電荷 $+q$ と $-q$ の対を電気双極子という。負電荷を始点，正電荷を終点とする位置ベクトルを $\boldsymbol{a}$ とすると $\boldsymbol{d} = q\boldsymbol{a}$ を電気双極子モーメントという。電気双極子は，電荷の和が 0 なので電気的に中性であるが，周辺の電位は 0 ではない。

B　電気双極子による電位

非常に短い距離 a だけ隔てて $+q$ と $-q$ の 2 つの電荷が存在するとき，この電荷の対を**電気双極子** (electric dipole) という。負電荷を始点，正電荷を終点とする位置ベクトルを $\boldsymbol{a}$ とすると，$\boldsymbol{d} = q\boldsymbol{a}$ を**電気双極子モーメント** (electric dipole moment) という。$|\boldsymbol{d}| = qa$ である。いま，xyz 空間での点 $\mathrm{A}(-a/2, 0, 0)$ に電荷 $-q$，点 $\mathrm{B}(+a/2, 0, 0)$ に電荷 $+q$ が存在するとき，点 $\mathrm{P}(x, y, z)$ での電位は

$$V(x,y,z) = \frac{1}{4\pi\varepsilon_0}\left[\frac{+q}{\sqrt{\left(x-\frac{a}{2}\right)^2+y^2+z^2}} + \frac{-q}{\sqrt{\left(x+\frac{a}{2}\right)^2+y^2+z^2}}\right]$$

となる (図 8.19)。

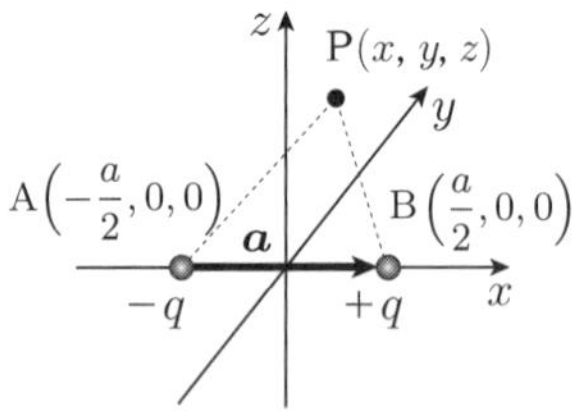

そこで $r = \sqrt{x^2+y^2+z^2} > a$ のとき

$$\frac{1}{\sqrt{\left(x-\frac{a}{2}\right)^2+y^2+z^2}} \simeq \frac{1}{r}\left[1+\frac{ax}{2r^2}\right]$$

と近似できるので

$$V(x,y,z) \simeq \frac{1}{4\pi\varepsilon_0}\frac{qax}{r^3} = \frac{1}{4\pi\varepsilon_0}\frac{dx}{r^3} \tag{8.43}$$

図 8.19 電気双極子

となる。この電位 $V(x,y,z)$ から，(8.21) 式を用いて点 P での電場 $\boldsymbol{E}(x,y,z)$ を求めることができる。

B　一様な電場中での電気双極子

電気双極子が一様な電場 E 中に存在するとき，2 つの電荷 $+q, -q$ にはそれぞれ $F = +qE, -qE$ の力がはたらく。これは偶力である。この偶力は双極子を電場の向きにそろえようとする。電気双極子と電場とのなす角を θ，電気双極子モーメントの大きさを $p = qa$ とすると，偶力のモーメント N は $N = pE\sin\theta$ である。また，このとき，電気双極子がもつ位置エネルギーは $V = -\boldsymbol{p}\cdot\boldsymbol{E} = -pE\cos\theta$ である。ただし，電気双極子が電場に垂直である $(\theta = \pi/2)$ ときを基準 $(V = 0)$ とした。電気双極子が電場方向を向いているとき，位置エネルギーが最低となる。

8.9　誘電体と静電誘導，静電気力

基礎事項

絶縁体や不導体とよばれる電気を通さない物質は，静電誘導 (誘電分極) を誘起するため，誘電体とよばれる。誘電体に外部から電場が加わると，誘電体の表面と裏面に誘導電荷が誘起される。これによって，誘電体内での外部電場が一部弱められる。

A　誘電体

ガラスのような電気を通さない物質を**絶縁体** (insulator) あるいは**不導体**という。絶縁体の中に存在するすべての電子は，その物質全体を自由に動き回ることができないので電気は流れない。しかし，絶縁体に帯電した物質を近づけると，帯電体に近い原子や分子の中で電子の分布に偏りが生じて，それが次々に隣の原子や分子に伝わり，結果として，帯電体に近い表面には帯電体と異符号の電気，帯電体から遠い表面には帯電体と同符号の電気が誘起される。この現象は，導体の項目で説明した**静電誘導**であり，**誘電分極** (dielectric polarization) ともいう。静電誘導で生じた電荷を**誘導電荷**あるいは**分極電荷**という。絶縁体では，静電誘導が起こるため，**誘電体** (dielectric substance) という。誘電体では，外部からの電場を部分的にしか打ち消すことができないために，誘電体内部での外部電場は弱められるが 0 にはならない。

B　誘電体内部の電場と電位

誘電体を外部電場の中に置くと，誘電体を構成する分子中の電子が，外部電場に引き寄せられて元の分布から偏る。これを分子の**分極** (polarization) という。このために，電気的に中性である各分子には外部電場とは逆方向に電気双極子が誘起され，それによる誘導電場が発生する。これが，隣り合う分子どうしに連鎖してすべての構成分子で起こり，結果として，誘電体全体で誘導電荷が発生し，これによる誘導電場は外部電場と逆方向に作用する。電子の分布に偏りができても電子は分子間を移動することはないので電流は流れない。導体内部では外部電場の影響を完全に打ち消すことができたが，誘電体内での誘導電場は外部電場を弱めることはできても完全に打ち消すことはできない。分極の結果，誘電体の両端では電位が異なるので誘電体の表面は等電位面ではない (図 8.20)。

さて，誘電体に外部電場 E をかけたとき，分子 1 個に発生する分極電荷を $+q, -q$，その間隔を a とする電気双極子ができたとする。単位体積あたりの分子の個数を N，電場に垂直な誘電体の面積を S とする。物質内部では正と負の電荷が打ち消し合うが，外部電場に対する表面には正の分極電荷 $+Q_p = +qNSa$，裏面には負の分極電荷 $-Q_p = -qNSa$ が発生する (図 8.21)。このことから，それぞれの面の分極電荷密度は $+\sigma_p = \dfrac{+Q_p}{S} = qNa$，$-\sigma_p = \dfrac{-Q_p}{S} = -qNa$ となる。ここで，$p = qa$ は 1 分子あたりの電気双極子モーメントであるので次のようになる。

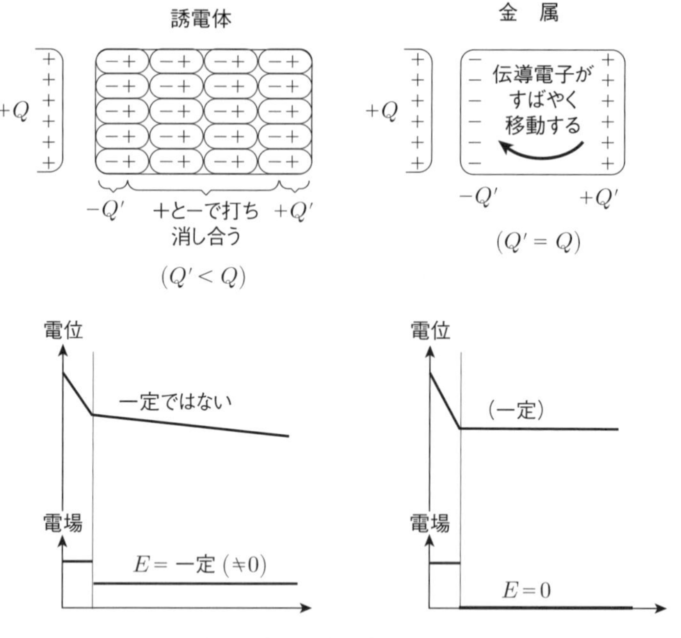

図 8.20　誘電体内部と金属内部での電位と電場

$$+\sigma_p = +pN, \quad -\sigma_p = -pN \tag{8.44}$$

したがって，分極電荷の面密度は単位体積あたりの電気双極子モーメントに等しい。通常，分極電荷密度を $\sigma_p \equiv P$ と表して**分極**という。ここで $P = pN$ である。

表面積 S，極板間隔 d の平行板キャパシターの電位差を V，2 枚の平行板の電荷を $+Q, -Q$，電気容量を C とすると，極板間が真空のとき，$C = \dfrac{\varepsilon_0 S}{d}$，$V = \dfrac{Q}{C}$，$E = \dfrac{V}{d}$ であった。極板間を比誘電率 ε_r の物質で満たす (平行板には接触しないように) と，平行板の電気量 Q は変わらないが，電気容量，電位差，電場の強さが，それぞれ

$$C_r = \varepsilon_r C = \frac{\varepsilon_r \varepsilon_0 S}{d}, \quad V_r = \frac{Q}{C_r} = \frac{V}{\varepsilon_r}, \quad E_r = \frac{V_r}{d} = \frac{1}{\varepsilon_r} E \tag{8.45}$$

と変化することが知られている。これは，誘電分極によって誘電体の内部に分極電荷が発生したことに起因する。これは誘電体内部での電気力線の本数が減少して電場が弱くなるためである。分極電荷密度 σ_p と比誘電率 ε_r の関係につ

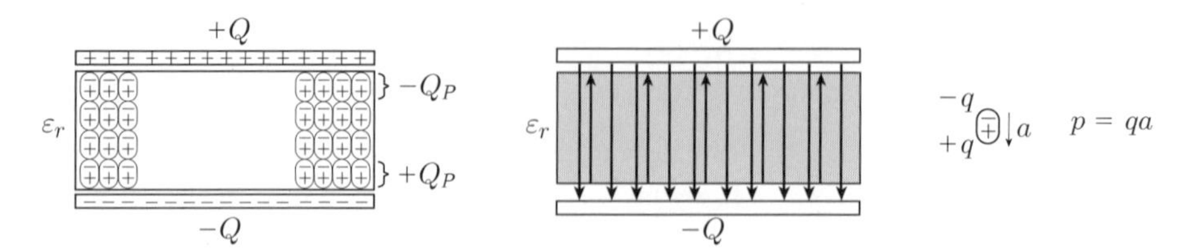

図 8.21　誘電体内での分極電荷と電場

いて調べよう。誘電体内の電場 E_r は (8.44) 式から

$$E_r = \frac{\sigma - \sigma_p}{\varepsilon_0} = \frac{1}{\varepsilon_r}\frac{\sigma}{\varepsilon_0} \quad \therefore\ \sigma_p = \varepsilon_0(\varepsilon_r - 1)E_r \quad \therefore\ P = \varepsilon_0(\varepsilon_r - 1)E \tag{8.46}$$

すなわち，誘電体内の分極 P はその物質内の電場 E に比例する (最後の式は一般の物質に成り立つために E_r の添え字 r を省いた)。そこで，$P = \chi_e\varepsilon_0 E$ と表す。ここで χ_e* を**電気感受率** (electric susceptibility) という。$\chi_e = \varepsilon_r - 1$ である。また，$\varepsilon = \varepsilon_r\varepsilon_0$ を物質の誘電率 (dielectric constant) という (ε_r については表 8.2 を参照)。

* χ_e をカイ・イーとよむ。

(8.46) 式は，$D = \varepsilon_0 E + \sigma_p = \varepsilon_0 E + P$ とおくと $\sigma \equiv Q/S = D$ すなわち $Q = DS$ と表せる。電場 E が電気力線の密度 (単位面積あたりの本数) と関係したように，D は誘電体の外部にある電荷 Q から出ていく電束線 (electric flux) の密度と関連づけることができる。そこで，D を**電束密度** (electric flux density) と定義する。

$$D = \varepsilon_0 E + P = \varepsilon E = \varepsilon_r\varepsilon_0 E \tag{8.47}$$

電場に関するガウスの法則	電束に関するガウスの法則
(ある領域の閉曲面から出ていく電気力線の本数 $= Q/\varepsilon_0$)	(ある領域の閉曲面から出ていく電束線の本数 $= Q$)

定数 ε_0 倍を除いて，電束線の性質は電気力線と同じように考えればよい。ただし，電束密度 D は外部電荷 Q そのものに関係するが，分極電荷には関係しない。一方で，電場 E は外部電荷以外に分極電荷 P の影響を含んでいることに注意したい (図 8.22)。

一般に，負の分極電荷から正の分極電荷に向かう位置ベクトルは不導体の構造単位によって一方向ではないので，分極 P はベクトル量 $\boldsymbol{P}$ である。電場も一般にはベクトル量であるので電束密度 D もベクトル量である。したがって，次式のようになる。

$$\boldsymbol{D} = \varepsilon_0\boldsymbol{E} + \boldsymbol{P} = \varepsilon\boldsymbol{E} \tag{8.48}$$

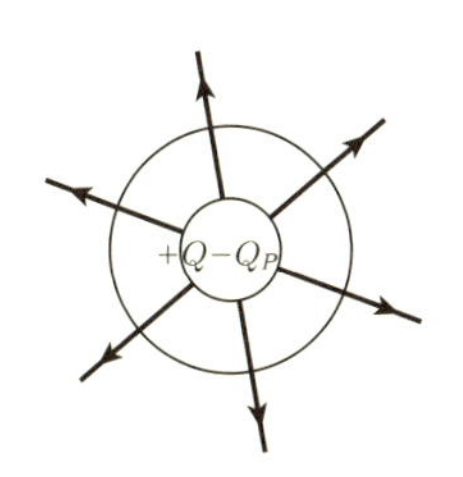

電気力線の本数は
分極電荷 Q_P も含む

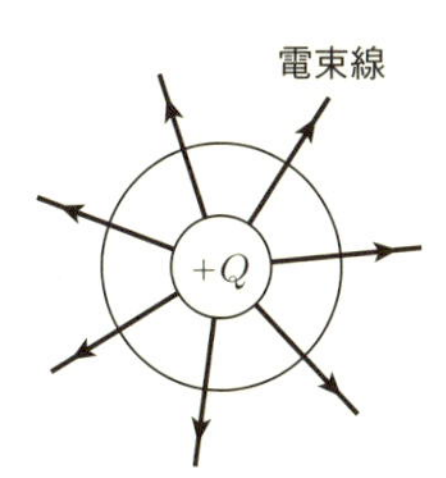

電束線の本数は
分極電荷を含まない

図 8.22 電気力線と電束線の違い

B　誘電体内での静電気力と電場のエネルギー

比誘電率が ε_r の誘電体内にある 2 つの電荷 q_1, q_2 にはたらく静電気力の大きさ F は，真空中での静電気力の $\dfrac{1}{\varepsilon_r}$ 倍になる (図 8.23(a)) ので，

$$F = \frac{1}{4\pi\varepsilon_0\varepsilon_r}\frac{q_1q_2}{r^2} \tag{8.49}$$

と表される。これは，電荷 q_1, q_2 の電場が $\dfrac{1}{\varepsilon_r}$ 倍になるためである。

また，この誘電体内での電場のエネルギー密度は，

$$W_E = \frac{1}{2}\varepsilon_r\varepsilon_0 E^2 = \frac{1}{2}ED \quad (D = \varepsilon_r\varepsilon_0 E) \tag{8.50}$$

となる (図 8.23(b))。

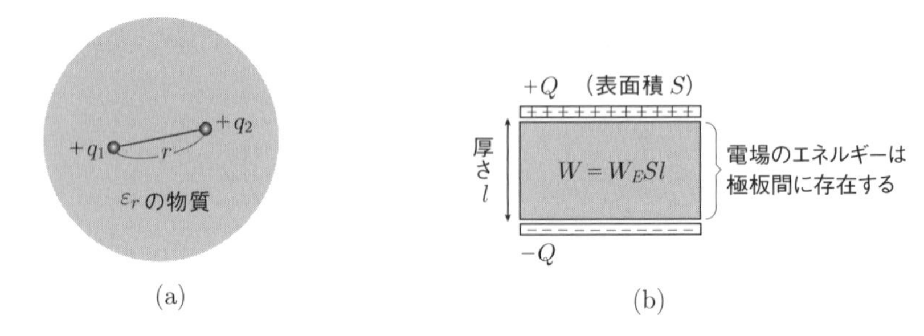

図 8.23　誘電体内での静電気力と電場のエネルギー

演習問題 8

A

8.1 **(帯電列)**　次の (a)～(c) にある 2 つの物質を摩擦したとき，正に帯電するのはどちらか。

(a) ガラスと絹　　(b) アルミニウムと木綿　　(c) ゴムとポリエチレン

8.2 **(静電気力と万有引力)**　水素原子は，陽子 1 個と電子 1 個からできている。陽子と電子の距離が 5.3×10^{-11} m とすると，静電気力の大きさ F_1 は何 N か。また，万有引力の大きさ F_2 は何 N か。また，$F_1 : F_2$ を求めよ。

図 1

8.3 **(静電気力)**　図 1 のように，軽いナイロン糸の上端を固定して，他端に質量 m の小球 A を取り付けて $+Q$ [C] の電荷を与えて静止させた。この小球は鉛直面内のみで動ける。一方，棒の先に取り付けた小球 B にも $+Q$ [C] の電荷を与えて，図 2 のように，小球 A の水平方向から小球 B を少しずつ近づけたら，A は糸が鉛直下方から 60° の位置で止まった。糸の張力 S と静電気力 F の大きさをそれぞれ求めよ。また，このとき小球 A と B の距離 r を求めよ。

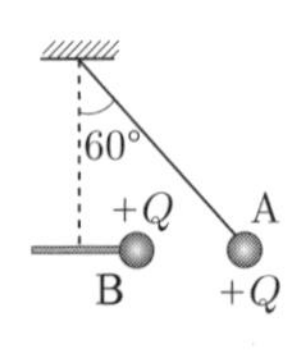

図 2

8.4 **(電気力線)**　一辺の長さが L の正方形の金属平面 A 上に電荷 $+Q$ が一様に分布している。電気力線は，平面 A に垂直に上方に出ていくと仮定する。

(1) 電荷の面密度 (単位面積あたりの電気量) を求めよ。

(2) 金属平面 A から距離 r の上方にある平面 B での電気力線の面密度を求めよ。

8.5 (電気力線の密度)　真空中の座標原点 $O(0,0,0)$ に $+Q$ の電荷がある。次の場合に，それぞれの面を貫く電気力線の本数 N と電気力線の面密度 σ を求めよ。

(1) 半径 a の球面

(2) 半径 a の球面のうちで第 1 象限 $(x > 0, y > 0, z > 0)$ にある面

(3) 半径 $2a$ の球面のうちで第 1 象限 $(x > 0, y > 0, z > 0)$ にある面

8.6 (キャパシターの接続)　電気容量が 1.0 μF，2.0 μF，3.0 μF の 3 つのキャパシター C_1, C_2, C_3 を図 3 の (a)〜(c) のように接続した。それぞれの場合の合成電気容量 C を求めよ。

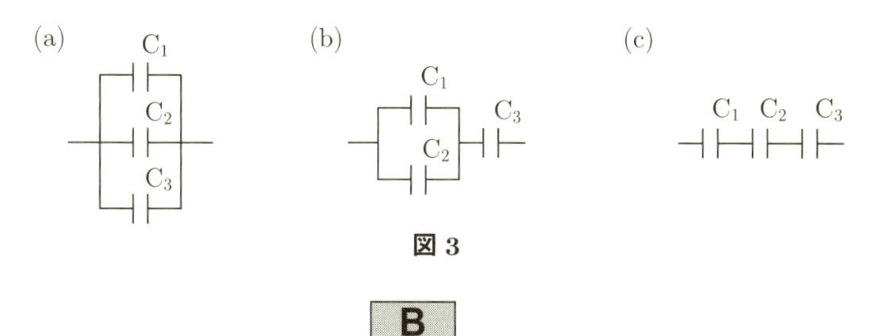

図 3

B

8.7 (静電気力)　xy 平面内の点 A(1, 0) には電荷 $+2.0 \times 10^{-9}$ C の小球 A が，点 B(0, 1) には電荷 $+3.0 \times 10^{-9}$ C の小球 B が存在する。座標の 1 目盛は 1.0×10^{-2} m である。

(1) 小球 A と B にはたらく静電気力 F_A，F_B の大きさと方向をそれぞれ求めよ。

(2) 点 C(1, 1) に電荷 -4.0×10^{-9} C の小球 C を置いた。この小球にはたらく静電気力 F の大きさと方向を求めよ。

8.8 (キャパシターの接続)　図 4 のように電気容量が 2.0 μF，1.0 μF，2.0 μF の 3 つのキャパシター C_1, C_2, C_3 を接続して，電圧 6.0 V の電池につないだ。極板間は真空であり，接続前の各キャパシターには電荷がない。

(1) AB 間の合成電気容量 C を求めよ。

(2) P 点の電位 V_p を求めよ。

(3) 各キャパシターに蓄えられる電気量を求めよ。

次に，キャパシター C_3 の極板間に比誘電率 4.0 の誘電体を入れた。

(4) キャパシター C_3 の電気容量および蓄えられる電気量を求めよ。

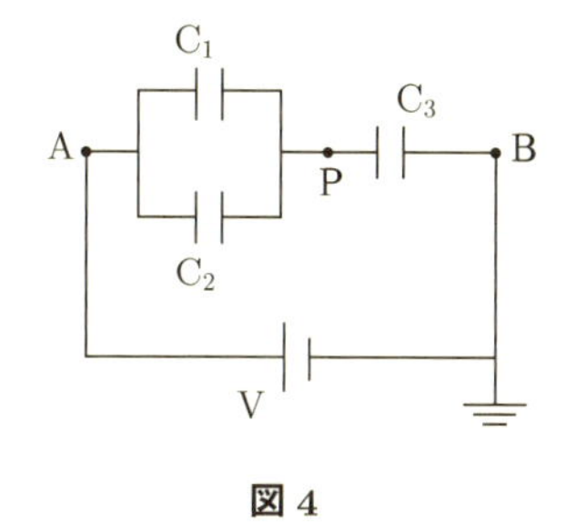

図 4

8.9 (電気容量と静電エネルギー)　図 5 のように，同じ形で面積 S の 2 枚の極板を間隔 d だけ離して置き，それにスイッチ S_1 と起電力 V の電池につないだ。極板間は真空である。スイッチを閉じて充電した。極板間の電場は一様であるとする。

(1) キャパシターに蓄えられた電気量 Q，極板間の電場の大きさ E，静電エネルギー W をそれぞれ求めよ。

次に，スイッチを閉じたまま，極板間隔を $3d$ にした。

(2) キャパシターに蓄えられた電気量 Q_1 と極板間の電場の大きさ E_1 を求めよ。

続いて，極板間隔を d に戻したあとにスイッチ S_1 を開いたままで，極板間隔を $3d$ にした。

(3) 極板間の電圧 V_1 を求めよ。

(4) 極板を広げるために外力がした仕事 W を求めよ。

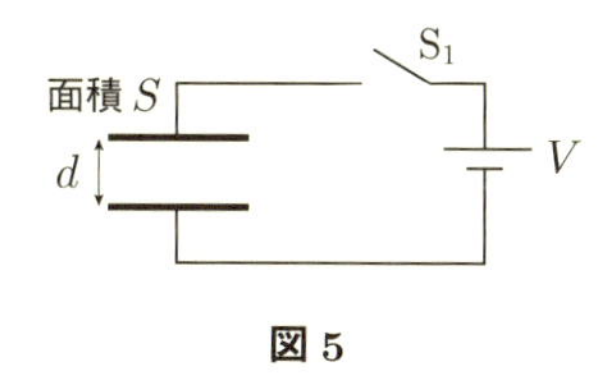

図 5

さらに，極板の面積の半分 $(S/2)$ に，厚さ $3d$ で比誘電率 ε_r の誘電体を極板に接触しないように挿入した。

(5) キャパシターの電気容量 C_2 と極板間の電圧 V_2 を求めよ。

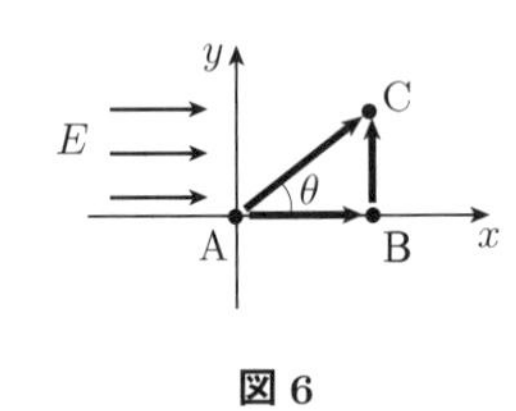

図 6

8.10 (電位)　図 6 のように xy 面において，x 方向に一様な電場がはたらいている，電場の大きさを E とする。3 点 A(0,0)，B$(a,0)$，C(a,b) に対して，$+q$ の電荷が，次の (a)～(d) の経路に沿って移動したとき，電場がした仕事 W を計算しなさい。また，点 A を基準とした点 B，C のそれぞれの電位 V を求めよ。ただし，$a,b>0$ とする。

(a) A → B　　(b) B → C　　(c) A → B → C　　(d) A → C

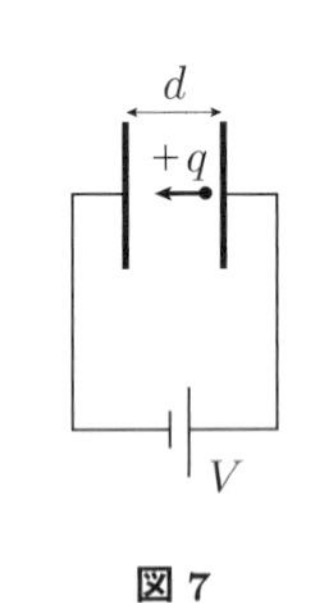

図 7

8.11 (電場による加速)　図 7 のように，間隔 d の平行板電極に電圧 V の電源がつながっている。以下の設問に答えよ。

(1) 電極間の電場の強さ E を求めよ。

(2) この電圧によって，陽極板の表面に存在する正電荷 $+q$ の荷電粒子 (質量 m) を加速する。この粒子にはたらく静電気力の大きさ F，荷電粒子が陰極に到達するのに要する時間 t，および，陰極に達したときの荷電粒子の速さ v をそれぞれ求めよ。

(3) 電場が荷電粒子にした仕事 W を求めよ。

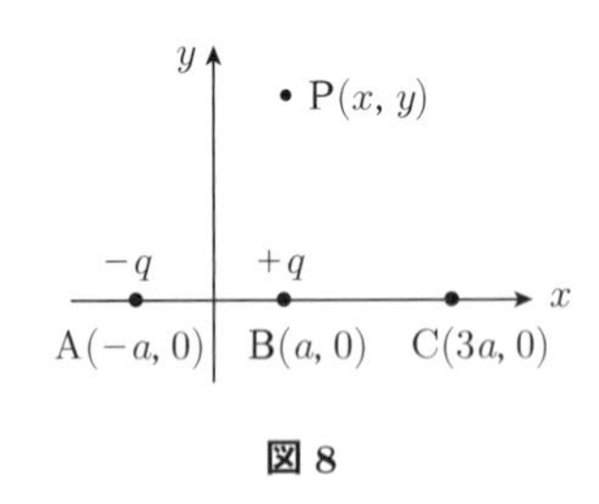

図 8

8.12 (電位と電場)　xy 平面上の 2 点 A$(-a,0)$，B$(a,0)$ にそれぞれ $-q,+q$ の点電荷が存在する (図 8)。点 P(x,y) における電位を $V(x,y)$ とする。

(1) 点 C$(3a,0)$ における電位 V_C，および電場の大きさ E_C とその方向をそれぞれ求めよ。

(2) $V(x,y)$ を求めよ。

(3) 次の近似公式が成り立つことを利用して，点 P が点 A，B から遠くにあるとき (すなわち $r=\sqrt{x^2+y^2}>a$ のとき)，$V(x,y)$ の近似式を求めよ。

$$\text{(近似公式)}\qquad |x|<1 \text{ のとき，} \frac{1}{\sqrt{1+x}} \simeq 1-\frac{1}{2}x$$

(4) (3) で求めた近似式を $V_0(x,y)$ とする。$E_x=-\dfrac{\partial V_0}{\partial x}, E_y=-\dfrac{\partial V_0}{\partial y}$ を計算して，点 P での電場 $\boldsymbol{E}(x,y)$ の x 成分 $E_x(x,y)$ と，y 成分 $E_y(x,y)$ を求めよ。

9 電流と回路

現代の文明を支えるものに，新幹線，電気自動車，テレビ，電子計算機などの機械や機器がある。これらは電気によって動いており，電気や電流あるいは電気回路等の基本的な知識や技術を学ぶことが重要である。電流は電池等の電源から供給される自由電子の流れであり，抵抗，キャパシター (コンデンサー)，あるいはコイルの中に入るとどのような動きをするのかを理解することは，非常に興味深いことである。

9.1 電流と抵抗

基礎事項

電流 I の大きさは，単位時間に導体の断面を移動する電気量で表される。抵抗 R に電圧 V をかけると電流 I が流れ，次のオームの法則が成り立つ。

$$V = RI$$

また，この電気抵抗に電流を流し続けると発熱し，1 秒間あたりの発熱量 P は，電圧 V と電流 I の積に等しい。

$$P = IV$$

A 電　流

図 9.1 に示すように，電球と電池を導線でつなぐと，一定の電流が流れ続け，電球が明るく点灯する。これは自由電子が電池の負極から供給され，正極に吸収され続けるからである。電流の向きは，正の電気の移動する向きに定められているので，図に示すように，電流 I の向きは，電子の移動の向きと反対になる。一定の電圧を保ち続ける素子を**定電圧電源** (constant voltage power supply) (**電池** (battery)) といい，流れが常に一定の方向になっている電流を**直流** (direct current) という。電流 I の大きさは，単位時間に導線の断面を移動する電気量で表される。

$$I = \frac{Q}{t} \tag{9.1}$$

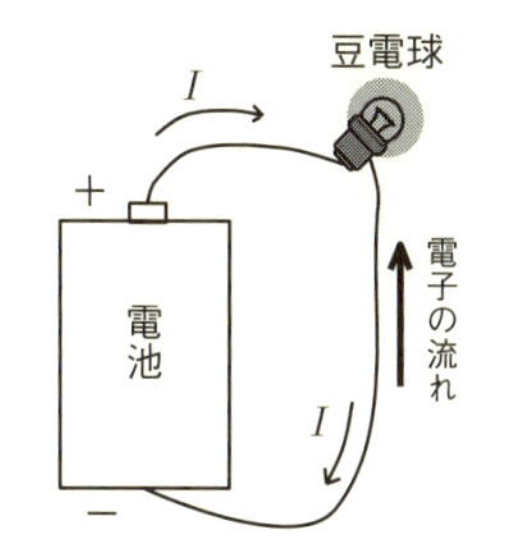

図 9.1 豆電気をつないだ直流回路

電流の単位は，1 秒間に 1 C の電気量が流れる場合を 1 A (アンペア，A = C/s) という。

A 抵抗と抵抗率

図 9.2 のように，長さ l [m] で断面積 S [m^2] の導線の両端に，電圧 V [V] を

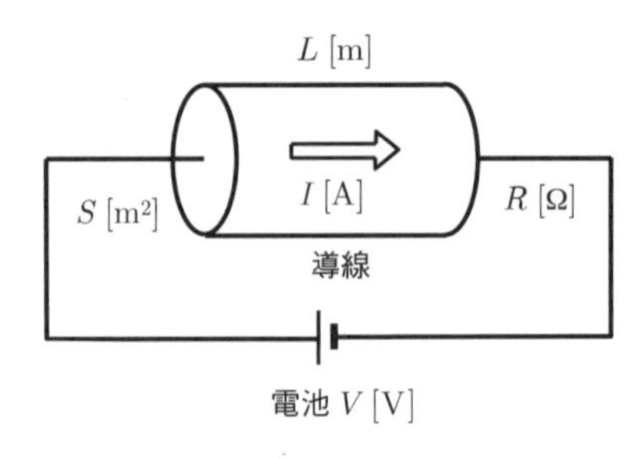

図 9.2 導体の抵抗

かけると，電流 I と電圧 V には次のような比例関係が成り立つ。

$$V = RI \tag{9.2}$$

定数 R を**電気抵抗** (electric resistance) あるいは単に**抵抗** (resistance; resistor) とよぶ。抵抗の単位は SI (国際単位系) で，電圧を V (ボルト)，電流を A (アンペア) とすると抵抗は Ω (オーム) となる。この (9.2) 式を**オームの法則** (Ohm's law) という。

図 9.2 で，電流の流れにくさを表す電気抵抗 R は，導線の長さ l に比例し，断面積 S に反比例するので，次のように表される。

$$R = \rho \frac{l}{S} \tag{9.3}$$

ここで ρ を**抵抗率** (resistivity) といい，単位は Ω·m となり，長さ 1 m，断面積 1 m^2 あたりの導線の抵抗を表す。抵抗率の逆数 $\dfrac{1}{\rho} = \sigma$ は電流の流れやすさを表し，**電気伝導率** (**電気伝導度**) (electric conductivity) という。異なった種類の導線の電気の流れにくさを比較するときは，この抵抗率 ρ で比較する。表 9.1 に抵抗率の表を示す。

[問 1]　抵抗 R と抵抗率 ρ の違いをわかりやすく説明せよ。

表 9.1 で，電気を流しやすい導体の抵抗率は約 10^{-8} Ω · m であり，半導体は 1 Ω · m を中心に 10^{-4}〜10^{7} Ω · m，電気を流さない絶縁体では 10^{9}〜10^{17} Ω · m になっている。特に，$\rho = 0$ Ω · m の状態を**超伝導** (superconductivity) とよび，1911 年にカマリング・オネスにより水銀の電気抵抗率が約 4.2 K 以下で 0 Ω · m になることが発見された。

一般に，温度が上昇すると導体の抵抗率は増加する。これは，導体中の金属陽イオンの熱運動が活発になり，自由電子の運動を妨げるためである。あまり広くない温度範囲では，0°C および t°C のときの抵抗率をそれぞれ ρ_0 および ρ とすると，次式が成り立つ。

$$\rho = \rho_0(1 + \alpha t) \tag{9.4}$$

ここで α は温度 1 K 上昇あたりの抵抗率の増加の割合で**抵抗率の温度係数** (temperature coefficient of resistivity) とよばれている。

表 9.1 物質の抵抗率と抵抗率の温度係数 α

分類	物質	抵抗率 $[\Omega \cdot \mathrm{m}]$ (0°C の値)	抵抗率の温度係数 $[\mathrm{K}^{-1}]$
導体	アルミニウム	2.50×10^{-8}	4.4×10^{-3}
	金	2.05×10^{-8}	4.0×10^{-3}
	銀	1.47×10^{-8}	4.1×10^{-3}
	水銀	94.1×10^{-8}	0.99×10^{-3}
	鉄 (純)	8.9×10^{-8}	6.5×10^{-3}
	銅	1.55×10^{-8}	6.5×10^{-3}
	ニクロム	1.073×10^{-6}	0.1×10^{-3}
	タングステン	4.9×10^{-8}	4.5×10^{-3}
半導体	シリコン (純)	2.5×10^{3} (20°C)*1	-70×10^{-3}
絶縁体*2	ガラス (ソーダ)	$10^{9} \sim 10^{11}$	
	ゴム (クロロプレン)	$10^{10} \sim 10^{11}$	
	白雲母	$10^{12} \sim 10^{15}$	
	パラフィン	$10^{14} \sim 10^{17}$	
	ポリ塩化ビニル (軟)	$5 \times 10^{6} \sim 5 \times 10^{12}$	

*1 20°C での抵抗率

*2 絶縁体は室温付近の温度係数は正確に決まらない

導線の両端に電圧をかけると導線内に電場が加わる。金属の導体中には，導体全体を動き回る伝導電子 (自由電子) が存在している。電子は荷電粒子であるため，電子自身が移動するのは，導線内に電場がはたらくためである。金属のような導体中を自由電子が移動するとき，電子を 300 K の理想気体として計算すると，平均速度は $\sqrt{\langle \boldsymbol{v}^2 \rangle} = 1.2 \times 10^5$ m/s である。しかし，電子が電場 $\boldsymbol{E}$ によって十分に加速される前に，金属の結晶を構成している金属陽イオンとすぐに衝突するため，$\sqrt{\langle \boldsymbol{v}^2 \rangle}$ の速さでは移動できず，電子全体としては平均的な移動速度である**ドリフト速度** (drift velocity) $\boldsymbol{v}_d$ で移動する。例えば，銅でできた断面積 1 mm^2 の導線に 1 A の電流が流れたとする。銅の自由電子密度が 8.5×10^{28} (個/m^3) で，銅原子 1 個あたり 1 個の自由電子をもつとすると，ドリフト速度は 7.4×10^{-5} m/s で，約 0.07 mm/s と非常に遅い速度となる。

[問 2] 金属導線中の自由電子密度が n [個/m^3]，導線の断面積が S [mm^2] で，平均速度 v で移動できるとすると，電流 I は $I = envS$ となる。$S = 1$ mm^2 の銅でできた導線で $n = 8.5 \times 10^{28}$ [個/m^3] とし，これに 1 A の電流を流したときのドリフト速度を求めよ。

A 電流による抵抗の発熱 —— ジュール熱

導体に電流が流れると熱が発生する。電熱器や白熱電球はこれを利用している。電流が流れている導体中での熱の発生と，先ほど学んだ自由電子の金属陽イオンへの衝突が関係している。ジュールは，抵抗 R [Ω] に電圧 V [V] を加えて電流 I [A] を時間 t [s] 間流すとき，発熱量 Q [J] は次式で表されることを見出した (1840 年)。

$$Q = IVt = I^2Rt = \frac{V^2}{R}t \tag{9.5}$$

この関係を**ジュールの法則** (Joule's laws) といい，発生する熱を**ジュール熱** (Joule heat) という。この式で，電気量 $q = It$ が電圧 V のもとで電気的な力によって移動した仕事 W は次式で表される。

$$W = qV = IVt \tag{9.6}$$

電流がする仕事 $W = IVt$ [J] を**電力量** (consumed electric power) といい，単位時間あたりにする仕事率 $P = \dfrac{W}{t} = IV$ を**電力** (power) といい，力学的な仕事率の単位 [W] と同じになる。オームの法則より次のようになる。

$$P = IV = I^2R = \frac{V^2}{R} \tag{9.7}$$

このジュール熱の発生の原因としては，自由電子は電場の力を受けて加速するが，金属の陽イオンと衝突して減速する。自由電子は電場からもらったエネルギーを全部金属陽イオンに与えて，金属陽イオンが振動し，これが熱になる。電子の速度は，このような衝突を繰り返して一定の速度になるが，この一定の速度がドリフト速度である。

9.2 直 流 回 路

基礎事項

抵抗や電源などの部品を組み合わせてできた直流回路について，回路網内の任意の接続点に流入する電流を正，流出する電流を負とすると，接続点における**電流の和は 0** になる (**キルヒホフの第一法則** (Kirchhoff's first law))。

また，回路網内の任意の閉じた網目について，**1 周する向きに電位差の和をとると 0** になる (**キルヒホフの第二法則** (Kirchhoff's second law))。

2 つの抵抗 R_1, R_2 を直列に接続したときの合成抵抗 R は

$$R = R_1 + R_2$$

並列に接続したときの合成抵抗 R は

$$\frac{1}{R} = \frac{1}{R_1} + \frac{1}{R_2} = \frac{R_1 + R_2}{R_1R_2}$$

A 回路を構成する素子

電流の流れる通り道を**回路** (electric circuit) という。回路は，図 9.3 で示すような抵抗，キャパシター，コイル，電源などの部品を組み合わせてできている。これらの部品は**回路素子** (electric circuit element) とよばれている。直流電源と 1 個あるいは複数個の抵抗をつないでできた回路を**直流回路** (DC circuit) という。

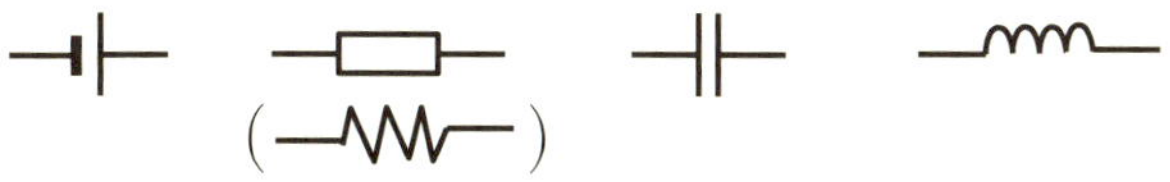

(a) 電池 (b) 抵抗 (旧記号) (c) キャパシター (d) コイル

図 9.3 いろいろな電気記号

A キルヒホフの第一および第二法則

図 9.4 は電池と抵抗を導線で結んでつくった電気回路と，af 間の電位を示す。ここで導線内の抵抗は十分に小さく無視できるものとする。電池の bc 間で発生する電位差 (電圧) V_1 は電池の**起電力** (electromotive force) といい，cd 間には抵抗が無いために，抵抗の d 端まで同じ電位が続く。抵抗の両端 de 間では電流 I_1 が流れているため，電位差 $V = R_1 I_1$ が生じる。図 9.4 で抵抗を電流が通過すると電位が下がるので，$R_1 I_1$ を**電圧降下** (voltage drop) という。fgha 間では電位差が無いので，回路を 1 周しながら電位差を加えていくと，次式のように 0 V になる。

$$V_1 - V = V_1 - R_1 I_1 = 0 \tag{9.8}$$

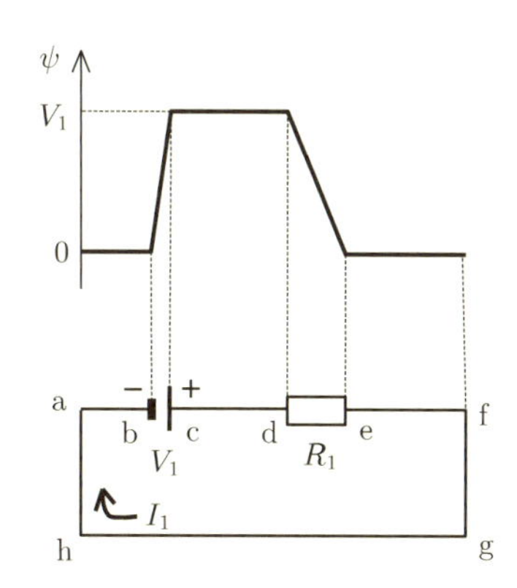

図 9.4 起電力と電圧降下

一般的に，抵抗器と電池などの起電力を接続してつくった複雑な回路網 (ネットワーク) を流れる電流を求めるために，以下の**キルヒホフの第一および第二法則**を用いる。

第一法則 (電流連続の法則) 図 9.5 に示すよう，回路網内の任意の接続点 a に流入する電流を正，流出する電流を負とすると，電流の和は 0 A になる。図 9.5 の a 点では，次の式が成り立つ。

$$I_1 - I_2 - I_3 = 0 \tag{9.9}$$

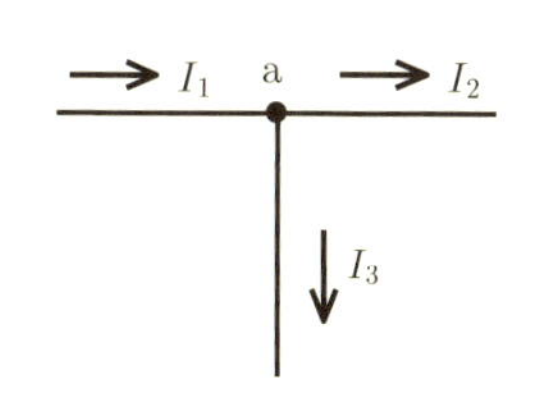

図 9.5 キルヒホフの第一法則

第二法則 (電圧平衡の法則) 回路網内の任意の閉じた網目について，それを 1 周する向きを定め，その向きに流れる電流を正，反対向きの電流を負としたとき，回路を 1 周する向きに電位差の和をとると 0 V になる。図 9.6 では，abcda 回りに電位差の和をとると次式のようになる。

$$-I_1 R_1 - I_2 R_2 - V_2 + I_3 R_3 + V_4 - I_4 R_4 = 0 \tag{9.10}$$

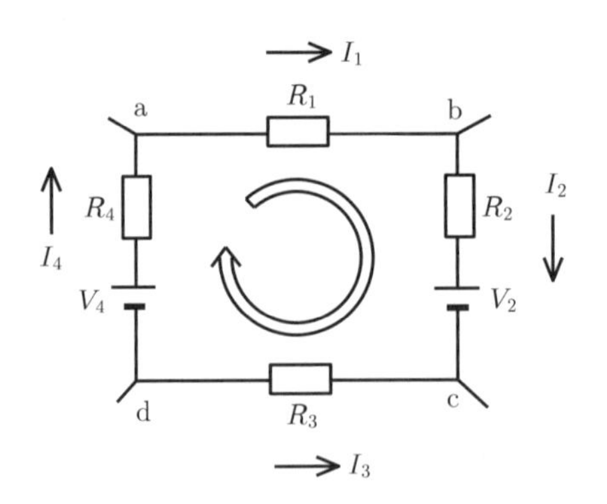

図 9.6 キルヒホフの第二法則

ab 間のように，電流の向きが正であれば正の電圧降下で負の値 $-I_1R_1$ を与える。一方，cd 間のように電流の向きが負であれば負の電圧降下で正の値 $+I_3R_3$ を与える。電池については，ad 間の正の向きでは正の電圧 $+V_4$，bc 間のように負の向きでは電位差は下がるので，負の値 $-V_2$ を与える。

B　直流回路－抵抗の接続

キルヒホフの法則を利用して抵抗の接続の回路を考える。図 9.7(a) のように，2 つの抵抗を直列にした回路 (**直列接続** (series connection)) を考える。図 9.7(b) のように，この 2 つの抵抗を 1 つの抵抗 R と同じように見なしたとき，R を**合成抵抗** (combined resistance) という。図 9.7(a) で導線は 2 つに枝分かれしていないので，回路を 1 周して電流は一定 I なので，各抵抗での電圧降下は $V_1 = R_1I$，$V_2 = R_2I$ であり，したがって 2 つの抵抗による電圧降下 V は次式のようになる。

$$V = V_1 + V_2 = R_1I + R_2I = (R_1 + R_2)I \tag{9.11}$$

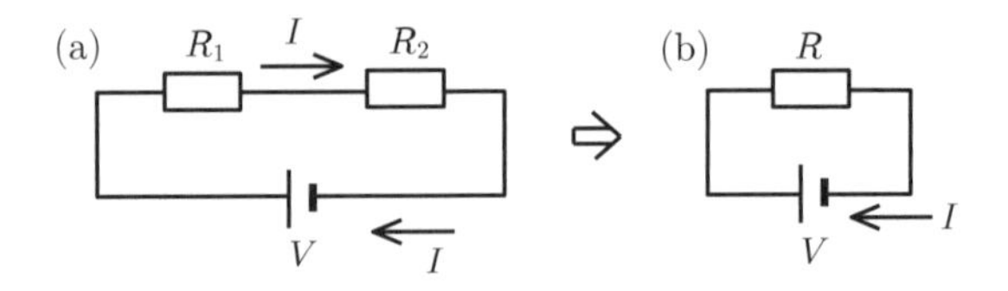

図 9.7 抵抗の直列接続

合成抵抗 (b) でも同じ電圧 V と電流 I が流れるので，

$$V = RI \tag{9.12}$$

が成り立つ。よって，合成抵抗 R は R_1 と R_2 との和になる。

$$R = R_1 + R_2 \tag{9.13}$$

一方，抵抗 R_1 と R_2 が図 9.8 のように並列に接続されている場合 (**並列接続** (parallel connection))，電源 V から電流 I が流れて，接続点 a で I_1 と I_2 に分かれる。しかし，2 つの抵抗には同じ電圧 V がかかるので，I_1 と I_2 はオームの法則より次のようになる。

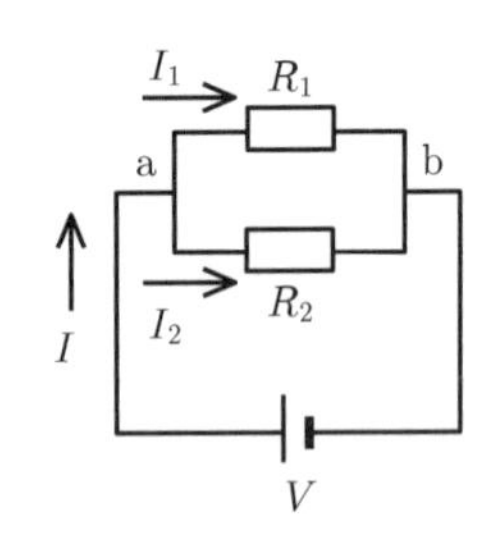

図 9.8 抵抗の並列接続

$$I_1 = \frac{V}{R_1}, \quad I_2 = \frac{V}{R_2} \tag{9.14}$$

キルヒホフの第一法則より，回路の接続点 a では，電流 I は，それぞれの電流の和より次式で表される。

$$I = I_1 + I_2 = \frac{V}{R_1} + \frac{V}{R_2} = \left(\frac{1}{R_1} + \frac{1}{R_2}\right) V \tag{9.15}$$

合成抵抗 R では同様な式が成り立つ。

$$I = \frac{V}{R} = \left(\frac{1}{R_1} + \frac{1}{R_2}\right) V \tag{9.16}$$

(9.16) 式の両辺の抵抗を比較すると，並列接続の場合の合成抵抗 R は次のようになる。

$$\frac{1}{R} = \frac{1}{R_1} + \frac{1}{R_2} = \frac{R_1 + R_2}{R_1 R_2} \tag{9.17}$$

抵抗と電池が図 9.9 のように接続されている場合の電流 I_1，I_2 および I_0 をキルヒホフの法則を用いて求める。回路網の abefa に沿って右回りに電位差を加えると次式のようになる。

$$-R_1 I_1 - R_0 I_0 + V_1 = 0 \tag{9.18}$$

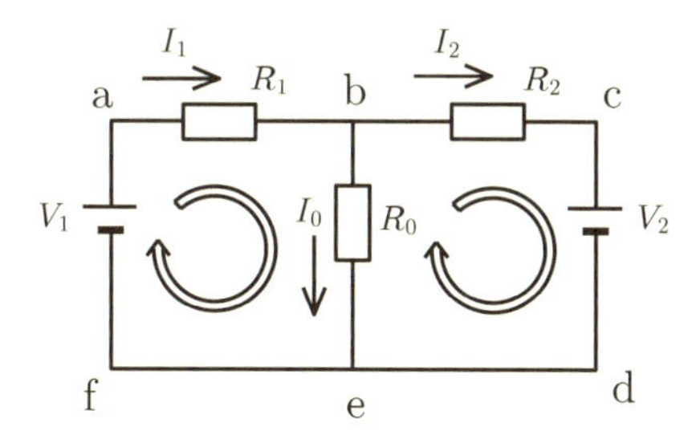

図 9.9 枝分かれした直流回路

網目 bcdeb 回りについても，電位差の和は次のようになる。

$$-R_2 I_2 - V_2 + R_0 I_0 = 0 \tag{9.19}$$

次に，キルヒホフの第一法則より，接続点 b での電流の流入と流出の和については，流入を正とすると次式が成り立つ。

$$I_1 - I_2 - I_0 = 0 \tag{9.20}$$

(9.18)〜(9.20) 式を連立させて電流を求めると，以下のようになる。

$$I_0 = \frac{R_2 V_1 + R_1 V_2}{R_0 R_1 + R_1 R_2 + R_2 R_0} \tag{9.21}$$

$$I_1 = \frac{-R_0 V_2 + (R_2 + R_0) V_1}{R_0 R_1 + R_1 R_2 + R_2 R_0} \tag{9.22}$$

$$I_2 = \frac{-(R_0 + R_1) V_2 + R_0 V_1}{R_0 R_1 + R_1 R_2 + R_2 R_0} \tag{9.23}$$

[問 3]　図 9.9 の電気回路で，キルヒホフの第一および第二法則より電流と電圧に関した方程式を立て，これらを解いて，(9.21)〜(9.23) 式を求めよ。

B　ホイートストンブリッジ

図 9.10 のように 4 個の $R_1 \sim R_4$ の抵抗器を配置し，未知の抵抗 $R_X = R_4$ を求める回路を**ホイートストンブリッジ** (Wheatstone bridge circuit) という。R_g は微弱な電流が測定できる検流計 (ガルバノメーター) の抵抗，点線で囲まれた電池 (E と R_r) は内部抵抗 R_r を持つ起電力 E の電池を表す。テスターでは，内部抵抗を持つ電池の場合は，未知の抵抗値は正確には測定できないが，ホイートストンブリッジでは R_r に関係なく，R_X を正確に測定できる。

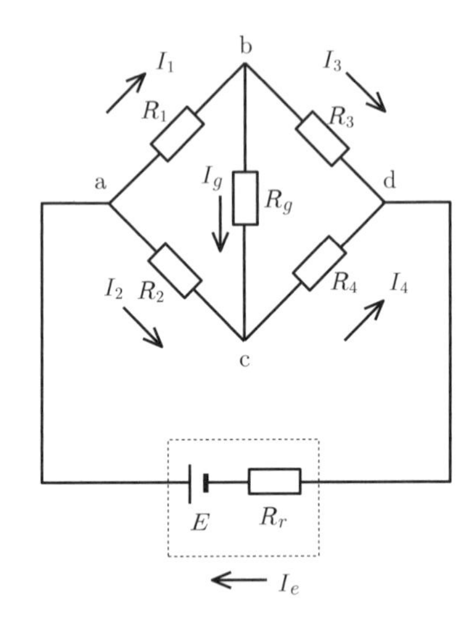

図 9.10 ホイートストンブリッジ回路

検流計の電流 I_g を 0 に調整すると，$I_1 = I_3$ および $I_2 = I_4$ となり，また，bc 間の電位は同じ電位になるので，次の式が成り立つ。

$$R_1 I_1 = R_2 I_2 \tag{9.24}$$

$$R_3 I_3 = R_4 I_4 \tag{9.25}$$

$I_3 = I_1$ および $I_4 = I_2$ を用いて，(9.24) 式を (9.25) 式で割り算して，次の式が得られる。

$$\frac{R_1}{R_3} = \frac{R_2}{R_4} \tag{9.26}$$

R_1, R_2 および R_3 を与えると，未知の抵抗 R_4 が求まる。

$$R_4 = \frac{R_2}{R_1} R_3 \tag{9.27}$$

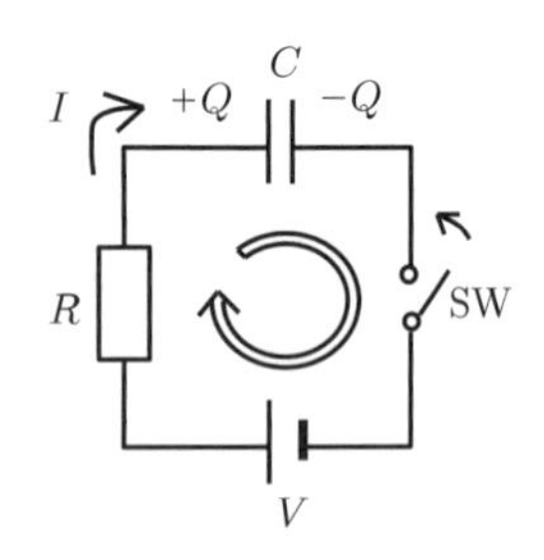

図 9.11 RC 回路

B　キャパシターの充放電

電池 V と抵抗 R に加えて，キャパシター C を含む図 9.11 のような回路を考える。$t = 0$ s でスイッチ SW を閉じると，電荷 Q がキャパシター C に向かって流れていくが，C が十分に充電されると電荷の流れ (すなわち電流) は止まってしまう。電流 $I(t)$ は単位時間あたりの電荷の移動量であるから，時間 t の後におけるキャパシターに蓄えられた電気量を $Q(t)$ とすると，次式で与えられる。

$$I(t) = \frac{dQ(t)}{dt} \tag{9.28}$$

時間 t でのキャパシターにおける電位差 $V_C(t)$ は，$Q(t) = CV_C(t)$ であるから，キルヒホフの第二法則より次のようになる。

$$-RI(t) - V_C(t) + V = 0 \tag{9.29}$$

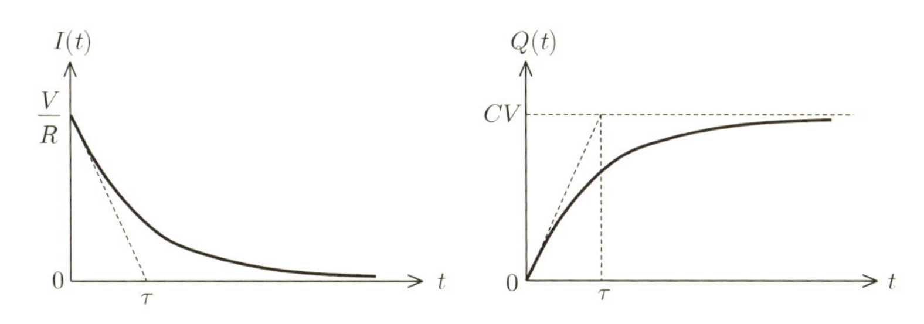

図 9.12 キャパシター充電時の電流と電気量の変化

すなわち，

$$R\frac{dQ(t)}{dt} + \frac{Q(t)}{C} - V = 0 \tag{9.30}$$

(9.30) 式を解き，$t = 0$ のとき $Q(0) = 0$ とすると，$Q(t)$ は以下のようになる。

$$Q(t) = CV\left(1 - e^{-\frac{t}{\tau}}\right) \tag{9.31}$$

ここで，τ は次式のようになり，**時定数** (time constant) とよばれる。

$$\tau = RC \tag{9.32}$$

キャパシターの電気量 $Q(t)$ は (9.31) 式のように増加して充電され，十分な時間 ($t \gg \tau$) が経過すると $Q = CV$ となる。$t = \tau$ の時間経過で $Q(t)$ は約 63%，$t = 2\tau$ の時間経過で $Q(t)$ は約 86%の充電が達成される。

(9.28) 式と (9.31) 式より，電流 $I(t)$ は次のようになる。

$$I(t) = \frac{V}{R}e^{-\frac{t}{\tau}} \tag{9.33}$$

図 9.11 におけるキャパシターに流れる電流 $I(t)$ と電気量 $Q(t)$ の時間的な変化は，図 9.12 のようになる。

9.3 交 流 回 路

基礎事項

交流は，直流と違って，時間とともに電圧 $V(t)$ や電流 $I(t)$ の向きが変化する。交流電圧 $V(t)$ を正弦波電圧で表すと

$$V(t) = V_0 \sin \omega t$$

抵抗 R に交流電圧 $V(t)$ をかけると，オームの法則 $V(t) = RI(t)$ も成り立つ。電

力は時間的に変化しているので，時間平均すると次のように電圧と電流の実効値 V_e, I_e で表せる。

$$P = \frac{1}{2}V_0 I_0 = \frac{V_0}{\sqrt{2}}\frac{I_0}{\sqrt{2}} = V_e I_e$$

容量 C のキャパシターやインダクタンス L のコイルに交流電圧 $V(t) = V_0 \sin\omega t$ をかけると，キャパシターを含む回路では電流 $I(t)$ の位相は $\frac{\pi}{2}$ だけ進んで，

$$I(t) = \frac{dQ(t)}{dt} = \omega C V_0 \sin\left(\omega t + \frac{\pi}{2}\right)$$

となり，コイルを流れる電流は，逆に電流の位相は $\frac{\pi}{2}$ だけ遅れて

$$I(t) = \frac{1}{L}\int V(t)\,dt = \frac{V_0}{\omega L}\sin\left(\omega t - \frac{\pi}{2}\right)$$

となる。

A　抵抗に交流をかけた回路

これまでは電源として，電池から流れる電流のように流れの向きが時間とともに変わらない**直流** (DC，direct current の略) を考えてきた。これに対して，家庭のコンセントから流れている 100 V の電源のように，電圧の大きさと向きが周期的に変化する電源を**交流** (AC，alternative current の略) という。図 9.13 の電圧 $V(t)$ は交流の一例であり，次式のように表される。

$$V(t) = V_0 \sin\omega t \tag{9.34}$$

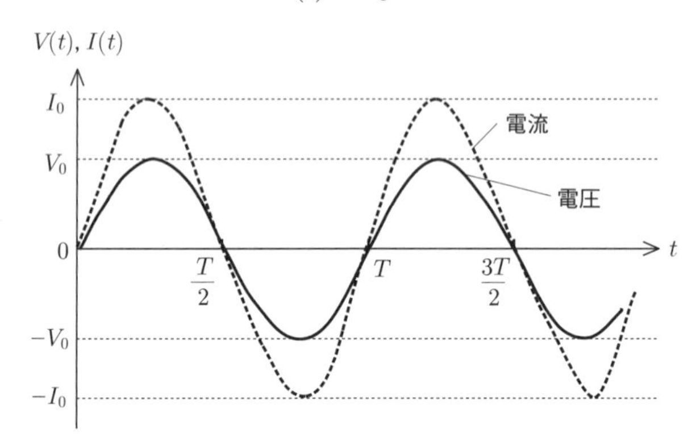

図 9.13 交流電源と抵抗だけの回路の場合の電圧と電流の変化

図 9.14 に示すように，電気抵抗 R の両端に交流電圧 $V(t)$ を加えると，オームの法則より，次式が成り立つ。

$$V(t) = RI(t) \tag{9.35}$$

(9.35) 式より，次のような交流電流 $I(t)$ が流れる。

$$I(t) = \frac{V(t)}{R} = \frac{V_0}{R}\sin\omega t = I_0 \sin\omega t = I_0 \sin\frac{2\pi}{T}t \tag{9.36}$$

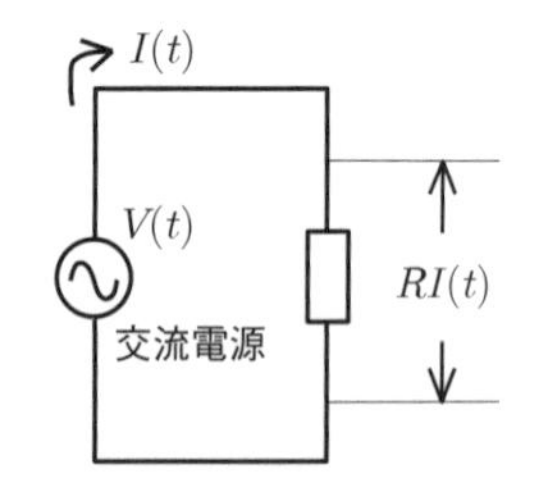

図 9.14 交流電源と抵抗回路

電流 $I(t)$ は，図 9.13 で示すように電圧 $V(t)$ の変化と同じように周期的に変化する。$V(t)$ と $I(t)$ は時間 $t = T$ [s] で振動の変化が繰り返しており，この時間

T を**周期** (period) といい，次式で表される。

$$T = \frac{2\pi}{\omega} = \frac{1}{f} \tag{9.37}$$

f は 1 s 間の**振動数** (frequency) を表し，単位はヘルツ (記号 Hz) で，交流の**周波数** (frequency) という。また，$\omega = 2\pi f$ であり，交流の**角周波数** (angular frequency) を表す。

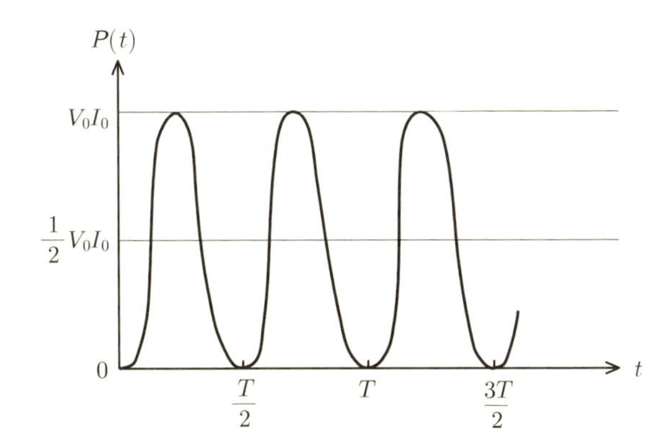

図 9.15 消費電力の変化

9.1 節で抵抗 R に直流の電圧 V をかけて電流 I が流れたときに，1 s あたりに消費される電力 P は $P = IV$ で与えられた。図 9.14 の抵抗 R に交流電源の $V(t)$ を加えたときに，抵抗 R に交流電流 $I(t)$ が流れている場合の電力 $P(t)$ は，(9.35) 式と (9.36) 式をかけて次のようになる。

$$P(t) = V(t)I(t) = V_0 \sin\omega t \times I_0 \sin\omega t = V_0 I_0 \sin^2 \omega t \tag{9.38}$$

この $P(t)$ が回路の抵抗で消費される電力となる。$P(t)$ は

$$P(t) = V_0 I_0 \frac{1 - \cos 2\omega t}{2} \tag{9.39}$$

のように表されるので，図 9.15 のように時間とともに変動している。消費電力 $P(t)$ の 1 周期 T にわたる平均値 $< P(t) >$ は，次の項目で示すように $\frac{1}{2}V_0 I_0$ となる。

$$P =< P(t) >= \frac{1}{2} V_0 I_0 = \frac{1}{\sqrt{2}} V_0 \times \frac{1}{\sqrt{2}} I_0 \tag{9.40}$$

ここで，$V_e = \frac{V_0}{\sqrt{2}}$ と $I_e = \frac{I_0}{\sqrt{2}}$ を定義し，この V_e と I_e を交流電圧と交流電流の**実効値** (effective value) という。V_e と I_e を用いると，電力が直流の場合と同じ形に書くことができる。

$$P = V_e I_e, \quad V_e = R I_e \tag{9.41}$$

B　交流の実効値と平均値

(9.34) (9.35) 式のように，交流の電圧 $V(t)$ と電流 $I(t)$ が $t=0$ のときにいずれも 0 V と 0 A になる場合とは限らない。これを記述するのに，一般的には，(9.34) 式は次式のようになる。

$$V(t) = V_0 \sin(\omega t + \alpha) \tag{9.42}$$

ここで，$\omega t + \alpha$ の値は rad 単位での角度に相当し，これが与えられると $V(t)$ の値が決まり，**位相** (phase) とよばれている。$\omega t + \alpha$ の式で，$t=0$ のときには α となるので，この α を**初期位相** (initial phase) という。$\alpha = 0$ とすると (9.34) 式になる。図 9.13 の抵抗 R にかけた電圧 $V(t)$ と，それを流れる電流 $I(t)$ の関係は同じ形になっていて (これを**同位相** (same phase) という)，抵抗は電圧 $V(t)$ と電流 $I(t)$ の位相 (波形の形) をずらさないようになっている。

次に，$\alpha = 0$ の場合の図 9.15 の図で，電力 $P(t)$ の平均値を求める。ここで，$\alpha \neq 0$ の場合にも同様なやり方で計算できる。すなわち，$P(t)$ と t のグラフで，1 周期 0〜T [s] 間の $P(t)$ の面積を積分で求め，これを周期 T で割れば平均値 $\langle P(t) \rangle$ が得られる。

$$P(t) = V(t)I(t) = V_0 I_0 \sin^2 \omega t = V_0 I_0 \frac{1 - \cos 2\omega t}{2} \tag{9.43}$$

の関係より，平均値 $\langle P(t) \rangle$ は以下のようになる。

$$\begin{aligned} \langle P(t) \rangle &= \frac{1}{T} \int_0^T P(t)\,dt = \frac{V_0 I_0}{2T} \int_0^T (1 - \cos 2\omega t)\,dt \\ &= \frac{V_0 I_0}{2T} \left[t - \frac{1}{2\omega} \sin 2\omega t \right]_0^T = \frac{1}{2} V_0 I_0 \end{aligned} \tag{9.44}$$

交流の電圧や電流の実効値 V_e と I_e は，変化する電圧や電流を用いて，1 周期あたりの各平均値として次のように定義される。

$$V_e = \sqrt{\frac{1}{T} \int_0^T V(t)^2\,dt} = \sqrt{\frac{1}{T} \int_0^T V_0^2 \sin^2 \omega t\,dt} = \sqrt{\frac{1}{2} V_0^2} = \frac{1}{\sqrt{2}} V_0 \tag{9.45}$$

$$I_e = \sqrt{\frac{1}{T} \int_0^T I(t)^2\,dt} = \frac{1}{\sqrt{2}} I_0 \tag{9.46}$$

B　キャパシターに交流をかけた回路

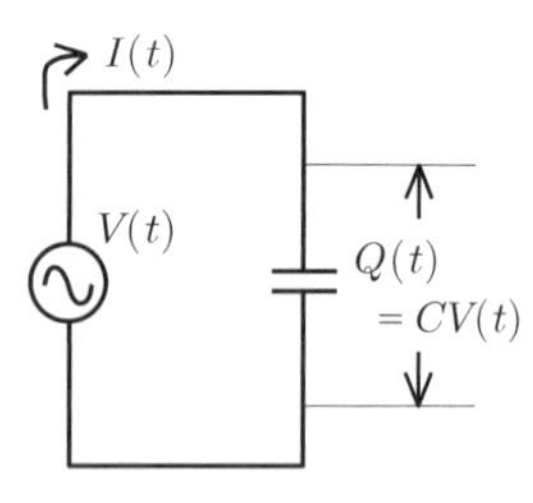

図 9.16 交流電源とキャパシターの回路

図 9.14 の抵抗の変わりに，容量 C のキャパシターを含む回路に (9.42) 式のような交流電源 $V(t)$ をかけた図 9.16 の場合を考える。ここで，簡単化のために $\alpha = 0$ とおく。C の両側に電位差 $V(t)$ が加えられると，蓄えられた電気量は $Q(t) = CV(t)$ となる。電流 $I(t)$ は $Q(t)$ の時間的な変化より，次のようになる。

$$\begin{aligned} I(t) &= \frac{dQ(t)}{dt} = C \frac{dV(t)}{dt} = C \frac{d}{dt}(V_0 \sin \omega t) = \omega C V_0 \cos \omega t \\ &= \omega C V_0 \sin\left(\omega t + \frac{\pi}{2}\right) \end{aligned} \tag{9.47}$$

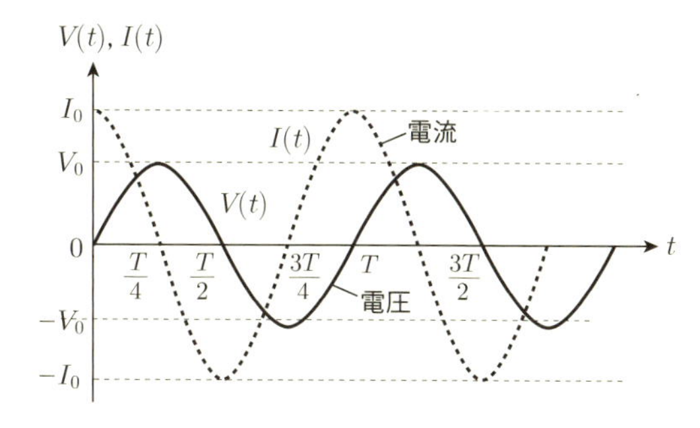

図 9.17 交流電源とキャパシターの場合の電圧と電流の変化

(9.34) 式の $V(t)$ と (9.47) 式の $I(t)$ との関係は，図 9.17 のようになり，$I(t)$ の波形が $V(t)$ の波形より，$\frac{\pi}{2}$ [rad] = 90° だけ左にずれている。これは電流 $I(t)$ の波形が先に来て，$\frac{T}{4}$ 後に電圧 $V(t)$ の波形が来る，すなわち，**電流は電圧よりも 90°だけ位相が進んでいる**という。交流電源の場合での抵抗 R について，オームの法則 (9.35) 式の抵抗に対応するのは，(9.47) 式の電流 $I(t)$ の式中で $\frac{1}{\omega C}$ である。そこで，以下のように置く。

$$X_c = \frac{1}{\omega C} \tag{9.48}$$

X_c を**容量リアクタンス** (capacitive reactance) といい，単位は Ω (オーム) である。実効値と容量リアクタンスの関係については，(9.49) 式のようになる。

$$V_e = X_c I_e, \quad I_e = \omega C V_e \tag{9.49}$$

キャパシターで消費される電力 $P(t)$ は次式のようになる。

$$P(t) = V(t)I(t) = V_0 \sin \omega t \times \omega C V_0 \cos \omega t = \omega C V_0^2 \times \frac{1}{2} \sin 2\omega t \tag{9.50}$$

1 周期にわたる $P(t)$ の平均値 $\langle P(t) \rangle$ は，

$$\langle P(t) \rangle = \frac{1}{T} \int_0^T \frac{1}{2} \omega C V_0^2 \sin 2\omega t \, dt = \frac{C V_0^2}{4T} \big[-\cos 2\omega t \big]_0^T = 0 \tag{9.51}$$

となり。キャパシターではジュール熱のようなエネルギーの消費は起こらない。

[問 4] 図 9.17 の電圧 $V(t)$ または電流 $I(t)$ と時間 t との関係のグラフで，電流 $I(t)$ が電圧 $V(t)$ より位相 (すなわち信号の波形) が進んでいると説明されている。図形はむしろ後ろに下がっているようにも見えるが，なぜこのように進んでいると説明されるのか。

B コイルに交流をかけた回路

次章でコイルについて学ぶが，図 9.18 のようなインダクタンス L のコイルに交流電圧 $V(t) = V_0 \sin \omega t$ ($\alpha = 0$ の場合) が接続されている場合を考える。コイルによる電圧降下 $V(t)$ は，

$$V(t) = L \frac{dI(t)}{dt} \tag{9.52}$$

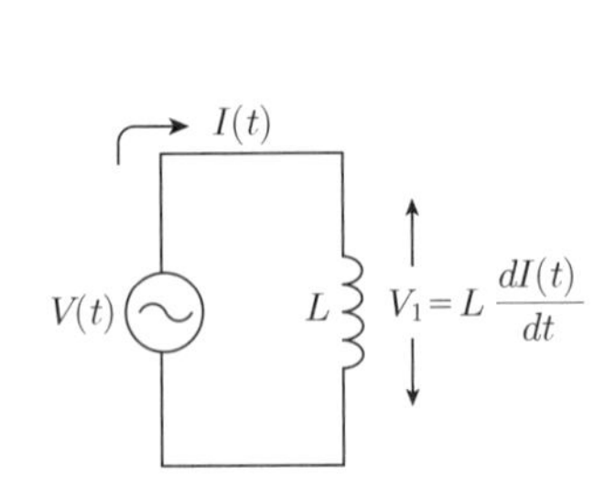

図 9.18 交流電源とコイルの回路

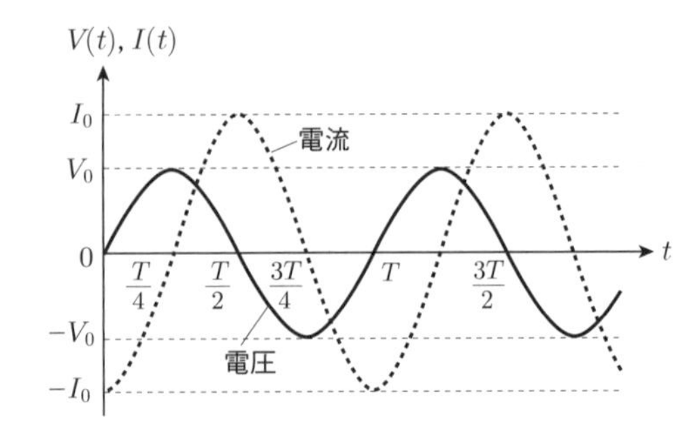

図 9.19 交流電源とコイルの場合の電圧と電流の変化

であるので，この式の両辺を積分して電流 $I(t)$ を求めると次式のようになる。

$$I(t) = \frac{1}{L}\int V(t)dt = \frac{1}{L}\int V_0 \sin\omega t\, dt = -\frac{V_0}{\omega L}\cos\omega t = \frac{V_0}{\omega L}\sin\left(\omega t - \frac{\pi}{2}\right) \tag{9.53}$$

図 9.19 に示すように，コイルでは電流 $I(t)$ が電圧 $V(t)$ より $\frac{\pi}{2} = 90^\circ$ だけ遅れた位相になっている。キャパシターの場合と同様に，位相が 90°だけずれているため，コイルにおいても消費される電力 $\langle P(t)\rangle$ は 0 である。

コイルにおいて抵抗に相当する量は，(9.53) 式と (9.35) 式とを比較して，

$$X_L = \omega L \tag{9.54}$$

となり，この X_L を**誘導リアクタンス** (inductive reactance) とよび，単位は Ω である。誘導リアクタンスと実効値 V_e, I_e との関係は次式のようになる。

$$V_e = \omega L I_e, \quad I_e = \frac{V_e}{X_L} \tag{9.55}$$

交流の電気回路を設計する場合に，リアクタンス R，X_C および X_L と周波数 ω の関係を，表 9.2 のように比較して理解すると役立つ。

図 9.3(c) で，キャパシターの記号は (─┤├─) であるが，これは導線 (──) の記号と比較して明らかに断線している記号である。したがって，直流 (あるいは低周波電源) では電流は流れない (あるいは流れにくい) ことを意味している。しかし，高周波領域では，キャパシターの 2 枚の極板上で，電荷 Q の充電と放電を繰り返すため，キャパシターの外側の導線上では，絶えず正負の符号を変える電流 (すなわち交流) が流れやすいことを意味している。抵抗のリアクタンスについては，周波数に関係なく R の値のままである。

表 9.2 リアクタンス R，X_C および X_L と角周波数 ($\omega = 2\pi f$) との関係

素子	リアクタンス	低い周波数 ω が小	高い周波数 ω が大	備考
抵抗	R	R	R	R は ω に対して不変
キャパシター	$X_c = \dfrac{1}{\omega C}$	X_C は大	X_C は小	高周波の方 (ω が大) が電流は流れる
コイル	$X_L = \omega L$	X_L は小	X_L は大	低周波の方 (ω が小) が電流は流れる

[問 5] 表 9.2 で素子とリアクタンスの式がまとめられている。低い周波数と高い周波数で，回路を流れる電流について備考の欄に説明が書かれている。角周波数 $\omega = 2\pi f$ をもとにして，備考欄の回路における電流の流れ方について説明せよ。

演習問題 9

A

9.1 直径 0.5 mm で長さが 2 m の鉄でできた金属線の両端の抵抗は何 Ω か。鉄の抵抗率は 9.8×10^{-8} Ω · m とする。

9.2 図 1 の回路の合成抵抗 R と合成容量 C を求めよ。

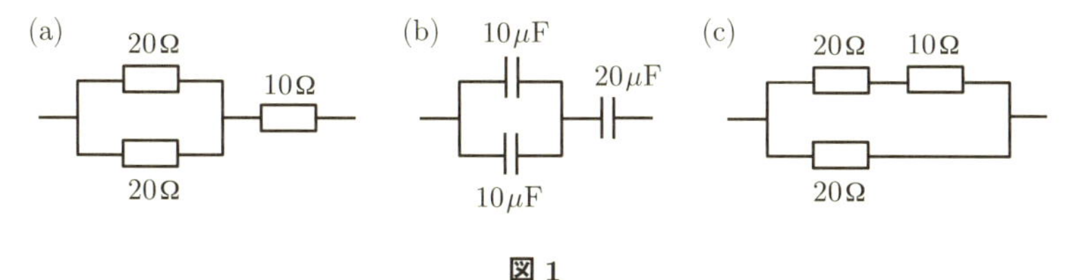

図 1

9.3 ニクロム線に関する以下の問に答えよ。

(1) ニクロム線でできた抵抗線 R [Ω] に直流電圧 4 V をかけたところ，1.5 A 流れた。この抵抗 R を求めよ。

(2) このニクロム線に，4 V の直流電圧を 300 s 間流した。発生するジュール熱 W を求めよ。

(3) このニクロム線の発熱の実験を，100 g の水中で行った。水の温度は何°C 上昇するか。ここで，熱の仕事当量 4.0 J/cal として，熱は空気中に逃げないものとし，1 cal は 1 g の水を 1°C だけ温度を上昇させる熱量であるとして計算せよ。

9.4 家庭用の交流電源には 100 V が供給されているが，これは実効値であり，この交流電圧の最大値は何 V になるか。

B

9.5 データブックには，ニクロム線の抵抗率 ρ は 0°C と 100°C の値のみが載っていて，実際に物理学実験で使用する室温の 25°C の値が無い。(9.4) 式を用いて，実験条件の 25°C の抵抗率を求めよ。

9.6 図 2 の電気回路について，キルヒホフの第一および第二法則より方程式を立て，I_1, I_2 および I_0 を求めよ。

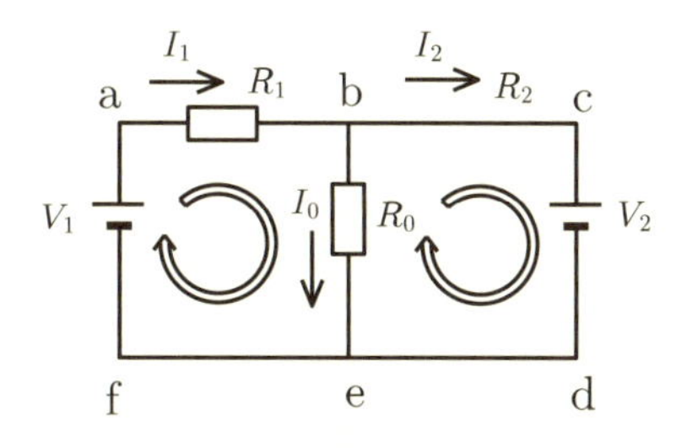

図 2

9.7 テスターで電気抵抗を測定すると，テスター内蔵の電池の内部抵抗により，回路の電気抵抗が正確に測れない。しかし，図 9.10 のホイートストンブリッジ回路で，回路につなだ電池の内部抵抗に関係なく，未知の抵抗 R_x が測定できるが，それはなぜか。

9.8 1 個のキャパシターは，100 V まで電圧をかけても壊れないが，それ以上に電圧をかけると壊れる。これを耐圧という。耐圧 100 V の 10 μF のキャパシターを数個使用して，耐圧 200 V の 20 μF のキャパシターをつくりたい。どのような回路にすればよいか。

9.9 電池に図 3 のような電流回路を作成した。抵抗の直列接続の回路につないだ電流計には $I = 0.1$ A が流れ，抵抗の並列接続の回路には，$I = 0.3$ A の電流が流れた。この電池 V の起電力 E と内部抵抗 r を求めよ。

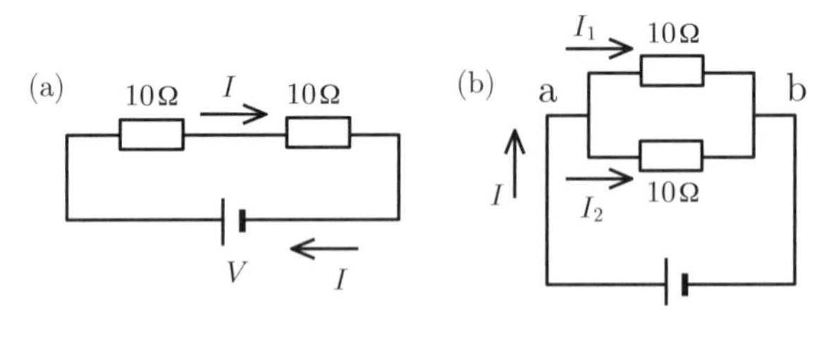

図 3

10 磁　場

10.1 磁束密度と磁場の強さ

基礎事項

磁場は磁界ともいい，磁力の作用する空間を表している。磁場は，磁石や電流によってつくられることから，磁場の決め方は2つある。磁極にはたらく力から決めた磁場の強さ (単に「磁場」と言われることもある) $\boldsymbol{H}$ と，電流から決めた磁束密度 (こちらも「磁場」と言われることもある) $\boldsymbol{B}$ である。両者は比例し，比例定数が透磁率 μ である。

$$\boldsymbol{B} = \mu \boldsymbol{H}$$

A 磁場の強さと磁束密度

1つの磁石には，N極とS極という2つの極がある。2つの磁石の同極どうしは互いに反発する力が，N極S極の間には互いに引き付け合う力がはたらく。この力のことを**磁気力** (Magnetic forces) または**磁力**という。磁石の磁気力の大きさは両端がもっとも強く，磁気量が最も大きいところを**磁極** (magnetic pole) という。静電気力の源が電荷であったように磁気力の源は磁気量である。磁気量の単位には Wb (ウェーバ) が用いられる。1 Wb は，強さの等しい磁極を，真空中に 1m 離して置き，磁極が受ける力が $10^7/(4\pi)^2$ [N] のとき，その磁極の強さを 1 Wb と定義する。また，磁気量 (磁荷) の符号は，N極を正にし，S極を負にすることになっている。

磁気量がそれぞれ m_1, m_2 である磁極の間にはたらく磁気力を計算してみよう。磁気力は電荷で学んだクーロンの法則と同様に，距離の2乗に反比例し，磁気量の強さに比例する。特に真空中では，Wb の定義で用いた定数を用いて，以下のように表される。

$$F = \frac{10^7}{(4\pi)^2} \frac{m_1 m_2}{r^2} \tag{10.1}$$

磁極に近いところでは，大きな磁気力を受け，離れれば磁気力は弱くなる。このように，磁極が周囲に磁力を及ぼしている空間 (あるいは場) を**磁場** (magnetic field) あるいは**磁界** (magnetic field) とよぶ。

定量的な議論をするために，磁場を定義してみよう。磁場は磁石によってもつくられるが，電流によってもつくられる。そこで，その成り立ちの違いから，2つの方法で定義する。

一つ目の定義は，磁場に磁極を置いたとき，その磁極が受ける力によって，磁場の強さを決める方法である。磁気量 m の磁極が，**磁場の強さ** $\boldsymbol{H}$ (magnetic field) の場所にあるとき，磁極が受ける磁気力 $\boldsymbol{F}$ は，以下のように表される。

$$\boldsymbol{F} = m\boldsymbol{H} \tag{10.2}$$

つまり，磁場の強さ $\boldsymbol{H}$ は，磁気量 [Wb] あたりに受ける力として定義できる。一般に $\boldsymbol{H}$ と表され，単位は [N/Wb] である。H は大きさと方向をもつので，通常，ベクトルで表現される。

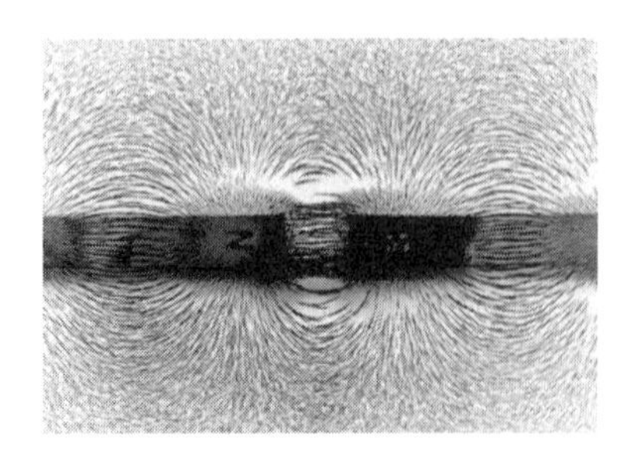

図 10.1 磁力線の様子

もう一つの定義は，電流が流れる導線が受ける力で定義したものである。ところで，磁場を表すのに，N 極から S 極に向かって磁力線 (magnetic line of force) を書いているものをよく見かける (図 10.1 参照)。磁場の強さは磁力線で表現できるのであろうか。残念ながら，できない。磁力線は単に磁界のありさまを具体的なイメージとして書き表しただけだからである。そこで，磁力線を定量化したものとして**磁束** (magnetic flux) という考え方を導入して，磁束の強さの 1 単位が 1 本の磁束を発生すると決めて，それを 1Wb と定義する。この磁束を用いて，単位面積あたりに通り抜ける磁束の数で磁場を定義したものが**磁束密度** (flux density) $\boldsymbol{B}$ である。単位は $[\mathrm{Wb/m^2} = \mathrm{N/Am} = \mathrm{T}$ (テスラ)] で表す。電流 I が流れている長さ l の導線が，磁束密度 $\boldsymbol{B}$ の空間にあるとき，導線が受ける磁気力 (この力は電流が磁場から受ける力なので**アンペールの力** (Ampere force) ともよばれる) $\boldsymbol{F}$ は

$$\boldsymbol{F} = \boldsymbol{I} \times \boldsymbol{B}l \tag{10.3}$$

と表現でき，磁束密度 $\boldsymbol{B}$ は，単位電流 (1 A) が流れる導線が単位長さ (1 m) あたりに受ける力と定義する。

磁場の強さと磁束密度は同じものを表しているので，比例関係が成り立っている。比例定数に透磁率 μ を用いて表すと，以下のようになる *。

$$\boldsymbol{B} = \mu\boldsymbol{H} \tag{10.4}$$

透磁率は，磁束の通りやすさを示す物質固有の定数である (表 10.1)。特に，真空における透磁率は μ_0 で表し

$$\mu_0 = 4\pi \times 10^{-7} \quad [\mathrm{N/A^2}]$$

が用いられる。また，この μ_0 と (10.1) 式，(10.2) 式を用いて，磁気量 m の磁極が，距離 r 離れた位置につくる磁場の強さ H は，以下のように表される。

$$H = \frac{1}{4\pi\mu_0}\frac{m}{r^2} \tag{10.5}$$

* 磁場の強さ H と磁束密度 B は，どちらも単に磁場といわれることがあるので，注意が必要である。通常，「磁場 H」や「磁場 B」と記されることが多いので，混同することはない。

表 10.1 さまざまな物質の透磁率

物質	透磁率 $\times 10^{-7}$ [N/A^2]
空気	1.2600005
アルミ	1.2600252
水 (20°)	1.2599887
鉄 (20°)	6300
ミューメタル	63000

表 10.2 電場と磁場の比較

電場 E [V/m]	磁場 H [A/m]
電束密度 D [C/m^2]	磁束密度 B [A/m]
電荷面密度 σ [C/m^2]	電流面密度 NI [A/m]
電荷密度 ρ [C/m^3]	電流密度 J [A/m^2]
誘電率 ε [F/m]	透磁率 μ

さて，電場と磁場は非常に似た性質を持っている。表 10.2 と表 10.3 に電場と磁場を比較した。次項で学ぶことも表中に列挙しているが，お互いの類似性や相違点を知って，電磁界の理解をさらに深めてほしい。

電場は電荷がそのまわりにつくる場である。一方，磁場は電流がそのまわりにつくる場である。電流を流すとそのまわりに右ネジの方向に磁場が形成されるが，それによって電場が形成されることはない。しかし，磁場が時間的に変化するときには，それが原因で電場も変化する。一方，電場が時間的に変化すると，それが磁場を変化させる。このように電場と磁場は相互に関係している点で，非常に似通った性質を持っているのである。

表 10.3 電場と磁場の比較

	電場 (電界)	磁場 (磁界)
電荷・磁荷はたらく力	クーロンの法則 $f = \dfrac{1}{4\pi\epsilon_0}\dfrac{q_1 q_2}{r^2}$	磁気に関するクーロンの法則 $f = \dfrac{1}{4\pi\mu_0}\dfrac{m_1 m_2}{r^2}$
電場・磁場から受ける力	静電気力 $f = qE$	ローレンツ力 $f = qvB$
空間エネルギー	$\varepsilon = \int D\,dE$	$\varepsilon = \int H\,dB$
電気力線と磁力線	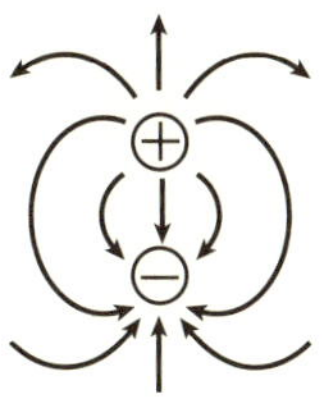 ⊕ ⊖	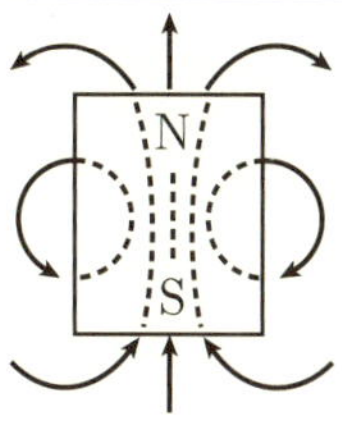 N S
モノポールとダイポール	 ⊕ $\mathrm{div}\boldsymbol{D} = \rho$ 単電荷でも存在できる（モノポール）	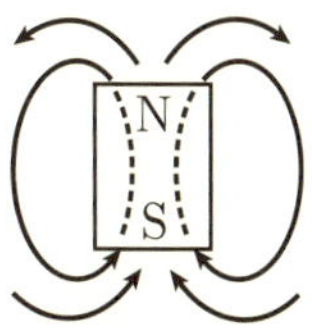 N S $\mathrm{div}\boldsymbol{D} = 0$ 常に NS ペアで存在する（ダイポール）

大きく違うのは，電場は正または負電荷が単独で存在してつくるのに対して，磁場をつくる磁荷はN極あるいはS極単独では存在できない点にある。つまり，磁荷は常にN極とS極のペアで存在し，その磁極を分けるように磁石を折っても，その両端はまた，新たにN極とS極になる。言い換えれば，電荷は自身から電気力線を発生して，無限に広がっているのに対して，磁荷はN極からS極に向かって磁力線を出し，その磁力線は閉じている。これが電荷と磁荷の本質的な違いであり，電磁気学の基礎方程式であるマクスウェル方程式の中の1つ ($\mathrm{div}\,\boldsymbol{B}=0$) につながっている。

10.2　ローレンツ力

基礎事項

電気量 q をもつ荷電粒子が磁束密度 $\boldsymbol{B}$ の磁場中を速度 $\boldsymbol{v}$ で運動するとき，その粒子には磁束密度と速度の両方に垂直な向きに力 $\boldsymbol{F}$ がはたらき，その力 $\boldsymbol{F}$ は

$$F=qvB\sin\theta$$

である。ここで角度 θ は電荷の速度の向きと磁場のなす角を示している。

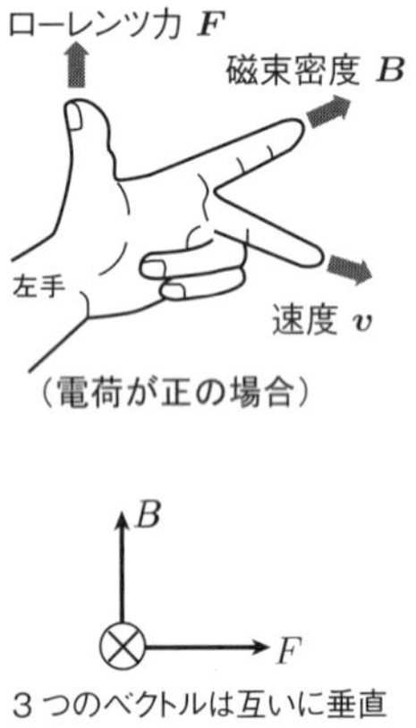

A　ローレンツ力

図 10.2　ローレンツ力を示す直交ベクトルとフレミングの左手の法則の関係

静止している電荷には，磁場中で何の力もはたらかない。しかし，電荷が速度 v で運動すると，電荷の運動する方向 (v の方向) と磁場の方向 (B の方向) のそれぞれに直交する向きに力が生じる。この力を**ローレンツ力** (Lorentz force) といい，その大きさ F [N] は，電荷 q [C]，電荷の速度 $\boldsymbol{v}$ [m/s]，磁束密度を $\boldsymbol{B}$ [T]，そして $\boldsymbol{v}$ と $\boldsymbol{B}$ のなす角 θ を用いて

$$F=qvB\sin\theta \tag{10.6}$$

で与えられる。

v と B とがお互いに直交している場合，θ は 90° なのでローレンツ力 F は 以下のように表される。

$$F=qvB \tag{10.7}$$

ところで，上式で表された電荷 q は通常，正電荷として扱う。電子の流れを考えるときには，電子は負電荷 ($q=-e$) であることから，電子にはたらくローレンツ力は正電荷の場合と反対方向になることに注意する必要がある。

B　電場と磁場を考慮したローレンツ力

ローレンツ力は電荷の速度ベクトル $\boldsymbol{v}$ と磁束密度ベクトル $\boldsymbol{B}$ の外積であることから

$$\boldsymbol{F}=q(\boldsymbol{v}\times\boldsymbol{B}) \tag{10.8}$$

と表現される。

また，電場と磁場が両方存在する空間では，電荷にローレンツ力と静電気力 (8章参照) の両方が作用するので

$$
\begin{aligned}
\boldsymbol{F} &= q\boldsymbol{E} + q(\boldsymbol{v} \times \boldsymbol{B}) \\
&= q(\boldsymbol{E} + \boldsymbol{v} \times \boldsymbol{B}) \qquad (10.9)
\end{aligned}
$$

と表される。

ローレンツ力がはたらくために起こる代表的な例として，サイクロトロン運動とホール効果がある。サイクロトロン運動は，電荷を光に近いスピードに加速するための加速器に応用されており，ホール効果は磁場の強さを電気抵抗の変化として計測する磁束計に応用されている。

A サイクロトロン運動

電子が，磁束密度 B [T] の真空中の磁場中に打ち込まれたとき，電子はどのような軌道を描くであろうか。

いま，紙面の裏側から表面に向かう磁場があるとき (図記号では◉と描く)，電気量 $-e$ [C]，質量 m [kg] の電子が速度 v [m/s] で左側から紙面に平行に磁束密度 $\boldsymbol{B}$ の磁場の中に打ち込まれた場合 (図 10.3(a) 参照) を考える。

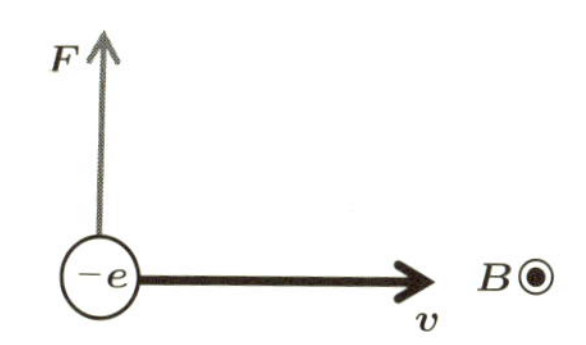

(a) 速度$\boldsymbol{v}$で運動する電子は，ローレンツ力($\boldsymbol{F}$)をうける

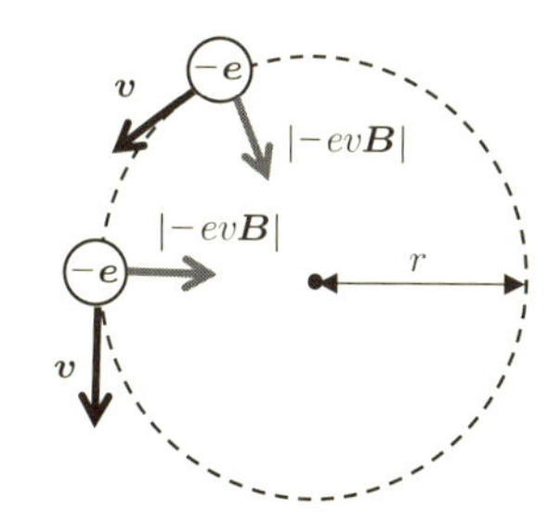

(b) 電子にはたらくローレンツ力で電子は円運動をする

図 10.3 電子のサイクロトロン運動の様子

磁場中を進む電子は evB のローレンツ力を受ける。ここで注意したいのは，電子の電荷が $-e$ であるために，図 10.2 で示した力の向きとは逆向きにローレンツ力がはたらいている点である。このローレンツ力によって，電子には速度ベクトルと垂直な方向に加速度が生じる。このため速さは変わらず，方向だけが変わる。向きを変えて進んだ電子は，同じようにローレンツ力を受けるので，電子は円運動をすることになる。このような運動を**サイクロトロン運動** (cyclotron motion) という。さて，このとき電子の運動方程式は，円運動の向心加速度 $a = \dfrac{v^2}{r}$ を用いて

$$m\frac{v^2}{r} = evB \qquad (10.10)$$

となる。ここから，円運動の軌道半径 r は

$$r = \frac{mv}{eB} \qquad (10.11)$$

となり，円運動の周期 T [s] (電子が 1 周する時間) は

$$T = \frac{2\pi r}{v} = \frac{2\pi m}{eB} \qquad (10.12)$$

となり，サイクロトロン運動の周期は，B によって決まり，入射する速度 $\boldsymbol{v}$ には依存しない。

B ホール効果

導体中を流れる電子に対してもローレンツ力ははたらく (図 10.4 参照)。ローレンツ力によって電子は導体の一端に集まり，電場が生じ，電位差が発生する。この現象がホール効果 (Hall effect) であり，発生した電位差がホール電圧である。電子にはたらくローレンツ力で，電子の進行方向に直交する方向に電圧が生じる。

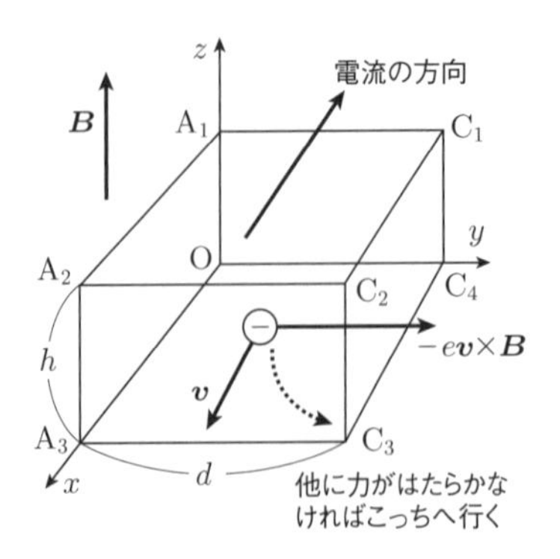

図 10.4 ホール効果

幅 d [m]，厚さ h [m] の導体に発生するホール電圧を求めてみよう。電子の電気量を $-e$ [C]，電子密度を n [個/m^3] とする。ローレンツ力により，y 方向の電子の密度に偏りを生じさせれば，y 方向の電場が生じる。偏りが大きくなると電場も大きくなり，偏りを解消しようとする。最終的には，偏りを生じさせるローレンツ力と，偏りを解消させる電場とがつり合う段階まで，偏りが増加し続けることになる。

電子が y 方向の電場 E [V/m] から受ける静電気力 f は

$$f = -eE \tag{10.13}$$

一方，速度 v [m/s] の電子が磁束密度 B [T] による y 方向のローレンツ力 F は

$$F = -evB \tag{10.14}$$

これらがつり合うので y 方向の電場 E は

$$E = vB \tag{10.15}$$

ここで，電流 I は導体の断面積 S $(= dh)$ [m^2] を用いて，$I = envS$ なので，v を代入すると

$$E = \frac{IB}{enS} \tag{10.16}$$

この電場によって，電流の垂直方向 (y 方向) に生じる電圧 V は

$$V = Ed = \frac{IB}{enh} \tag{10.17}$$

となる。ホール電圧 V は磁束密度の大きさ B に比例することから，磁束密度計測に用いられる。

10.3 ビオ・サバールの法則

基礎事項

電流が流れるとその周囲に磁場が発生する。その磁場の強さ H は次のように示される。

$$dH = \frac{1}{4\pi}\frac{Ids}{R^2}\sin\theta$$

これをビオ・サバールの法則とよぶ。

電流が流れるとその周囲に磁場が生成されることを，エルステッドが発見して，数か月後に，ジャン=バティスト・ビオとフェリックス・サバールは，電流による磁場の強さを求める実験を開始した。電流の周囲に棒磁石を置き，その周期を測定することで，以下の式を実験的に導き出した。

$$dH = \frac{1}{4\pi}\frac{I\,ds}{R^2}\sin\theta$$

ここでは，アンペールの力の式を用いて，この式を求めてみよう。

B ビオ・サバールの式の導出

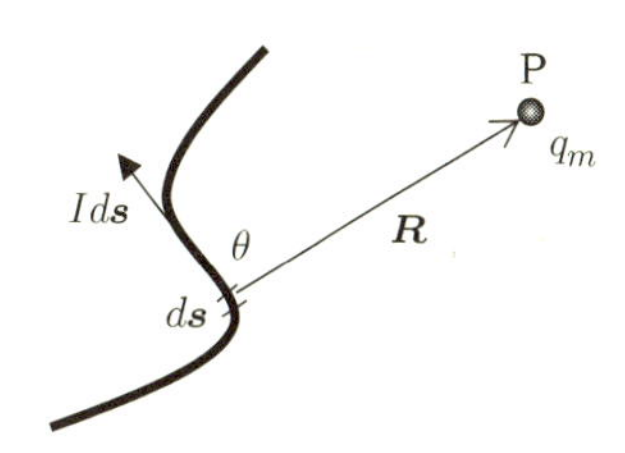

図 10.5 電流の微小な部分 ds とそれぞれが P 点につくる微小な磁場 dH との関係

図 10.5 の点 P に磁荷 q_m [Wb] を置いた状態を考える。この磁荷が ds の部分につくる静磁場 H の大きさは次のように表せる ((10.5) 式参照)。

$$H = \frac{10^7}{(4\pi)^2}\frac{q_m}{R^2} = \frac{1}{4\pi\mu_0}\frac{q_m}{R^2}$$

ところで，磁場はベクトル量なので，ベクトル表示することを考える。R ベクトルは図 10.5 のように ds から P 方向にとったベクトルなので，磁場の強さ $\boldsymbol{H}$ と磁束密度 $\boldsymbol{B}$ は

$$\boldsymbol{H} = -\frac{1}{4\pi\mu_0}\frac{q_m}{R^2}\frac{\boldsymbol{R}}{R}, \quad \boldsymbol{B} = -\frac{1}{4\pi}\frac{q_m}{R^2}\frac{\boldsymbol{R}}{R} \tag{10.18}$$

となる。このようにして磁荷 q_m が $\boldsymbol{ds}$ の部分につくる磁束密度が求まった。次は，この磁束密度 $\boldsymbol{B}$ が電流 I が流れる線の微小部分 $\boldsymbol{ds}$ に及ぼす力を求める。

この力 $d\boldsymbol{F}$ は，アンペールの力とよばれ，

$$d\boldsymbol{F} = I\,\boldsymbol{ds}\times\boldsymbol{B} \tag{10.19}$$

と表される ((10.3) 式)。$\boldsymbol{B}$ を用いて，アンペールの力を変形すると

$$d\boldsymbol{F} = I\,\boldsymbol{ds}\times\left(-\frac{q_m\boldsymbol{R}}{4\pi R^3}\right) = -q_m\frac{1}{4\pi}\frac{I\,\boldsymbol{ds}\times\boldsymbol{R}}{R^3} \tag{10.20}$$

となる。

磁荷 q_m に注目すると，大きさが同じで逆向きの力 $-d\boldsymbol{F}$ を受ける。これは作用反作用の法則である。その大きさは $d\boldsymbol{F} = q_m d\boldsymbol{H}$ なので，磁荷の場所には

$$d\boldsymbol{H} = \frac{1}{4\pi}\frac{I\,\boldsymbol{ds}\times\boldsymbol{R}}{R^3} \tag{10.21}$$

の磁場が生じていることになる。磁場の大きさだけに注目すると，以下の式を得る。

$$dH = \frac{1}{4\pi}\frac{I\,ds}{R^2}\sin\theta \tag{10.22}$$

この式は，まさに先に述べた**ビオ・サバールの法則** (Biot-Savart's law) の式である。

A　定常電流がつくる磁場

電流が流れるとそのまわりに磁場が生じることがわかった。いくつかの場合について，実験式を見てみよう。

(1)　無限に長い直線電流がつくる静磁場

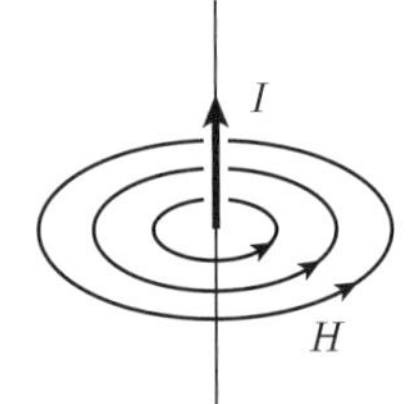

図 10.6 電流に対して渦巻のように磁場が発生する

無限に長い直線電流 I [A] がつくる磁場の強さを求めてみよう。直線電流がつくる磁場は直線電流を中心に同心円状に形成される。磁場の向きは図 10.6 のように右ねじの法則に沿った方向となる。

静磁場の強さ H [A/m] は，導線からの距離 r [m] に反比例して弱くなることから次のように表される。

$$H = \frac{I}{2\pi r} \tag{10.23}$$

(2)　円形電流がつくる静磁場

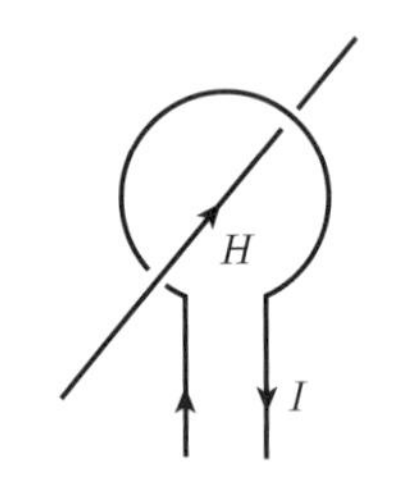

図 10.7 円形電流でできる磁場
円形電流の中心がいちばん強い磁場となる

導線を中心に同心円状にできた磁場を，円形にして重ね合わせることで，円の中心に最も強い静磁場ができる。磁場の向きは円に垂直で，右ネジの方向を向いており，磁場の強さ H [A/m] は，円の半径を r [m]，流れる電流を I [A] として次のように表される。

$$H = \frac{I}{2r} \tag{10.24}$$

(3)　無限に長いソレノイドコイルがつくる静磁場

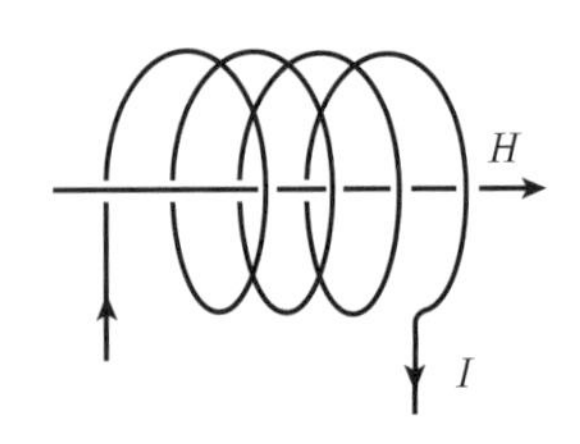

図 10.8 コイルにできる磁場
コイルは円形電流の重ね合わせと考えることができる

円形電流をいくつも重ねて形成したのがソレノイドコイルである。そのソレノイドコイルに電流 I [A] を流すと，円形電流と同様に，コイルの中心軸上に最も強い静磁場ができ，その向きは円形電流の場合と同じ右ねじの向きとである。磁場の強さは単位長さあたりの巻き数 n [回/m] と電流 I [A] の積で表される。

$$H = nI \tag{10.25}$$

B　定常電流がつくる磁場

ビオ・サバールの法則を用いて，さまざまな電流のつくる静磁場を求めてみよう。

(1)　無限に長い直線電流がつくる静磁場

図 10.9 のように電流 I が微小部分 dz に流れる電流素片 $I\,dz$ が，点 P につくる磁場の強さ H を求める。ビオ・サバールの法則を用いて求めると，次のようになる。

$$dH = \frac{1}{4\pi}\int_{-\infty}^{\infty}\frac{I\,dz}{R^2}\sin\theta \tag{10.26}$$

ここで，$z = \dfrac{r}{\tan\theta}$, $R = \dfrac{r}{\sin\theta}$，さらに

$$dz = -\frac{r}{\sin^2\theta}\,d\theta \tag{10.27}$$

より，

$$dH = \frac{1}{4\pi}\int_0^{\pi}\frac{I\left(-\frac{r}{\sin^2\theta\,d\theta}\right)}{\left(\frac{r}{\sin\theta}\right)^2}\sin\theta \tag{10.28}$$

$$= \frac{1}{4\pi}\int_0^{\pi}\frac{I}{r}\sin\theta\,d\theta \tag{10.29}$$

$$= \frac{I}{4\pi r}\Big[-\cos\theta\Big]_0^{\pi} \tag{10.30}$$

$$= \frac{I}{2\pi r} \tag{10.31}$$

となり，(10.23) 式を得る。

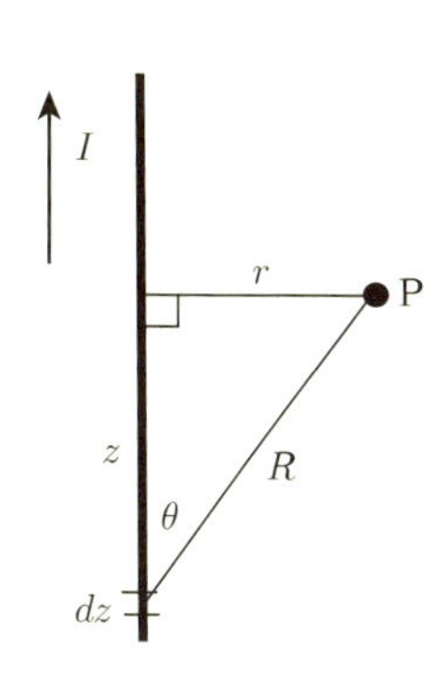

図 10.9 直流電流の微小な部分 dz がP点につくる微小な磁場 dH を考えるときの座標

(2) 円形電流がつくる静磁場

半径 r の円形導線に電流 I が流れている場合に，中心軸上の点Pにできる磁場をビオ・サバールの法則にしたがって求めてみよう。

$$H = \frac{1}{4\pi}\int\frac{Ids}{R^2}\sin\alpha = \frac{1}{4\pi}\int_0^{2\pi r}\frac{I\,ds}{R^2}\frac{r}{R} = \frac{Ir}{4\pi}\frac{2\pi r}{R^3} \tag{10.32}$$

ここで，$\dfrac{r}{R} = \sin\alpha$ より

$$= \frac{I}{2r}\sin^3\alpha \tag{10.33}$$

を得る。中心軸上での磁場の強さは，円形電流の中心が最大となり，円形電流から離れるにしたがって弱くなる。したがって，円形電流の中心での磁場の強さは $\alpha = \dfrac{\pi}{2}$ より

$$H = \frac{I}{2r}$$

となり，(10.24) 式を得る。

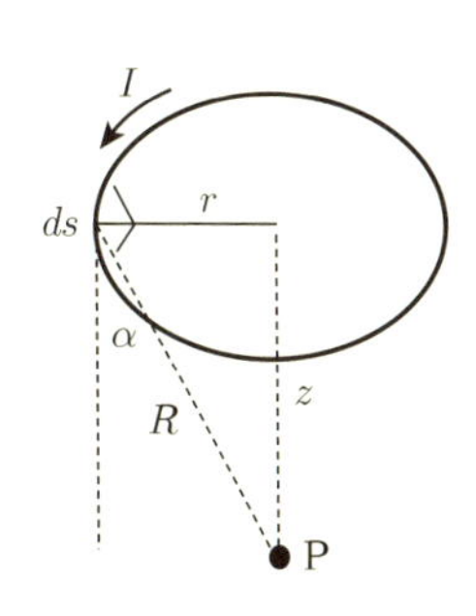

図 10.10 円形電流の微小な部分 ds がP点につくる微小な磁場 dH を考えるときの座標

点Pが中心軸上にある場合には，軸に垂直な磁場 H_r のベクトル和は0となるため簡単になるが，点Pが中心から外れている場合は，軸に平行な磁場 H_z と垂直な磁場 H_r とで合成された磁場が点Pにかかるため複雑になる。

(3) ソレノイドコイルがつくる静磁場

ソレノイドコイルは多数の円形電流の集まりとみなすことができるので，半径 r，長さ dx のソレノイドのつくる磁場は，単位長さあたりの巻き数を n として，以下のように表すことができる。

$$dH = \frac{I}{2r}\sin^3\alpha\cdot n\,dx \tag{10.34}$$

ここで，ソレノイドの中心軸上に点Pをとると，

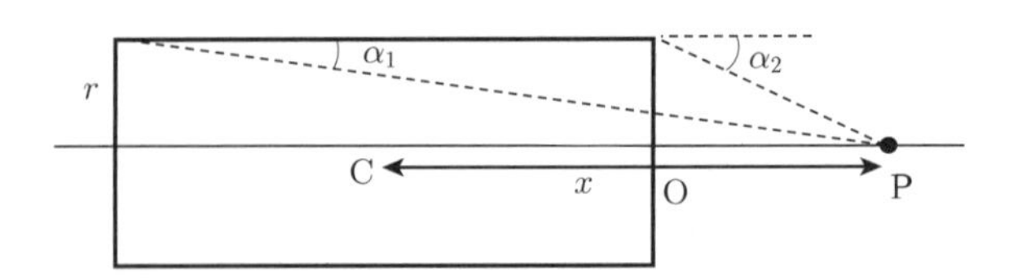

図 10.11 電流の微小な部分 ds とそれぞれが P 点につくる微小な磁場 dH との関係

$\tan\alpha = \dfrac{r}{x}$ より $\dfrac{dx}{d\alpha} = -\dfrac{r}{\sin^2\alpha}$ を用いて

$$H = \frac{I}{2r}\int_{\alpha_2}^{\alpha_1} \sin^3\alpha\left(-\frac{rn}{\sin^2\alpha}\right)d\alpha \tag{10.35}$$

$$= \frac{nI}{2}\int_{\alpha_2}^{\alpha_1} -\sin\alpha\, d\alpha = \frac{nI}{2}\Big[\cos\alpha\Big]_{\alpha_2}^{\alpha_1} \tag{10.36}$$

図 10.11 のように有限長の細長いソレノイドコイルの場合，中心軸上の P 点での磁場の強さは

$$= \frac{nI}{2}|\cos\alpha_1 - \cos\alpha_2| \tag{10.37}$$

となる。端面 O 点での中心軸上の磁場の強さは $\alpha_2 = \dfrac{\pi}{2}$，$\alpha_1$ は 0 と近似して

$$H = \frac{nI}{2} \tag{10.38}$$

ソレノイド中心 C 点の磁場の強さは $\alpha_1 = 0, \alpha_2 = \pi$ と近似すると

$$H = nI$$

となり，(10.25) 式を得る。

10.4　アンペールの法則

基礎事項

電流のつくる磁場を，磁力線に沿って 1 周したとき，経路に沿った磁場の強さの積算は，閉じた経路を通過する電流の総和に等しく，磁場の向きと電流の向きは，右ネジの法則に従う。これがアンペールの法則であり，以下のように表される。

$$\oint \boldsymbol{H}\,dl = \sum_i \boldsymbol{I}_i$$

ビオとサバールが，電流から磁場の強さを計算する方法を発見したのとほとんど同じ時期に，フランスの物理学者アンドレ＝マリ・アンペールは磁場の強さの空間的な性質と電流の関係を法則化した。ビオ・サバールの法則とアンペールの法則は同じ事実の別な表現であるが，磁場の強さの空間的な性質を数式で示すには，アンペールの法則が不可欠である。

A　アンペールの法則

前節にビオ・サバールの法則の適用例として，「無限に長い直線電流がつくる静磁場」を算出したが，そこで得られた式 (10.31) から，次のことがわかる。

「磁場の強さ H は，直線電流を中心にした半径 r の円周上では，どこでも等しく，その円周に沿って H を積算すると，円の内部を通過して流れる電流に等しい」

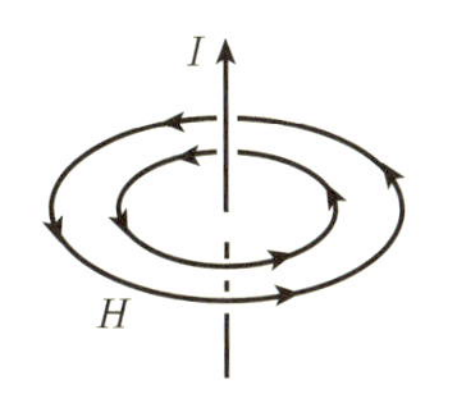

図 10.12 直線電流が周囲につくる磁場

一般に，磁場の強さを積算する経路が，円周でなく，磁場の強さが変化する経路でも，電流が流れる線が 1 本でなく，何本でも，電流と磁場の関係が成り立つことから，「電流のつくる磁場を，磁力線に沿って 1 周したとき，経路に沿った磁場の強さの積算は，閉じた経路を通過する電流の総和に等しい」といえる。さらに，「磁場の向きと電流の向きは，右ネジの法則に従う」。これらをまとめて**アンペールの法則** (Ampere's circuital law) という。アンペールの法則を一般化すると，円周上の微小長さ dl における磁場の強さが H であったとすると，以下のように表される。これをアンペールの積分則とよぶ。

$$\oint \boldsymbol{H}\,dl = \sum_i \boldsymbol{I}_i \tag{10.39}$$

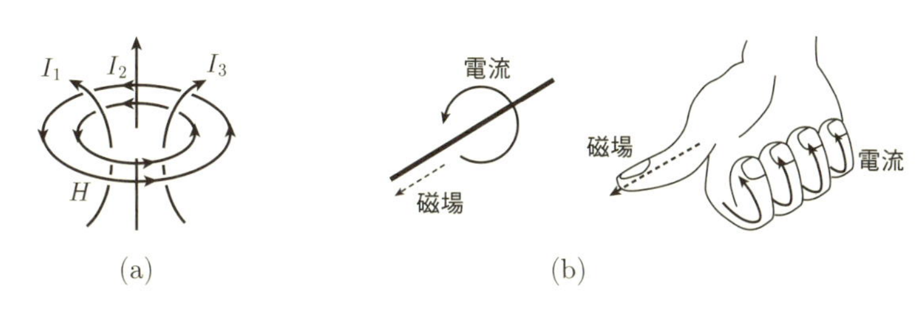

図 10.13 (a) 電流が流れる線が 1 本でなく，何本でも，電流と磁場の関係が成り立つ。
(b) 円電流がその中心につくる磁場の方向は右ネジの法則に従う。

B アンペールの法則の適用例

(1) 半径 R [m] の円形断面をもつ長い直線状の導線に，一様な定常電流 I_0 [A] が流れている場合の磁場

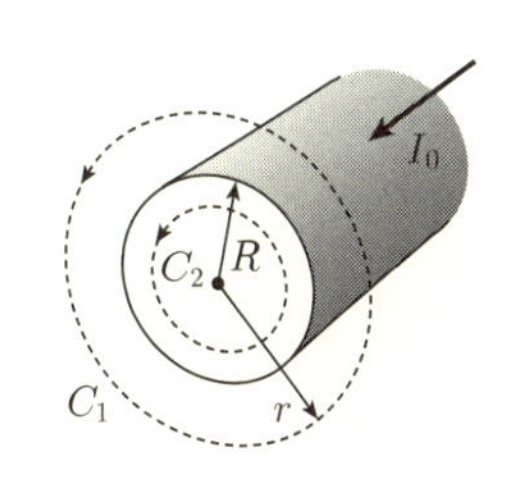

図 10.14 直線状導線に流れる電流と磁場の模式図

導線の中心から距離 r [m] の位置での磁場の強さを算出する。いま，導線の断面に一様に電流が流れているので，導線外 ($r \geq R$) と導線内 ($r < R$) とに分けて計算する。

① **$r \geq R$ の場合**

導線外の閉回路を考えれば良いので，例えば経路 C_1 を考えてアンペールの法則を適用すると

$$\oint_{C_1} H\,dl = \sum_i I_i = I_0 \tag{10.40}$$

となる。経路 C_1 は導線の中心と同心であることから，どこの場所でも磁場の強さ H は一定である。つまり，上式は

$$2\pi r H = I_0 \qquad \therefore\ H = \frac{I_0}{2\pi r} \tag{10.41}$$

となり，磁場の強さは中心からの距離に反比例することがわかる。

② $r < R$ **の場合**

導線内は距離によって電流が異なるので，その点を考慮する必要がある。電流密度 J [A/m^2] は

$$J = \frac{I_0}{\pi R^2} \tag{10.42}$$

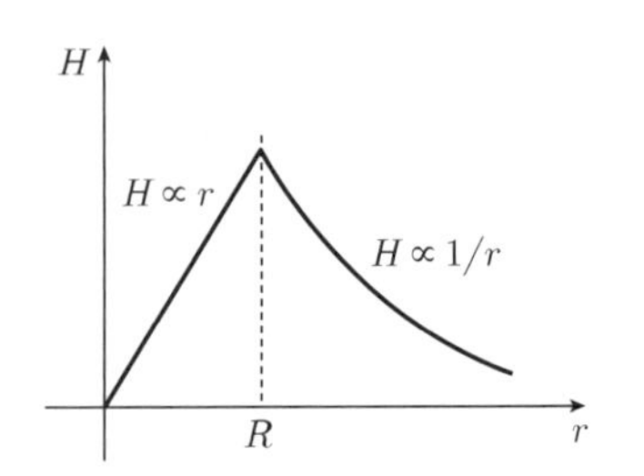

図 10.15 半径 R の導線に流れる電流がつくる磁場 H と距離 r との関係

なので，経路 C_2 を考えてアンペールの法則を適用すると

$$\oint_{C_2} H\,dl = I, \qquad I = \int_{C_2} J\,dA = \pi r^2 J = \frac{r^2}{R^2} I_0 \tag{10.43}$$

となる。さらに

$$2\pi r H = \frac{r^2}{R^2} I_0 \tag{10.44}$$

となり，次式のように磁場の強さは中心からの距離に比例して増加する。

$$H = \frac{r}{2\pi R^2} I_0 \tag{10.45}$$

(2)　ソレノイドコイル内の磁場

ソレノイドコイルは，円リングを重ねた構造と考えることができる。そのことから，ソレノイドコイルを流れる電流がつくる磁場を次のように考察してみよう (図 10.16 参照)。

① 円リングのごくごく近傍では，直線電流と見なせるので磁場は同心円に等しい値をとる。また，隣り合う円リングどうしを流れる電流がつくる磁場は打ち消し合っている。

② 円リングから離れたところでは，磁力線はつながり平行になる。

③ ソレノイドコイルの内側では，反対側の電流のつくる磁場と同方向なので強め合う。

④ 外側では対抗電流のつくる磁場と逆方向なので弱め合う。さらに，コイルから離れた遠くでは非常に弱くなる (巻き線が密で十分長い理想的なソレノイドでは，外へのもれがなくなり，外の磁場はゼロとなる)。

以上のように，ソレノイドコイル内には，長軸方向に一様な磁場がつくられていると定性的に理解できる。では，つくられた磁場はどのくらいになるか。

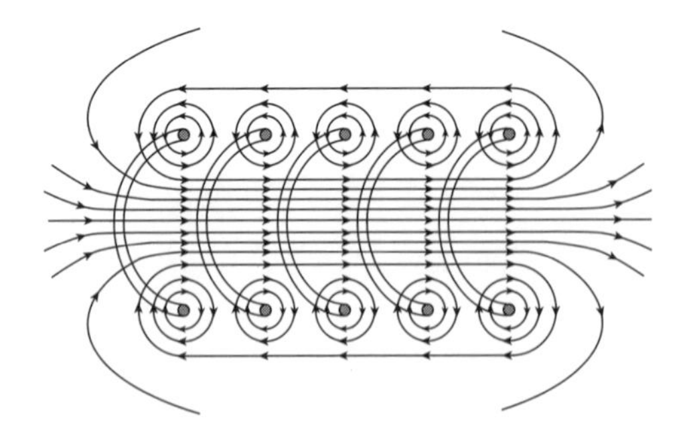

図 10.16 ソレノイドのまわりにできる磁場

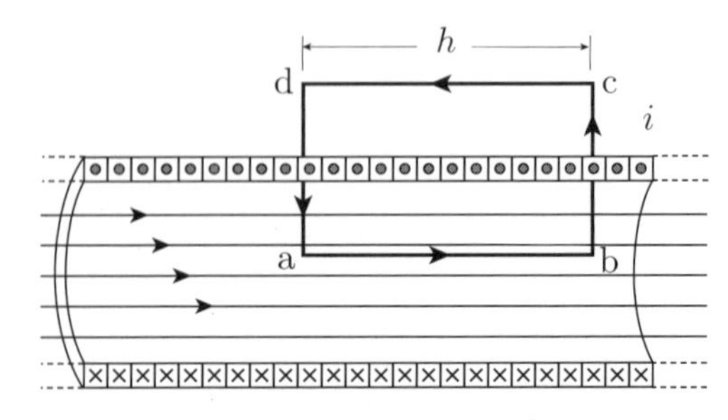

図 10.17 ソレノイドの内部にできる磁場

定量的に求めてみよう。

図 10.17 のような abcd のループを考え，アンペールの法則を適用する。

単位長さあたりのコイルの巻き数を n とすれば，ループを貫くコイルは nh 本あり (dc の長さ h とした)，1 本の円リングを流れる電流 I とすれば，ループ内の総電流量は Inh である。次に abcd の各点における磁場の強さを考える。

$H_{\mathrm{a\to b}} = H$　$\cdots$ a–b 間はどの点でも磁場の強さ H である

$H_{\mathrm{b\to c}} = 0$　$\cdots$ b–c 方向の磁場は存在しない

$H_{\mathrm{c\to d}} = 0$　$\cdots$ c–d 間はコイルの外なので磁場は存在しない

$H_{\mathrm{d\to a}} = 0$　$\cdots$ d–a 方向の磁場は存在しない

となり，

$$\int_{\mathrm{abcd}} H\,dl = Hh = Inh \tag{10.46}$$

$$\therefore\ H = nI \tag{10.47}$$

が求まる。これはソレノイドコイル内のどこでも同じ磁場の強さを示し，コイルの巻数と電流値によってのみ決まる値となることを示している (図 10.18 参照)。

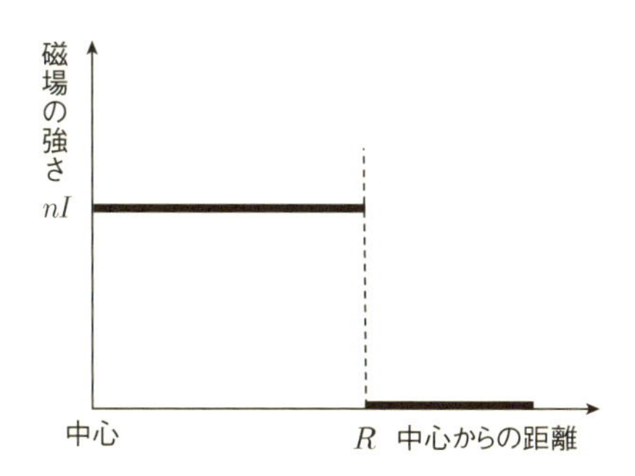

図 10.18　ソレノイドがつくる磁場。ソレノイドの中心を原点にし，中心軸に垂直な方向を横軸に取った。

(3)　トロイダルコイルのつくる磁場

ソレノイドコイルの両端をつないでドーナツ状にしたコイルがトロイダルコイルである (図 10.19)。ソレノイドコイルを流れる電流がつくる磁場とトロイダルコイルを流れる電流がつくる磁場は同じにるなのだろうか。アンペールの法則を適用して考えてみよう。

磁場はコイル内 (r_1 から r_2 の間) に閉じ込められており，その向きは，電流の流れる向きから図中矢印の向きである。

図 10.19 のような積分経路 C をとって，総巻数を N として，アンペールの法則を適用すれば次のように求めることができる。

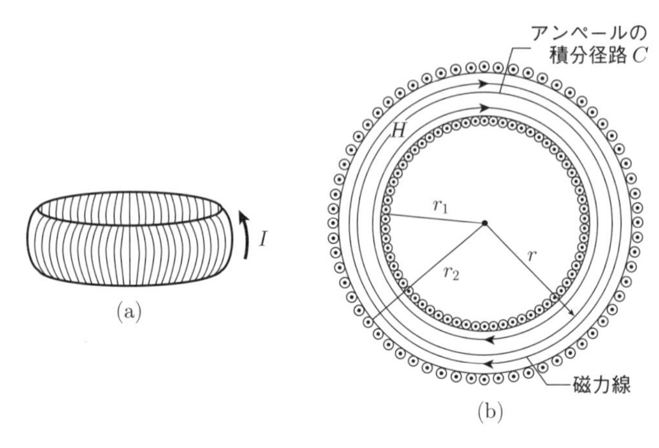

図 10.19 トロイダルソレノイド内にできる磁場

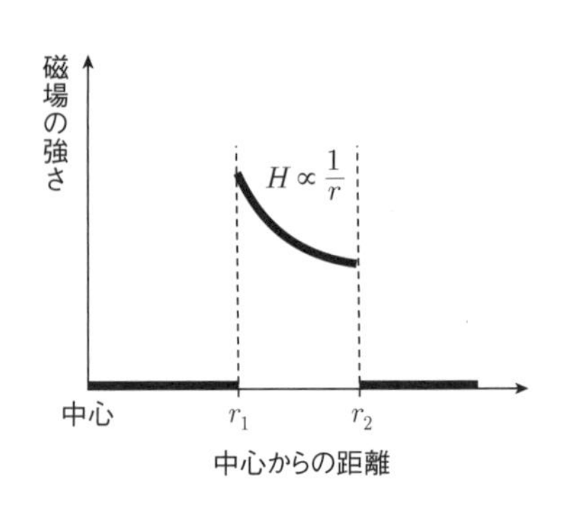

図 10.20 トロイダルコイルの法線方向の磁場の強さ

① $r_1 < r < r_2$ のとき

$$\oint_C \boldsymbol{H}\, d\boldsymbol{l} = \boldsymbol{I}N, \qquad 2\pi r H = IN \tag{10.48}$$

$$\therefore\ H = \frac{IN}{2\pi r} \tag{10.49}$$

② $r_1 > r,\ r > r_2$ のとき

積分経路の電流の総和は 0 になるので

$$\oint \boldsymbol{H}\, d\boldsymbol{l} = 0 \qquad \therefore\ H = 0 \tag{10.50}$$

コイル内部にできる磁場はソレノイドコイルの (10.47) 式とは違い，磁場の強さは (10.49) 式のように距離に反比例する。

これをグラフに表したものが図 10.20 である。

10.5 電流が磁場から受ける力

基礎事項

電流の流れる向きが，磁場の向きに対して，角度 θ 傾いている場合，導線が磁場から受ける力は次のように示される

$$F = \mu H I l \sin\theta$$

A 電流が磁場から受ける力

(1) 磁場に垂直に流れる電流が受ける力

図 10.21 のように磁石の間に導線をつり下げ，電流を流すと，導線は力を受ける。その力の大きさ F [N] は，静磁場の強さ H [A/m]，導線に流れる電流 I [A]，および磁場中の導線の長さ l [m] を用いて

$$F = \mu H I l \tag{10.51}$$

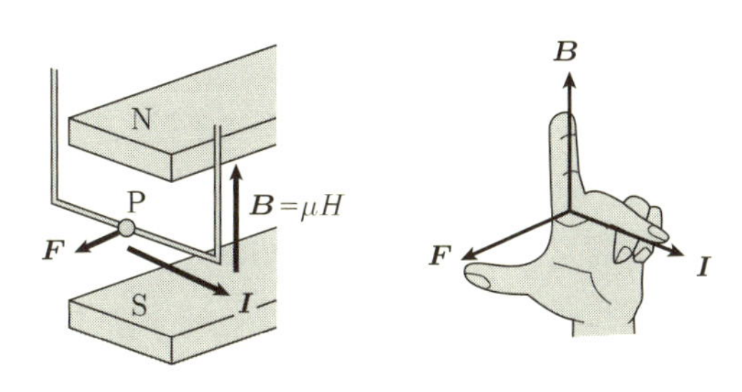

図 10.21 電流が磁場から受ける力とフレミングの左手の法則

と表される。ここで，比例定数 μ は導線の周囲の物質で決まる磁力線の集まりやすさであり，透磁率とよばれる。また，力のはたらく向きはフレミングの左手の法則に従った向きであることが知られている。

では，なぜこのような力がはたらくのか。その原理を考えてみよう。

図 10.22 は上下に磁石を配置し，その中心に電流が紙面表から裏に向かって流れている様子を描いている。磁石は N 極から S 極に向かった磁場をつくる。電流は，電子の流れであるから，磁場によるローレンツ力が電子にはたらくため，電流には図 10.22(b) の矢印方向に力がはたらく。また，次のようにも理解できる。磁石のつくる磁場と電流のつくる磁場とが重なり合う (図 10.22(a))。その結果，磁束密度の高い場所と低い場所ができ，電流の流れる導線は，磁束密度の低い方に押し出されるように力を受ける (図 10.22(b))。

どちらの説明も，同じ現象を違う角度から説明しているだけで，どちらも正しい。このように知見の深さに即して，現象を理解できる点も，物理学のおもしろさであろう。

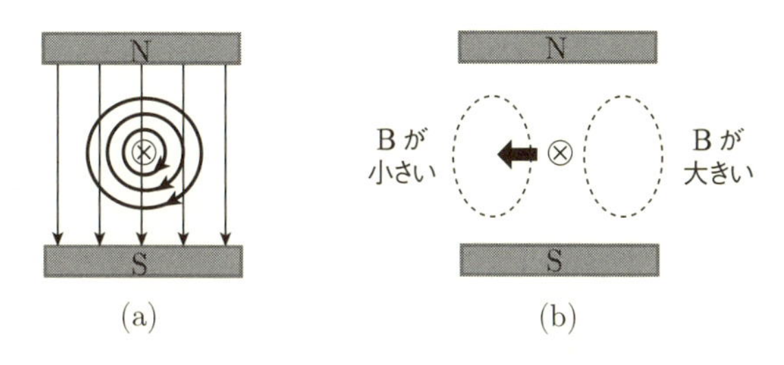

図 10.22 電流が磁場から受ける力

(2) 磁場に傾きをもって流れる電流が受ける力

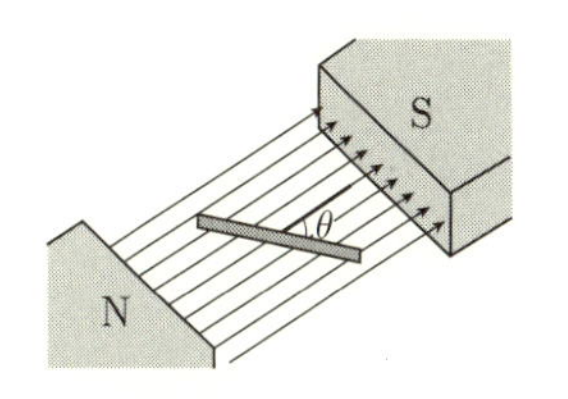

図 10.23 磁石と磁石のつくる磁場の向きから角度 θ 傾いた位置に置かれた導線

電流が磁場に対して垂直に置かれていない場合はどうであろうか。次はその場合について考えてみよう。

電流の流れる導線が磁場の向きに対して角度 θ 傾いている場合，(10.51) 式は以下のように書き換えられる。

$$F = \mu H I l \sin\theta \tag{10.52}$$

これは，$\theta = 90^\circ$ のとき (磁場に垂直に電流が流れるとき)，$\sin 90^\circ = 1$ で力 F は最大となり，$\theta = 0^\circ$ のとき (磁場に水平に電流が流れるとき)，$\sin 0^\circ = 0$ となり，力ははたらかない。

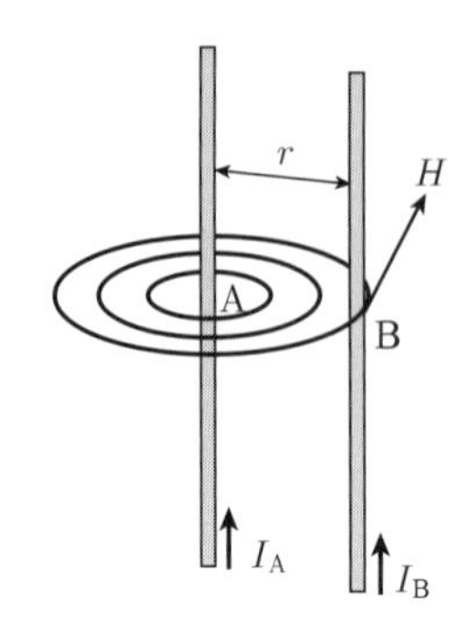

図 10.24　2 本の平行電流を表した模式図

A　平行電流が及ぼしあう力

十分に長い 2 本の導線 A, B を間隔 r [m] 離して平行に並べ，それぞれに電流 I_A [A], I_B [A] を流した場合に，導線 A が導線 B に及ぼす力を考えてみよう。

導線 A が導線 B の位置につくる磁場の強さ H は，(10.41) 式により $H = \dfrac{I_A}{2\pi r}$ であった。この磁場の強さから電流 I_B [A] が流れる導線 B の長さ l の部分が受ける力は (10.51) 式より

$$F = \mu H I_B l = \mu \frac{I_A I_B}{2\pi r} l \tag{10.53}$$

となる。

次に，力の向きについて考えてみよう。

$\boldsymbol{H} = \dfrac{1}{\mu}\boldsymbol{B}$ であるから，フレミングの左手の法則 (10.21) 式により同じ向きの平行電流のつくる磁場は，導線間では磁場の向きが逆であるために，図 10.25 のように，お互いに弱め合い，お互いの電流には引力がはたらく。一方，逆向きの平行電流がつくる磁場は強め合った結果，斥力がはたらく。

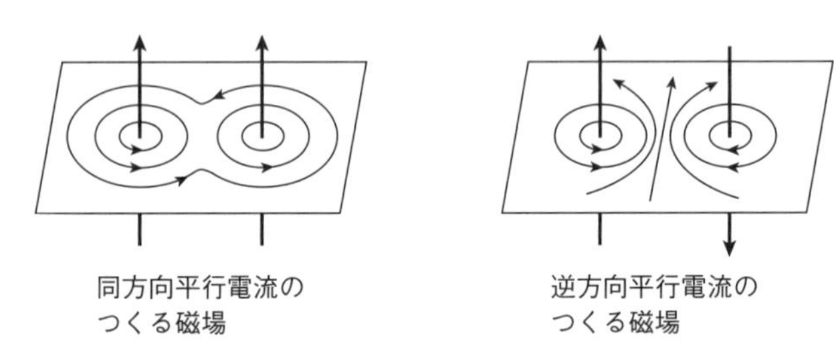

図 10.25　平行電流のつくる磁力線

10.6　電 磁 誘 導

基礎事項

静止している導線の閉じた回路を通過する磁束 (鎖交磁束) が変化するとき，その変化を妨げる方向に誘導電流を流そうとする以下のような誘導電圧 (起電力) が生じる。

$$V = -\frac{d\Phi}{dt}$$

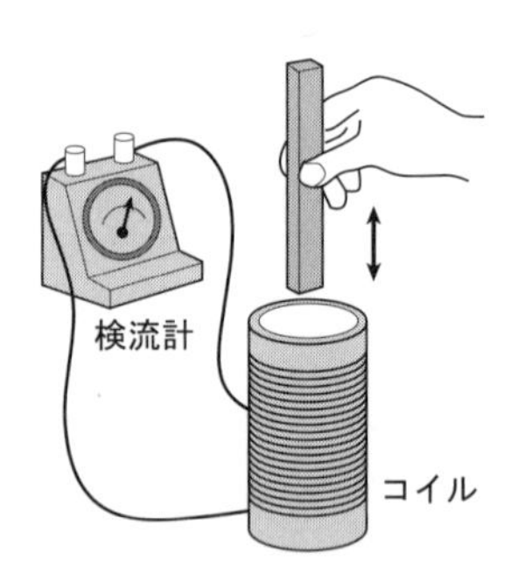

図 10.26　コイルに磁石を出し入れすると，コイルに電流が流れる

1831 年，ファラデーは磁石とコイルの相対運動によって電流が流れることを発見した。いわゆる**電磁誘導** (electromagnetic induction) である。磁石によってコイル内の磁束を変化させるとコイル内の電荷を動かす (電流を流す) ことができ，電荷が動く (電流が流れる) と磁界が発生し磁石に力が及ばされる現象で，発電機や電動機 (モータ) の原理である。

誘導電流の流れる方向は，コイルの中の磁場の変化をさまたげるような方向である。これはドイツの物理学者レンツが発見したので，レンツの法則として知られている。

A 電磁誘導の定式化

磁石の相対運動によって，コイル内の磁場の強さが変化する。磁場の強さの変化量を明らかにするため，ある面積 S を貫く磁束 Φ を定義する。磁束と磁束密度 B の関係は $\Phi = BS$ である。

磁束 Φ を用いて電磁誘導の法則を定式化すると，磁石とコイルの相対運動によって生じる起電力 V は

$$V = -\frac{d\Phi}{dt} \tag{10.54}$$

と表され，コイルを貫く磁束の時間的な変化量の大きさが，発生する起電力になる。この式のマイナス (–) は，レンツの法則によるもので，「磁場の変化をさまたげる方向」を示している。

B 電磁誘導の定式化

コイルの面積を変化させることで磁束に変化を与える場合を考える (図 10.27)。磁束密度 $\boldsymbol{B}$ の均一な磁場の中に，2 本の導線を平行にして置き (導線間の距離は l)，その端 O-O′ を導線で結んだ。さらに，この平行導線の上に垂直に速度 $\boldsymbol{v}$ で動く導体棒 XX′ を置いた。導体棒が動くことによって，導体棒の内部には電場 $\boldsymbol{E}$ $(= \boldsymbol{v} \times \boldsymbol{B})$ が発生し，電流が流れる ((10.8) 式参照)。電場の向きは，$\boldsymbol{v}$ と $\boldsymbol{B}$ のベクトル積の方向 (A → A′ の向き) であり，その大きさ $|\boldsymbol{E}|$ は以下のようになる。(このとき $\boldsymbol{v}$ と $\boldsymbol{B}$ のなす角を θ とした)。

$$|\boldsymbol{E}| = |\boldsymbol{v} \times \boldsymbol{B}| = vB\sin\theta \tag{10.55}$$

したがって，A-A′ 間に生じている誘導起電力 V は以下のようになる。

$$V = Ed = vBl\sin\theta \tag{10.56}$$

誘導起電力の向きは誘導電場の向きと同じである。これが発電機の原理となる**フレミングの右手の法則**である。さらに，磁束密度が時間的に変化しない場合を考え，速度を書き換えると

$$V = \frac{dx}{dt}Bl\sin\theta = \frac{d}{dt}(Bxl\sin\theta) \tag{10.57}$$

ここで，磁束が貫いている有効な面積は $S = xl\sin\theta$ なので，

$$V = \frac{d}{dt}(BS) = \frac{d\Phi}{dt} \tag{10.58}$$

となる。導体棒を流れる電流には，導体棒の運動を妨げる向きに力がはたらく (レンツの法則) ので，(10.58) 式にマイナスをつける。また，図 10.27 の閉回路

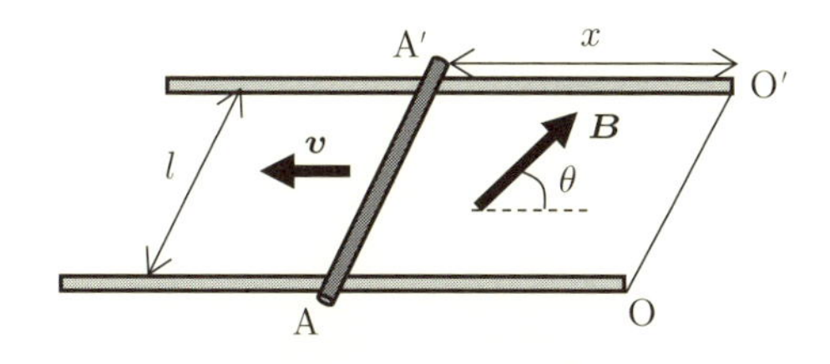

図 10.27 電磁誘導

は 1 巻きと考えることができるが，N 回巻かれたコイルの場合には，起電力は N 倍になり，

$$V = -N\frac{d\Phi}{dt} \tag{10.59}$$

と表される。これが，**ファラデーの電磁誘導の法則**である。上記では磁束密度の時間変化がないとして考えたが，電磁誘導の法則は，磁束密度に時間変化がある場合にも成立することがファラデーの実験により知られている。

演習問題 10

10.1 (**磁束密度と力**)　真空中で 1 T の磁場中にある 1 Wb の磁極に作用する力の大きさ F [N] を求めよ

10.2 (**電磁コイル**)　図 1 のように電磁石に電流を流すとき，図の A は N 極，S 極のいずれになるか。

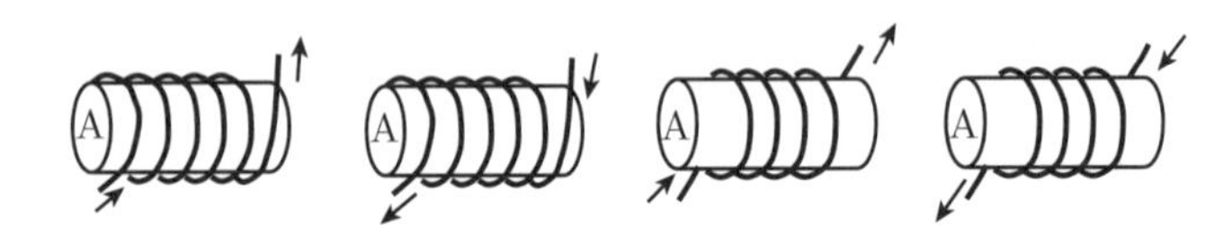

図 1

10.3 (**電磁コイル**)　直径 1 cm，厚さ 1 mm の厚さ方向に着磁された円板型の市販のネオジム磁石の中心表面磁束密度は 120 mT 程度である。直径 1 cm の 1 巻き円形コイルで，その中心の磁束密度が 120 mT の磁場をつくるためには，どれだけの電流を流せばよいか。

B

10.4 (**ローレンツ力**)　距離 a だけ離して互いに平行に配置された無限に長い 2 本の導線 A, B に，それぞれ大きさ $I_{\mathrm{A}}, I_{\mathrm{B}}$ の電流を同じ方向に流す。それぞれの導線が単位長さあたりに受けるローレンツ力 $f_{\mathrm{AB}}, f_{\mathrm{BA}}$ を求めなさい。ここで，導線 A が導線 B によってつくられる磁場から受ける単位長さあたりのローレンツ力を f_{AB} とし，導線 B から導線 A が受ける単位長さあたりのローレンツ力を f_{BA} とした。

10.5 (**誘導起電力**)　図 2 のように，棒磁石を一定の速度で円形コイル内を通過させる。コイルに流れる電流量の変化はどのようになるか。電流量の時間の関数としてグラフの概略を描け。図の矢印方向の電流を正とする。

10.6 (**ホール効果**)　自由電子が移動することによって導体には電流が流れる。導体中の自由電子の数密度 (単位体積あたりの個数) n は，その導体を特徴づける基本的な量の一つである。n を求める実験を考える。図 3 のように，幅が w，高さが d の長方形断面を持つまっすぐな導体中を大きさ I の電流が y 軸の正の向きに流れている。導体の幅と高さの方向にそれぞれ x 軸と z 軸をとる。また，導体の両方の側面 KLMN と PQRS の間の電位差を測定できるように電圧計が接続されている。電子の電荷を $-e$ $(e > 0)$ として，次の各問に答えなさい。

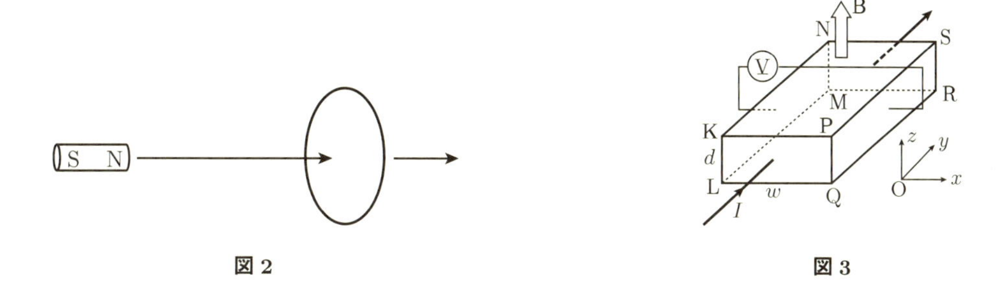

図 2　　　　　　図 3

(1) 自由電子はすべて速さ v で y 軸に平行に運動しているものとして，電流の大きさ I を w, d, n, e, v を用いて表しなさい。

(2) この導体に z 軸正の向きに，磁束密度 B の一様な磁場をかけた。このとき，自由電子 1 個の受けるローレンツ力の大きさはいくらになるか。また，力の向きは x 軸正または負のどちらか。

(3) 自由電子はローレンツ力により，導体側面の一方に集まり，他方は少なくなる。この結果，両方の側面には互いに反対符号で等しい量の電荷が現れ，導体内部には x 軸方向に電場が発生する。最終的には，この電場からの力と磁場によるローレンツ力がつりあって自由電子は (1) と同じように y 軸に平行に運動する。このときの電場の強さ E を v と B を使って求めなさい。

(4) (3) で自由電子が y 軸に平行に運動するようになったとき，導体の両方の側面の間の電位差 V を測定した。自由電子の数密度 n を，この V と，I, B, d, e を用いて求めよ

10.7 (**電磁誘導とローレンツ力**)　図 4 のように，水平な床の上に 2 本のなめらかな金属レールが間隔 L で平行に設置され，レールに垂直に導体棒が置かれている。レールには電圧 V の直流電源，および抵抗値 R の抵抗が接続され，全体に磁束密度 B の一様な磁場が鉛直上向きにかけられている。また，導体棒は手から，レールに平行な大きさ F の力を受けている。ただし，レールと導体棒およびその間の電気抵抗は無視できるものとする

(1) 導体棒が静止しているとき，F を式で表せ。

(2) 力の大きさ F を変えて，導体棒を左向きに一定の速さ v で運動させた。このとき，導体棒に流れる電流 I を式で表せ。

(3) (2) のとき，抵抗で消費される電力 P を表す式として正しいものを，次の①〜⑤のうちから 1 つ選べ。

①　0　　②　IV　　③　Fv　　④　$IV + Fv$　　⑤　$IV - Fv$

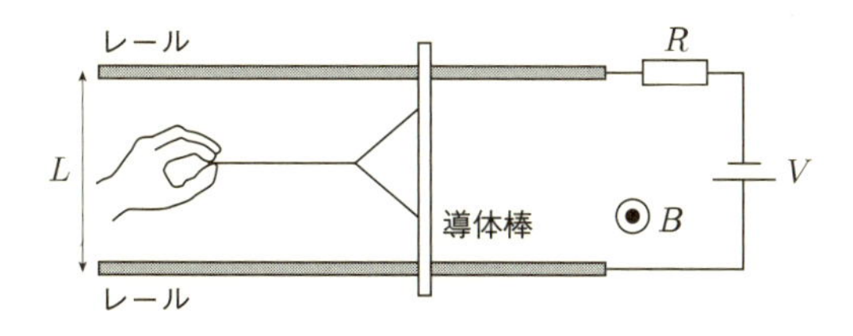

図 4

11 光と電子，原子

この章では光の粒子性と電子の波動性を説明し，一般に物質 (物質を構成する電子や陽子，光などの素粒子も含む) が「粒子性」と「波動性」の二面性をもつことを理解する。

11.1 光と電磁波

目で見える光と，電波などの電磁波は同一なものである。光の物理量を復習し，電磁波について見ていこう。

基礎事項

電磁波には，電波，赤外線，可視光線，紫外線，X 線，γ (ガンマ) 線の種類がある。

A 光の物理量

まず光 (可視光線) の物理量について復習しておこう。光の振動数 (周波数)ν と波長 λ には関係があり，

$$c = \lambda\nu \tag{11.1}$$

である。c は光速である。光の波長の単位は m (メートル) であるが，可視光線の波長の単位としては大きすぎるため，nm (ナノメートル) が用いられ，

$$1\ \mathrm{nm} = 10^{-9}\ \mathrm{m} \tag{11.2}$$

である。天文学や古い文献では，波長の単位としてÅ(オングストローム)* が用いられることがあり，

$$1\ \text{Å} = 10^{-10}\ \mathrm{m} \tag{11.3}$$

である。

* Å の記号は単に A とも書かれる。

[問 1] 5000 Å は何 nm か。

A 電 磁 波

光は電磁波 (electromagnetic wave) の一種である。電磁波は，波長または振動数 (エネルギー) に応じて，名前がつけられている。波長が長いものから短いものにかけて，電波 (radio wave)，赤外線 (infrared)，可視光線 (visible light)，紫外線 (ultraviolet)，X 線，γ (ガンマ) 線となる。また可視光線のことを一般に光という。電磁波における振動数と波長の関係は光の場合と同一であり，(11.1) 式で表される。

表 11.1 波長の単位

km	キロメートル	1000 m	$= 10^3$ m
cm	センチメートル	1/100 m	$= 10^{-2}$ m
mm	ミリメートル	1/1000 m	$= 10^{-3}$ m
μm	マイクロメートル (ミクロン)	1/1000000 m	$= 10^{-6}$ m
nm	ナノメートル	1/1000000000 m	$= 10^{-9}$ m

表 11.2 周波数の単位

kHz	キロヘルツ	1,000 Hz	$= 10^3$ Hz
MHz	メガヘルツ	1,000,000 Hz	$= 10^6$ Hz
GHz	ギガヘルツ	1,000,000,000 Hz	$= 10^9$ Hz
THz	テラヘルツ	1000,000,000,000 Hz	$= 10^{12}$ Hz

表 11.3 電磁波の一覧

名称	細分	波長
電波		> 1000 km
	極超長波	100-1000 km
	超長波	10-100 km
	長波	1-10 km
	中波	100-1000 m
	短波	10-100 m
	超短波	1-10 m
	極超短波	0.1-1 m
	センチ波	1-10 cm
	ミリ波	1-10 mm
	サブミリ波	0.1-1 mm
赤外線	遠赤外線	30-100 μm
	中間赤外線	3-30 μm
	近赤外線	0.75-3 μm
可視光線		380-750 nm
紫外線	近紫外線	200-380 nm
	遠紫外線	10-200 nm
X 線	軟 X 線	0.1-10 nm
	硬 X 線	0.001-0.1 nm
γ 線		< 0.001 nm

電磁波の波長の単位は m を基本とするが，電磁波全体を通してみると，波長の長さは何桁も異なる。このため，可視光線の波長の単位として用いられる nm 以外にも，小さい量を示す接頭字を付した単位が用いられる (表 11.1，付録参照)。また，電磁波の振動数の単位は Hz (ヘルツ) であるが，特に大きい量を示す接頭字を付した単位が用いられる (表 11.2，付録参照)。

可視光線は，人が見える範囲の光として定義できるので，(個人差はあるものの) 波長範囲を概ね正確に定めることができ，380 nm から 750 nm の波長を持つ。380 nm よりも短い波長を持つ光が紫外線，750 nm よりも長い波長を持つ光が赤外線となる。一方，可視光線以外の他の電磁波に関しては，明確な境界は存在しない (表 11.3)。

[問 2] 波長 1.9 mm の電磁波の周波数を求めよ。

B マクスウェル方程式と電磁波

マクスウェルは，電磁気学における諸現象が 4 つの基本法則から導かれることを示した。これらの 4 つをまとめてマクスウェル方程式 (Maxwell's equations) という。マクスウェル方程式は積分形と微分形があるが，ここでは微分形をまとめておく。$\boldsymbol{E}$ を 3 次元空間における電場，$\boldsymbol{B}$ を磁束密度とすると，次式が成り立つ。マクスウェル方程式から電磁波が導かれる。

真空中のマクスウェル方程式 (微分形)

<電場に関するガウスの法則>

$$\nabla \cdot \boldsymbol{E} = \frac{\rho}{\epsilon_0} \tag{11.4}$$

<磁場に関するガウスの法則>

(磁極の N 極と S 極は分離できないことを示す法則)

$$\nabla \cdot \boldsymbol{B} = 0 \tag{11.5}$$

<電磁誘導の法則>

$$\nabla \times \boldsymbol{E} = -\frac{\partial \boldsymbol{B}}{\partial t} \tag{11.6}$$

<マクスウェル・アンペールの法則>

$$\nabla \times \boldsymbol{B} = \mu_0 \boldsymbol{i} + \mu_0 \epsilon_0 \frac{\partial \boldsymbol{E}}{\partial t} \tag{11.7}$$

この連立偏微分方程式において，電磁波には電流や電荷が存在しないので，電流密度 $\boldsymbol{i} = 0$ と電荷密度 $\rho = 0$ とする。また $\boldsymbol{E} = (E, 0, 0)$, $\boldsymbol{B} = (0, B, 0)$ のとき次の波動方程式が導出できる。

$$\frac{\partial^2 E}{\partial t^2} = c^2 \frac{\partial^2 E}{\partial z^2} \tag{11.8}$$

ここで

$$c = \frac{1}{\sqrt{\mu_0 \epsilon_0}} \tag{11.9}$$

とおいた。この方程式は (5.29) 式と同じであるので，電磁波の伝わる速さが c である。磁場 $\boldsymbol{B}$ に対しても時間空間変化を表す式が波動方程式になることから，電磁波が予言された。

11.2　光の二重性

7 章で述べたヤングの光の干渉実験などで知られているように，古くから，光は波動であることが知られていた。波動としてのエネルギーは，振幅や波長を変えることによって，連続的に変化するものであるとの認識があった。しかし，光電効果やコンプトン効果の発見によって，光のエネルギーはかたまり $h\nu$ (ν は光の振動数，h はプランク定数) の整数倍として数えなければならないことが示された。その後の量子力学の結論として，光は粒子と波動の二重性を持つことが示されていく。ここでは，光の粒子説に関する光電効果について述べる。

基礎事項

金属に短波長の光を照射すると，電子が飛び出たり，電流が流れたりする光電効果が起こる。

光のエネルギーは $E = h\nu$ であり，光の運動量は $p = \dfrac{h}{\lambda}$ である。さらに，エネルギーの単位は電子ボルトといい，$1\ \mathrm{eV} = 1.60 \times 10^{-19}\ \mathrm{J}$ である。

A 光電効果

(1) 光電効果の実験

19 世紀にヘルツは電磁波の発信と受信の実験を行い，電磁波の存在を実証した。ヘルツは電磁波を発生させる実験で，紫外線を金属に照射すると火花がでることに気づいた。これは，金属面から電子が飛び出す現象を意味し，この現象を**光電効果** (photoelectric effect) という。レーナルトは，この効果を詳しく調べ，振動数が大きい光をあてないと，電子の放出の現象は起こらないことを発見した。

光電効果が起こる条件と，光電効果の性質をまとめておこう。

① $\nu < \nu_0$ をみたす振動数の光では，どれだけ強い光をあてても電子は出ない。

② $\nu > \nu_0$ をみたす振動数の光は，弱い光でも電子が飛び出る。

③ 飛び出た電子の最大の運動エネルギー K は $(\nu - \nu_0)$ に比例する。

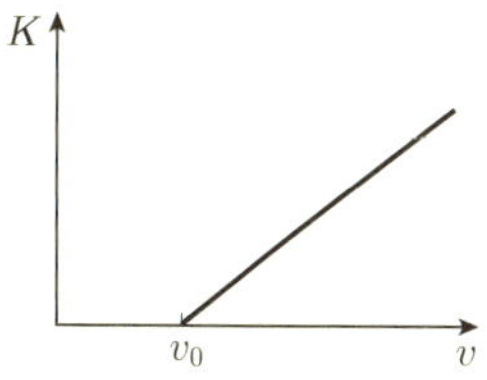

図 11.1 光電効果

①と②を両立する説明は，波動の立場では不可能であった。強い光とは波の振幅が大きいことであり，エネルギーも多いことである。①は多くのエネルギーを投入しても電子は出ず，②は少ないエネルギーでも電子がでるという矛盾を含んでいる。①②を両立させる考え方が，光のエネルギーにはある単位があって，この整数倍でしかエネルギーのやりとりできないという考え方である。

(2) 光のエネルギー

アインシュタインは，光のエネルギーの単位を $h\nu$ とする考えで光電効果を説明した。これを光量子あるいは**光子** (フォトン，photon) という。振動数 ν の光は

$$E = h\nu \tag{11.10}$$

の整数倍のエネルギーを持つ。ここで $h = 6.62607 \times 10^{-34}$ J·s であり，これをプランク定数という。アインシュタインの特殊相対性理論によれば，光の運動量の大きさは

$$p = \frac{E}{c} = \frac{h\nu}{c} = \frac{h}{\lambda} \tag{11.11}$$

となる。このように光は質量を持たないがエネルギーと運動量をもつ一種の粒子である。

(3) アインシュタインの理論

アインシュタインは，光電効果で飛び出す電子 (光電子) が持つ運動エネルギー K は

$$K = h\nu - W \tag{11.12}$$

と表せるとした。ここで W を仕事関数 (work function) といい，電子が金属から飛び出すのに必要なエネルギーを表す。$W = h\nu_0$ とおくと，

$$K = h(\nu - \nu_0) \tag{11.13}$$

とかける。ここで ν_0 を限界振動数という。ν_0 より大きい振動数の電磁波，すなわちエネルギーの大きい光をあてたときのみ，光電効果が起こる。仕事関数の大きさは金属表面の種類や状態に依存する。

(4)　電子ボルト

光子 1 個がもつエネルギーは日常のエネルギーに比べずっと小さいため，エネルギーの単位として，電子ボルト (eV，electron volt) が使われ，

$$1\ \mathrm{eV} = 1.60 \times 10^{-19}\ \mathrm{J} \tag{11.14}$$

である。1 eV は電子が真空中で 1 V の電圧で加速されるときに得る運動エネルギーの大きさである。

［問 3］ 1 keV と 1 MeV のエネルギーを持つ光子の電磁波の種類はそれぞれ何か？

(5)　コンプトン効果と光の運動量

コンプトンは X 線を物質に照射すると，散乱された X 線には入射された波長 λ の電磁波より長い波長 λ' を持つ X 線が現れることに気づいた (1923 年)。このとき，次の性質を示す。

① $\lambda' - \lambda$ は X 線の散乱角 θ と次の関係がある。

$$\lambda' - \lambda \propto \sin^2 \frac{\theta}{2} \tag{11.15}$$

② この現象は X 線を照射する物質によらない普遍的な性質である。

コンプトンは，X 線をエネルギー $E = h\nu$，運動量 $p = h/\lambda$ を持つ光子の流れとして考え，自由電子との衝突によってエネルギーと運動量のやりとりを評価した。その結果，X 線の散乱角 θ と波長の差 $\Delta\lambda = \lambda' - \lambda$ には

$$\Delta\lambda = \frac{h}{mc}(1 - \cos\theta) = \frac{2h}{mc}\sin^2 \frac{\theta}{2} \tag{11.16}$$

の関係が導かれた。この効果はコンプトン効果といい，X 線を粒子とみなし，X 線が金属中の自由電子と衝突すると説明できる。

(6)　CCD

CCD とは，Charge Coupled Device の略で電荷結合素子である。半導体における光電効果を利用し，光を電気信号に変えて，光の強さを見積もる装置である。画素とよばれる小さな素子が 100 万以上も集まって構成される。素子には光の量に比例した電荷が蓄積される。蓄積された電荷は電気的な結合の性質を利用し CCD 転送路を通じて，リレー式に転送されるため，電荷結合とよばれている。

11.3　電子の二重性

電子は質量を持つ粒子であるが，波動としての特徴である干渉や回折を示した。この節では，電子の波動性について説明する。このことによって，一般に，物質が粒子性と波動性という「二面性」を持つことを理解する。

基礎事項

電子など質量を持つ粒子も干渉や回折など波動の性質を示す。これを物質波という。物質波の波長 λ (ド・ブロイ波長) は，運動量の大きさ $p = mv$ を用いて次のように表される。

$$\lambda = \frac{h}{p} = \frac{h}{mv}$$

A　ド・ブロイの物質波

ド・ブロイは質量 m の粒子が大きさ $p = mv$ の運動量で運動しているとき，この粒子は波長

$$\lambda = \frac{h}{p} = \frac{h}{mv} \tag{11.17}$$

の波動としての性質をあわせ持つと主張した。このような質量を持つ粒子の波動を**物質波** (matter wave) という。この考え方は 20 世紀にド・ブロイによって提案されたので，ド・ブロイ波ということもある。

(1)　電子回折

数 eV 程度の比較的小さいエネルギーの電子線を単結晶の金属面に当てると，反射した電子線の回折像に線や帯のような干渉模様が現れる。これらを総称し，菊池パターン (Kikuchi pattern) とよぶ。これは電子線が波動としての特徴である「回折」を示したためである。電圧 V で加速された電子線に対して，ド・ブロイの物質波の波長は

$$\lambda = \frac{h}{\sqrt{2meV}} \tag{11.18}$$

となる。この波長を用いると電子の回折現象が見事に説明できた。上記の波長は金属中の原子間隔と同じ程度の長さである。

(2)　電子線の干渉実験

トムソンとデイヴィソンは，電子の流れにスリットを置き，到達した検出面を調べたところ，光と同様に干渉が起こることを発見した。これにより電子も波の性質を持つことが証明され，光と同様に，粒子と波動の二重性を持つことがわかった。

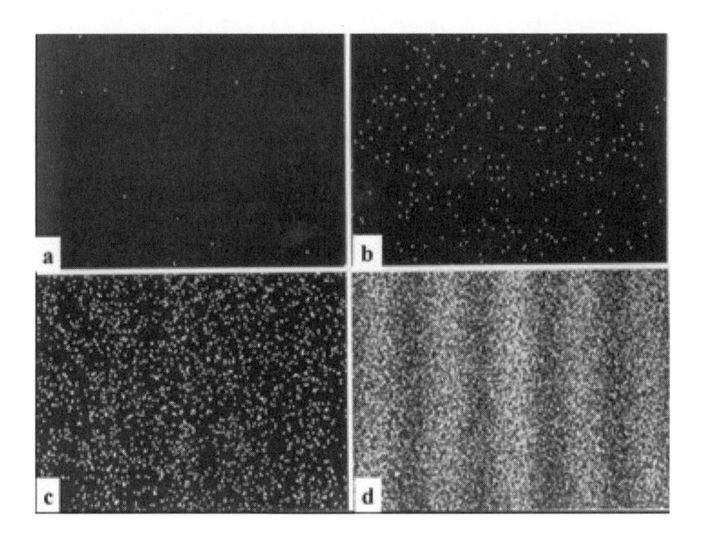

図 11.3 電子線の干渉実験

(https://www.hitachi.co.jp/rd/portal/highlight/quantum/doubleslit/)

11.4　放射の種類

スペクトルに分けられた光は，連続的に分布する場合，離散的に分布する場合がある。連続的に分布した光をよく見ると暗い線が観測されることがある。スペクトルに見られる特徴と，その原因について探っていこう。

基礎事項

高温な元素からは，その元素固有の波長の光が放射される。これを線スペクトルという。また，元素は，その元素固有の波長の光を吸収する。

水素原子の線スペクトルの波長は，リュードベリの公式

$$\frac{1}{\lambda} = R_H \left(\frac{1}{m^2} - \frac{1}{n^2} \right)$$

で表される。線スペクトル以外にも物体は温度に応じた連続的な光 (連続スペクトル) を放射する。この放射を**黒体放射 (熱放射)** という。

A　線スペクトル

(1)　線スペクトルの観測

太陽の光はプリズムや回折格子を通して見ると虹色に分かれる。この**連続スペクトル** (continuous spectrum) をよく見ると，ところどころ暗い線が見られる。19 世紀にフラウンホーファーが太陽のスペクトルのこの暗線をよく調べて分類したため，フラウンホーファー線とよばれる。フラウンホーファーは太陽スペクトルの暗線のうち，顕著なものをアルファベットの大文字 A から H までと K などを用いて記した。当時は暗線の原因は知られていなかったが，のちに元素固有のものであることが判明していく。例えば，フラウンホーファー線の D 線はナトリウムによるものである。

蛍光灯の光も回折格子などを通して見ると色に分かれるが，太陽の光とは違

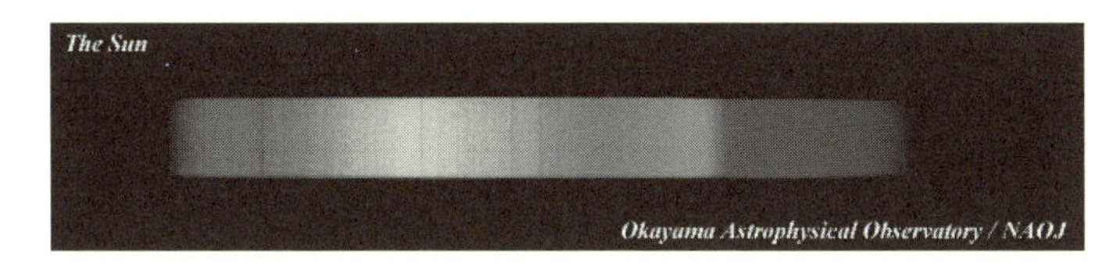

図 11.4 太陽スペクトル (国立天文台ホームページより)

い，ところどころ明るい線のみが見られる。こういった放電管からのスペクトルで輝いて見える線を輝線 (emission line) といい，太陽の暗線はその性質から吸収線 (absorption line) という。放電管には，高温の気体の原子が密封されており，特定の波長の光を放射する。トンネルでよく使われるオレンジ色のランプの光はナトリウムの輝線 (D 線) である。

(2)　水素原子の線スペクトルとさまざまな系列

水素原子の線スペクトルの波長は観測で調べられ，バルマーらによって規則性があることが発見された。これはのちに原子物理学や量子力学によって理論的に説明されることになるが，ここでは観測で求められた法則について示す。

(3)　バルマー系列

バルマーは可視光で見られる水素原子の線スペクトルの波長が，ある数列で表されることに気づいた (1885 年)。

$$\lambda = f\left(\frac{n^2}{n^2-4}\right) \tag{11.19}$$

ここで n は 3 以上の整数であり，$f = 364.56$ nm である。

図 11.5 水素原子のスペクトル (Wikipedia Creative Commons より)

例題 1　(11.19) 式において $n=3,4,5$ のときの波長を求めよ。

［解答］　$n=3$ のとき，$\lambda=656$ nm (Hα 線という，赤色)

$n=4$ のとき，$\lambda=486$ nm (Hβ 線という，水色)

$n=5$ のとき，$\lambda=434$ nm (Hγ 線という，青色)

ここで，フラウンホーファー線の C 線は Hα 線，F 線は Hβ 線にそれぞれ対応している。このことは，太陽の大気には水素原子が含まれていることを示す。

(4) リュードベリの公式

リュードベリは，水素原子の線スペクトルの波長が

$$\frac{1}{\lambda} = R_H\left(\frac{1}{m^2} - \frac{1}{n^2}\right) \tag{11.20}$$

と数列で表されることを示した (1890 年)。ここで $R_H = 1.097 \times 10^7\ \mathrm{m}^{-1}$ であり，リュードベリ定数という。$m = 2$ のときがバルマー系列に相当する。m と n は正の整数であり，$n > m$ を満たす。

(5) その他の水素原子のスペクトル

リュードベリの公式において，$m = 1$ のときと $m = 3$ のときは，その電磁波は紫外線と赤外線となる。紫外線の系列はライマンによって調べられ，ライマン系列とよばれる。赤外線の系列はパッシェンによって調べられ，パッシェン系列とよばれる。

(6) 天体分光学

星や星雲のスペクトルを調べると，さまざまな吸収線や輝線が見られる。これらを調べることによって，その天体に含まれる物質，状態，運動などを調べることが可能である。こういった研究を天体分光学という。原子番号 2 番のヘリウムは，太陽 (彩層) の分光スペクトルの観測によって，1868 年に見つかった物質である。宇宙での物質の状態を地上で再現することは困難であるため，現代においても，未同定な吸収線は複数存在し，理論研究および観測研究が続けられている。

また天体には光の速度に近い速度で運動するものがある。こういった天体では光のドップラー効果の影響は大きく，光の波長が大きく変化する。紫外線として放射された光が，地球では可視光線や赤外線として観測されることがある。

A 黒体放射

鉄を高炉で高温に熱すると赤く輝く。このとき，物質はその温度に対応した連続スペクトルを放射する。これを**黒体放射** (black-body radiation) または**熱放射** (thermal radiation) という。18 世紀から 19 世紀の産業革命の時代において，溶鉱炉で鉄鉱石から鉄が生産されていたが，このとき問題になったのは，溶鉱炉における鉄の温度である。こういった観点から放射と温度の関係に関する研究がすすめられた。まずは，黒体放射の特徴について，ウィーンの法則とステファン・ボルツマンの法則とよばれる 2 つの法則を見ていこう。

(1) ウィーンの法則 (変位則)

黒体放射において，放射が最も強い波長と物体の温度 T には

$$\lambda_{\max} T = 2.9 \times 10^{-3} m \cdot K \tag{11.21}$$

の関係が成り立ち，これをウィーンの変位則という (1893 年)。温度と波長の積が一定であることから，高温の物質では波長が短い電磁波の強度が強く，低温度の物質では波長が長い電磁波の強度が強くなる。

例題 2　太陽の温度を 5800 K としたとき，$\lambda_{\max}$ を求めよ。

［解答］　$\lambda_{\max} \cdot 5800\ \mathrm{K} = 2.9 \times 10^{-3}\ \mathrm{m \cdot K}$

$$\lambda_{\max} = \frac{2.9 \times 10^{-3}}{5800} = 0.5 \times 10^{-6}\ \mathrm{m} = 500\mathrm{nm}(\text{緑色})$$

［問 4］　37°C の人体が放射している電磁波はどの波長で最も強いか求めよ。

(2)　ステファン・ボルツマンの法則

温度 T の物体から放射される電磁波の全エネルギー流束は

$$F = \sigma T^4 \tag{11.22}$$

と表される。ここで $\sigma = 5.67 \times 10^{-8}\ \mathrm{W/m^2K^4}$ であり，ステファン・ボルツマン定数という。ステファンが実験 (1879 年) で，ボルツマンが理論的 (1884 年) に明らかにした。エネルギー流束とは，単位面積当たりのエネルギー流である。

例題 3　温度が 2 倍異なる物体では，放射の全エネルギー流束はどれだけ異なるか？

［解答］　16 倍異なる。

(3)　プランクの法則

黒体放射のスペクトルは統計力学によって理論的に導かれた。ここではその導出には触れず，そのスペクトルを表す式を示す。プランクはいろいろな温度の炉から出る可視光線・赤外線・紫外線などの電磁波について，スペクトルの放射強度を表す公式を発見した (1900 年)。この関数をプランク分布といい，

$$I(\lambda, T) = \frac{2hc^2}{\lambda^5} \frac{1}{e^{\frac{hc}{\lambda kT}} - 1} \tag{11.23}$$

と表される。

(4)　その他の法則

プランクの法則が導かれる前には，黒体放射のスペクトルを表すものとして，長波長と短波長で異なる法則が知られていた。長波長側の式をレイリー・ジーンズの法則といい，短波長側の式をウィーンの法則という。両式はプランクの法則の極限を考えることで導かれる。

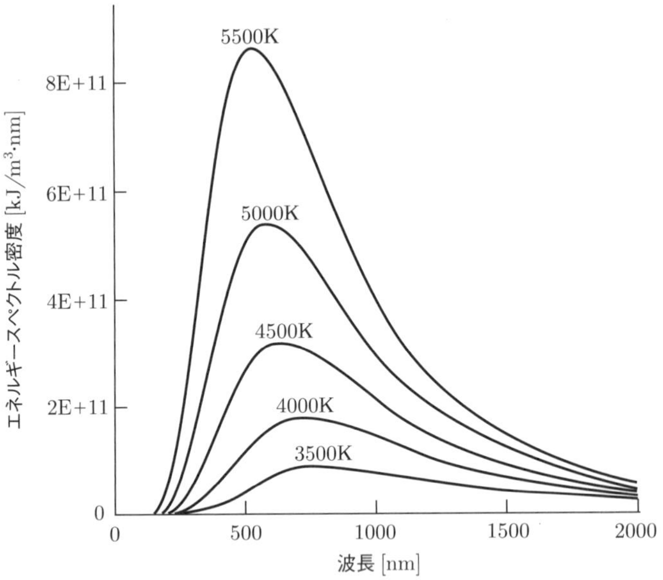

図 11.6 プランク分布

B　制動放射

電子が電場による力を受けて加速度運動をするときに，電磁波を放射する。これを制動放射という。制動とはブレーキをかけることであり，電子はさまざまな場で減速をうける。

自由電子が正イオンの近くを運動するとき，静電気力によって加速をうける。これを制動放射 * という。熱平衡にある電子プラズマからの制動放射を熱制動放射という。これは**自由-自由放射** (free-free radiation) ともよばれ，天体では温度が 1 万度を超える電離領域で生じる。

* ドイツ語ではブレームシュトラルング (Bremsstrahlung) という。

磁場があると，自由電子は磁気力をうけて，磁力線のまわりをらせん運動し，電磁波を放射する。これをシンクロトロン放射という。

11.5　原子の構造

原子は原子核と電子からなる。原子の構造に関してはさまざまなモデルが考えられたが，α 粒子を用いた衝突実験により，原子の中には正電荷が集中した原子核があることがわかった。ここでは原子の構造について述べる。

基礎事項

原子は正の電荷を持つ原子核と負の電荷を持つ電子からなり，原子核は正の電荷を持つ陽子と電荷を持たない中性子からなる。

A　電子と原子核

原子における電子は後に述べる放電管実験で発見される。電場をかけ，電子の運動を調べることでその質量が見積もられた。原子核は後に述べるヘリウムを用いた衝突実験で発見され，その質量や大きさが見積もられた。

(1)　電子と陽子の質量

電子の質量は

$$m = 9.1094 \times 10^{-31}\ \mathrm{kg} \tag{11.24}$$

である。一方，陽子の質量は

$$m = 1.6726 \times 10^{-27}\ \mathrm{kg} \tag{11.25}$$

であり，電子の質量は陽子に比べてずっと小さい。中性子の質量は

$$m = 1.6749 \times 10^{-27}\ \mathrm{kg} \tag{11.26}$$

であり，陽子の質量に比べてわずかに大きい。

[問 5]　陽子と電子の質量の比を求めよ。

(2)　原子と原子核の大きさ

原子の大きさは 10^{-10} m ほどであるが，原子核の大きさは 10^{-15}〜10^{-14} m 程度の大きさである。

B　電子と原子核の発見

真空状態にしたガラス管に金属電極をつけ，高電圧をかけると放電現象が起こる。こういった装置を放電管という。正 (プラス) の電荷をもった粒子は陰極に衝突し，その際に電子が発生する。電子は陰極から反発力を受けて外に飛び出し，陽極に向かう。これを陰極線とよぶ。陰極線は高速であるため，ガラス管に衝突し，それを発光 (蛍光) させる。トムソンは放電管の実験 (1897 年) において，陰極線が電場によって曲がることを示した。曲がる様子から陰極線は原子に比べずっと軽く，負の電荷を持った粒子 (電子) と結論づけた。トムソンの実験から電子の質量と電子が持つ電気量の比 (比電化) が見積もられた。

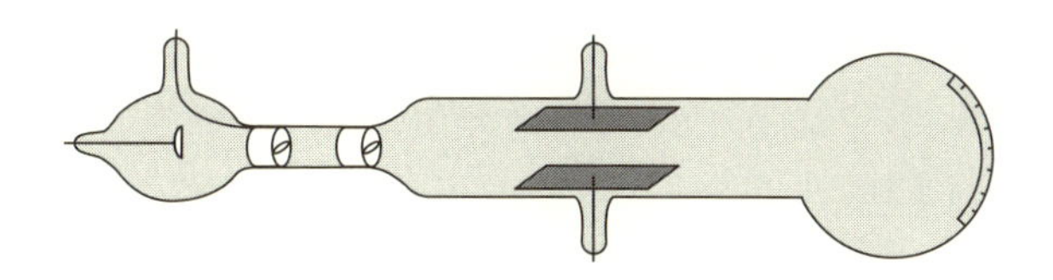

図 11.7　トムソンによる陰極管の模式図

陰極線の実験から負の電子を持った電子が発見された。電子はすべての元素の原子が持っていると考えられていた。一方，原子は電気的に中性であるために，どこかに正の電気を持つ必要がある。トムソンは正に帯電した球の中に電子が存在するという模型を考えた。この考えだと正の電気を持つ陽子がばらばらに存在することになる。

ラザフォードはガイガーとマースデンにヘリウム原子核 (アルファ粒子) を薄い金箔に衝突させる実験を行わせた。多くの放射線は金箔を素通りしたが，

中には 90° 以上曲げられたり跳ね返るものもあった。これは原子の中に小さな核 (原子核) があることを示す。ラザフォードは，原子には正電荷をもつ原子核があり，その電荷のまわりを電子が雲のように飛び回っているとした原子モデルを考えた (1911 年)。しかしながら，このモデルでは原子からの線スペクトルがとびとびになるといった現象 (11.4 節) を説明できない。この欠点は，ボーアによって解決される。

B　中性子の発見

チャドウィックは，陽子とほぼ同じ質量で電荷を持たない中性の粒子を発見した (1932 年)。元素は原子核の陽子の個数に基づいて性質が異なり，周期的に似た性質を示す元素があることから周期表としてまとめられている。

11.6　原子模型と電子のエネルギー準位

原子は特定の波長の光を放射したり，吸収したりすることで，原子の電子のエネルギー状態が変化する。この原子の状態変化は前期量子論の原子模型によって説明づけられた。ここではボーアによる原子模型について述べる。

基礎事項

原子は，その原子に応じた特有の電子エネルギー状態 (エネルギー準位) をもつ。通常，電子エネルギーは最低の状態 (基底状態) にある。特定の光を吸収するとエネルギー準位が上がり，特定の光を放射するとエネルギー準位が下がる。

エネルギー状態が変化することを遷移という。電子のエネルギー状態が E_n から E_m に変化するとき，$E_n > E_m$ であれば，次の式に従って振動数 ν の光を放射する。

$$E_n - E_m = h\nu$$

A　ボーアの原子模型

ボーアは，原子の構造に関して，正の電荷を持つ原子核のまわりを負の電荷を持つ電子が静電気力を受けて，ニュートンの運動方程式に従って運動をしていると考えた。しかし，電磁気学の理論では，周回する電子は電磁波を放出してエネルギーを失い，電子の軌道半径は次第に減少していき，遂には，電子は原子核に取り込まれてしまうことになる。これは，原子が安定して存在しないことになるので，現実とは矛盾する。この矛盾を解消するために，ボーアは電子の波動性を取り入れた「量子条件」を付加した。これによって，水素原子中の電子のエネルギーは電子が楕円運動をしていても，とびとびの一定値をとることが示されると同時に，原子は安定して存在することが示された。また，光の放出は，電子がエネルギーの異なる状態間を遷移する (飛び移る) ことによって起こるという「振動数条件」を提案して線スペクトルの波長の関係式を見事に説明した。

簡単のため，水素原子を考え，陽子のまわりを電子が半径 r，速さ v で円運動をしていると仮定する。陽子の質量は電子の質量の約 2000 倍であるから陽

子は静止していると考えて良い。このとき，電子の運動方程式は

$$m\frac{v^2}{r} = \frac{1}{4\pi\epsilon_0}\frac{e^2}{r^2} \tag{11.27}$$

となる。電子は波長 λ の波動性を持つので，円軌道を一周する距離は波長の整数倍となる定常波でなければならない。すなわち，

$$2\pi r = n\lambda \quad (n = 1, 2, 3\cdots) \tag{11.28}$$

が成り立つ。電子波が定常波でなければ，電子が一周して戻ってくるたびに波の位相にずれが生じて干渉するために安定して存在しなくなるからである。この定常波条件に，物質波の波長が $\lambda = h/p = h/mv$ であることを使うと，(11.28) 式は

$$mvr = n\frac{h}{2\pi} \tag{11.29}$$

となる。これを**ボーアの量子条件**という。(11.27) と (11.29) 式を用いると，電子の全エネルギーは

$$E = \frac{1}{2}mv^2 - \frac{1}{4\pi\epsilon_0}\frac{e^2}{r} = -\frac{R_y}{n^2} \tag{11.30}$$

と表され，とびとびの値を持つことがわかる。このようにボーアの量子条件を取り入れると，軌道半径と速さ，軌道エネルギーが，それぞれとびとびの値 $n = 1, 2, 3\cdots$ によって表される。この n を**量子数**という。また R_y はリュードベリエネルギーとよばれ，

$$R_y = \frac{me^4}{8{\epsilon_0}^2 h^2} \tag{11.31}$$

となり，13.6 eV である。r, v, E を n によって区別し，r_n, v_n, E_n をそれぞれ n 番目の軌道半径，軌道速度，エネルギー準位という。特に $n = 1$ のときの軌道半径と軌道速度を

ボーア半径

$$a_0 = \frac{\epsilon_0 h^2}{\pi m e^2} = 5.3 \times 10^{-11} \text{ m} \tag{11.32}$$

ボーア速度

$$v_0 = \frac{e^2}{2\epsilon_0 h} = 2.2 \times 10^{-6} \text{ m/s} \tag{11.33}$$

という。$n = 1$ の状態は，エネルギーは最低となるので基底状態という。また，n が 2 以上の状態を励起状態という。ボーア半径 a_0 とボーア速度 v_0 を用いると，量子数が n の状態の軌道半径 r_n と軌道速度 v_n は

$$r_n = n^2 a_0 \tag{11.34}$$

$$v_n = \frac{v_0}{n} \tag{11.35}$$

となる。

A　ボーアの振動数条件

ボーアは，光の放出や吸収に関しても重要な貢献をしている。原子から光が放出されるのは，n 番目のエネルギー状態にある電子が m 番目 $(n > m)$ のエネルギー状態に移る際に，そのエネルギー差 $E_n - E_m$ を光のエネルギー $h\nu$ として放出するとした。すなわち

$$E_n - E_m = h\nu = h\frac{c}{\lambda} \tag{11.36}$$

より，

$$\frac{1}{\lambda} = \frac{hR_y}{c}\left(\frac{1}{m^2} - \frac{1}{n^2}\right) = R_H\left(\frac{1}{m^2} - \frac{1}{n^2}\right) \tag{11.37}$$

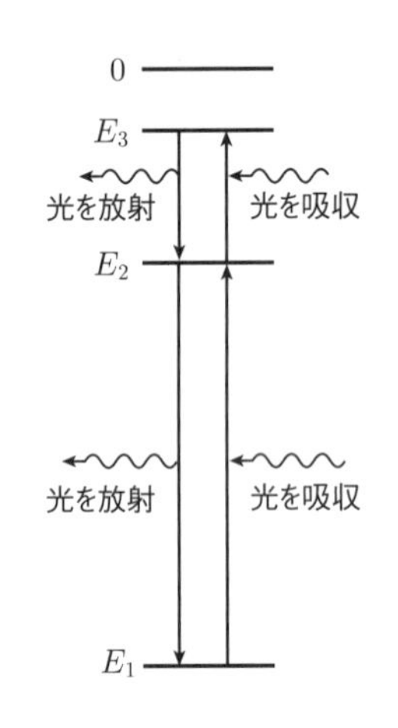

図 11.8 原子のエネルギー状態

が導かれる。この関係は 11.4 節で述べた水素原子から発生する光のスペクトルを見事に説明した。また，この関係式は m 番目のエネルギー状態にある電子は，エネルギー差 $E_n - E_n$ に等しい光のエネルギー $h\nu$ を吸収して，n 番目 $(n > m)$ のエネルギーに移る光の吸収も説明できる。この光の放出・吸収と電子の遷移に関する条件をボーアの振動数条件という。(11.36) 式は電子と光のエネルギーを含めたエネルギー保存則を表している。

(1)　光電離

原子が非常に高いエネルギーの光子を吸収すると，原子に束縛されていた電子が自由電子となり，原子はイオン化をする。これを**光電離**という。水素原子の場合は 13.6 eV (リュードベリエネルギー) より大きいエネルギーを吸収すると電離する。

(2)　X 線

X 線は波長が短く，エネルギーの高い電磁波である。1895 年にレントゲンによって発見された。透過力が強いので人体などの透過写真をとることができ，医療分野で活用されたり，空港の手荷物検査にも利用される。X 線は X 線管によって人工的に発生させられる。真空のガラス管の両極に高電圧をかけ，陰極のフィラメントから飛び出た電子を加速させ，陽極に衝突させたとき，X 線が発生する。

X 線は，スペクトルと放射機構の違いから，特性 X 線と連続 X 線と種類が分けられる。特性 X 線 * は，原子における電子のエネルギー状態の変化によるものである。原子番号の大きい元素では，原子核がもつ正電荷は水素原子よりも大きく，内側の電子の束縛エネルギーは大きい。このため，電子の状態変化におけるエネルギー差が X 線のエネルギーに相当することがある。このような原子に外部から高エネルギーの荷電粒子を当てることによって X 線が発生する。この理由は次のとおりである。まず，原子の内側の電子 (内殻電子) が電離し，そのエネルギー状態に空席が生じる。次に，その空席 (内殻空孔) を外側の電子が埋めることによって，電子のエネルギー変化分に等しいエネルギーを持つ特性 X 線が放出される。また，連続 X 線は，通常，電子の制動放射によって放射される。

* 固有 X 線ともいう。

(3) X線のブラッグ反射

X 線を結晶に当てると，散乱された X 線が干渉し，斑点模様をつくる。1912 年にラウエによって発見されたので**ラウエ斑点**という。X 線は透過力が強いため，結晶表面だけでなく，表面近くの内側の層でも反射をする。格子面の間隔 d の結晶に，波長 λ を持つ X 線を角度 θ で入射させたとき，

$$2d\sin\theta = n\lambda \quad (n = 1, 2, 3, \cdots)$$

の条件を満たすときに，X 線は干渉して強めあう。この条件を**ブラッグ** (反射の) **条件**という。X 線の波長は格子面の間隔 d の長さに近い。

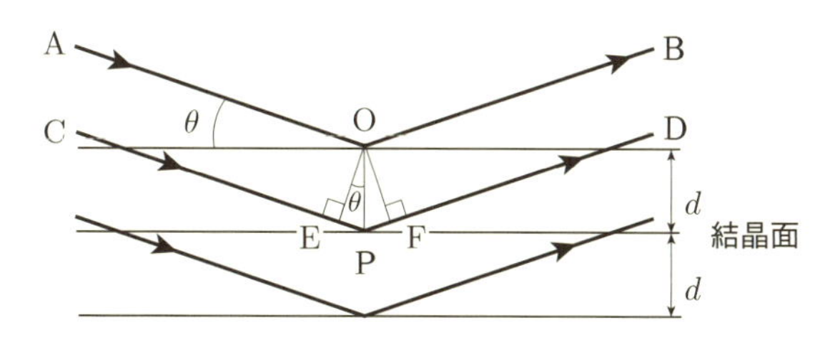

図 11.9 ブラッグ反射

AOB の光路と CPD の光路の差は $\overline{\mathrm{EP}} + \overline{\mathrm{PF}} = d\sin\theta + d\sin\theta = 2d\sin\theta$ となる。

11.7 原子核と同位体

基礎事項

原子には原子核の陽子の数は等しいが，中性子の数が異なり質量数が異なるものが存在する。これを同位体という。

元素記号を X，質量数 A，原子番号 Z としたとき，元素を ${}^{A}_{Z}\mathrm{X}$ と表記する。

原子質量単位は $u = 1.660539 \times 10^{-27}$ kg である。

A 質量数と同位体

原子核の中の**陽子** (proton) の個数を**原子番号** (atomic number) という。また，陽子と**中性子** (neutron) の個数を足した数を質量数 (mass number) という。原子には原子番号が同じであるが，質量数が異なるものが存在し，それを**同位体** (アイソトープ，isotope) という。同位体を区別して記す必要がある場合，元素記号の左上に質量数を記す。元素記号を X，質量数 A，原子番号 Z とすると

$${}^{A}_{Z}\mathrm{X} \tag{11.38}$$

となる。

例えば，通常の水素原子は ${}^{1}_{1}\mathrm{H}$，ヘリウム原子は ${}^{4}_{2}\mathrm{He}$，炭素原子は ${}^{12}_{6}\mathrm{C}$ と表される。同位体どうしは原子番号が等しく，原子核のまわりの電子の数も等しい。このため，同位体どうしの化学的性質はほとんど同じである。

(1) 水素の同位体

水素にも同位体が存在する。通常の水素では，原子核は陽子 1 個からなり，$^1_1$H と表す。水素の同位体としては，原子核が陽子 1 個と中性子 1 個であるものを重水素 $^2_1$H (デューテリウム，D とも表記する) という。原子核が陽子 1 個と中性子 2 個のものを三重水素 $^3_1$H (トリチウム，T とも表記する) という。

(2) 原子質量単位

炭素原子の同位体 $^{12}_{6}$C の質量の 12 分の 1 を原子の質量の単位の基準とし，記号 u で表す。これを**原子質量単位** (unified atomic mass unit) という。

$$u = 1.660539 \times 10^{-27}\ \mathrm{kg} \tag{11.39}$$

である。

11.8 原子核の崩壊と放射線

同位体の中には，不安定な原子があり，放射線を出して崩壊することがある。またラジウムやウランのような質量数が大きい原子も放射線を放出し，自発的にほかの原子核に変化することがある。このような不安点な原子核を放射性原子核という。放射線には種類があり，それに応じて原子における変化が異なる。その崩壊の特徴を見ていこう。

基礎事項

代表的な放射線には，α 線，β 線，γ 線がある。不安定な原子は，放射線を出して別の原子に変わることがある。もとの原子の量が半分になるのにかかる時間を**半減期**という。

(1) 放射線と崩壊の種類

原子核が α 線 (ヘリウム原子核) を出して崩壊するものを α (アルファ) 崩壊，β 線 (電子) を出して崩壊するものを β (ベータ) 崩壊という。また，原子核の質量数や原子番号は変化しないが，γ 線とよばれる高エネルギーの電磁波を出すこともある。これを γ (ガンマ) 崩壊という。

放射線は物質にあたると，原子をイオン化させるはたらき (電離作用) を持つ。人体がこれらの放射線にさらされることを被曝という。

表 11.4 放射線の種類

種類	本体	電荷	電離作用	透過力
α 線	ヘリウム原子核	正	強い	弱い
β 線	電子	負	中間	中間
γ 線	電磁波	なし	弱い	強い

(2) α 崩壊と β 崩壊

α 崩壊では原子核からヘリウム原子核に相当する陽子 2 個と中性子 2 個がでていく。この結果，1 回の α 崩壊で原子核は質量数が 4，原子番号が 2 ずつ減る。β 崩壊では原子核の中性子 1 個が陽子に変化する。この結果，原子核は原子番号が 1 増える。どちらも原子核中の陽子数が変化するので，もとの元素とは異なる元素となる。

例えば，原子番号 92 ウラン ${}^{238}_{92}\mathrm{U}$ が α 崩壊を 1 回起こすとトリウム ${}^{234}_{90}\mathrm{Th}$ となり，さらに β 崩壊を起こすとプロトアクチニウム ${}^{234}_{91}\mathrm{Pa}$ となる。

$$
{}^{238}_{92}\mathrm{U} \to {}^{234}_{90}\mathrm{Th} \to {}^{234}_{91}\mathrm{Pa} \tag{11.40}
$$

(3) 半減期

不安定な原子核は，ある確率で崩壊し，時間とともに減少する。このような原子核を持つ原子が統計的に半分の量になるのに費やす時間を半減期 $t_{1/2}$ (half life) という。はじめに存在した原子数を N_0 としたとき，原子数の個数は経過時間 t のとき

$$
N = N_0 \left(\frac{1}{2}\right)^{t/t_{1/2}} \tag{11.41}
$$

に減少する。

原子力発電の事故では放射性セシウム ${}^{137}\mathrm{C}$ と放射性ヨウ素 ${}^{131}\mathrm{I}$ などの放射性物質が注目された。${}^{137}\mathrm{C}$ の β 崩壊の半減期は 30.1 年，${}^{131}\mathrm{I}$ の β 崩壊の半減期は 8 日である。半減期が長い物質は β 崩壊を起こす原子の数は少ないが，その物質はなかなか減ることがなく長期間にわたって放射線を出す。半減期が短い物質は β 崩壊を起こす原子の数が多いが，その物質は短い期間で減っていく。半減期が人のタイムスケールと同等の放射性物質はその影響が長期間にわたってしまう。

放射性元素の性質を活用すると，岩石や化石などの年代の測定をすることができる。これを**放射年代測定**という。

表 11.5 さまざまな放射性物質の半減期

放射性元素	半減期	特徴
${}^{14}_{6}\mathrm{C}$	5730 yr	動植物の遺骸の年代測定に使われる
${}^{40}_{19}\mathrm{K}$	12.48 億年	自然放射線源の一つ
${}^{238}_{92}\mathrm{U}$	44.68 億年	ウランで最も半減期が長く，存在量が多い

(4) 核分裂

原子番号 92 のウランは不安定で，長い半減期 (数億年〜数十億年) で α 崩壊する。ウラン原子核に中性子をぶつけることで**核分裂** (nuclear fission) を人工的に起こすことができる。核分裂によって約 200 MeV のエネルギーが発生する。核分裂を続けて起こすことを連鎖反応といい，連鎖反応を制御し一定に引き続いて起こす状態のことを臨界状態という。原子炉は臨界状態を実現する装

置で，原子力発電はこの反応を用いた熱エネルギーを電気エネルギーに変換している。

(5) 原子核反応

ラザフォードは窒素原子に α 線 (ヘリウム原子核) を衝突させた。これにより酸素原子がつくられた。

$$\mathrm{N} + \mathrm{He} \longrightarrow \mathrm{H} + \mathrm{O} \tag{11.42}$$

チャドウィックはベリリウムに α 線 (ヘリウム原子核) を衝突させた。これにより炭素原子がつくられた。

$$\mathrm{Be} + \mathrm{He} \longrightarrow \mathrm{n} + \mathrm{C} \tag{11.43}$$

ここでみられるような**原子核反応** (nuclear reaction) は，夜空に見られる恒星の中心核で実際に起こっている。核反応は化学反応と異なり，原子が別の原子に変わってしまう。

(6) 太陽エネルギーと核融合

太陽中心部は，高温・高圧・高密度の環境にある。原子核は正の電荷を持つため，静電気力の反発力に逆らって近づかないと起こらないが，中心部は高温で大きな熱運動を持つため，ある確率で衝突して**核融合反応** (nuclear fusion reaction) が起る。水素の原子核はヘリウム原子核になり，このとき，エネルギーが解放される。太陽では，この核融合反応が継続的に起っており，今後も50億年ほど続くと考えられている。

11.9 素 粒 子

物質を構成する最小の単位を**素粒子** (elementary particle) という。素粒子とはこれ以上分解できない粒子という意味である。原子核の陽子や中性子も物質を構成する最小の単位ではなく，さらに微小な物質を単位としてつくられている。こういった粒子の存在は宇宙からやってくる**宇宙線** (cosmic ray) の観測から調べられた。宇宙線の主成分は高速の陽子であり，地球大気と反応し放射線を放射する。まずはミュー粒子が見つかった。理論的に予測されていた中間子とよばれる粒子も見つかった。宇宙線の観測からさまざまな未知の粒子が発見され，中間子，陽子，中性子を統一的に捉える素粒子論が提唱される。

基礎事項

原子核の主たる構成要素である陽子や中性子はクォークの複合体からなる。クォークには，アップ，ダウン，チャーム，ストレンジ，トップ，ボトムの 6 種類がある。

電子はレプトンとよばれる素粒子に分類される。レプトンには，電子，ミュー粒子，タウ粒子，電子ニュートリノ，ミューニュートリノ，タウニュートリノの 6 種類がある。

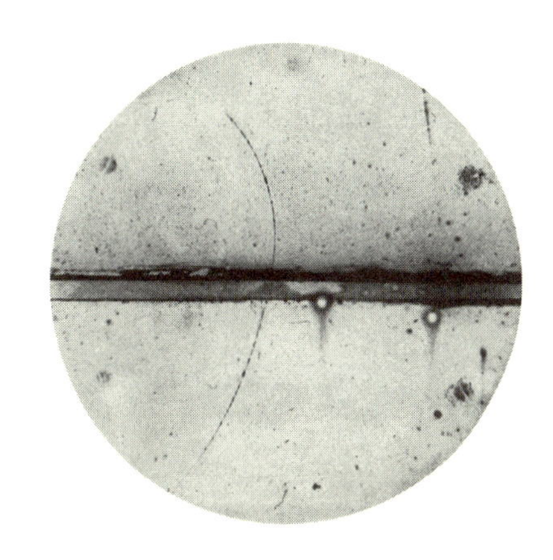

図 11.10 霧箱を用いたアンダーソンによる陽電子の観測
(https://journals.aps.org/pr/pdf/10.1103/PhysRev.43.491)

(1) 中間子と宇宙線

湯川秀樹は，陽子や中性子を結合させる作用をもたらす**中間子** (methon) を予言した (1935 年)。陽子は正の電荷を持つので，陽子どうしには静電気力の反発力がはたらくはずであるが，原子核としてまとまっている。このような状態を保つのが中間子である。

中間子は宇宙線の観測で発見された。宇宙線の観測では，陽子・中性子・電子とは質量が異なる粒子が見つかる。1936 年にアンダーソンとネッダーマイヤーにより，ミュー粒子 (μ 粒子) が観測された。ミュー粒子は負電荷を持つが，電子よりはずっと重く，また陽子より軽く，それらの中間の質量を持つ。ただしミュー粒子は中間子ではない。1947 年にパウエルらのチームにより，パイ中間子 (π 中間子) が発見された。パイ中間子にも種類があるが，中性パイ中間子が原子核を安定化する引力を媒介する。

(2) 4 つの力

原子核には中間子が存在し，複数の陽子と中性子を互いに結合させている。この作用を**強い相互作用** (strong interaction) という。陽子と中性子を原子核として安定化させる素粒子を**パイ中間子**といい，そういった力を**核力**という。自然界には，4 つの基本的な相互作用が存在する。残りは**電磁相互作用**，**弱い相互作用** (weak interaction)，**重力相互作用**である。弱い相互作用によって，中性子は陽子へと β 崩壊をする。

(3) 加速器実験

加速器実験で陽子や中性子に並んで多種な粒子 (ハドロン) が発見された。これによって，陽子や中性子は物質の最小の単位ではなく，物質にはより小さい構造があることがわかった。

(4)　クォークモデルの提唱

物質を構成する最小の粒子を素粒子という。古くから知られている素粒子としては，陽子，電子，中性子，中間子などがあげられるが，20 世紀後半には，6 種類の**クォーク** (quark) が確認され，核子はクォークから構成されることがわかってきた。ただしクォークは単独では発見されていない。陽子と中性子は 2 種類のクォーク 3 個からできている複合粒子である。また，それぞれのクォークには**反粒子**とよばれる電荷の符号が異なる半クォークが存在する。中間子はクォークと半クォークからできた粒子である。

クォークモデルにおいて，陽子と中性子はアップクォーク (u) を 2 個とダウンクォーク (d) を 1 個からなるとされる (uud)。一方，中性子はダウンクォーク 2 個とアップクォーク 1 個で構成される (udd)。またパイ中間子は 2 つのクォークからなる (ud)。アップクォークとダウンクォークを第一世代のクォークという。

宇宙線の観測からは，アップクォークとダウンクォークだけでは説明できない飛跡を残す粒子も見つかる。こういった粒子の特徴から第二世代のクォークの存在が明らかになった。ストレンジクォーク，チャームクォークである。1973 年に小林誠と益川敏英は第三世代のクォークの存在を予言する。1977 年にボトムクォーク，1995 年にトップクォークが発見される。

演習問題 11

11.1 (**物質波**)　100 V の電圧で電子を加速したときの，電子のド・ブロイ波長を求めたい。

(1) 電子が得るエネルギー E を求めよ。

(2) 電圧で加速された電子線のド・ブロイ波長が次の式で表されることを示せ。

$$\lambda = \frac{h}{\sqrt{2mE}}$$

(3) このときの電子のド・ブロイ波長を求めよ。

11.2 (**原子モデル**)　ボーアの原子モデルに関して次の問に答えよ。

(1) リュードベリエネルギー R_y の式を導け。

(2) 水素の基底状態における電子の全エネルギーはどのように表されるか。またその値を計算せよ。

(3) ボーア半径とボーア速度の値を計算せよ。

(4) リュードベリ定数 R_H の式を導き，その値を計算せよ。

11.3 (**半減期**)　放射性ヨウ素 ^{131}I が β 崩壊 (半減期は 8 日) したとき，64 日後と 128 日後にはもとの量の何分の 1 になるか計算せよ。

B

11.4 (**電磁波**)　マクスウェル方程式から電磁波の波動方程式が導かれる。次の問に答えよ。

(1) z 方向に伝わる電磁波を考えたとき $(i = 0, \rho = 0)$，マクスウェル方程式が次の式になることを確認せよ。ただし，$\boldsymbol{E} = (E, 0, 0)$，$\boldsymbol{B} = (0, B, 0)$ とする。

$$\frac{\partial E}{\partial z} = -\frac{\partial B}{\partial t}$$
$$-\frac{\partial B}{\partial z} = \mu_0 \epsilon_0 \frac{\partial E}{\partial t}$$

(2) (1) の式から B を消去すると，次の波動方程式が導かれることを確認せよ。

$$\frac{\partial^2 E}{\partial t^2} = \frac{1}{\mu_0 \epsilon_0} \frac{\partial^2 E}{\partial z^2}$$

(3) $E = E_0 \sin(kz - \omega t)$ であるとき，B の式はどうなるか。

11.5 (**黒体放射**)　黒体放射の放射強度 I_λ の式が

$$I_\lambda = \frac{2hc^2}{\lambda^5} \frac{1}{e^{\frac{hc}{\lambda kT}} - 1}$$

であるとき，次の問に答えよ。

(1) 放射強度は波長や振動数の関数であり，$I_\lambda = I_\lambda(\lambda)$ や $I_\nu = I_\nu(\nu)$ と表され，全放射強度 I によって関係づけられる。黒体放射の場合は

$$I = \int_0^\infty I_\lambda \, d\lambda = \int_0^\infty I_\nu \, d\nu$$

である。このとき，I_ν の式が

$$I_\nu = \frac{2h\nu^3}{c^2} \frac{1}{e^{\frac{h\nu}{kT}} - 1}$$

となることを確かめよ。

(2) λ が小さいときの近似式をウィーンの法則という。I_λ の式が

$$I_\lambda = \frac{2hc^2}{\lambda^5} e^{-\frac{hc}{\lambda kT}}$$

となることを確かめよ。

(3) λ が大きいときの近似式をレイリー・ジーンズの法則という。$e^{ax} \cong 1 + ax (x \ll 1)$ を利用して，I_λ の式が

$$I_\lambda = \frac{2ckT}{\lambda^4}$$

となることを確かめよ。

11.6 コンプトン効果の式 (11.16) を導け。

付　　録

■関　　数

• 三角関数

$$\sin\theta = \frac{b}{c}, \qquad \cos\theta = \frac{a}{c}, \qquad \tan\theta = \frac{b}{a} = \frac{\sin\theta}{\cos\theta}$$

$$\csc\theta = \frac{c}{b} = \frac{1}{\sin\theta}, \qquad \sec\theta = \frac{c}{a} = \frac{1}{\cos\theta}, \qquad \cot\theta = \frac{a}{b} = \frac{\cos\theta}{\sin\theta} = \frac{1}{\tan\theta}$$

$$\sin^2\theta + \cos^2\theta = 1$$

$$\sin(\alpha \pm \beta) = \sin\alpha\cos\beta \pm \cos\alpha\sin\beta, \qquad \cos(\alpha \pm \beta) = \cos\alpha\cos\beta \mp \sin\alpha\sin\beta$$

(複号同順)

$$\sin 2\theta = 2\sin\theta\cos\theta, \qquad \cos 2\theta = \cos^2\theta - \sin^2\theta = 1 - 2\sin^2\theta = 2\cos^2 - 1$$

$$\sin^2\frac{\theta}{2} = \frac{1}{2}(1 - \cos\theta), \qquad \cos^2\frac{\theta}{2} = \frac{1}{2}(1 + \cos\theta)$$

$$\sin\alpha\cos\beta = \frac{1}{2}\{\sin(\alpha+\beta) + \sin(\alpha-\beta)\}, \qquad \cos\alpha\sin\beta = \frac{1}{2}\{\sin(\alpha+\beta) - \sin(\alpha-\beta)\}$$

$$\cos\alpha\cos\beta = \frac{1}{2}\{\cos(\alpha+\beta) + \cos(\alpha-\beta)\}, \qquad \sin\alpha\sin\beta = -\frac{1}{2}\{\cos(\alpha+\beta) - \cos(\alpha-\beta)\}$$

$$\sin\alpha + \sin\beta = 2\sin\frac{\alpha+\beta}{2}\cos\frac{\alpha-\beta}{2}, \qquad \sin\alpha - \sin\beta = 2\cos\frac{\alpha+\beta}{2}\sin\frac{\alpha-\beta}{2}$$

$$\cos\alpha + \cos\beta = 2\cos\frac{\alpha+\beta}{2}\cos\frac{\alpha-\beta}{2}, \qquad \cos\alpha - \cos\beta = -2\sin\frac{\alpha+\beta}{2}\sin\frac{\alpha-\beta}{2}$$

$$A\sin\theta + B\cos\theta = \sqrt{A^2 + B^2}\sin(\theta + \alpha),\ \text{ただし，}\tan\alpha = \frac{B}{A}$$

$$= \sqrt{A^2 + B^2}\cos(\theta - \beta),\ \text{ただし，}\tan\beta = \frac{A}{B}$$

- **複素数**

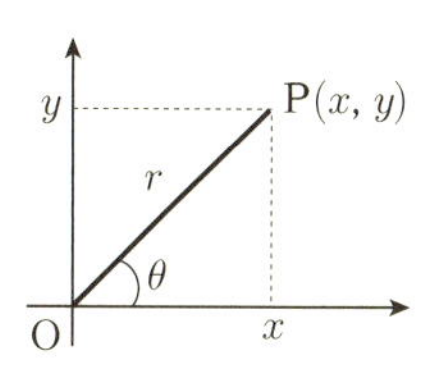

$z=a+ib,\ z^*=a-ib$　(z の共役複素数)　(a,b は実数，$i=\sqrt{-1}$)

$e^{i\theta}=\cos\theta+i\sin\theta,\quad e^{-i\theta}=\cos\theta-i\sin\theta$　(オイラーの公式)

$$\cos\theta=\frac{e^{i\theta}+e^{-i\theta}}{2},\quad \sin\theta=\frac{e^{i\theta}-e^{-i\theta}}{2i}$$

$z=r\cos\theta+ir\sin\theta=re^{i\theta}$　(極形式)

- **指数，対数**

$a^0=1 \qquad a^m a^n=a^{m+n} \qquad \dfrac{a^m}{a^n}=a^{m-n}$

$(a^m)^n=a^{mn} \qquad a^{\frac{m}{n}}=\sqrt[n]{a^m}$

$a^y=x \ \rightleftarrows\ \log_a x=y \qquad 10^y=x \ \rightleftarrows\ \log_{10} x=y$

$e^y=x \ \rightleftarrows\ \ln x=y$　(e は自然対数の底)　($\ln x=\log x=\log_e x$ とも表す)

$e^a=\exp(a)$

$\log_a 1=\log_{10} 1=\ln 1=0$

$\log_a a=\log_{10} 10=\ln e=1$

$\log_a xy=\log_a x+\log_a y$

$\log_a \dfrac{x}{y}=\log_a x-\log_a y$

$\log_a x^n=n\log_a x$

$\log_x y=\dfrac{\log_a y}{\log_a x}=\dfrac{\log_{10} y}{\log_{10} x}=\dfrac{\ln y}{\ln x}$

- **テイラー展開**　($x=a$ のまわりのべき級数展開)

$$f(x)=\sum_{n=0}^{\infty}\frac{f^{(n)}(a)}{n!}(x-a)^n=f(a)+f'(a)(x-a)+\frac{1}{2!}f''(a)(x-a)^2+\cdots$$

- **マクローリン展開**　($x=0$ のまわりのべき級数展開)

$$f(x)=\sum_{n=0}^{\infty}\frac{f^{(n)}(0)}{n!}x^n=f(0)+f'(0)x+\frac{1}{2!}f''(0)x^2+\cdots$$

$$(1+x)^\alpha=1+\alpha x+\frac{\alpha(\alpha-1)}{2!}x^2+\frac{\alpha(\alpha-1)(\alpha-2)}{3!}x^3+\cdots$$

$$\sin x=x-\frac{1}{3!}x^3+\frac{1}{5!}x^5-\cdots$$

$$\cos x=1-\frac{1}{2!}x^2+\frac{1}{4!}x^4-\cdots$$

$$\tan x=x+\frac{1}{3}x^3+\frac{2}{15}x^5+\cdots$$

$$e^x=1+x+\frac{1}{2!}x^2+\frac{1}{3!}x^3+\cdots$$

$$\ln(1+x)=x-\frac{1}{2}x^2+\frac{1}{3}x^3-\cdots$$

● 微分・積分

導関数の例

$f(x)$	$\frac{df(x)}{dx} = f'(x)$
ax^b	abx^{b-1}
$\sin ax$	$a\cos ax$
$\cos ax$	$-a\sin ax$
e^{ax}	ae^{ax}
b^{ax}	$ab^{ax}\ln b$
$\ln(ax)$	$\frac{1}{x}$
$\log_a x$	$\frac{1}{x\ln a}$

不定積分の例

$f(x)$	$\int f(x)dx$(積分定数省略)
x^n	$\frac{x^{n+1}}{n+1}\ (n \neq -1)$
$\frac{1}{x}$	$\ln\lvert x\rvert$
$\sin ax$	$-\frac{\cos ax}{a}$
$\cos ax$	$\frac{\sin ax}{a}$
e^{ax}	$\frac{e^{ax}}{a}$
a^x	$\frac{a^x}{\ln a}$
$\ln(ax)$	$x\ln(ax) - x$
$\frac{1}{\sqrt{a^2-x^2}}$	$\sin^{-1}\left(\frac{x}{\lvert a\rvert}\right)\quad (a \neq 0)$
$\frac{1}{x^2+a^2}$	$\frac{1}{a}\tan^{-1}\left(\frac{x}{a}\right)\quad (a \neq 0)$
$\frac{1}{\sqrt{x^2+a^2}}$	$\ln\left\lvert x+\sqrt{x^2+a^2}\right\rvert$

$\sin^{-1}x$, $\tan^{-1}x$ はそれぞれ $\sin x$, $\tan x$ の逆関数で，$\arcsin x$, $\arctan x$ とも表す。

● 空間微分

$\boldsymbol{i}, \boldsymbol{j}, \boldsymbol{k}$ は，それぞれ x, y, z 軸方向の単位ベクトルである。

$$\nabla = \boldsymbol{i}\frac{\partial}{\partial x} + \boldsymbol{j}\frac{\partial}{\partial y} + \boldsymbol{k}\frac{\partial}{\partial z} = \left(\frac{\partial}{\partial x}, \frac{\partial}{\partial y}, \frac{\partial}{\partial z}\right)$$

$$\mathrm{grad}\,\phi = \nabla\phi = \frac{\partial\phi}{\partial x}\boldsymbol{i} + \frac{\partial\phi}{\partial y}\boldsymbol{y} + \frac{\partial\phi}{\partial z}\boldsymbol{k}$$

$$\mathrm{div}\,\boldsymbol{A} = \nabla\cdot\boldsymbol{A} = \frac{\partial A_x}{\partial x} + \frac{\partial A_y}{\partial y} + \frac{\partial A_z}{\partial z}$$

$$\mathrm{rot}\,\boldsymbol{A} = \nabla\times\boldsymbol{A} = \left(\frac{\partial A_z}{\partial y} - \frac{\partial A_y}{\partial z}\right)\boldsymbol{i} + \left(\frac{\partial A_x}{\partial z} - \frac{\partial A_z}{\partial x}\right)\boldsymbol{j} + \left(\frac{\partial A_y}{\partial x} - \frac{\partial A_x}{\partial y}\right)\boldsymbol{k}$$

■ 10^n 倍を表す接頭語

10^n	名称	記号	10^n	名称	記号	10^n	名称	記号	10^n	名称	記号
10^{24}	ヨタ	Y	10^9	ギガ	G	10^{-1}	デシ	d	10^{-12}	ピコ	p
10^{21}	ゼタ	Z	10^6	メガ	M	10^{-2}	センチ	c	10^{-15}	フェムト	f
10^{18}	エクサ	E	10^3	キロ	k	10^{-3}	ミリ	m	10^{-18}	アト	a
10^{15}	ペタ	P	10^2	ヘクト	h	10^{-6}	マイクロ	μ	10^{-21}	ゼプト	z
10^{12}	テラ	T	10^1	デカ	da	10^{-9}	ナノ	n	10^{-24}	ヨクト	y

■ギリシャ文字

大文字	小文字	英語表記	読み方
A	α	alpha	アルファ
B	β	beta	ベータ
Γ	γ	gamma	ガンマ
Δ	δ	delta	デルタ
E	ε, ϵ	epsilon	イプシロン，エプシロン
Z	ζ	zeta	ゼータ，ツェータ
H	η	eta	イータ，エータ
Θ	ϑ, θ	theta	シータ，テータ
I	ι	iota	イオタ，アイオタ
K	κ	kappa	カッパ
Λ	λ	lambda	ラムダ
M	μ	mu	ミュー
N	ν	nu	ニュー
Ξ	ξ	xi	クサイ，グザイ，クシー
O	o	omicron	オミクロン，オマイクロン
Π	π	pi	パイ，ピィー
P	ρ	rho	ロー
Σ	ς, σ	sigma	シグマ
T	τ	tau	タウ
Υ	υ	upsilon	ウプシロン，ユープシロン
Φ	φ, ϕ	phi	ファイ，フィー
X	χ	chi	カイ，キー
Ψ	ψ	psi	プサイ，プシー，サイ
Ω	ω	omega	オメガ

読み方は日本で使用されている代表的な例を示した。

■物理定数表

名称	記号	数値	単位
真空中の光速 (定義値)	c	2.99792458×10^8	$\mathrm{m \cdot s^{-1}}$
磁気定数 (真空の透磁率 定義値)	μ_0	$4\pi \times 10^{-7} =$	$\mathrm{N \cdot A^{-2}}$
		$12.566370614 \ldots \times 10^{-7}$	$\mathrm{N \cdot A^{-2}}$
電気定数 (真空の誘電率 定義値)	ε_0	$1/\mu_0 c^2 =$	$\mathrm{F \cdot m^{-1}}$
		$8.854187847 \ldots \times 10^{-12}$	$\mathrm{F \cdot m^{-1}}$
万有引力定数	G	$6.67408(31) \times 10^{-11}$	$\mathrm{N \cdot m^2 \cdot kg^{-2}}$
プランク定数	h	$6.626070040(81) \times 10^{-34}$	$\mathrm{J \cdot s}$
換算プランク定数	$\hbar = \dfrac{h}{2\pi}$	$1.054571800(13) \times 10^{-34}$	$\mathrm{J \cdot s}$
素電荷	e	$1.6021766208(98) \times 10^{-19}$	C
電子の質量	m_{e}	$9.10938356(11) \times 10^{-31}$	kg
陽子の質量	m_{p}	$1.672621898(21) \times 10^{-27}$	kg
中性子の質量	m_{n}	$1.674927471(21) \times 10^{-27}$	kg
原子質量定数	$m_{\mathrm{u}} = 1\mathrm{u}$	$1.660539040(20) \times 10^{-27}$	kg
(原子質量単位 u)			
電子の静止エネルギー	$m_{\mathrm{e}} c^2$	$0.5109989461(31)$	MeV*
(電子の) コンプトン波長	$\lambda_{\mathrm{C}} = \dfrac{h}{m_{\mathrm{e}} c}$	$2.4263102367(11) \times 10^{-12}$	m
$\lambda_{\mathrm{C}}/2\pi$	$\bar{\lambda}_{\mathrm{C}} = \dfrac{\hbar}{m_{\mathrm{e}} c}$	$3.8615926764(18) \times 10^{-13}$	m
陽子のコンプトン波長	$\lambda_{\mathrm{C,p}} = \dfrac{h}{m_{\mathrm{p}} c}$	$1.32140985396(61) \times 10^{-15}$	m
微細構造定数	$\alpha = \dfrac{e^2}{4\pi\epsilon_0} \dfrac{1}{\hbar c}$	$7.2973525664(17) \times 10^{-3}$	(無次元量)
ボーア半径	a_0	$5.2917721067(12) \times 10^{-11}$	m
アボガドロ定数	N_{A}	$6.022140857(74) \times 10^{23}$	$\mathrm{mol^{-1}}$
ボルツマン定数	k	$1.38064852(79) \times 10^{-23}$	$\mathrm{J \cdot K^{-1}}$
1 モルの気体定数	$R = N_{\mathrm{A}} k$	$8.3144598(48)$	$\mathrm{J \cdot mol^{-1} \cdot K^{-1}}$
理想気体 1 モルの体積 (1 気圧，0°C)	V_{m}	$22.413962(13) \times 10^{-3}$	$\mathrm{m^3 \cdot mol^{-1}}$
1 電子ボルト (エレクトロンボルト)	1 eV	$1.6021766208(98) \times 10^{-19}$	J
標準大気圧	1 atm	1.01325×10^5	Pa
重力加速度 (緯度 45°，海面)	g	9.80619920	$\mathrm{m \cdot s^{-2}}$
熱の仕事当量 (計量法)	1 cal	4.18605	J
0°C の絶対温度	0°C	273.15	K

$*$ MeV $= 10^6$ eV

主に CODATA(2014) の推奨値による。( ) 内の数字は不確かさを表す。

■電磁波(光)の波長と振動数

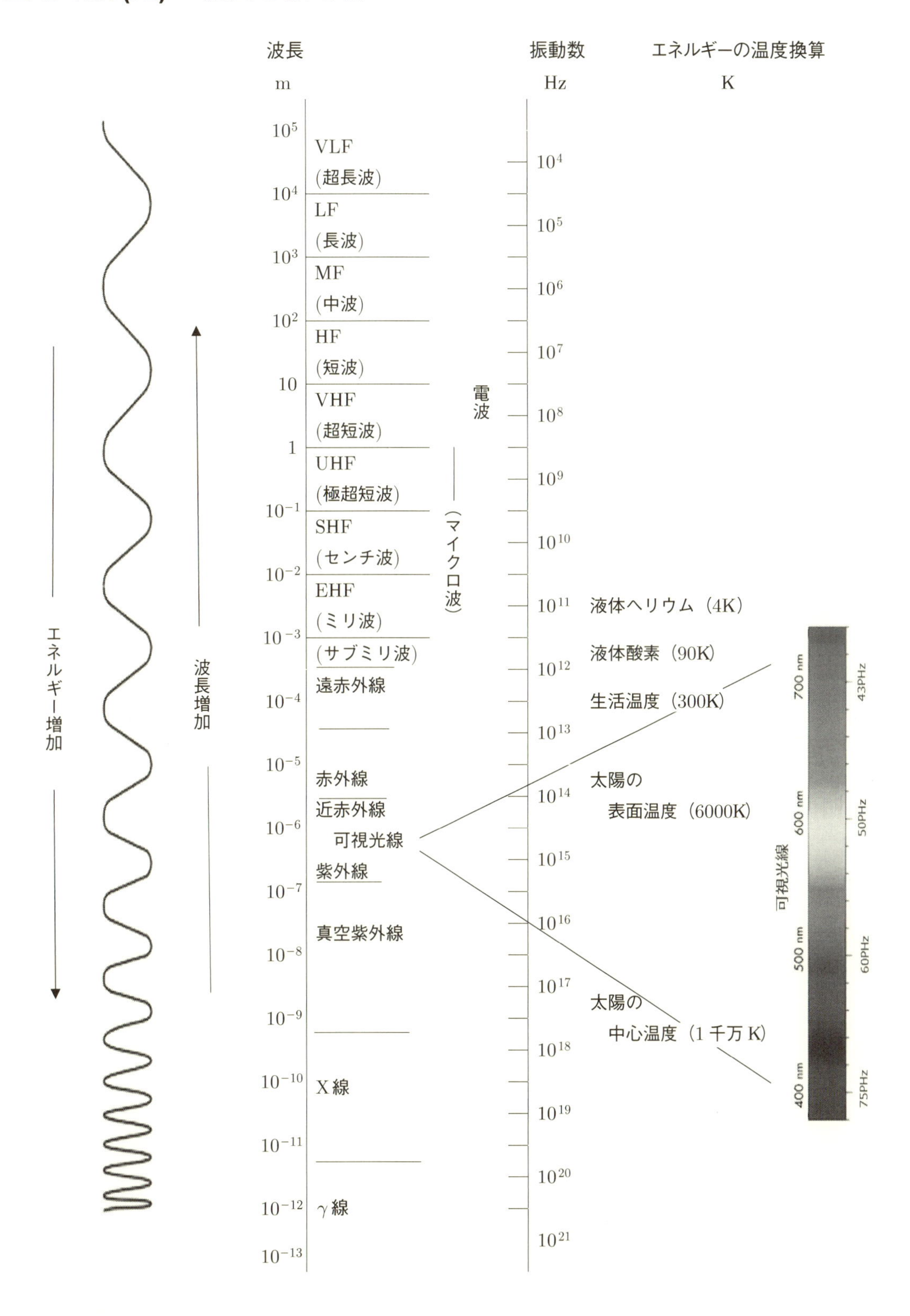

問と演習問題の解答

1章

[問 1]

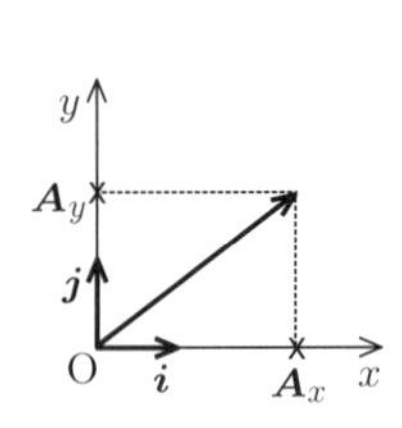

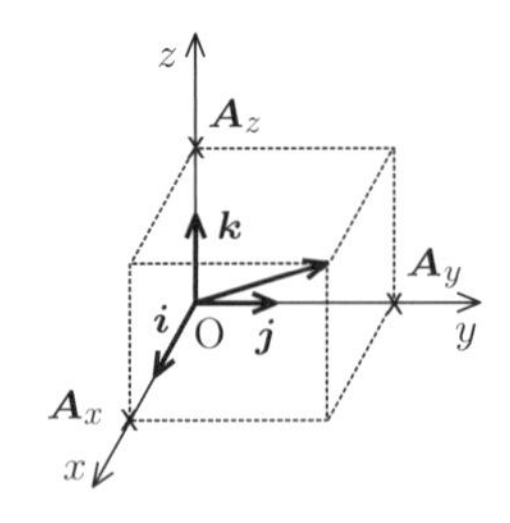

[問 2]　$\boldsymbol{B}$ から，大きさが同じで方向のみが反対方向の $-\boldsymbol{B}$ のベクトルをつくり，$\boldsymbol{A}+(-\boldsymbol{B})$ のベクトルの足し算を行う。

■ 演習問題

1.1　略

1.2

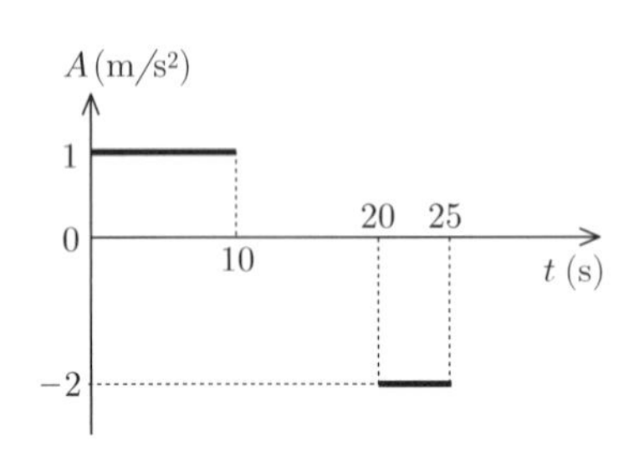

1.3　(1) $\dfrac{dx}{dt}=a$　　(2) $\dfrac{dv}{dt}=-g$

1.4　(1) $\dfrac{dx}{dt}=at+v_0$，$\dfrac{d^2x}{dt^2}=a$　　(2) $\dfrac{dy}{dt}=-gt+v_0$，$\dfrac{d^2x}{dt^2}=-g$

1.5　(1) $\dfrac{dx}{dt}=at+C_1$，　$x=\dfrac{1}{2}at^2+C_1t+C_2$

(2) $\dfrac{dy}{dt}=-gt+C_1$，　$y=-\dfrac{1}{2}gt^2+C_1t+C_2$

(3) $\dfrac{dx}{dt}=C_1$，　$x=C_1t+C_2$

1.6　$\dfrac{dx}{x}=-k\,dt$ とまず置く。$\displaystyle\int\frac{dx}{x}=\log x=\int -k\,dt=-kt+C$，　$x=Ce^{-kt}$

1.7　(1) $\dfrac{dx}{dt}=\dfrac{d(A\sin z)}{dz}\dfrac{d\omega t}{dt}=\omega A\cos\omega t$，

$\dfrac{d^2x}{dt^2}=\dfrac{d(\omega A\cos z)}{dz}\dfrac{d\omega t}{dt}=-\omega^2A\sin\omega t$

(2) $\dfrac{dy}{dt}=aAe^{at}$，　$\dfrac{d^2y}{dt^2}=a^2Ae^{at}$

1.8　$\boldsymbol{C}=(x_B-x_A, y_B-y_A)$

1.9　**1.7** での解法を参考にし，$\omega t=z$ と置き換えて微分すると，

(1) $\left(\dfrac{dx}{dt},\dfrac{dy}{dt}\right)=(-\omega R\sin\omega t,\ \omega R\cos\omega t)$

(2) $\left(\dfrac{d^2x}{dt^2},\dfrac{d^2y}{dt^2}\right)=(-\omega^2R\cos\omega t,\ -\omega^2R\sin\omega t)$

2章

[問 1]　$\dfrac{100\ \text{km}}{100\,\text{min}}=\dfrac{100\times10^3\ \text{m}}{100\times60\ \text{s}}=16.7\ \text{m/s}$, $16.7\times20=333\ \text{m}$

[問 2]　$\dfrac{100+250}{2}=175\ \text{km/h}=175\times\dfrac{10^3\ \text{m}}{60\times60\ \text{s}}=48.6\ \text{m/s}$,　$\dfrac{(250-100)\times10^3}{60\times60\times10}=4.17\ \text{m/s}^2$

[問 3]　$v=\dfrac{dx}{dt}=at+v_0$,　$a=\dfrac{d^2x}{dt^2}=a$

[問 4]　$\boldsymbol{v}_{AB}=\boldsymbol{v}_B-\boldsymbol{v}_A$

[問 5]　遊園地のコーヒーカップの中では，カップの外側の壁に押されるように力を受ける。地球も自転しているとコリオリの力を受ける。等速で運動していても，方向を変えると力を受けるので，慣性系ではない。

[問 6]　加速度は $1.0\ \text{m/s}^2$ で，力は $50\times1.0=50\ \text{N}$

[問 7]　作用・反作用の法則より，どちらにも同じ力 F がかかる。A 君と B さんの加速度を a_A と a_B とすると，力は $F=60a_\text{A}=30a_\text{B}$ であり，$\dfrac{a_\text{A}}{a_\text{B}}=\dfrac{1}{2}$ である。t 秒後の移動距離 S は $S=\dfrac{1}{2}at^2$ より，$\dfrac{S_\text{A}}{S_\text{B}}=\dfrac{1}{2}$ となり，A 君が勝つ。

[問 8]　$a_x=a$, $v_x=at$, $x=\dfrac{1}{2}at^2$

[問 9]　$\dfrac{5\ \text{km/s}}{h}=5\times10^3\ \text{m}/60\times60\ \text{s}=13.9\ \text{m/s}$, $60\ \text{kg}\times13.9\ \text{m/s}/1\ \text{s}=834\ \text{N}$

[問 10]　d や Δ の文字は変化量を表す記号なので次

元は無い。速度 $\dfrac{dx}{dt}$ と加速度 $\dfrac{d^2x}{dt^2}$ の次元は m/s および m/s^2 になる。

[問 11]　(A)　$a_y=-g$,　$v_y=-gt$,　$y=y_0-\dfrac{1}{2}gt^2$, (C) $a_x=0$, $a_y=-g$, $v_x=v_0$, $v_y=-gt$, $x=v_0t$, $y=y_0-\dfrac{1}{2}gt^2$,　(D)　$a_x=0$,　$a_y=-g$,　$v_x=v_0\cos\theta$,　$v_y=v_0\sin\theta-gt$, $x=v_0\cos\theta t$, $y=y_0+v_0(\sin\theta)t-\dfrac{1}{2}gt^2$

[問 12]　$F=-kx$ の力がバネののびと反対方向にはたらいているので，力 $F=kx$ をバネののび方向に加えて仕事をさせる。

$$\int_0^x kx\,dx=\frac{1}{2}kx^2$$

[問 13]　$mgh_1=\dfrac{1}{2}mv_2{}^2$　より，$v_2=\sqrt{2\times9.8\times10}=$ 14 m/s

[問 14]　[問 12]より，バネの位置エネルギー $U(x)=\dfrac{1}{2}kx^2$ であり，エネルギー保存則より，$U(x)=\dfrac{1}{2}kx^2=\dfrac{1}{2}mv^2$ となり，$v=\sqrt{\dfrac{k}{m}}x$

[問 15]　$m_1r_1=m_2r_2$ より，$m_2=50$ g

[問 16]　$-G\dfrac{Mm}{r^2}=-mg$ より，

$g=\dfrac{GM}{r^2}=\dfrac{6.67\times10^{-11}\times5.97\times10^{24}}{(6.37\times10^6)^2}=9.81\ \mathrm{m/s^2}$

エベレスト山頂だと，$r=(6.37\times10^6+8.878\times10^3)=6.38\times10^6$ m より，$g_E=9.83\ \mathrm{m/s^2}$ になる。

[問 17]　地球の半径を r_E とすると，エネルギー保存則より，

$$\frac{1}{2}mv_0{}^2-G\frac{Mm}{r_E}=0-G\frac{Mm}{r_E+h}$$

式を変形して，$h=r_E{}^2\Big/\left(\dfrac{2GM}{v_0{}^2}-r_E\right)$ となる。

■ 演習問題

2.1　トラック上の人の速さ：$\dfrac{100\ \mathrm{m}}{10.0\ \mathrm{s}}=10.0\ \mathrm{m/s}$,

新幹線の速さ：$\dfrac{34-12\ \mathrm{km}}{5.28\ 分}=\dfrac{22\times10^3\ \mathrm{m}}{5.28\times60\ \mathrm{s}}=69.4\ \mathrm{m/s}$

新幹線の列車の方が，人の走る速さより速い。

2.2　$\dfrac{(0-5)\ \mathrm{m/s}}{5\ \mathrm{s}}=-1\ \mathrm{m/s^2}$, $F=40\ \mathrm{kg}\times1\ \mathrm{m/s^2}=40$ N

2.3　$a=\dfrac{F}{m}=\dfrac{20\ \mathrm{N}}{50\ \mathrm{kg}}=0.4\ \mathrm{m/s^2}$, $v=at=0.4\ \mathrm{m/s^2}\times10\ \mathrm{s}$ $=4$ m/s

2.4　$\boldsymbol{v}=\dfrac{d\boldsymbol{r}}{dt}=v_0\boldsymbol{i}+(-gt)\boldsymbol{j}$, $\boldsymbol{a}=\dfrac{dv}{dt}=-g\boldsymbol{j}$

2.5　$\dfrac{1}{2}kx^2=\dfrac{1}{2}mv^2$ より，速度は $v=\sqrt{\dfrac{k}{m}}x$．高さ h は，$h=\dfrac{kx^2}{2mg}$

2.6　$W=mgh=10\times9.8\times1.5=147$ J,　$P=\dfrac{W}{t}=\dfrac{147}{1.5}=98$ W

2.7　$mgh=\dfrac{1}{2}mv^2$ より，$v=\sqrt{2gh}=\sqrt{2\times9.8\times10}=\sqrt{196}=14$ m/s,　$t=\dfrac{v}{g}=\dfrac{14}{9.8}=1.43$ s

2.8　2.10 節で説明した力のモーメントのつり合い (すなわち，てこの原理) を用いて説明する。$100\times30=x\times5$ より，$x=600$ N

2.9　(1)　x 軸および y 軸方向の微分を用いた運動方程式は，

$$ma_x=m\frac{d^2x}{dt^2}=mg\sin\theta$$

y 軸方向は垂直抗力 N と $mg\cos\theta$ がつり合っているので，0 となる。

$$ma_y=m\frac{d^2y}{dt^2}=N-mg\cos\theta=0$$

加速度，速度，位置は，

$$a_x=g\sin\theta$$
$$v_x=g\sin\theta\cdot t$$
$$x=\frac{1}{2}g\sin\theta\cdot t^2$$

(2)　x 軸および y 軸方向の微分を用いた運動方程式は，

$$ma_x=m\frac{d^2x}{dt^2}=mg\sin\theta-\mu N$$
$$ma_y=m\frac{d^2y}{dt^2}=N-mg\cos\theta=0$$

$N=mg\cos\theta$ となるので，上式の N に代入して，a_x, v_x および x は，

$$a_x=\frac{d^2x}{dt^2}=g\sin\theta-\frac{\mu N}{m}=g(\sin\theta-\mu\cos\theta)$$
$$v_x=g(\sin\theta-\mu\cos\theta)\cdot t$$
$$x=\frac{1}{2}g(\sin\theta-\mu\cos\theta)\cdot t^2$$

2.10　(1)　速度 v_x は $v_x=v_0\cos\theta$ より，弾丸の x 方向の位置 x_1 は，

$$x_1=v_0\cos\theta\cdot t$$

弾丸の発射の高さを h_1 とすると，弾丸の y 方向の位置 y_1 は，

$$y_1=h_1+v_0\sin\theta\cdot t-\frac{1}{2}gt^2$$

(2)　リンゴの位置 y_2 は，

$$y_2=h-\frac{1}{2}gt^2$$

(3)　弾丸が木の位置に達した時刻を t_1 とすると，

$$x_1=X_0=v_0\cos\theta\cdot t_1$$

$$t_1 = \frac{X_0}{v_0 \cos\theta}$$

(4) $t=t_1$ でのリンゴの位置 y_2 は，

$$y_2 = h - \frac{1}{2}g{t_1}^2 = h - \frac{1}{2}g \times \frac{(X_0)^2}{(v_0\cos\theta)^2}$$

$t=t_1$ での弾丸の位置 y_1 は，$h_1=0$ として，

$$y_1 = 0 + v_0\sin\theta \cdot \frac{X_0}{v_0\cos\theta} - \frac{1}{2}g \times \frac{(X_0)^2}{(v_0\cos\theta)^2}$$
$$= X_0 \cdot \frac{\sin\theta}{\cos\theta} - \frac{1}{2}g \times \frac{(X_0)^2}{(v_0\cos\theta)^2}$$
$$= h - \frac{1}{2}g \times \frac{(X_0)^2}{(v_0\cos\theta)^2}$$

$y_1=y_2$ になるので，弾丸はリンゴに命中する。

2.11　$\boldsymbol{r}_{BA}=\boldsymbol{r}_A-\boldsymbol{r}_B$，$\boldsymbol{v}_{BA}=\boldsymbol{v}_A-\boldsymbol{v}_B$ である。自分 B から見た物体 A の $\boldsymbol{r}_{BA}$，$\boldsymbol{v}_{BA}$ を求める際の共通の操作は，相手 A の位置または速度から，自分自身 B の位置または速度を引いていることである。これにより，自分から相手の物体を眺めたことになる。

2.12　(1) 鉛直方向の張力のつり合いから，

$$T_1\cos 45^\circ + T_2\cos 45^\circ = mg = 10\times 9.8\ \mathrm{N}\ \cdots ①$$

水平方向の張力のつり合いから，

$$T_1\sin 45^\circ = T_2\sin 45^\circ\ \cdots ②$$

①，②より，$T_1=T_2=69.3$ N

(2) 鉛直方向の張力のつり合いから，

$$T_1\cos 30^\circ + T_2\cos 60^\circ = W\ \cdots ①$$
$$T_1\sin 30^\circ = T_2\sin 60^\circ\ \cdots ②$$

これらから，$T_2=0.5\mathrm{W}$，$T_1=\frac{\sqrt{3}}{2}\times W=0.85\mathrm{W}$

2.13　(1) 投げ上げた物体は放物運動をする。壁に当たった時に垂直になっていることより，y 方向の速度が 0 になっている。

(2) $v_y=v_0\sin\theta-gt=0$

$$y = y_0 + v_0\sin\theta\cdot t - \frac{1}{2}gt^2 = 0 + v_0\sin\theta\cdot t - \frac{1}{2}gt^2 = H$$

(3) (2) で，$v_y=0$ より，最高点 H での時刻 t は，$t=\frac{v_0\sin\theta}{g}$ で，y の式に代入すると，

$$\frac{1}{2}\frac{{v_0}^2\sin^2\theta}{g} = H$$

2.14　動き出す瞬間の摩擦力なので，最大静止摩擦力 μ である。摩擦係数 μ は，物体が動き出す瞬間の斜面の角度を θ とすると，斜面の x 方向の力のつり合いより，

$$ma_x = m\frac{d^2x}{dt^2} = mg\sin\theta - \mu N = mg\sin\theta - \mu mg\cos\theta = 0$$

静摩擦係数 μ は，

$$\mu = \frac{\sin\theta}{\cos\theta} = \tan\theta$$

2.15　人口衛星が地球の表面 (地上) すれすれを周回するために必要な速さは，「地球と人工衛星との引力」＝「遠心力」の関係から

$$m\frac{v^2}{R} = G\frac{mM}{R^2} \qquad \therefore\ v=\sqrt{\frac{GM}{R}}=7.9\ \mathrm{km/s}$$

2.16　「人工衛星の地上での力学的エネルギー」＝「無限遠方での力学的エネルギーが 0」の関係から

$$\frac{1}{2}mv^2 - G\frac{mM}{R} = 0 \qquad \therefore\ v=\sqrt{\frac{2GM}{R}}=11.2\ \mathrm{km/s}$$

2.17　(1) $v_x=\frac{dx}{dt}=\frac{d}{dt}(a\cos\omega t)=-a\omega\sin\omega t$，

$v_y=\frac{dy}{dt}=\frac{d}{dt}(a\sin\omega t)=a\omega\cos\omega t$

(2) $a_x=\frac{dv_x}{dt}=\frac{d}{dt}(-a\omega\sin\omega t)=-a\omega^2\cos\omega t=-\omega^2 x$，$a_y=\frac{dv_y}{dt}=\frac{d}{dt}(a\omega\cos\omega t)=-a\omega^2\sin\omega t=-\omega^2 y$

(3) $\boldsymbol{r}$ と $\boldsymbol{v}$ の内積をとると，

$$\boldsymbol{r}\cdot\boldsymbol{v} = (a\cos\omega t,\ a\sin\omega t)\cdot(-a\omega\sin\omega t,\ a\omega\cos\omega t)$$
$$= -a^2\omega\cos\omega t\cdot\sin\omega t + a^2\omega\sin\omega t\cdot\cos\omega t = 0$$
$$\boldsymbol{v}\cdot\boldsymbol{a} = (-a\omega\sin\omega t,\ a\omega\cos\omega t)\cdot(-a\omega^2\cos\omega t,\ -a\omega^2\sin\omega t)$$
$$= a^2\omega^3\sin\omega t\cdot\cos\omega t - a^2\omega^3\cos\omega t\cdot\sin\omega t = 0$$

これから，$\boldsymbol{r}$ と $\boldsymbol{v}$ は垂直 $r\perp v$ となっている。また，v と a は垂直 $v\perp a$ となっている。

(1) (2) より，$\boldsymbol{a}=(-\omega^2 x, -\omega^2 y)=-\omega^2(x,y)=-\omega^2\boldsymbol{r}$ となっている。この式より，$\boldsymbol{a}$ は $\boldsymbol{r}$ に平行で，向きが逆であるため，$-\omega^2\boldsymbol{r}$ は円運動の中心 O を向いていて，向心加速度になる。

2.18　(1) $Mv=(M-m)v'+m(v-u)$

(2) (1) を用いると，微小時間 Δt での速度変化 $\Delta v=v'(t+\Delta t)-v(t)$ は $m=a\Delta t$ として

$$M(t)v(t) = (M(t)-a\Delta t)(v(t)+\Delta v) + a\Delta t(v(t)-u)$$
$$\therefore\ \Delta v = \frac{au}{M(t)}\Delta t$$

ここで 2 次以上の微小量は無視した。$M(t)=M_0-at$ とおいて積分すると

$$\int_{v_0}^{v} dv = \int_0^t \frac{au}{M_0-at}\,dt = u\log\left[\frac{M_0}{M_0-at}\right]$$
$$\therefore\ v(t) = v_0 + u\log\left[\frac{M_0}{M_0-at}\right]$$

3章

3.1　(a)　0.6　　(b)　0.2　　(c)　66.7

3.2　(1)　$\left(0, \dfrac{a}{3}\right)$　　(2)　$\dfrac{1}{\sqrt{3}}$　　(3)　(2) より $\mathrm{AB}^2 = a^2+b^2=4b^2=\mathrm{BC}^2$ より 3 つの辺の長さが等しい。

3.3　(1)　$\boldsymbol{V}=\dfrac{m_1\boldsymbol{v}_1+m_2\boldsymbol{v}_2}{m_1+m_2}$,　$\boldsymbol{v}=\boldsymbol{v}_1-\boldsymbol{v}_2$

(2)　(1) より $\boldsymbol{v}_1=\boldsymbol{V}+\dfrac{m_2}{m_1+m_2}\boldsymbol{v}$,

$\boldsymbol{v}_2=\boldsymbol{V}-\dfrac{m_1}{m_1+m_2}\boldsymbol{v}$,

$\therefore\ K=\dfrac{1}{2}(m_1+m_2)V^2+\dfrac{1}{2}\dfrac{m_1m_2}{m_1+m_2}v^2$

3.4　(1)　$v=\dfrac{m}{m+M}V$　　(2)　$\Delta K=\dfrac{1}{2}\dfrac{mM}{m+M}V^2$

3.5　(1)　$\boldsymbol{v}_G=\dfrac{m_1}{m_1+m_2}\boldsymbol{V}$　　(2)　$\boldsymbol{u}_1=\boldsymbol{V}-\boldsymbol{v}_G=\dfrac{m_2}{m_1+m_2}\boldsymbol{V}$,　$\boldsymbol{u}_2=-\boldsymbol{v}_G=-\dfrac{m_1}{m_1+m_2}\boldsymbol{V}$

(3)　運動量保存則：

$(x$ 方向$)$　$m_1V=m_1v_1\cos\theta_1+m_2v_2\cos\theta_2$

$(y$ 方向$)$　$0=m_1v_1\sin\theta_1-m_2v_2\sin\theta_2$

エネルギー保存則：$\dfrac{1}{2}m_1V^2=\dfrac{1}{2}m_1{v_1}^2+\dfrac{1}{2}m_2{v_2}^2$

(4)　運動量保存則：$m_1\boldsymbol{u}_1+m_2\boldsymbol{u}_2=m_1\boldsymbol{u}_1'+m_2\boldsymbol{u}_2'=\boldsymbol{0}$

エネルギー保存則：$\dfrac{1}{2}m_1{u_1}^2+\dfrac{1}{2}m_2{u_2}^2$

$=\dfrac{1}{2}m_1(u_1')^2+\dfrac{1}{2}m_2(u_2')^2$

(5)　略

(6)　$u_1\cos\theta_1=v_G+u_1'\cos\theta$　$\cdots$ ①

$u_1\sin\theta_1=u_1'\sin\theta$　$\cdots$ ②

②÷① と (5) より

$$\tan\theta_1=\frac{u_1\sin\theta}{v_G+u_1\cos\theta}=\frac{\sin\theta}{\frac{m_1}{m_2}+\cos\theta}$$

3.6　(1)　$v=a\omega$　$\therefore\ \omega=\dfrac{v}{a}$

(2)　大きさ：$L=aMv+amv=(m+M)av$

方向：棒の回転面に垂直で，回転によって右ネジの進む方向

3.7　(1)　$v_x=\dfrac{dr}{dt}\cos\theta-r\sin\theta\dfrac{d\theta}{dt}$,

$v_y=\dfrac{dr}{dt}\sin\theta+r\cos\theta\dfrac{d\theta}{dt}$

から $v^2={v_x}^2+{v_y}^2=\left(\dfrac{dr}{dt}\right)^2+\left(r\dfrac{d\theta}{dt}\right)^2$

(2)　$L=|\boldsymbol{r}\times m\boldsymbol{v}|=mrv_\perp=mr^2\dfrac{d\theta}{dt}$

(3)　(2) より $\dfrac{d\theta}{dt}=\dfrac{L}{mr^2}$ を得る。これをエネルギー保存則の式に代入すると

$$E_r=\frac{1}{2}m(v_x^2+v_y^2)-G\frac{mM}{r}$$
$$=\frac{1}{2}m\left(\frac{dr}{dt}\right)^2+\frac{L^2}{2mr^2}-G\frac{mM}{r}$$

(4)　近日点と遠日点では動径方向の速度が 0 $\left(\dfrac{dr}{dt}=0\right)$ であるから，(B) は

$$E_rr^2+GmMr-\frac{L^2}{2m}=0$$

$$\therefore\ r_c=\frac{GmM-\sqrt{(GmM)^2-2(-E_r)\frac{L^2}{m}}}{2(-E_r)},$$

$$r_d=\frac{GmM+\sqrt{(GmM)^2-2(-E_r)\frac{L^2}{m}}}{2(-E_r)}$$

3.8　(1)　地球の自転の周期は 1 日だから

$1\text{ 日}=\dfrac{2\pi R}{v_s}$　$\therefore\ v_s=\dfrac{2\pi\times 6370\times 1000\ [\mathrm{m}]}{24\times 60\times 60\ [\mathrm{s}]}=463\ [\mathrm{m/s}]$

(2)　地球の公転周期は 1 年だから　$1\text{ 年}=\dfrac{2\pi R_s}{v_0}$

$\therefore\ v_0=\dfrac{2\pi\times 1.5\times 10^{11}\ [\mathrm{m}]}{365\times 24\times 60\times 60\ [\mathrm{s}]}=29886\ \mathrm{m/s}$

(3)　人工衛星の速度を小さくするには，地球 (質量 M) の公転速度の方向に発射するとよい。人工衛星の質量を m として，発射時の全エネルギーが無限遠方で 0 となればよいので，エネルギー保存則を考慮すると，

$\dfrac{1}{2}m(v_c+v_0)^2-\dfrac{GmM_s}{R_s}-\dfrac{GmM}{R}=0$

$$\therefore\ v_c=\sqrt{\frac{2GM_s}{R_s}+\frac{2GM}{R}}-v_0=(43.5-29.9)\ \mathrm{km/s}$$
$$=13.6\ \mathrm{km/s}$$

3.9　(1)　$\dfrac{1}{12}ML^2+\dfrac{1}{4}MR^2$　　(2)　$\dfrac{2}{5}MR^2$

3.10　固定軸のまわりの慣性モーメントは

$$I=I_G+Mh^2=\frac{1}{12}ML^2+Md^2$$

$$\therefore\ T=2\pi\sqrt{\frac{I}{Mgd}}=2\pi\sqrt{\left(\frac{L^2}{12}+d^2\right)\frac{1}{gd}}=1.565\ \mathrm{s}$$

3.11　$I_G=\dfrac{1}{2}MR^2$ を用いる。

斜面を下る加速度は $a=\dfrac{g\sin\alpha}{1+\dfrac{I_G}{MR^2}}=\dfrac{2}{3}g\sin\alpha$

摩擦力の大きさは $Mg\sigma\alpha\dfrac{I_G}{I_G+MR^2}=\dfrac{1}{3}Mg\sin\alpha$

4章

4.1　周期 $T=5$ s，振動数 $f=0.2$ Hz，振幅 $A=0.4$ m

4.2　(1) $k=4\pi^2 mf^2$　(2) 変わらない　(3) 変わらない

4.3　(1) $2\pi\sqrt{\dfrac{l}{g+a}}$　(2) $2\pi\sqrt{\dfrac{l}{g}}$　(3) $2\pi\sqrt{\dfrac{l}{g-a}}$

4.4　(1) $k=\dfrac{(k_1+k_2)k_3}{k_1+k_2+k_3}$　(2) $k=\dfrac{k_1k_2k_3}{k_1k_2+k_2k_3+k_1k_3}$
(3) $k=k_1+k_2+k_3$

4.5　(1) $m\dfrac{d^2x}{dt^2}=-kx$　(2) $T=2\pi\sqrt{\dfrac{m}{k}}$
(3) $x(t)=A\cos(\omega t)$，$v(t)=\dfrac{dx}{dt}=-A\omega\sin(\omega t)$
$\left(\omega=\sqrt{\dfrac{k}{m}}\right.$ である$\left.\right)$

4.6　$c_0=\dfrac{1}{2}(D-iC)$，$d_0=\dfrac{1}{2}(D+iC)$

4.7　(1) $S=\dfrac{mg}{\cos\theta}$　(2) $F=mg\tan\theta$
(3) $v=\sqrt{gl\sin\theta\tan\theta}$　(4) $T=2\pi\sqrt{\dfrac{l}{g}\cos\theta}$

4.8　(1) $T=2\pi\sqrt{\dfrac{m}{2k}}$　(2) $x(t)=a\cos\left(\sqrt{\dfrac{2k}{m}}t\right)$
(3) $T=2\pi\sqrt{\dfrac{m}{k_1+k_2}}$

4.9　(1) $l=\dfrac{mg\sin\theta}{k}$　(2) 斜面下向きを x 軸の正とすると，$m\dfrac{d^2x}{dt^2}=-k(x+l)+mg\sin\theta=-kx$ ∴ $m\dfrac{d^2x}{dt^2}=-kx$
(3) $x(t)=A\cos\left(\sqrt{\dfrac{k}{m}}t\right)$　(4) 変位 x での力学的エネルギーは $E=\dfrac{1}{2}m\left(\dfrac{dx}{dt}\right)^2+\dfrac{1}{2}k(x+l)^2-mgx\sin\theta$ (第3項は重力による位置エネルギー) この式に (1) と (3) の l と $x(t)$ を代入すると $E=\dfrac{1}{2}kA^2+\dfrac{1}{2}kl^2$ となって一定値である。

4.10　(1) 物体にはたらく力は $F=-\dfrac{dV}{dx}=-V''(0)x$ となって，$x=0$ では $F=0$ となり，$x=0$ が平衡点である。
(2) $V''(0)>0$ のとき，$V''(0)$ をバネ定数 k とおけば (1) の力 F は復元力 $F=-kx$ となる。単振動の周期は $T=2\pi\sqrt{\dfrac{m}{k}}=2\pi\sqrt{\dfrac{m}{V''(0)}}$ である。

4.11　$A(\omega)$ が最大となるには，分母の関数 $f(\omega^2)=(k-m\omega^2)^2+(\gamma\omega)^2$ が最小となればよい。$\omega^2=x$ とおくと $f(x)=(k-mx)^2+\gamma^2x=m^2x^2+(\gamma^2-2mk)x+k^2$ となって x の2次関数になる。x に関する項を完全平方でまとめると $f(x)=m^2(x-{\omega_2}^2)^2+(-D)\left(\dfrac{\gamma}{2m}\right)^2$ となるから，$f(x)$ は $x(=\omega^2)={\omega_2}^2$ のとき最小値 $(-D)\left(\dfrac{\gamma}{2m}\right)^2$ となる。$\omega>0$ とすれば，$\omega=\omega_2$ のとき $|A(\omega)|$ の最大値は $\dfrac{2m}{\gamma}\dfrac{|F_0|}{\sqrt{4mk-\gamma^2}}$ となる。

5章

5.1　(1) 500 m　(2) 3.33 m　(3) 2.54 cm

5.2　(1) 右　(2) B：上，C：下　(3) e
(4) 波長＝8 m，周期＝4 s

5.3　(1) 349.66 m　(2) 1.4 km

5.4　(1) $\dfrac{27}{3}=\dfrac{18}{\lambda_2}$ より $\lambda_2=2$ m　(2) どちらも 9 Hz
(3) $\dfrac{\sin 30^\circ}{\sin r}=\dfrac{27}{18}$ より $\sin r=\dfrac{1}{3}$，ゆえに $r=19.5^\circ$

5.5　(1) $\lambda=\dfrac{v}{f}$　(2) $f'=\dfrac{v+v}{v}f$，$\lambda'=\dfrac{v}{f'}=\dfrac{v^2}{(v+\mathrm{v})f}$

5.6　(1) 位相速度 v を求める。$ax-bt=a(x+\Delta x)-b(t+\Delta t)$　∴ $v=\dfrac{\Delta x}{\Delta t}=\dfrac{b}{a}>0$
(2) $a=\dfrac{2\pi}{\lambda}$, $b=\dfrac{2\pi}{T}$ より $\lambda=\dfrac{2\pi}{a}$, $f=\dfrac{1}{T}=\dfrac{b}{2\pi}$, $v=\lambda f=\dfrac{b}{a}$

5.7　アンテナに到来する電波を平面波とする。同一波面上の2点 $\mathrm{A}(x,ax^2)$，$\mathrm{B}(0,ax^2)$ からの素元波が同時に点 $\mathrm{P}(0,b)$ に到達したとする。原点を O とすると $\mathrm{BO}+\mathrm{OP}=\mathrm{AP}$ が成り立つ。$ax^2+b=\sqrt{x^2+(ax^2-b)^2}$ ∴ $(1-4ab)x^2=0$，したがって，$b=\dfrac{1}{4a}$ であれば，x の値にかかわらず，すべての波は点 C に収束する。

5.8

$$\mathrm{H_1P}=\sqrt{L^2+(y_1-d)^2}=L\sqrt{1+\left(\frac{y_1-d}{L}\right)^2}\simeq L\left[1+\frac{1}{2}\left(\frac{y_1-d}{L}\right)^2\right],$$

$$\mathrm{H_2P}=\sqrt{L^2+(y_1+d)^2}=L\sqrt{1+\left(\frac{y_1+d}{L}\right)^2}\simeq L\left[1+\frac{1}{2}\left(\frac{y_1+d}{L}\right)^2\right]$$

を使う。P 点：$|\mathrm{H_2P}-\mathrm{H_1P}|=n\lambda$ に代入すると $\dfrac{2d|y_1|}{L}=n\lambda$ $(n=0,1,2,\cdots)$。同様にすると Q 点：$|\mathrm{H_2Q}-\mathrm{H_1Q}|=\left(n+\dfrac{1}{2}\right)\lambda$ に対しては $\dfrac{2d|y_2|}{L}=\left(n+\dfrac{1}{2}\right)\lambda$ $(n=0,1,2,\cdots)$

5.9　(1) 波長：λ_1，振動数：f_1，振幅：$|A|$，波の速さ：$\lambda_1 f_1$　(2) $w(x,t)=2A\cos(ax-bt)$　(3) $k=\pi\dfrac{\lambda_1+\lambda_2}{\lambda_1\lambda_2}=3.224\ \mathrm{m^{-1}}$，$a=\pi\dfrac{\lambda_2-\lambda_1}{\lambda_1\lambda_2}=0.0827\ \mathrm{m^{-1}}$，$\omega=\pi(f_1+f_2)=1103\ \mathrm{s^{-1}}$，$b=\pi(f_1-f_2)=28.3\ \mathrm{s^{-1}}$，音速 $\lambda_1f_1=\lambda_2f_2=342$ m/s　(4) $v_c=\dfrac{b}{a}=342$ m/s，$f_c=$

$\dfrac{b}{\pi}=9\ \mathrm{s}^{-1}$

5.10 (1) $\sin\theta=\dfrac{v}{V}$ (2) $V=\dfrac{v}{\sin 30^\circ}=680\ \mathrm{m/s}$

5.11 (1) 波長 80 cm，振動数 425 Hz (2) 4 回

5.12 (1) $f'=\dfrac{340}{340-10}\times 400=412\ \mathrm{Hz}$ (2) 壁から跳ね返る音の波長は $\lambda'=\dfrac{330}{400}$ m この音を観測者は 1 秒間に 350 m にわたって聞くので $f'=\dfrac{340+10}{\lambda'}=424\ \mathrm{Hz}$

(3) $f'=\dfrac{340+5}{340-10}\times 400=418\ \mathrm{Hz}$

5.13 $V=\sqrt{F/\rho}=\sqrt{10/[\pi(0.5\times 10^{-3})^2\times 7\times 10^3]}=$ 42.6 m/s, $\lambda=0.8$ m, $f=53.3$ Hz

5.14 $v=\dfrac{cf_d}{2f_0}=\dfrac{3\times 10^8\times 2800}{2\times 10\times 10^9}=42\ \mathrm{m/s}=151.2\ \mathrm{km/h}$

6 章

6.1

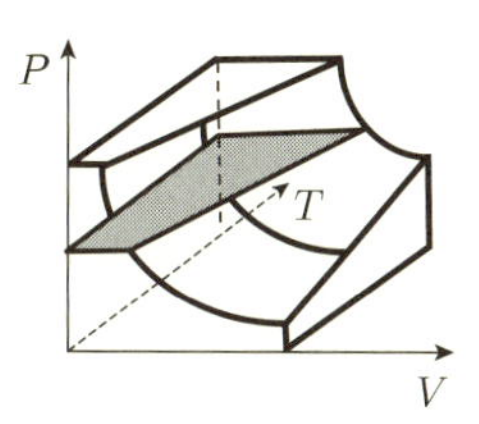

6.2 $dU=3.0\times 10^2$ J

6.3 (1) 30 J (2) 390 J

6.4 (1) B → C (2) A → B (3) A → B (4) A → B, B → C (5) A → B：定積変化，C → A：定圧変化

(6)

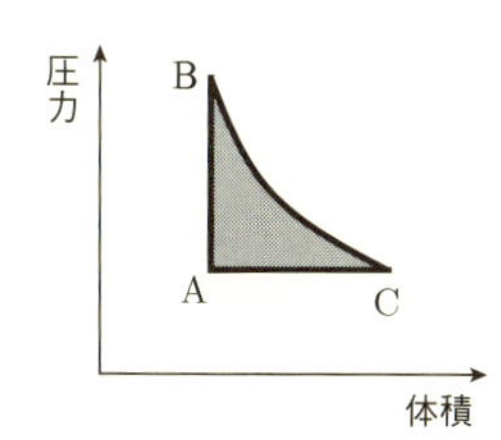

6.5 $C_p-C_v=R$, $C_p=6.97$ cal/molK, $C_v=4.97$ cal/molK, $R=8.31$ J/molK を用いて，1 cal=4.15 J

6.6 $Q=\dfrac{1}{2}mv^2=\dfrac{1}{2}\times 1.0\times 10^2=50$ J

6.7 (1) $\epsilon=\dfrac{1}{2}m\langle v^2\rangle=\dfrac{5}{2}k_BT$ なので，$\dfrac{5}{2}\times 1.38\times 10^{-23}\ \mathrm{J/K}\times 300\ \mathrm{K}=1.04\times 10^{-20}$ J

(2) $\langle v^2\rangle=\dfrac{1}{m}2\epsilon=\dfrac{6.02\times 10^{23}}{16\times 2}\ 1/\mathrm{g}\times 2\times 1.04\times 10^{-20}\ \mathrm{J}=3.9\times 10^2\ (\mathrm{m/s})^2$

6.8 (1) A → B, $dS=\dfrac{dQ}{T}=\dfrac{p}{T}dV=\dfrac{R}{V}dV=R\ln\dfrac{V_2}{V_1}$

(2) A → C → B および (3) A → D → B $dQ=C_vdT$ および $dQ=C_pdT$ を用いて，$dS=R\ln\dfrac{V_2}{V_1}$

7 章

[問 1] 地球を 1 周するには，40000/300000=0.13 秒，太陽までは 15000/30=500 秒=8.3 分

[問 2] $n_1/n_2=1.003/1.333$, $\sin 30^\circ$ を代入し，$\theta_r=22^\circ$

[問 3] $\sin\theta_c=1.0/1.5=0.666$ より $\theta_c=42^\circ$

[問 4] $1/200=0.005\ \mathrm{mm}=5\ \mu\mathrm{m}$

[問 5] 銀河では $\Delta\lambda=121.6\times 0.004=0.5$ nm より 122.1 nm，クェーサーでは $\Delta\lambda=121.6\times 0.158=19.2$ nm より 140.8 nm

演習問題

7.1 $\sin\theta_r=n_1/n_2\sin 45^\circ=(1/\sqrt{2})\times(1/\sqrt{2})=1/2$ より $\theta_r=30^\circ$，すなわち屈折角 30° の方向にあるものが 45° の方向に見える。よって $1/\sqrt{3}=0.58$ 倍浅く見える。

7.2 (1) 81° (2) 44° (3) 入射角がクラッドと空気に対する臨界角よりも大きいので全反射する。

7.3 (1) 1/600=0.00166 mm=1666 nm, 1666/600=2.8 個

(2) $\sin\theta=600/1666$ より $\theta=0.368\ \mathrm{rad}=21.1^\circ=21^\circ 6'$ $(0.1^\circ=0.1\times 60=6')$

7.4 略

7.5 火星の夕焼けは青色。火星の大気に存在する塵が赤色と緑色の光を多く散乱するため。

7.6 (1) 295 nm (2) プリズムなどで垂直方向に分散するようにすると良い。こういった装置をエシェル分光器といい，波長分解能が高い分光器を作ることができる。

8 章

8.1 (1) ガラス (2) 木綿 (3) ゴム

8.2 静電気力 $F_1=\dfrac{1}{4\pi\varepsilon_0}\dfrac{e^2}{r^2}$

$$=9.0\times 10^9\frac{(1.6\times 10^{-19})^2}{(5.3\times 10^{-11})^2}=8.2\times 10^{-8}\ \mathrm{N}$$

万有引力 $F_2=G\dfrac{mM}{r^2}$

$$=6.67\times 10^{-11}\frac{9.11\times 10^{-31}\times 1.67\times 10^{-27}}{(5.3\times 10^{-11})^2}$$

$$=3.6\times 10^{-47}\ \mathrm{N}$$

$$\therefore\ F_1:F_2=1:4.4\times 10^{-40}$$

8.3 $S=2mg,\quad F=\sqrt{3}\,mg,\quad r=\sqrt{\dfrac{Q^2}{4\pi\varepsilon_0}\dfrac{1}{\sqrt{3}\,mg}}$

8.4 (1) $\dfrac{Q}{L^2}$ (2) $\dfrac{Q}{L^2}$ (面 B での電気力線の本数は面 A と同じ)

8.5 (1) $N=\dfrac{Q}{\varepsilon_0}$, $\sigma=\dfrac{Q}{4\pi\varepsilon_0 a^2}$ (2) $N=\dfrac{Q}{8\varepsilon_0}$, $\sigma=\dfrac{Q}{4\pi\varepsilon_0 a^2}$ (3) $N=\dfrac{Q}{8\varepsilon_0}$, $\sigma=\dfrac{Q}{16\pi\varepsilon_0 a^2}$

8.6 (a) $\mathrm{C=C_1+C_2+C_3}=6.0\ \mu\mathrm{F}$
(b) $\mathrm{1/C=1/(C_1+C_2)+1/C_3}$ より $\mathrm{C}=1.5\ \mu\mathrm{F}$
(c) $\mathrm{1/C=1/C_1+1/C_2+1/C_3}$ より $\mathrm{C}=0.545\ \mu\mathrm{F}$

8.7 (1) F_Aの大きさ$=2.7\times10^{-4}$ N,
方向$=x$ 軸から $-45°$ の方向； F_Bの大きさ$=2.7\times10^{-4}$ N，方向$=x$ 軸から 135°の方向
(2) F の大きさ$=1.3\times10^{-3}$ N，方向$=x$ 軸から $\tan\theta=2/3$ をみたす第 3 象限の角度 θ の方向

8.8 (1) $\mathrm{C}=1.2\ \mu\mathrm{F}$ (2) (3) AP 間の電気容量は 3.0 μF で，電位差を $\mathrm{V_1}$，PB の電位差を $\mathrm{V_2}$ とすると $Q=3.0\ \mu\mathrm{F}\times V_1=2.0\ \mu\mathrm{F}\times V_2$，$V_1+V_2=6.0$ V より $V_1=2.4$ V，$V_2=3.6$ V となる。P 点の電位 $V_p=3.6$ V (3) $Q_1=2.0\ \mu\mathrm{F}\times2.4\ \mathrm{V}=4.8\ \mu\mathrm{C}$，$Q_2=1.0\ \mu\mathrm{F}\times2.4\ \mathrm{V}=2.4\ \mu\mathrm{C}$，$Q_3=2.0\ \mu\mathrm{F}\times3.6\ \mathrm{V}=7.2\ \mu\mathrm{C}$ (4) 電気容量 $4\times2.0\ \mu\mathrm{F}=8.0\ \mu\mathrm{F}$，蓄えられる電気量 13.1 μC

8.9 (1) $Q=\dfrac{\varepsilon_0 S}{d}V$, $E=\dfrac{V}{d}$, $W=\dfrac{1}{2}\dfrac{\varepsilon_0 S}{d}V^2$
(2) $Q_1=\dfrac{\varepsilon_0 SV}{3d}$, $E_1=\dfrac{V}{3d}$
(3) Q は (1) と同じで，電気容量が 1/3 に変化するから $V_1=3$ V になる。
(4) 静電エネルギーの差が仕事 W であるから
$W=\dfrac{1}{2}Q(3V)-\dfrac{1}{2}QV=QV=\dfrac{\varepsilon_0 S}{d}V^2$
(5) $C_2=\dfrac{\varepsilon_0 S}{3d}\dfrac{1+\varepsilon_r}{2}$, $V_2=\dfrac{Q}{C_2}=\dfrac{6V}{1+\varepsilon_r}$

8.10 (a) $W=qEa$ (b) $W=0$ (c) $W=qEa$
(d) $W=qE\overline{\mathrm{AC}}\cos\theta=qE\sqrt{a^2+b^2}\cdot\dfrac{a}{\sqrt{a^2+b^2}}=qEa$,
B の電位 $V_B=-Ea$，C の電位 $V_C=-Ea$

8.11 (1) $E=\dfrac{V}{d}$ (2) $F=qE$，加速度は $a=\dfrac{F}{m}=\dfrac{qV}{md}$, $t=\sqrt{\dfrac{2d}{a}}=\sqrt{\dfrac{2md^2}{qV}}$, $v=at=\sqrt{\dfrac{2qV}{m}}$
(3) $W=Fd=qEd=qV$

8.12 (1) $V_c=\dfrac{1}{4\pi\varepsilon_0}\left[\dfrac{-q}{4a}+\dfrac{q}{2a}\right]=\dfrac{1}{4\pi\varepsilon_0}\dfrac{q}{4a}$,
$E_c=\dfrac{1}{4\pi\varepsilon_0}\dfrac{3q}{16a^2}$，$x$ 軸の正方向
(2) $V(x,y)=\dfrac{1}{4\pi\varepsilon_0}\left[\dfrac{q}{\sqrt{(x-a)^2+y^2}}-\dfrac{q}{\sqrt{(x+a)^2+y^2}}\right]$
(3) $\dfrac{1}{\sqrt{(x\pm a)^2+y^2}}=\dfrac{1}{r}\dfrac{1}{\sqrt{1+\frac{a^2\pm2xa}{r^2}}}\simeq\dfrac{1}{r}\left[1-\dfrac{a^2\pm2xa}{2r^2}\right]$
より $V(x,y)\simeq\dfrac{1}{4\pi\varepsilon_0}\dfrac{2qax}{r^3}$
(4) $V_0(x,y)=\dfrac{1}{4\pi\varepsilon_0}\dfrac{2qax}{r^3}$ より
$E_x=-\dfrac{\partial V_0}{\partial x}=-\dfrac{qa}{2\pi\varepsilon_0}\dfrac{r^2-3x^2}{r^5}$, $E_y=-\dfrac{\partial V_0}{\partial y}=\dfrac{qa}{2\pi\varepsilon_0}\dfrac{3xy}{r^5}$

9 章

[問 1] 抵抗 R は，電圧 V と電流 I の比 $R=I/V$ の値であり，抵抗率 ρ は，抵抗値を抵抗線の断面積，長さで割って求めた，長さ 1 m，断面積 1 m^2 あたりの抵抗値である。

[問 2] $v=\dfrac{I}{enS}=\dfrac{1}{1.6\times10^{-19}\times8.5\times10^{28}\times1\times10^{-6}}=7.35\times10^{-5}$

[問 3] キルヒホフの第一および第二法則より，電流と電圧に関した方程式は (9.18)～(9.20) の 3 つの式である。これらの式を解くと (9.21)～(9.23) 式が求まる (略)。

[問 4] 電流 $I(t)$ の最大のピークの位置は $t=0$ [s] で起こり，電圧 $V(t)$ のピークの位置は $t=\dfrac{T}{4}$ [s] 後で，電流 $I(t)$ は電圧 $V(t)$ より先にピークになっているので，位相が先に進んでいることがわかる。

[問 5] R の式には ω が入っていないので，周波数 f が変化しても回路を流れる電流 I は不変である。キャパシターの容量リアクタンスは，$X_c=\dfrac{1}{\omega C}$ と ω が分母に入っているので，高周波に対しては $\dfrac{1}{\omega C}$ が 0 と小さくなるので，電流 I は流れやすくなる。反対に，コイルの誘導リアクタンスは $X_L=\omega L$ のように，ω が X_L の式の分子に入っているので，高周波に対しては ωL が大になって電流 I は流れにくくなる。

演習問題

9.1 $R=\rho\dfrac{l}{S}=9.8\times10^{-8}\times2\div\left(\dfrac{\pi}{4}\times(0.5\times10^{-3})^2\right)=0.999\ \Omega$

9.2 (a) $R=\dfrac{1}{\frac{1}{20}+\frac{1}{20}}+10=20\ \Omega$
(b) $C=\dfrac{1}{\frac{1}{10+10}+\frac{1}{20}}=10\ \mu\mathrm{F}$ (c) $R=\dfrac{1}{\frac{1}{23+10}+\frac{1}{20}}=12\ \Omega$

9.3 (1) 抵抗 R は，$R=\dfrac{V}{I}=\dfrac{4\ \mathrm{V})}{1.5\ \mathrm{A}}=2.7\ \Omega$
(2) 発生するジュール熱は，$Q=IVt=1.5\ \mathrm{A}\times4\ \mathrm{V}\times300\ \mathrm{s}=1800$ J
水が m [g]，比熱 c [cal/g]，発生する温度変化 ΔT [°C] とすると，$Q=mc\Delta T=100\times1\times\Delta T\times4.0\ \mathrm{J/cal}=$

1800 J, $\Delta T = 4.5^\circ\mathrm{C}$

9.4 $V_e = \dfrac{V_0}{\sqrt{2}}$ より，最大値は，$V_0 = \sqrt{2} \times 100 = 141$ V

9.5 $\rho = \rho_0(1 + \alpha t) = 1.09 \times 10^{-6} \times (1 + 0.1 \times 10^{-3}\ \mathrm{K}^{-1} \times 25\ \mathrm{K}) = 1,092 \times 10^{-6}\ \Omega\mathrm{m}$

9.6 $-R_1 I_1 - R_0 I_0 + V_1 = 0$ ··· ①，
$-V_2 + R_0 I_0 = 0$ ··· ②　　$I_1 - I_2 - I_0 = 0$ ··· ③
①から③式より，$I_0 = \dfrac{V_2}{R_0}$，$I_1 = \dfrac{V_1 - V_2}{R_1}$，
$I_2 = \dfrac{V_1 - V_2}{R_1} - \dfrac{V_2}{R_0}$

9.7 テスターでは，テスターに内蔵された内部抵抗付きの電池で抵抗を測定しているため，内部抵抗に電圧を消費されて正確には抵抗値が測れないが，図 9.10 のホイートストンブリッジ回路では，bc 間の電位差が 0 V になるときの抵抗比を求めているため，回路に接続された電池の電圧を使用していないことで正確に求まる。

9.8 耐圧 100 V の 10 μF の 2 個のキャパシターを直列に接続することで耐圧が 200 V になる。しかし，直列接続することで静電容量が半分の 5 μF になるので，この 5 μF のキャパシターの 4 組を並列に接続して，20 μF の容量を得るようにする。

9.9 回路 (a) については，キルヒホフの第二法則より，$(20 + r) \times 0.1 = E$
回路 (b) については，$(5 + r) \times 0.3 = E$ この 2 式より，$r = 2.5\ \Omega$，$E = 2.25$ V

10 章

10.1 7.96×10^5 N

10.2 紙面左から順に　N 極　S 極　S 極　N 極

10.3 950 A

10.4 電流 I_A が導線 B 上につくる磁場 $\boldsymbol{B}_{BA}$ は◉の向きであり，その大きさは

$$B_{BA} = \frac{\mu_0 I_A}{2\pi a}$$

導線 B が磁場 $\boldsymbol{B}_{BA}$ から受けるローレンツ力の谷長さあたりの大きさは

$$f_{BA} = I_B B_{BA} = \frac{\mu_0 I_A I_B}{2\pi a}$$

で，向きは導線 A に近づく方向である。反対に電流 I_B が導線 A 上につくる磁場 $\boldsymbol{B}_{AB}$ は $\boldsymbol{B}_{BA}$ と反対向きでその大きさは

$$B_{AB} = \frac{\mu_0 I_B}{2\pi a}$$

導線 A が磁場 $\boldsymbol{B}_{AB}$ から受けるローレンツ力の単位長さあたりの大きさは

$$f_{AB} = I_A B_{AB} = \frac{\mu_0 I_A I_B}{2\pi a}$$

で，向きは導線 B に近づく方向である。

10.5

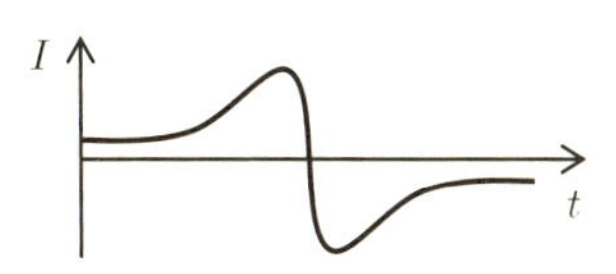

10.6 (1) $I = \omega dv \times n \times e$　　(2) 電子が受ける力は evB で，向きは x 軸正の向き
(3) 電子はローレンツ力と電場から受ける力がつり合うので，$E = vB$ である。
(4) 電場は $E = \dfrac{V}{\omega}$ であり，$E = vB$ である。一方，電流は $I = endv\omega$ なので，$n = \dfrac{IB}{edv}$

10.7 (1) $F = \dfrac{V}{R} BL$　　(2) $I = \dfrac{V + vBL}{R}$　　(3) ④

11 章

[問 1] 500 nm

[問 2] $\lambda = 1.9 \times 10^{-3}$ m より $\nu = c/\lambda = (3.0 \times 10^8)/(1.9 \times 10^{-3}) = 1.6 \times 10^{11}$ Hz

[問 3] $E = h\nu$ より $\nu = E/h$，
1 keV の場合は $\nu = (10^3 \times 1.60 \times 10^{-19})/(6.626 \times 10^{-34}) = 2.4 \times 10^{17}$ Hz より X 線，同様に 1 MeV の場合は $\nu = 2.4 \times 10^{20}$ Hz よりガンマ線

[問 4] ウィーンの変位則より $\lambda = 2.9 \times 10^{-3}/(273 + 37) = 9.35 \times 10^{-6} m = 9.35\ \mu\mathrm{m}$ となり赤外線

[問 5] $1.6726 \times 10^{-27}/9.1094 \times 10^{-31} = 1836$

▌演習問題

11.1 (1) $E = eV = 1.6 \times 10^{-19} \times 100 = 1.6 \times 10^{-17}$ J
(2) $E = \dfrac{1}{2} mv^2$ より $mv = \sqrt{2mE}$，これを代入すると $\lambda = \dfrac{h}{\sqrt{2mE}}$ が得られる。
(3) $\lambda = 1.2 \times 10^{-10} m = 0.12$ nm

11.2 (1) 運動方程式を用い，全エネルギーの式から v を消去すると

$$E = \frac{1}{2} mv^2 - \frac{1}{4\pi\epsilon_0} \frac{e^2}{r} = \frac{1}{8\pi\epsilon_0} \frac{e^2}{r} - \frac{1}{4\pi\epsilon_0} \frac{e^2}{r} = -\frac{1}{8\pi\epsilon_0} \frac{e^2}{r}$$

運動方程式にボーアの量子条件を代入して v を消去すると

$$\frac{1}{r} = \frac{\pi m e^2}{\epsilon_0 h^2} \frac{1}{n^2}$$

となる。これを代入すると R_y の式が得られる。
(2) 略　　(3) 略　　(4) 略

11.3 $N = N_0 \left(\frac{1}{2}\right)^{t/t_{1/2}}$ に $t_{1/2} = 8$ と $t = 64$ を代入すると $\left(\frac{1}{2}\right)^8 = \frac{1}{256}$，同様に $\left(\frac{1}{2}\right)^{16} = \frac{1}{65536}$

11.4 (1) 略　(2) 略　(3) 略

11.5 (1) 略　(2) 略　(3) 略

11.6 略

索　引

■ た　行

■ な　行

著者略歴

金子敏明（かねこ としあき）

1977年　早稲田大学理工学部物理学科卒業
1982年　早稲田大学大学院理工学研究科博士後期課程単位取得退学，理学博士
1994年　岡山理科大学理学部応用物理学科教授（現在に至る）

蜂谷和明（はちや かずあき）

1975年　静岡大学理学部物理学科卒業
1981年　広島大学大学院理学研究科博士課程後期修了，理学博士
1999年　岡山理科大学工学部機械システム工学科教授（現在に至る）

重松利信（しげまつ としのぶ）

1987年　岡山理科大学理学部応用物理学科卒業
1995年　岡山理科大学大学院理学研究科博士後期課程単位取得退学，博士（理学）
2016年　岡山理科大学工学部バイオ応用化学科教授（現在に至る）

福田尚也（ふくだ なおや）

1995年　名古屋大学理学部物理学科卒業
2000年　名古屋大学大学院理学研究科博士後期課程修了，博士（理学）
2012年　岡山理科大学生物地球学部准教授（現在に至る）

2019年12月2日　初版発行

大学基礎の物理学

著者　金子敏明　蜂谷和明　重松利信　福田尚也

発行者　山本　格

発行所　株式会社　培風館

東京都千代田区九段南4-3-12・郵便番号102-8260
電話(03)3262-5256(代表)・振替00140-7-44725

D.T.P. アベリー・三美印刷・牧 製本

PRINTED IN JAPAN

ISBN 978-4-563-02525-0 C3042